国家林业和草原局普通高等教育"十三五"规划教材

"大 国 三 农"系 列 规 划 教 材

食品安全学

许文涛　主编

中国林业出版社

内 容 简 介

本教材着眼于国内外食品安全问题，在原有同类教材的基础上，结合近年来食品安全学的发展动态，除对已存在的食品安全问题予以重点关注外，还对新型食品安全问题进行总结，引入或强化了一些新的知识点，并尝试从不同角度构建食品安全学的学科框架。由于食品安全学涉及的知识面广，本教材将内容分为四部分进行介绍，除绪论外，第一部分介绍食品安全危害及控制措施（第2~8章），第二部分介绍食品安全风险分析（第9章），第三部分介绍食品安全分析与检测技术（第10、11章），第四部分介绍食品安全管理与控制（第12章）。

图书在版编目（CIP）数据

食品安全学／许文涛主编. —北京：中国林业出版社，2021. 12
国家林业和草原局普通高等教育"十三五"规划教材
"大国三农"系列规划教材
ISBN 978-7-5219-1420-7

Ⅰ. ①食… Ⅱ. ①许… Ⅲ. ①食品安全–高等学校–教材 Ⅳ. ①TS201. 6

中国版本图书馆 CIP 数据核字（2021）第 235207 号

课件

中国林业出版社·教育分社

策划、责任编辑：高红岩　　　　责任校对：苏　梅
电　　话：(010)83143554　　　传　　真：(010)83143516

出版发行　中国林业出版社(100009　北京市西城区德内大街刘海胡同 7 号)
　　　　　E-mail：jiaocaipublic@163.com　电话：(010)83143500
　　　　　http://www.forestry.gov.cn/lycb.html
印　　刷　北京中科印刷有限公司
版　　次　2021 年 12 月第 1 版
印　　次　2021 年 12 月第 1 次印刷
开　　本　787mm×1092mm　1/16
印　　张　20
字　　数　550 千字　　　**数字资源：100 千字**
定　　价　49.00 元

《食品安全学》编写人员

主　编　许文涛

副主编　朱龙佼　程　楠　贺晓云　李相阳　赵昌辉

编写人员（按照姓氏拼音排序）

常世敏（河北工程大学）

程　楠（中国农业大学）

褚华硕（中国农业大学）

方　冰（中国农业大学）

关桦楠（哈尔滨商业大学）

郭明璋（北京工商大学）

贺晓云（中国农业大学）

李　雪（中国农业大学）

李长滨（河南牧业经济学院）

李红霞（吉林大学）

李相阳（北京农学院）

梁志宏（中国农业大学）

刘海燕（天津体育学院）

卢丞文（吉林大学）

商　颖（昆明理工大学）

孙春燕（吉林大学）

祁潇哲（国家粮食和物资储备局标准质量中心）

陶晓奇（西南大学）

王　冀（浙江工业大学）

王国义（北京物资学院）

王增利（中国农业大学）

吴广枫（中国农业大学）

许文涛（中国农业大学）

徐瑗聪（北京工业大学）

叶海青（吉林大学）

张　雨（北京工商大学）

张春娇（中国农业大学）

张伟敏（海南大学）

赵昌辉（吉林大学）

赵维薇（大理大学）

周　茜（河北农业大学）

朱龙佼（中国农业大学）

朱鹏宇（中国检验检疫科学研究院）

主　审　罗云波（中国农业大学）

任发政（中国农业大学）

序

民以食为天、食以安为先。世界各国也都经历了比较惨痛的各类食品安全事件，我国也概莫能外。经过几十年的快速发展，我国先后迈过了食品数量安全、质量安全两个门槛，正在迈向食品营养健康安全的第三个阶段。小视野落到从田间到餐桌的食品安全全产业链的食品安全纵向新格局，大视野放到整个生物圈循环及生态圈循环的食品安全空间新格局，食品安全学这门学科亟须新的教材来体现其不断丰富的新内涵。

浏览文涛同志及从事食品安全教学的同仁新编著的《食品安全学》书稿时，仿佛重新走了一遍我国食品安全的时代发展轨迹，今日之成果来之不易，未来的营养健康道阻且长，同志们还需上下求索、奋力拼搏，做新时代的弄潮儿。

文涛同志主编的这本书从食品安全的危害性来源、毒性机制、检测手段、风险评估、预防控制五大方面进行全景式梳理。这本书涵盖了不少与时俱进的议题，如食品安全快速检测技术独立成章、分类更加科学，基因编辑食品、合成生物学食品及食品酶制剂也纳入了生物技术食品的范畴进行独立成节讲解；同时部分章节还适时增加了案例分析，便于同学们更加感同身受地理解。

我与文涛熟识多年，文涛邀请我为其新编著的《食品安全学》作序时，我没有犹豫就答应了。他在食品安全领域深耕多年，和我也共事良多，他的勤奋踏实作风及学术专业性，我是认可的，因此相信就此议题他能带领大家整理出一本有全局特色、与时俱进的《食品安全学》教材。

2021.6.3.

4.1.2 有害元素的共同特点 ································· 68

4.1.3 影响有害元素在体内毒性强度的因素 ················· 69

4.2 汞 ··· 69

4.2.1 汞的理化性质 ····································· 70

4.2.2 汞的来源 ··· 70

4.2.3 汞的安全事故 ····································· 71

4.2.4 汞的毒性和作用机理 ······························· 71

4.2.5 汞的限量标准 ····································· 73

4.2.6 汞的控制措施 ····································· 74

4.3 镉 ··· 74

4.3.1 镉的理化性质 ····································· 75

4.3.2 镉的来源 ··· 75

4.3.3 镉的安全事故 ····································· 75

4.3.4 镉的毒性和危害 ··································· 76

4.3.5 镉的限量标准 ····································· 78

4.3.6 镉的控制措施 ····································· 79

4.4 铅 ··· 80

4.4.1 铅的理化性质 ····································· 80

4.4.2 铅的来源 ··· 80

4.4.3 铅的污染事件 ····································· 80

4.4.4 铅的毒性和作用机理 ······························· 81

4.4.5 铅的检测 ··· 82

4.4.6 控制方法 ··· 83

4.5 砷 ··· 84

4.5.1 砷的理化性质 ····································· 84

4.5.2 砷的来源 ··· 85

4.5.3 砷的毒性和作用机理 ······························· 86

4.5.4 砷的限量标准 ····································· 87

4.5.5 控制措施 ··· 88

4.6 其他有害元素 ··· 89

4.6.1 铬对食品安全的影响 ······························· 89

4.6.2 铝对食品安全的影响 ······························· 91

4.6.3 稀土元素对食品安全的影响 ························· 92

4.7 常见微量元素超量引起的毒性 ····························· 93

4.7.1 铁 ··· 93

4.7.2 锌 ··· 94

4.7.3 铜 ··· 95

4.7.4 锰 ··· 96

4.7.5 碘 ·· 97

4.7.6 硒 ·· 97

第 5 章 食品添加剂与食品安全 ·· 100

5.1 食品添加剂概述 ·· 100

5.1.1 定义 ··· 100

5.1.2 食品添加剂的分类 ·· 100

5.1.3 使用要求 ·· 101

5.1.4 食品添加剂的卫生管理 ·· 101

5.1.5 食品添加剂的安全性评价 ·· 102

5.2 食品防腐剂 ··· 103

5.2.1 概述 ··· 103

5.2.2 安全问题 ·· 104

5.2.3 安全控制 ·· 104

5.3 食品抗氧化剂 ··· 106

5.3.1 概述 ··· 106

5.3.2 安全问题 ·· 107

5.3.3 安全控制 ·· 107

5.4 食品护色剂 ··· 109

5.4.1 概述 ··· 109

5.4.2 安全问题 ·· 109

5.4.3 安全控制 ·· 110

5.5 食品漂白剂 ··· 110

5.5.1 概述 ··· 110

5.5.2 安全问题 ·· 111

5.5.3 安全控制 ·· 112

5.6 食品膨松剂 ··· 113

5.6.1 概述 ··· 113

5.6.2 安全问题 ·· 113

5.6.3 安全控制 ·· 114

5.7 食品着色剂 ··· 115

5.7.1 概述 ··· 115

5.7.2 安全问题 ·· 115

5.7.3 安全控制 ·· 116

5.8 其他食品添加剂 ·· 116

5.8.1 增白剂 ·· 116

5.8.2 抗结剂 ·· 117

5.8.3 营养强化剂 ··· 117

第 6 章　生物毒素与食品安全 ································ 118

6.1　食物中毒概述 ·· 118

　　6.1.1　食物中毒定义 ································ 118

　　6.1.2　常见食物中毒情况 ························ 118

　　6.1.3　有毒食物经典案例 ························ 118

6.2　有毒动物 ·· 119

　　6.2.1　河豚毒素 ···································· 120

　　6.2.2　贝类毒素 ···································· 121

　　6.2.3　组胺 ··· 125

　　6.2.4　鱼胆毒素 ···································· 126

6.3　有毒植物 ·· 127

　　6.3.1　豆类毒素 ···································· 127

　　6.3.2　生物碱糖苷 ································· 129

　　6.3.3　生氰糖苷 ···································· 131

　　6.3.4　蘑菇毒素 ···································· 132

6.4　毒素污染防控措施 ··································· 134

　　6.4.1　预防毒素污染的措施 ···················· 134

　　6.4.2　脱除毒素的措施 ·························· 135

第 7 章　生物技术食品安全 ································ 137

7.1　生物技术食品概述 ··································· 137

　　7.1.1　生物技术定义 ····························· 137

　　7.1.2　生物技术食品定义 ························ 137

　　7.1.3　生物技术食品简介 ························ 138

7.2　转基因食品 ··· 138

　　7.2.1　转基因食品概况 ·························· 138

　　7.2.2　全球转基因食品发展现状 ··············· 139

　　7.2.3　转基因食品安全性分析 ················· 140

　　7.2.4　转基因食品安全管理 ···················· 148

7.3　基因编辑食品 ·· 151

　　7.3.1　基因编辑食品的概况 ···················· 152

　　7.3.2　基因编辑食品与传统转基因产品的区别 ······· 153

　　7.3.3　基因编辑食品国际监管政策 ············· 154

7.4　合成生物学食品 ····································· 156

　　7.4.1　合成生物学的概念 ························ 156

　　7.4.2　合成生物学食品的概念 ················· 157

　　7.4.3　合成生物学食品的发展 ················· 157

　　7.4.4　合成生物学在食品工业上的应用 ········ 157

　　7.4.5　合成生物学食品、转基因食品与基因编辑食品的区别 ······· 158

7.4.6 合成生物学食品的安全风险与监管 ·············· 159

7.4.7 合成生物学食品的发展趋势 ·················· 160

7.4.8 合成生物学食品的监管发展趋势 ·············· 161

7.5 食品酶制剂 ································· 161

7.5.1 酶制剂的定义 ························· 161

7.5.2 酶制剂的发展历程 ····················· 161

7.5.3 酶制剂的分类和作用 ··················· 162

7.5.4 酶制剂在食品工业的应用 ················· 162

7.5.5 转基因微生物生产食品酶制剂 ·············· 163

7.5.6 食品酶制剂常见安全性问题 ················ 164

7.5.7 食品酶制剂安全性评价概要 ················ 164

第8章 "从农田到餐桌"食品生产链 ················· 169

8.1 从农田到餐桌概述 ·························· 169

8.1.1 食品安全溯源体系 ····················· 169

8.1.2 我国食品安全追溯体系发展现状 ············· 170

8.2 食品原料的种植、养殖 ······················ 170

8.2.1 种植、养殖的食品安全要求 ················ 170

8.2.2 食品原料的相关国家标准 ················· 173

8.3 食品加工 ······························· 175

8.3.1 食品加工环境 ························· 175

8.3.2 食品加工新技术与新资源 ················· 176

8.3.3 食品加工中形成的有害有机物 ·············· 179

8.4 包装材料和容器的安全性 ····················· 186

8.4.1 食品包装概述 ························· 186

8.4.2 塑料包装材料及其制品的安全性 ············· 187

8.4.3 橡胶制品的安全性 ····················· 188

8.4.4 食品包装纸的安全性 ··················· 188

8.4.5 食品无机包装材料及其制品的安全性 ·········· 190

8.4.6 食品包装材料发展方向 ·················· 192

8.5 食品运输中的质量安全控制 ··················· 193

8.5.1 食品运输的基本要求 ··················· 194

8.5.2 不同食品运输中的质量安全控制措施 ·········· 194

8.5.3 食品的冷链物流 ······················ 195

8.6 食品销售和消费中的质量安全控制 ··············· 198

8.6.1 食品销售中的质量安全控制 ················ 198

8.6.2 食品消费中的质量安全控制 ················ 200

第9章 食品安全风险分析 ···················· 203

9.1 食品安全风险分析概述 ···················· 203

  9.1.1 风险的概念 ···················· 203

  9.1.2 食品安全风险分析的发展历史 ···················· 203

  9.1.3 食品安全风险分析框架的基本内容 ···················· 205

  9.1.4 食品安全风险分析框架的应用 ···················· 205

  9.1.5 我国食品安全风险分析现状 ···················· 207

9.2 食品安全风险评估 ···················· 208

  9.2.1 风险评估的概念和基本步骤 ···················· 208

  9.2.2 食品安全风险评估基本原则与应用现状 ···················· 210

  9.2.3 风险评估的结果 ···················· 213

9.3 食品安全风险管理 ···················· 213

  9.3.1 食品安全风险管理的基本措施和实施步骤 ···················· 213

  9.3.2 风险管理方案的确定与选取 ···················· 216

  9.3.3 风险管理措施的实施、监控与评价 ···················· 217

9.4 食品安全风险交流 ···················· 218

  9.4.1 风险交流定义 ···················· 218

  9.4.2 食品安全风险交流基本流程 ···················· 219

第10章 食品安全精准检测技术 ···················· 224

10.1 概 述 ···················· 224

  10.1.1 食品安全精准检测的重要性 ···················· 224

  10.1.2 常见的食品安全精准检测技术的分类 ···················· 224

10.2 光谱技术 ···················· 225

  10.2.1 原子吸收光谱法 ···················· 225

  10.2.2 原子发射光谱法 ···················· 226

  10.2.3 原子荧光光谱法 ···················· 228

  10.2.4 分子荧光光谱法 ···················· 229

  10.2.5 分子磷光光谱法 ···················· 230

  10.2.6 化学发光分析法 ···················· 232

  10.2.7 紫外-可见吸收光谱法 ···················· 233

  10.2.8 红外光谱法 ···················· 234

  10.2.9 激光拉曼光谱法 ···················· 235

  10.2.10 太赫兹 ···················· 235

  10.2.11 高光谱 ···················· 236

10.3 色谱技术 ···················· 236

  10.3.1 气相色谱技术 ···················· 236

  10.3.2 高效液相色谱技术 ···················· 237

  10.3.3 薄层色谱技术 ···················· 238

   10.3.4 毛细管电泳技术 ································ 239

 10.4 质谱技术 ································ 241

   10.4.1 质谱分析 ································ 241

   10.4.2 电感耦合等离子体质谱 ································ 242

   10.4.3 气相色谱–质谱联用 ································ 242

   10.4.4 液相色谱–质谱联用 ································ 243

 10.5 其他精准检测技术 ································ 245

   10.5.1 单细胞检测技术 ································ 245

   10.5.2 单分子检测技术 ································ 245

第 11 章 食品安全快速检测技术 ································ 247

 11.1 基于亲和识别的食品安全快速检测技术 ································ 247

   11.1.1 亲和识别检测概述 ································ 247

   11.1.2 亲和识别元件的种类及特性 ································ 247

   11.1.3 亲和识别类型 ································ 251

   11.1.4 亲和识别检测技术的信号输出方式 ································ 255

   11.1.5 其他类亲和识别检测技术 ································ 258

 11.2 基于核酸扩增的食品安全快速检测技术 ································ 259

   11.2.1 核酸扩增概述 ································ 259

   11.2.2 基于变温核酸扩增的食品安全快速检测技术 ································ 259

   11.2.3 基于等温核酸扩增的食品安全快速检测技术 ································ 263

 11.3 基于功能核酸识别的食品安全快速检测技术 ································ 266

   11.3.1 基于核酸互补识别的食品安全快速检测技术 ································ 267

   11.3.2 基于适配体亲和识别的食品安全快速检测技术 ································ 269

   11.3.3 基于切割型核酶识别的食品安全快速检测技术 ································ 274

 11.4 基于化学催化反应的食品安全快速检测技术 ································ 276

 11.5 基于酶抑制反应的食品安全快速检测技术 ································ 277

   11.5.1 乙酰胆碱酯酶概述 ································ 277

   11.5.2 基于乙酰胆碱酯酶的农药快速检测技术 ································ 277

第 12 章 食品安全监管与保障体系 ································ 279

 12.1 食品安全监管体系 ································ 279

   12.1.1 食品安全监管 ································ 279

   12.1.2 我国食品安全法律法规体系 ································ 280

   12.1.3 我国食品安全监管体系 ································ 281

 12.2 食品质量安全认证体系 ································ 282

   12.2.1 认证体系 ································ 282

   12.2.2 "三品一标"合格评定 ································ 286

   12.2.3 现行许可证认证制度 ································ 288

12.3 食品质量安全追溯体系 ·· 290

   12.3.1 食品质量安全追溯 ·· 290

   12.3.2 国外发达国家追溯体系 ·· 291

   12.3.3 我国食品质量安全追溯体系 ·································· 291

   12.3.4 追溯系统 ·· 292

   12.3.5 追溯技术 ·· 293

   12.3.6 区块链技术 ·· 294

参考文献 ·· 296

第1章 绪 论

民以食为天，加强食品安全保障，关系到我国14亿多人的身体健康和生命安全，党中央、国务院对此高度重视。

近年来，我国食品安全形势不断好转，但仍然存在不少问题，如新技术、新业态、新模式的不断涌现引发了许多非传统性食品安全问题；同时，我国持续扩大进口，需应对更多全球性食品安全挑战。人民群众对食品安全的期待越来越高，食品安全工作者肩上的责任越来越重，全面实施食品安全战略，提高食品安全保障水平，是我国基本实现社会主义现代化的一项紧迫任务，是建设"健康中国"的重要组成部分，更是坚持以人民为中心，增进民生福祉，不断实现人民对美好生活向往的必然要求。

1.1 食文化与"食"字

《诗经·小雅·天保》中提到，"民之质矣，日用饮食"，意思是人民淳朴老实，每天饮食满足就行。据《尚书·洪范》记载，周武王灭商后，箕子向其建议应重视"八政"，即食、货、祀、司空、司徒、司寇、宾、师等，分别是指粮食、布帛与货币、祭祀、工程与土地管理、赋役征敛、刑狱、礼仪、士子教育诸事。其中，农业是治国安邦的头等大事。纵观华夏五千年文明史，历朝历代的统治者无不把粮食问题摆在治国安邦的重要位置，饮食文化也是中华文明的重要组成部分。《黄帝内经》上记载"五谷为养，五果为助，五畜为益，五菜为充"，不仅涵盖了饮食结构，还包含有饮食思想、饮食观念、饮食习俗、饮食礼仪，都构成了中华民族的饮食文化体系。

古代，贵族家里常见的碗是青铜做的，叫"簋"。簋一般分上下两部分，下半部分和今天用的碗很像。簋就是"食"字的来源。"食"在甲骨文中写作，上面像一个盖子，里面放着食品。"食"最基本的意思是食品，后来有了吃东西的含义，直至今天，"食"仍然具有"吃的东西"和"吃的动作"这两个意思，带食字旁的字也都与饮食密切相关。比如，与饮食需求有关的"饥""饿""饱"；与食品名称有关的"饼""馄""饺"；与饭的状态有关的"饪""馑"；与烹饪方式有关的"馏"等。我们从这些食字部的汉字中能感受到中华饮食文化的深厚底蕴，也进一步增强了中华饮食的文化自信。

1.2 食品安全相关内容

1.2.1 食品安全

根据《中华人民共和国食品安全法》定义，食品指各种供人食用或者饮用的成品和原料以及按照传统既是食品又是中药材的物品，但是不包括以治疗为目的的物品。食品安全，指食品无毒、无害，符合应当有的营养要求，对人体健康不造成任何急性、亚急性或者慢性危害。

1984年世界卫生组织(World Health Organization，WHO)在《食品安全在卫生和发展中的作用》文件中，将食品安全定义为：生产、加工、贮存、分配和制作食品过程中确保食品安全可靠，有益于健康并且适合人消费的种种必要条件和措施。1996年，WHO在其发表的《加强国家级食品安全性计划指南》中，将食品安全定义为：对食品按其用途进行制作和食用时，不会使消费者受害的一种担保，主要是指在食品的生产和消费过程中，有毒有害物质或因素的存在或者引入没有达到危害程度，从而保证人体在按照正常剂量和以正确方式摄入这样的食品时，不会受到急性或慢性的危害，这种危害不仅包括对摄入者本身产生的不良影响，还包括对其后代可能产生的潜在不良影响。

食品安全不仅涉及科学概念，还涉及法律、社会、政治等概念，因此从广义上理解食品安全需要综合考虑多方面因素。我国国务院食品安全委员会办公室每年6月举办全国食品安全宣传周，通过搭建多种交流平台，促进公众树立健康饮食理念，提升消费信心，提高食品安全意识和科学应对风险的能力；增强食品生产经营者守法经营责任意识；提高监管人员监管责任意识和业务素质。

1.2.2　食品卫生

1955年WHO将食品卫生定义为：从食品原料的生产、加工、制造及最后消费的所有过程，为确保其安全、完整及嗜好性所做的一切努力。1996年，WHO又将食品卫生定义为：为确保食品安全性和适用性，在食物链的所有阶段必须采取的一切条件和措施。与食品安全的概念相比，食品卫生的概念相对较小。食品安全的主要要素包括：确保最终提供给摄入者安全的食物，实施恰当的食品管理体系，建立食物追溯体系，实施良好的卫生操作；食品卫生的主要要素包括：保持良好的人员卫生，执行严格的清洁流程，预防交叉污染，利用恰当的方式贮存食品，控制过敏原，采用合适的食品加工温度。虽然食品安全和食品卫生的概念相近，但在使用中不能随意互换，食品安全涉及要素多，旨在确保提供的食品不会伤害摄入者；食品卫生则是由确保食品安全而采取的一系列措施组成。

1.2.3　食品安全学

食品安全学是研究食品对人体健康危害的风险和保障食品无危害风险的科学。食品安全学不像数学、物理学等内涵集中的学科，不仅包括食品科学，还包括农学、化学、医学、生物学、工学、法学、管理学等跨学科内容，研究涉及的范围广、综合性强。毕业生可能从事食品分析检测、安全评价、质量管理、品质控制、标准法规等方面的工作。

研究食品安全学要以提高人民健康水平为核心，瞄准改善健康公平，坚持改革创新，把"健康"融入所有研究，促进社会公平。食品安全学的主要研究内容包括影响食品安全的生物性、化学性因素，食品添加剂的使用，新食品生产与检测技术，食品质量与安全控制体系，食品安全风险评估，食品安全法治建设等。

1.2.4　食品安全管理工程学

食品安全管理工程是一项为保障食品安全的工程系统。食品安全管理工程学立足于食品科学基本规律，同时借鉴现代管理学理念，属于食品科学与管理科学的交叉学科。食品安全管理工程学的研究目标是运用工程管理的方法和手段，通过合理的组织架构和人、财、物配置模式，实现食品安全水平的升级。

食品安全管理实践中发现，由于各相关方认知水平和所能获取的社会资源的差异，这个博弈过程通常是漫长的，不平衡、不合理的博弈常常效率低下且成本高昂，严重影响社会共治治理理念的落地实施。中国农业大学罗云波教授提出"赋能催化博弈"理论，即通过"赋能"来"催化"管理者（政府及食品安全监管部门）和各参与方（食品生产企业、消费者、新闻媒体、消费者协会和其他消费者组织、食品行业协会、食品检验机构和认证机构及专家学者等）之间的"博弈"行为，提高"博弈"效率，为逐步完善食品安全工程管理体系提供了理论支撑。

食品安全管理工程体系里的"赋能"，强调的是一种管理者和各参与方能够尽快达成共识的途径，其目的在于以科学、理性、高效的方式实现社会共治，是当代食品安全管理的重要途径。"催化"强调的是加速对关键节点、关键矛盾的客观认识和选择的过程，加速多方博弈并达成意见共识的过程，加速食品安全管理体系日趋完善的过程，以期达到"四两拨千斤"的效果。"博弈"强调的是博弈各方的行为互动。其中"赋能"被视为是激活各博弈方潜能的关键，在赋能的"催化"作用下博弈各方加速达成共识，并通过博弈逐步达到一种食品安全管理工程体系渐趋完善的状态。

从政府及食品安全监管部门、食品生产企业和消费者这三个博弈主体来进行简要分析：政府的监管不力为不法行为留出了空间；食品企业在信息不对称问题带来的机会主义下进行违法生产活动是食品安全问题的根源；而消费者的不及时监督举报或进行不实举报也给政府监管部门和生产企业带来了困扰。可见，任意博弈方的行为失措都会对其他方造成巨大的影响。但是，通过充分的"赋能"，在科学引领和理性认知下实现更为平衡的信息对称，这些失措行为将会得到纠正，整个食品安全管理工程体系也将得以完善。因此，形成以"赋能"来"催化""博弈"的格局，将会成为一条加速形成各博弈方良性互动、加速完善食品安全管理体系的新途径。

1.2.5 粮食安全

1.2.5.1 粮食安全的概念

联合国粮食及农业组织（FAO）将粮食安全定义为：保证任何人在任何时候能买得到又能买得起足够安全且营养的食物，这些食物能够满足健康生命的膳食需求和食品偏好。这个概念包括：①确保生产足够数量的粮食；②经济上能够获得足够的粮食；③能够利用足够的能量与营养；④确保粮食稳定供应。

1.2.5.2 中国特色粮食安全之路

粮食安全作为世界性的重大课题，是世界和平与发展的重要保障，是构建人类命运共同体的重要基础。中国用全球 9% 的耕地、6% 的淡水资源生产的粮食，养活了世界近 20% 的人口。为确保国家粮食安全，我国实施"以我为主、立足国内、确保产能、适度进口、科技支撑"的国家粮食安全战略，走出了一条适合中国基本国情的、具有中国特色的粮食安全之路，主要体现在 3 个方面。一是粮食生产能力不断提高。近年来，我国粮食产能稳定在 6.5×10^8 t 以上，加上薯类、豆类大概是 6.7×10^8 t，形成我国粮食安全最根本的支撑。谷物自给率超过 95%，稻谷和小麦产需有余，完全能够实现自给，将中国人的饭碗牢牢端在自己手上，而进出口主要用于品种调剂。二是粮食储备和应急体系不断健全。粮食储备用于调节粮食供求，稳定粮食市场，以及应对重大自然灾害或者其他突发事件等情况。我国仓储现代化水平明显提高，粮食物流效率稳步提升，基本形成了公路、铁路、水路多式联运格局。在大中城市和价格易波动地区，建立了 $10 \sim 15$ d 的应急成品粮储备。三是为世界粮食安全做出积极贡献。我国积极践行自由贸易理念，主动分享中国粮食市场资源，国家统计局数据显示，2019 年我国粮食进口 1.22×10^8 t（谷物及谷物粉、小麦、稻谷和大米、大豆），粮食出口 6.07×10^6 t（谷物及谷物粉、稻谷和大米、玉米、大豆）。不断与世界尤其是发展中国家分享粮食安全资源和经验，如中国杂交水稻已走进马达加斯加、越南等几十个国家，为解决全球粮食安全问题贡献中国智慧。

1.2.5.3 粮食损失与浪费

城镇化水平方面，我国常住人口城镇化率从 1949 年的 10.64% 增长到 2019 年的 60.60%（图 1-1）。研究表明，尽管城镇居民口粮消费低于农村居民，但对畜产品的消费较高，城镇居民对粮食的直接和间接消费之和要高于农村居民，因此人口从农村迁向城镇会增加对粮食的消费总量。

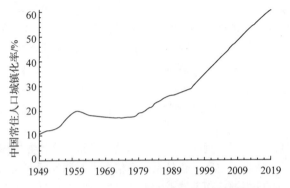

图 1-1 1949—2019 年中国常住人口城镇化率

尽管我国粮食生产连年丰收，但要对粮食安全始终保持危机意识，全球新冠肺炎疫情对粮食安全产生的影响更是给我们敲响了警钟。每年 10 月 16 日是世界粮食日，其所在周是我国粮食安全宣传周，旨在引起人们对全球粮食短缺问题的重视，敦促各国采取行动增加粮食生产，与饥饿和营养不良作斗争。从粮食收获至零售环节（不包括零售环节）损失的部分称为粮食损失；零售或消费层面浪费的部分称为粮食浪费。据 FAO 统计，全球有 14% 的粮食损失在收获到零售环节。生产者、经营者、消费者等都能为减少粮食损失和浪费做出自己的贡献。要传承中华民族勤俭节约、爱粮节粮的优秀传统美德，大力弘扬艰苦奋斗精神，积极倡导文明用餐新理念、新习惯、新风尚；要弘扬爱粮节粮社会新风，积极践行"光盘行动"，杜绝"舌尖上的浪费"；要加大节粮减损力度，在粮食全产业链促进资源综合合理利用。要深入推进"优质粮食工程"，积极实施"粮食节约减损健康消费"；强化科技创新，全面推广节粮减损新技术成果；广泛宣传爱粮节粮知识和减少浪费相关措施，营造爱粮节粮的浓厚社会氛围。

1.2.6 大食物安全观

大食物安全观是指能满足人们日益多元的食物消费需要，围绕人民群众全方位、全周期的健康需求，结合居民膳食结构的合理程度，确保人民群众在物质上和经济上都能够获得足够、健康、营养和安全的食物；确保从供给安全、营养安全、质量安全、生物安全和发展安全角度的食物全产业链安全可控；同时，积极构建更加健康、更加生态、更可持续的食物消费观和生产观。大食物安全的概念涉及供给安全、质量安全、生物安全、环境安全、经济安全、社会安全、贸易安全、政治安全。建立大食物安全观，就是要始终坚持以人民为中心，既要着眼满足当下人民群众对美好生活的需求，又要秉持可持续发展和绿色循环理念。

1.2.7 人民饮食需求的变化

党的十三大明确而系统地阐述了"三步走"的发展战略。第一步，从 1981 年到 1990 年实现国民生产总值比 1980 年翻一番，解决人民的温饱问题。在这个阶段，人民对饮食的追求仅仅是"吃得饱"。1983 年、1984 年，党中央连续下发的一号文件，都把包干到户和包产到户为主要形式的家庭联产承包责任制推行到了全国农村，充分调动亿万农民的生产积极性。1984 年，全国人均粮食拥有量达到 393 kg，基本解决温饱问题。从那以后，人民对饮食的追求转向"吃得好"。第二步，从 1991 年到 20 世纪末，使国民生产总值再增长 1 倍，人民生活达到小康水平。2006 年 1 月 1 日起正式废止《中华人民共和国农业税条例》。这标志着在我国延续了 2 600 年的农业税从此退出历史舞台。农业税的取消，极大地调动了农民积极性，又一次解放了农村生产力。随着我国粮食在生产数量上稳步提升，人民对食品的品质有了更高要求，如减少农药使用、提升绿色品质等。2017 年"优质粮食工程"启动，"米袋子"更多装上了"优质粮"，"菜篮子"也更丰富。"三步走"发展战略第三步，到 21 世纪中叶，人均国民生产总值达到中等发达国家水平，人民生活比较富裕，基本实现现代化。当前及今后一个时期，人民群众消费需求将从"吃得好"向"吃得健康"转变。2017 年中央一号文件提出："要以市场为导向，紧跟消费需求变化，不仅要让人们吃饱、吃好，还要吃得健康、吃出个性""要加强现代生物和营养强化技术研究，挖掘开发具有保健功能的食品"。党的十九届五中全会提出"面向世界科技前沿、面向经济主战场、面向国家重大需求、面向人民生命健康"，加快建设科技强国。食品行业要结合实际，面向世界食品安全科技前沿、面向食品产业经济主战场、面向食品安全重大需求、面向人民生命健康，以满足人民群众日益增长的健康食品消费需求为目标，提高食品科技创新高度，加大对具有保健功能的食品以及对预防慢性病食品的研发力度。

1.3 食品污染的分类

食品本身不应含有有毒有害物质。但是，在种植或饲养、生长、收割或宰杀、加工、贮存、运输、销售到食用前的各个环节中，由于环境或人为因素的作用，可能使食品受到有毒有害物质的侵袭而造成污染，使食品的营养价值和卫生质量降低，这个过程就是食品污染。

1.3.1 按污染物的性质分类

1.3.1.1 生物性污染

生物性污染指由微生物及其有毒代谢产物(毒素)、病毒、寄生虫及其虫卵等生物对食品的污染。其中，以微生物及其毒素的污染最为常见，它们是危害食品安全的首要因素。污染食品的微生物及其毒素主要包括细菌及细菌毒素、霉菌及霉菌毒素。常见的易污染食品的细菌有假单胞菌、微球菌、葡萄球菌、芽孢杆菌、梭菌、黄杆菌、嗜盐杆菌等；污染食品的霉菌毒素有黄曲霉毒素、赭曲霉毒素、杂色曲霉毒素、岛青霉素等。霉菌及其毒素污染食品后，引起的危害主要包括两个方面：①霉菌引起食品变质，降低食用价值；②霉菌毒素可能危害人体健康。

1.3.1.2 化学性污染

化学性污染主要指化学物质对食品的污染，包括农用化学物质如化肥、农药、兽药、激素等在食品中的残留，滥用食品添加剂对食品的污染，违法使用有毒化学物质(如苏丹红、孔雀石绿等)对食品的污染，有害元素(如汞、铅、镉、砷等)对食品的污染，食品加工方式或条件不当产生的有害化学物质(如多环芳烃类、丙烯酰胺、氯丙醇、N-亚硝基化合物、杂环胺等)对食品的污染，食品包装材料和容器(如金属包装物、塑料包装物及其他包装物)可能含有的有害化学成分迁移到食品中和工业废弃物等所造成的污染。这些污染食品的化学物质有的源于食品所处的环境，有的源于食品的生产过程，还有的源于食品接触材料。

1.3.1.3 物理性污染

物理性污染指食品生产加工过程中的杂质(如玻璃片、木屑、石块、金属片)或放射性核素超过规定的限量而对食品造成的污染。食品中的金属物一般来源于食品加工制造、运输过程中由于疏忽引起的各种机械、电线等碎片存在于食品中，也可能是人为故意破坏而投入到食品中的；食品中的玻璃物品主要是瓶、罐等多种玻璃器皿以及玻璃类包装；这些杂质在食品加工、运输过程中由于疏忽等原因而进入食品中；此外，石头、骨头、塑料、鸟粪、小昆虫等其他杂质存在于食品中，如果不加以控制，都会对人体健康造成一定程度的伤害。

天然放射性物质在自然界中分布很广，存在于矿石、土壤、天然水、大气和动植物组织中，可以通过食物链进入食品。一般认为，除非食品中的天然放射性物质的核素含量很高，否则基本不会影响食品安全。自 19 世纪末（1895 年）伦琴发现 X 射线后，Mink（1896 年）就提出了 X 射线的杀菌作用，但直到第二次世界大战后，辐射保藏食品的研究和应用才有了实质性的开始。20 世纪 90 年代中期，WHO 根据辐照食品安全性的研究结果得出结论：只要在规定的剂量和条件下辐照食品，辐照不会导致食品成分的毒性变化，不会增加微生物的危害，也不会导致营养供给的损失；但核试验、核爆炸、核泄漏及超量辐射等可能使食品受到放射性核素的污染。

1.3.2 按污染物的来源分类

1.3.2.1 内源性污染

凡是作为食品原料的动植物体在生活过程中，由于本身带有的微生物而造成的食品污染，称为内源性污染，也称为第一次污染。

（1）内源性生物性污染

动植物在其生活期间所携带的微生物一般包括两类：非致病性和条件致病性微生物、致病性微生物。非致病性和条件致病性微生物在正常生理条件下，对于维持机体消化道、呼吸道等微生态平衡起着重要作用。但受到外界条件刺激时，便会引起食品污染。例如，当动物在屠宰前，若处于不良条件，机体抵抗力降低，微生物便侵入肌肉、肝脏等部位，造成肉品污染；在动物生活过程中若被致病性微生物如沙门菌、结核杆菌及人畜共患传染病病原菌污染，则会造成肉品的污染。若消费者食用了这类产品会对其身体健康和生命安全有着很严重的威胁。

（2）内源性化学性污染

由于化学工业的发展，一些有毒的化学物质常以液体、气体和固体的形式存在于周围环境中，通过食物链富集作用进入人体，产生毒性作用。与人类有关的食物链主要有两条：

①陆生生物食物链　土壤→农作物→畜禽→人。

②水生生物食物链　水→浮游植物→浮游动物→鱼虾→人。

由此可见，如果大气、土壤或水体受到某种污染，其组分或某些物质的含量发生变化，这些变化均有可能通过食物链最终影响到食物链顶端的人类。

1.3.2.2 外源性污染

食品在加工、运输、贮藏、销售、食用过程中，通过水、空气、人、动物、机械设备及用具等而使食品发生外源性污染，也称为第二次污染。这也是食品加工中最常见的污染途径。

（1）外源性生物性污染

食品在加工、运输、贮藏、销售、烹饪等过程中由于不遵守操作规程，受到微生物的污染。主要有：通过水的污染、通过空气的污染、通过土壤的污染、生产加工过程中的污染、运输贮藏过程中的污染、病媒害虫的污染。

（2）外源性化学性污染

食品在加工、运输、贮藏、销售、烹饪等过程中受到有毒化学物质的污染。主要有：通过空气中有毒化学物质的污染、水中有毒化学物质（如汞、镉等重金属）的污染、土壤中有毒化学物质的污染、运输过程中有毒化学物质的污染、生产过程中有毒化学物质的污染等。

1.3.3 按污染过程分类

1.3.3.1 原料污染

（1）动物性原料

屠宰前健康的畜禽具有健全而完整的免疫系统，能有效防御和阻止微生物的侵入和在肌肉组织内的扩散。屠宰后的畜禽丧失了先天的防御能力，微生物侵入组织后迅速繁殖。屠宰过程中卫生管理不当将引发微生物广泛污染。除此之外，还需关注动物性原料中存在的天然有害物质，如河豚中含有的河豚毒素。

环境污染物对动物性原料的危害多体现在重金属上，如铅是地壳中含量最为丰富的重金属元素，海产鱼中铅的自然含量为 0.3 μg/kg，受污染的海洋鱼类铅含量可高达 0.2~25 mg/kg；汞在工业上的应用造成环境污染而污染食品，鱼和贝类是被汞污染的主要食品，是人类膳食中汞的主要来源。

（2）植物性原料

健康的植物在生长期与自然界广泛接触，其体表存在有大量的微生物，所以收获后的粮食一般都含有其原来生活环境的微生物。植物体表还会附着有植物病原菌及来自人畜粪便的肠道微生物及病原菌。染病后的植物组织内部会存在大量的病原微生物，这些病原微生物是在植物的生长过程中通过根、茎、叶、花、果实等不同途径侵入组织内部的。植物性原料在加工过程中，经过洗涤和清洁处理，可除去籽粒表面上的部分微生物，但某些工序可使其受环境、器具及操作人员携带的微生物的再次污染。

食用农产品生产过程中使用的农用化学物（如农药、化肥等），在保证农业生产的可持续发展方面起着积极作用，但是如果不按相关的标准和要求使用，大量残留于农产品中，将对食用农产品造成严重污染，直接威胁到消费者的健康。

1.3.3.2 加工污染

在食品加工生产中滥用食品添加剂也会造成食品污染，如在动物性食品的生产过程中，为了发色及防腐可以添加硝酸盐、亚硝酸盐等，但是大量使用这类物质可能造成食用者急性中毒，如果长期食用含有一定硝酸盐、亚硝酸盐的食品，将会增加致癌的风险。

（1）食品加工设备

各种加工机械设备本身没有微生物所需的营养物质，但在食品加工过程中，由于食品的汁液或颗粒等黏附于设备内表面，食品生产结束时机械设备没有得到彻底的清洗、灭菌，使原本少量的微生物得以大量生长繁殖，成为微生物的污染源，这种机械设备在后续的使用中会通过与食品接触而造成食品的微生物污染。

（2）食品的包装材料

各种包装材料如果处理不当也会带有微生物，已经过消毒灭菌的食品，如果使用的包装材料未经过无菌处理或者处理不当，则会造成食品的再次污染。食品加工中使用的管道（如塑料管、橡胶管）、铝制容器及各种包装材料，也有可能使有毒物质（如苯乙烯、金属元素等）迁移到食品中；当采用陶瓷器皿盛放酸性食品时，其表面釉彩中含有的铅、镉等有毒有害元素可以溶解出来而迁移到食品中；用经过荧光增白剂处理的纸作包装材料，残留的胺类化合物可能污染食品；如果用不锈钢器皿存放酸性食品的时间较长，其中的镍、铬等元素溶出，也可以污染食品。

1.3.3.3 流通污染

在流通运输过程中如果运输车辆不清洁或消毒不彻底、不同种类食品混放，以及在运输途中对食品不能进行良好的包装和掩盖以至在运输流通中受到尘土的污染。

1.3.3.4 贮藏污染

很多动物、植物和微生物体内存在的天然毒素，如蛋白酶抑制剂、生物碱、氰苷、有毒蛋白等，食品贮藏过程中产生的过氧化物、醛、酮等化合物会给食品带来很大的安全隐患。

1.3.3.5 销售污染

销售过程中，将食品存放于不良或被污染的环境中都有可能使食品受到污染。尤其在互联网时代，网购食物和网络点餐也可能造成新的食品污染。

1.3.3.6 烹调污染

食品在加工、烹饪过程中会因高温而产生的多环芳烃类、杂环胺、丙烯酰胺等虽然量不大但毒性较强。

1.4 食品安全的发展历史、现状与挑战

1.4.1 食品安全的发展历史

人类的发展大约经历了两三百万年，其中99%的时间里，人们几乎完全依赖于自然生存，所谓"生吞活剥""茹毛饮血"，反映的就是最初的生存状态。后来人们因烈日干燥、火山爆发等自燃起火而吃到了烧熟或烤熟的食物，发现它们更美味也更易于消化。于是他们尝试保留火种，进而发明了"钻木取火"的生存技能，人类饮食文化也进入了熟食阶段。近现代以来，随着社会的发展与变化，对食品安全卫生与人类健康问题的研究也越来越深入。经过政府监督部门、食品企业和学术界的共同努力，食品安全与人类健康问题在近20年内得到了飞速的发展，在保障消费者的健康，促进国际食品贸易以及发展国民经济等方面发挥了重要的作用。

1.4.1.1 我国食品安全发展历史

人类对食品安全性的认识有一个历史发展过程，在人类文明早期，不同地区和民族都以长期生活经验为基础，在不同程度上形成了一些有关饮食卫生和安全的禁忌禁规。人类对食品安全与自身健康关系的认识不断地积累并加以深化，人们逐渐认识到食品由于自身的原因和保存条件的不合适以及一些化学物质的加入可能对人体有害，如食品出现腐败变质，并可能传播疾病。

在3 000多年前的西周时期，官方的医政制度将医生分为四大类：食医、疾医、疡医和兽医，其中食医排在诸医之首。当时我国不仅能控制一定卫生条件而制造出酒、醋、酱等发酵食品，而且已经设置了"凌人"，专司食品冷藏防腐，他们的工作就是"冬季取冰，藏之凌阴为消夏之用"。为了保证食品安全，周代还严禁未成熟果实进入流通市场，以防止引起食物中毒。这一规定被认为是我国历史上最早的关于食品安全管理的记录。汉唐时期，商品经济高度发展，食品交易活动非常频繁，交易品种空前丰富，为杜绝有毒有害食品流入市场，国家在法律上做出了相应的规定。汉朝《二年律令》规定："诸食脯肉，脯肉毒杀、伤、病人者，亟尽孰（熟）燔其余。其县官脯肉也，亦燔之。当燔弗燔，及吏主者，皆坐脯肉臧（赃），与盗同法。"即肉类因腐坏等因素可能导致中毒者，应尽快焚毁变质食品，否则将处罚肇事者及相关官员。

唐律条文要比汉律条文的规定更为详尽周密，《唐律疏议》是中国现存的第一部内容完整的法典，特别规定若食物有毒，已经让人受害，剩余的必须立刻焚烧，违者杖打九十大板；如果故意送人食用甚至出售，致人生病者，判处一年徒刑；致人死亡者，处以绞刑（脯肉有毒，曾经病人，有余者速焚之，违者杖九十；若故与人食，并出卖令人病者，徒一年；以故致死者，绞）。

宋代，饮食市场空前繁荣，而商品市场的繁荣，不可避免地带来一些问题，一些不法分子

"以物市于人，敝恶之物，饰为新奇；假伪之物，饰为真实。"为了加强对食品掺假、以次充好等食品质量问题的监督和管理，宋代规定从业者必须加入行会，而行会必须对商品质量负责。各个行会对生产经营的商品质量进行把关，行会的首领（也称"行首""行头""行老"）作为担保人，负责评定物价和监察不法。除了由行会把关外，宋代法律也继承了唐律的规定，对有毒有害食品的销售者给予严惩。

随着相关学科的发展，人们认识到除了食品添加剂外，化肥、农药、兽药以及环境污染物等物质可以通过食物链在动植物食品中富集，食用这类食品后也可能对健康造成不利影响。

在我国，近代食品安全性的研究与管理起步较晚，但近半个世纪以来食品卫生与安全状况有了很大的改善，一些食源性传染病得到了有效的控制，农产品和加工食品中的有害化学残留也开始纳入法制管理的范畴。我国于 1982 年制定了《中华人民共和国食品卫生法》（试行），经过 13 年的试行阶段于 1995 年由全国人大常务委员会通过，成为具有法律效力的食品卫生法规。然而，在即将进入 21 世纪和面向全球经济一体化的时代，我国食品的安全性问题形势依然严峻，还要从认识、管理、法规、体制以及研究、监测等方面做更多的工作，才能适应客观形势发展的需要。2009 年我国政府针对食品安全的现状，决定制定并应用《中华人民共和国食品安全法》，这对我国食品安全的研究、监督有重要意义。2016 年 10 月 1 日，新修订的《中华人民共和国食品安全法》正式实施，提出了社会共治和共享的理念，发挥社会各主体的责任意识，共同监管食品安全，包括政府在内的各种社会力量交织形成监管网络，严把从农田到餐桌的道道防线。

1.4.1.2　国际食品安全发展历史

国外也有类似的食品卫生管理技术，如中世纪罗马设置专管食品卫生的"市吏"。由于生产的发展促进了社会的产业分工，商品交换，阶级分化，利益与道德的对立，食品交易中出现了制伪、掺假、掺毒、欺诈现象。古罗马帝国时代就曾蔓延为社会公害。当时制定的罗马民法对防止食品的假冒污染等安全性问题做过广泛的规定，违法者可判处流放或劳役。

英国为解决石膏掺入面粉，出售变质肉类等事件，1266 年颁布了面包法，禁止出售任何有害人体健康的食品。美国在 19 世纪中后期，资本主义市场经济的发展缺乏有效法治的情况下，食品安全性与卫生问题也恶性发展。牛奶掺水、咖啡掺碳对当时的纽约老百姓是常见的事，更有在牛奶中加甲醛、肉类中用硫酸、黄油用硼砂做防腐处理的事例。1906 年，美国国会通过了第一部对食品安全、诚实经营和食品标签进行管理的国家立法——《纯净食品与药物法》，同年还通过了《肉类检验法》，这些法律对美国州与州之间的食品贸易加强了安全性管理。

19 世纪初，自然科学长足进步，给现代食品安全法奠定了自然科学基础。

1803—1873 年 Liebig 建立了食品成分分析法，对后来的食品成分检测有重要意义。

1837 年 Scthwann 与 1863 年 Pasteur 关于食品腐败中微生物作用过程的论述，以及随后提出的巴氏消毒法至今仍在使用。

1885—1888 年 Salmon 与 Gaertner 对沙门菌（*Salmonella*）的发现成为现代食品安全学早期发展的里程碑。

1851 年后，随着商品经济的发展，各商家为牟取暴利，食品掺假、伪造相当猖獗。各国相继开始立法，1851 年法国颁布《取缔食品伪造法》、1860 年英国颁布《防止饮品掺伪法》。

20 世纪中期以后，科学技术带动了工农业生产。但由于生产盲目发展，环境污染一度失控，公害泛滥导致了食品的严重污染。1948 年生效的关贸总协定（GATT）中对食品和农产品采取的贸易保障，对保护人类是必要的。1953 年 WHO 关注了在食品中化学物质用量增加的问题。20 世纪 60 年代，美国提出了危害分析与关键控制点（HACCP）概念。

20 世纪末期，随着科学的进步和生活条件的进一步改善，食品污染对人类健康的威胁与不少学者的设想相反。其危害性非但未降低，而是越来越多地威胁着消费者的健康。20 世纪对食品安全性问题的社会反应和政府对策最早见于发达国家。如美国在 1906 年食品与药物法规的基础上，于 1938 年由国会通过了新的联邦《食品药品和化妆品法》，1947 年通过了联邦《杀虫剂、杀菌剂和杀鼠剂法》。此后又陆续做过多次修订，至今仍为美国保障食品安全的主要联邦法律。WHO 和 FAO 自 20 世纪 60 年代组织制定了食品法典，并数次修订，规定了各种食物添加剂、农药及某些污染物在食品中允许的残留限量，供各国参考并借以协调国际食品贸易中出现的食品安全性标准问题。20 世纪 90 年代，欧盟提出建立食品可追溯体系（food trace-ability system）。至此，尽管还存在大量的有关添加剂、农药等化学品的认证与再认证工作，以及食品中残留物限量的科学制定工作，控制这些化学品合理使用以保障丰足而安全的食品生产与供应的策略与途径已初步形成，食品安全管理开始走上有序的轨道。

20 世纪末，特别是进入世纪之交的 90 年代以来，人类社会发展的多个方面通过人类食物链对食品安全性的影响渐渐显露出来。现今，欧美等发达国家在食品安全问题上的一些做法较为成熟，如美国利用 HACCP 制度能够从源头减少食品安全问题的发生，其所制定的《食品安全现代化法》主要从预防性控制、应对措施、进口食品的监管及合作伙伴关系 4 个方面进行了修正，从而整体提升美国的食品安全治理水平。欧盟在安全风险管理过程中首先进行风险评估，在评估的基础上进行相应的决策，并对掌握的信息及时与相关主体和机构进行交流沟通。在日本，一方面制定法律并拟订相应配套计划，另一方面设置食育机构。西方国家在制定体系完备的食品安全相关法律同时，还有一套能保证其法律良性运行的责任追究机制，不仅是对食品监管部门内部的追究，而且也非常重视对社会相关力量（如团体、媒体等）的社会问责，从而调动了各方面主体的积极性。

国外理论界对食品安全研究起步较早，理论也比较成熟，总体上呈现四个特点：一是研究内容非常广泛，涵盖了食品安全的方方面面；二是学科种类多，相互促进，相互影响；三是在研究方法上，定性研究与定量研究并重；四是与现实紧密结合。国外食品安全实践和操作比较完善，学者们的研究源于现实，并以解决现实问题为目的。

1.4.2 国内外食品安全的现状与挑战

虽然许多国际组织以及大多数国家的政府都十分重视食品安全，也采取了一系列措施保障食品安全，但目前全球的食品安全问题仍然相当严重，特别是随着食品生产的工业化和新技术、新原料的采用，造成食品污染的因素日趋复杂化。

1.4.2.1 我国食品安全存在的问题

①微生物造成的食源性疾病问题是主要的食品安全问题。

②化学污染造成的食品安全问题比较严重，特别是种植业和养殖业的源头污染对食品安全的威胁越来越严重。

③加工生产过程中出现的食品安全问题日趋显露。

④国际局势不可避免地对我国食品贸易带来巨大影响。我国食品被进口国拒绝、扣留、退货、索赔和终止合同的事件时有发生，我国畜、禽肉长期因兽药残留问题而出口欧盟受阻，酱油由于氯丙醇污染问题而影响了向欧盟和其他国家出口。

⑤违法生产经营食品问题严重，城乡接合部的一些无证企业和个体工商户及家庭式作坊成为制假售假的集散地。

⑥食品工业中使用新原料、新工艺给食品安全带来了许多新问题。现代生物技术（如转基因技术）、益生菌和酶制剂等技术在食品中的应用、食品新资源的开发等，既是国际上关注的

食品问题，也是我们亟待研究和重视的问题。

⑦检测的关键技术不够完善，基础研究经费匮乏不足。我国某些产品出口欧洲和日本时，国外要求检测百种以上农药残留，显然，要求一次能进行多种农药的多残留分析为技术关键。

⑧危害性分析技术应用不广。危害性分析是 WTO 和国际食品法典委员会(CAC)强调的用于制定食品安全技术措施的必要技术手段，也是评估食品安全技术措施有效性的重要手段。

⑨关键控制技术需要进一步研究。在食品中应用良好农业规范(GAP)、良好兽医规范(GVP)、良好生产规范(GMP)、危害分析与关键控制点(HACCP)等食品安全控制技术，对保障产品质量安全十分有效。而在实施 GAP 和 GVP 的源头治理方面，我国科学数据还不充分，需要进行研究。我国部分食品企业虽然已应用了 HACCP 技术，但缺少结合我国国情的覆盖各行业的 HACCP 指导原则和评价准则。

⑩食品安全技术标准体系不与国际接轨。国际有机农业和有机农产品的法规与管理体系主要可以分为 3 个层次，即联合国层次、国际性非政府组织层次和国家层次。联合国层次的有机农业和有机农产品标准是由 FAO 与 WHO 制定的，是《食品法典》的一部分，目前还属于建议性标准。《食品法典》的标准结构、体系和内容等基本上参考了欧盟有机农业标准以及国际有机农业运动联盟(IFOAM)的基本标准。我国除有机食品等同采用，绿色食品部分采用外，其他标准还存在差距。

1.4.2.2 国际食品安全状况

食品安全之所以在全球范围内受到密切和广泛关注，与国际上相继发生许多重大食品安全事件有关。随着全球经济一体化的发展，各国间的贸易往来日益增加，食品安全已没有国界，食品安全也成为当前国际食品贸易纠纷中的主要争端问题，如欧盟与美国和加拿大的激素牛肉案、澳大利亚与加拿大的鲑鱼寄生虫感染案，这些进入 WTO 争端解决机制的案例造成争端双方在资源、经济和名誉方面的重大损失。

当前国际食品安全形势严峻，近年来，国际上食品安全恶性事件不断发生。

(1)疯牛病

1986 年在英国被发现，20 世纪 90 年代流行达到高峰。2000 年 7 月英国有 34 万个牧场的 17 万多头牛感染此病，已屠宰焚毁 30 多万头，流行趋势于 20 世纪 90 年代后期下降，但发病率每年仍以 23%的速度增加，并由英国向全欧洲和亚洲扩散，受累国家超过 100 个。

(2)二噁英

1999 年，比利时、荷兰、法国、德国相继发生因二噁英污染导致畜禽类产品及乳制品含高浓度二噁英的事件。二噁英是一种同时具有明显的生殖毒性和免疫毒性的含氯化合物，是目前世界已知的有毒化合物中毒性最强的物质。它的致癌性极强，还可引起严重的皮肤病并伤及胎儿。

(3)大肠埃希菌 O157 事件

1996 年 6 月，日本多所小学发生集体食物中毒事件，发现元凶为大肠埃希菌 O157。截至当年 8 月，日本全国患者已达 9 000 多人，其中 7 人死亡，数百人住院治疗。

(4)丙烯酰胺

2002 年 4 月，瑞典斯德哥尔摩大学的科学家发布一项研究报告指出，包括炸薯条在内的多种油炸淀粉类食品中含有致癌物质丙烯酰胺。丙烯酰胺这种物质人们并不陌生，在塑料和染料等许多材料中都有使用。动物试验证明它有致癌危险，而马铃薯等含有淀粉的食品在进行烤、炸、煎的过程中会自然产生丙烯酰胺，这就掀起一场新的食品安全风波。

食品安全事件造成的经济损失十分巨大，从国际上的教训来看，食品安全问题的发生不仅使经济受到严重损害，甚至影响到消费者对政府的信任，危及社会稳定和国家安全。

1.4.2.3 食品安全面临的挑战

目前，我国食品安全主要存在 3 个方面的问题，即微生物污染而引起的食源性疾病，由农药残留、兽药残留、重金属、天然毒素、有机污染物等引起的化学性污染，非法使用添加剂和禁用物质。面对食品安全问题的挑战，迫切任务是不断完善我国的食品安全管理工程体系，用现代的理论和技术装备我国的食品安全科技与管理队伍。

（1）与国际接轨，加强与国际组织的合作与交流

我国进口食品贸易额逐年增长，一方面为人们的生活提供了丰富的食品，另一方面也为食品安全管理带来了挑战。①错综复杂的国际食品供应链，扩大了食品安全管理的复杂性；②增大了食源性疾病大范围和高频暴发的潜在风险；③扩大了边境致病因子传出或输入的范围和速度；④全球发展要求国际食品安全管理的一致性。

（2）建立国家食品安全控制与监测网络

系统监测并收集食品加工、销售、消费全过程包括食源性疾病的各类信息，以便对人群健康与疾病的现状和发展趋势进行科学地评估和预测，早期鉴定病原物质，鉴别高危食品、高危人群；评估食品安全项目的有效性，为卫生政策的提出和规范提供信息。

（3）加强食品安全控制技术的投入和研究

食品消费行为在现代社会受到多种因素影响，不断发生变化，消费模式的改变无疑会带来新的食品安全问题。为了更好地对食品实施安全控制，需要加强餐饮业特别是快餐食品的监督管理，研究新的预防控制技术、食品的现代加工贮藏技术等。

（4）加强对食品加工企业以及消费者的食品安全相关知识的培训和教育

保障食品安全是多方面共同的责任，食品生产、流通的每一个环节都有它的特殊性，必须实行从农田到餐桌的全程综合管理，如实行 GAP 和 GMP 等。政府相关的管理部门、食品企业从业人员都应定期接受食品生产、安全方面的知识培训，特别是要参与 HACCP 等食品安全质量控制系统的实施活动；消费者则应不定期地接受食品的安全购买、安全烹饪、安全食用等知识的培训；新闻媒体也应提供足够的空间大力宣传食品安全知识，促进绿色消费。

保障食品安全的最终目的是预防与控制食源性疾病的发生和传播，保障消费者的健康。食物可在食物链的不同环节受到污染，因此不可能靠单一的预防措施来确保所有食品的安全。人类对食物数量和质量的追求对食品生产者、管理者来说是一个永不休止的挑战。新的加工工艺、新的加工设备、新的包装材料、新的贮藏和运输方式等都会给食品带来新的不安全因素。食品安全是一项复杂的社会系统工程，需要政府、企业、社会共建共享。我们相信，随着社会的发展和进步，用最严谨的标准、最严格的监管、最严厉的处罚、最严肃的问责，食品安全的保障系统会得到进一步完善，我们的食品将会更加营养、安全。

本章小结

本章介绍了食品安全相关内容、食品污染源的分类、食品安全的发展历史、国内食品安全的问题和发展态势、国外食品安全现状以及当今食品安全面临的挑战。

思考题

1. 什么是食品安全？
2. 食品污染分类有哪些？
3. 如何评价我国食品安全现状？
4. 我国食品安全面临哪些挑战？

第2章 生物性污染

食品污染指有害物质进入正常食物，使食物的营养价值和卫生质量降低，对人体造成不同程度危害的过程。食品污染的概念应与有毒食品的概念加以区分，有毒食品是指食品中本身含有害物质，而不适合作为食品，即食品污染中的有害物质是外源进入的，而有毒食品中的有害物质是固有存在的。食品污染主要包括物理性污染、化学性污染和生物性污染，其中物理性污染是指食品生产加工过程中掺入的灰尘、沙石、器皿碎渣、草籽等，也包括放射性污染；化学性污染包括农用化学投入品、有害重金属或类金属元素以及过量使用的食品添加剂等，但应注意的是限量范围内的食品添加剂不属于化学性污染。生物性污染是指细菌及其毒素、真菌及其毒素、病毒、寄生虫所造成的食品污染。

使食物营养价值降低的生物性污染导致食品的腐败，使食品卫生质量降低的生物性污染导致食用者食物中毒。本章将从食品腐败变质、食品细菌性污染、食品真菌性污染、食品病毒性污染和食品寄生虫污染 5 个方面具体介绍食品的生物性污染。

2.1 食品腐败变质

食品在生产、加工、运输、贮存等过程中发生品质变化几乎是不可避免的，这些变化大部分是由食品中的微生物、酶及各种活性物质，以及环境因素（如温度、气体、湿度、光线等）造成的，其中微生物是引起食品腐败变质的重要因素。自然界中某些微生物侵染食品后，一旦环境条件适宜，微生物就会迅速生长繁殖，造成食品的腐败变质。食品的腐败变质不仅降低了食品的营养价值和食品安全质量，还可能危害人体的健康。

2.1.1 食品腐败变质的定义

食品腐败变质（food spoilage）是以食物基质为基础，在多种因素影响下（主要是微生物因素）造成其原有食品在感官性状、理化性质及微生物指标发生变化，降低或失去其食用价值的过程。例如，鱼肉的腐败、油脂的酸败、水果蔬菜的腐烂和粮食的霉变等。食品腐败变质不仅降低食品的营养价值，产生让人厌恶的感官性状，还可能产生各种有毒有害物质，导致食源性疾病的发生。

食品的腐败变质原因较多，有物理因素如高温、高压和放射性物质的污染等，化学因素如重金属盐类、农药残留的污染等，生物因素如微生物、昆虫的污染，还包括动植物食品组织内酶的作用等。本节主要讨论由微生物因素引起的食品腐败变质问题。

2.1.2 食品腐败变质的原因

食品腐败变质是微生物污染、食品的基质条件、环境因素等综合作用的结果。食品腐败变质的过程实质上是食品中碳水化合物、蛋白质、脂肪在腐败菌的作用下分解变化、产生有害物质的过程。

2.1.2.1 引起食品腐败变质的微生物

食品在原料收购、运输、加工和保藏等过程中不可避免地受到环境中微生物的污染。微生物污染食品后，能否导致食品的腐败变质，以及变质的程度和性质如何，是受多方面因素影响的。食品发生腐败变质与食品基质的性质、污染微生物的种类和数量以及食品所处的外界环境条件等因素有关。

能引起食品发生腐败变质的微生物种类很多，主要有细菌、酵母和霉菌。一般情况下细菌常比酵母菌占优势。对容易引起不同食品腐败变质的微生物概括为表2-1。

表 2-1 部分食品腐败类型和引起腐败的微生物

食品	腐败类型	微生物
面包	发霉	黑根霉（*Rhizopus nigricans*）、青霉属（*Penicillium*）、黑曲霉（*Aspergillus niger*）
	产生黏液	枯草芽孢杆菌（*Bacillus subtilis*）
糖浆	产生黏液	产气肠杆菌（*Enterobacter aerogenes*）、酵母属（*Saccharomyces*）
	发酵	接合酵母属（*Zygosaccharomyces*）
	呈粉红色发霉	玫瑰色微球菌（*Micrococcus roseus*）、曲霉属（*Aspergillus*）、青霉属
新鲜水果和蔬菜	软腐	根霉属（*Rhizopus*）、欧文杆菌属（*Erwinia*）
	灰色霉菌腐烂	葡萄孢属（*Botrytis*）
	黑色霉菌腐烂	黑曲霉（*Aspergillus niger*）、假单胞菌属（*Pseudomonas*）
泡菜、酸菜	表面出现白膜	红酵母属（*Rhodotorula*）
新鲜的肉	腐败	产碱菌属（*Alcaligenes*）、梭菌属（*Clostridium*）、普通变形菌（*Proteus vulgaris*）
	变黑	荧光假单胞菌（*Pseudomonas fluorescens*）、腐败假单胞菌（*Pseudomonas putrefaciens*）
	发霉	曲霉属、根霉属、青霉属
	变酸	假单胞菌属、微球菌属（*Micrococcus*）、乳杆菌属（*Lactobacillus*）
	变绿色、变黏	明串珠菌属（*Leuconostoc*）
鱼	变色	假单胞菌属、产碱菌属、黄杆菌属（*Flavobacterium*）
	腐败	腐败希瓦氏菌（*Shewanella putrefaciens*）
蛋	绿色腐败、褪色腐败、黑色腐败	假单胞菌属、产碱菌属、变形菌属
家禽	变黏、有气味	假单胞菌属、产碱菌属
浓缩橘汁	失去风味	乳杆菌属、明串珠菌属、醋杆菌属（*Acetobacter*）

注：引自何国庆，贾英民，食品微生物学(第3版)，2016。

（1）分解蛋白质类食品的微生物

蛋白质类食品主要是以肉、鱼、蛋为原料生产的高蛋白食品，因此以蛋白质分解为其腐败变质特征。微生物引起蛋白质分解导致食品变质的现象叫腐败（参考本章2.1.3），能引起腐败的微生物有细菌、霉菌和酵母菌，它们多数是通过分泌胞外蛋白酶来完成的。分解蛋白微生物，如芽孢杆菌属（*Bacillus*）、梭状芽孢杆菌属（*Clostridium*）等细菌和多数霉菌污染食品，产生蛋白酶和肽链内切酶等，这些酶先后将蛋白质分解成胨、肽，进一步水解形成氨基酸。氨基酸及其他含氮低分子物质在相应酶作用下再分解产生酸、胺等产物，食品即表现出腐败变质的特征。例如，酪氨酸、组氨酸、精氨酸和鸟氨酸在细胞脱羧酶的作用下分别生成酪胺、组胺、尸胺及腐胺，后两者具有恶臭气味；色氨酸脱羧基后形成色胺，又可脱氨基形成甲基吲哚而有粪臭味；含硫的氨基酸在脱硫酶的作用下，可脱掉硫产生恶臭的硫化氢。

细菌都有分解蛋白质的能力，其中芽孢杆菌属、梭状芽孢杆菌属、假单胞菌属（*Pseudomonas*）、变形杆菌属、链球菌属（*Streptococcus*）等分解蛋白质能力较强，即使无糖类物质存在，它们在以蛋白质为主要成分的食品上仍然生长良好。许多霉菌都具有分解蛋白质的能力，霉菌比细菌更能利用天然蛋白质，常见的有青霉属（*Penicillium*）、毛霉属（*Mucor*）、曲霉属（*Aspergillus*）、木霉属（*Trichoderma*）、根霉属（*Rhizopus*）等。沙门柏干酪青霉（*Penicillium camemberti*）和洋葱曲霉（*Aspergillus alliaceus*）能迅速分解蛋白质。多数酵母对蛋白质的分解能力极弱，如酵母属、毕赤酵母属、汉逊酵母属、假丝酵母属、球拟酵母属等能使凝固的蛋白质缓慢分解。

（2）分解碳水化合物类食品的微生物

日常膳食中碳水化合物食品的比例较高，主要是粮食、蔬菜、水果、多数糕点等。以碳水化合物为主要成分而被微生物分解的食品，常呈现食品的酸度增高，醇、醛、酮等物质含量增加或产气，并带有这些产物特有的气味，从而导致食品形态和质量下降。微生物引起糖类分解导致食品的变质叫发酵（参考本章 2.1.3），能引起发酵变质的微生物主要是霉菌、细菌和少数酵母。

细菌中能强烈分解淀粉的为数不多，主要是芽孢杆菌属和梭状芽孢杆菌属的某些种，如枯草芽孢杆菌（*Bacillus subtilis*）、巨大芽孢杆菌（*B. megaterium*）、马铃薯芽孢杆菌（*B. mesentericus*）、蜡样芽孢杆菌（*B. cereus*）、淀粉梭状芽孢杆菌（*C. amylobacter*）等，它们是引起米饭发酵、面包黏液化的主要菌株；能分解纤维素和半纤维素的细菌仅有少数种，即芽孢杆菌属、梭状芽孢杆菌属和八叠球菌属（*Sarcina*）的一些种；但绝大多数细菌都具有分解某些单糖或双糖的能力，特别是利用单糖的能力极为普遍；某些细菌能利用有机酸或醇类；能分解果胶的细菌主要有芽孢杆菌属、欧文杆菌属（*Erwinia*）、梭状芽孢杆菌属中的部分菌株，如胡萝卜软腐病欧文杆菌（*E. carotovora*）、多黏芽孢杆菌（*B. polymyxa*）、费地浸麻梭状芽孢杆菌（*C. felsineum*）等，它们通常参与果蔬的腐败。

多数霉菌都有分解简单碳水化合物的能力；能够分解纤维素的霉菌并不多，常见的有青霉属、曲霉属、木霉属等中的几个种，其中绿色木霉（*Trichoderma viride*）、里氏木霉（*T. reesei*）、康氏木霉（*T. koningi*）分解纤维素的能力特别强；分解果胶质的霉菌活力强的有曲霉属、毛霉属、蜡叶芽枝霉等；曲霉属、毛霉属和镰刀霉属等还具有利用某些简单有机酸和醇类的能力。

绝大多数酵母不能使淀粉水解，少数酵母如拟内胞霉属（*Endomycopsis*）的酵母能分解多糖；极少数酵母如脆壁酵母（*Saccharomyces fragilis*）能分解果胶；大多数酵母有利用有机酸的能力。

（3）分解脂肪类食品的微生物

脂类氧化是食品中最主要的一类氧化反应，脂类不饱和脂肪酸含量越高的食品越容易氧化。脂类产生不良风味主要是由于不饱和脂肪酸氧化产生氢过氧化物。

微生物引起脂类分解导致食品的变质叫酸败（参考本章 2.1.3），分解脂肪的微生物一般含有脂肪酶，使脂肪水解为甘油和脂肪酸。一般来讲，对蛋白质分解能力强的需氧性细菌，大多数也能分解脂肪。细菌中的假单胞菌属、无色杆菌属、黄色杆菌属、产碱杆菌属和芽孢杆菌属中的许多种，都具有分解脂肪的特性。其中，分解脂肪能力特别强的是荧光假单胞菌（*Pseudomonas fluorescens*）。

能分解脂肪的霉菌比细菌多，在食品中常见的有曲霉属、白地霉（*Geotrichum candidum*）、德氏根霉（*Rhizopus delemar*）、娄地青霉（*P. roqueferti*）和芽枝霉属等。酵母菌分解脂肪的菌种不多，主要是解脂假丝酵母（*Candida lipolytica*），这种酵母对糖类不发酵，但分解脂肪和蛋白质的能力却很强。因此，在肉类食品、乳及其制品中脂肪酸败时，也应考虑到是否因酵母而引起。

2.1.2.2 食品的组成和性质

食品本身的组成和性质称为食品基质。食品基质包含营养成分、活性成分(主要是酶)、水分活度、酸度和渗透压等。食品基质是引起食品腐败变质的最主要因素。

(1)营养成分

食品干物质主要含有蛋白质、碳水化合物、脂肪、无机盐、维生素等,其丰富的营养成分是微生物的良好培养基,因而微生物污染食品后很容易迅速生长繁殖造成食品的变质。原料来源不同的食品,如动物性食品、植物性食品,上述各种成分含量差异很大,见表2-2。因各种微生物分解各类营养物质的能力不同,只有当微生物所具有的酶所需的底物与食品营养成分相一致时,微生物才可以引起食品的迅速腐败变质,这就导致了引起不同食品腐败的微生物类群也不同,如肉、鱼等富含蛋白质的食品,容易受到对蛋白质分解能力很强的变形杆菌、青霉等微生物的污染而发生腐败;米饭等含糖类较高的食品,易受到曲霉属、根霉属、乳酸菌、啤酒酵母等对碳水化合物分解能力强的微生物的污染而变质;而脂肪含量较高的食品,易受到黄曲霉和假单胞杆菌等分解脂肪能力很强的微生物的污染而发生变质。

表2-2 食品原料营养物质组成的比较   %

食品原料	蛋白质	碳水化合物	脂肪
水果	2~8	85~97	0~3
蔬菜	15~30	50~85	0~5
鱼	70~95	少量	5~30
禽	50~70	少量	30~50
蛋	51	3	46
肉	35~50	少量	50~65
乳	29	38	31

注:引自何国庆,贾英民,食品微生物学(第3版),2016。

(2)食品的氢离子浓度

根据不同食品 pH 值范围,可将食品划分为两大类:酸性食品和非酸性食品。一般规定 pH 4.5 以上者,属于非酸性食品;pH 4.5 以下者为酸性食品。几乎所有的动物性食品和蔬菜都属于非酸性食品;几乎所有的水果都为酸性食品,见表2-3。

表2-3 不同食品的 pH 值

动物食品	pH 值	蔬菜	pH 值	水果	pH 值
牛肉	5.1~6.2	卷心菜	5.4~6.0	苹果	2.9~3.3
羊肉	5.4~6.7	花椰菜	5.6	香蕉	4.5~4.7
猪肉	5.3~6.9	芹菜	5.7~6.0	柿子	4.6
鸡肉	6.2~6.4	茄子	4.5	葡萄	3.4~4.5
鱼肉(多数)	6.6~6.8	莴苣	6.0	柠檬	1.8~2.0
蛤肉	6.5	洋葱(红)	5.3~5.8	橘子	3.6~4.3
蟹肉	7.0	菠菜	5.5~6.0	西瓜	5.2~5.6
牡蛎肉	4.8~6.3	番茄	4.2~4.3	无花果	4.6
小虾肉	6.8~7.0	萝卜	5.2~5.5	橙	3.6~4.3

（续）

动物食品	pH 值	蔬菜	pH 值	水果	pH 值
金枪鱼	5.2~6.0	芦笋(花与茎)	5.7~6.1	李子	2.8~4.6
大马哈鱼	6.1~6.3	豆(青刀豆)	4.6~6.5	葡萄柚(汁)	3.0
火腿	5.9~6.1	玉米(甜)	7.3		
牛乳	6.5~6.7	菠菜	5.5~6.0		
奶油	6.1~6.4	南瓜	4.8~5.2		
酪乳	4.5	马铃薯	5.3~5.6		
奶酪	4.9, 5.9	荷兰芹	5.7~6.0		
稀奶油	6.5	西葫芦	5.0~5.4		

注：引自 J M Jay 等，现代食品微生物学(第 7 版)，2005。

食品的酸度不同，引起食品腐败变质的微生物类群也不同。各类微生物都有其最适宜的 pH 值范围，绝大多数细菌最适生长的 pH 值是 7.0 左右，所以非酸性食品适合于绝大多数细菌的生长。当食品 pH 值在 5.5 以下时，腐败细菌基本上被抑制，只有少数细菌，如大肠埃希菌和个别耐酸细菌，如乳杆菌属尚能继续生长。由于酵母菌生长的最适 pH 值范围是 3.8~6.0，霉菌生长的最适 pH 值范围是 4.0~5.8，因此酸性食品的腐败变质主要是由于酵母和霉菌的生长。

微生物在食品中生长繁殖也会引起食品的 pH 值发生改变，当微生物生长在含糖与蛋白质的食品基质中时，微生物首先分解糖产酸使食品的 pH 值下降；当糖不足时，蛋白质被分解，pH 值又回升。由于微生物的活动，使食品基质的 pH 值发生很大变化，当酸或碱积累到一定量时，反过来又会抑制微生物的继续活动。

有些食品对 pH 值改变有一定的缓冲作用，一般来说肉类食品的缓冲作用比蔬菜类食品大，因肉类中蛋白质分解产生的氨类物质能与酸性物质起中和作用，从而保持一定的 pH 值。

（3）食品的水分

食品一般都含有一定比例的水分，食品中水分以游离水和结合水两种形式存在。微生物在食品上生长繁殖，能利用的水是游离水，因而微生物在食品中的生长繁殖所需水不是取决于总含水量，而是取决于水分活度(A_W，也称水活性)。因为一部分水是与蛋白质、碳水化合物及一些可溶性物质(如氨基酸、糖、盐等)结合，这种结合水对微生物一般是无用的。因而通常使用水分活度来表示食品中可被微生物利用的水。

水分活度(A_W)是指食品在密闭容器内的水蒸气压(p)与纯水蒸气压(p_0)之比，即 $A_W = p/p_0$。纯水的 $A_W = 1$；无水食品的 $A_W = 0$，由此可见，食品的 A_W 值在 0~1 之间。表 2-4 给出了不同类群微生物生长的最低 A_W 值范围。

各类微生物生长繁殖所要求的水分含量不同(表 2-5)，因此，食品中的水分含量决定了微生物的种类。一般来说，含水分较多的食品，细菌容易繁殖；含水分少的食品，霉菌和酵母菌

表 2-4　食品中主要微生物类群生长的最低 A_W 值范围

微生物类群	最低 A_W 值	微生物类群	最低 A_W 值
大多数细菌	0.99~0.90	嗜盐性细菌	0.75
大多数酵母菌	0.94~0.88	耐高渗酵母	0.60
大多数霉菌	0.94~0.73	干性霉菌	0.65

注：引自江汉湖，食品微生物学，2002。

表 2-5　不同微生物生长的最低 A_W 值范围

微生物类群	最低 A_W	微生物类群	最低 A_W
细菌		霉菌	
大肠埃希菌	0.935~0.960	黄曲霉	0.900
沙门菌	0.945	黑曲霉	0.880
枯草芽孢杆菌	0.950	耐旱真菌	0.600
八叠球菌(*Sarcina*)	0.915~0.930	酵母	
金黄色葡萄球菌	0.900	酿酒酵母	0.940
嗜盐杆菌(*Halobacterium*)	0.750	产朊假丝酵母(*Candidautilis*)	0.940
		鲁氏酵母(*Zygosaccharomyces rouxii*)	0.650

注：引自诸葛健，微生物学，2009。

则容易繁殖。

　　新鲜的食品原料如鱼、肉、水果、蔬菜等含有较多的水分，A_W 值一般在 0.98~0.99，适合多数微生物的生长，如果不及时加以处理，很容易发生腐败变质。为了防止食品变质，最常用的办法就是要降低食品的含水量，使 A_W 值降低至 0.70 以下，这样可以较长期地进行保存。

　　(4)食品的渗透压

　　食品基质的渗透压(osmotic pressure)与微生物的生命活动有一定的关系。如将微生物置于低渗溶液(如 0.1g/L 氯化钠)中，菌体吸收水分发生膨胀，甚至破裂；若置于高渗溶液中(如 200 g/L 氯化钠)，菌体则发生脱水，甚至死亡。一般来讲，微生物在低渗透压的食品中有一定的抵抗力，较易生长，而在高渗食品中，微生物常因脱水而死亡。不同微生物种类对渗透压的耐受能力大不相同。绝大多数细菌不能在较高渗透压的食品中生长，只有少数种能在高渗环境中生长，如盐杆菌属(*Halobacterium*)中的一些种，在 20%~30%的食盐浓度的食品中能够生活；肠膜明串珠菌(*Leuconostoc mesenteroides*)能耐高浓度糖。而少数酵母菌和多数霉菌一般能耐受较高的渗透压，如异常汉逊酵母(*Hansenula anomala*)、鲁氏酵母(*Saccharomyces rouxii*)、膜醭毕赤酵母(*Pichia membranaefaciens*)、蜂蜜酵母、意大利酵母、汉氏德巴利酵母(*Debaryomyces hansenii*)等能耐受高糖，常引起糖浆、果酱、果汁等高糖食品的变质。

　　食品中食盐和糖是形成不同渗透压的主要物质。在食品中加入不同量的糖或盐，可以形成不同的渗透压，所加的糖或盐越多，则浓度越高，渗透压越大，食品的 A_W 值就越小。通常为了防止食品腐败变质，常用盐腌和糖渍方法来较长时间地保存食品。

2.1.2.3　环境条件

　　食品中污染的微生物能否生长繁殖从而造成食品的腐败变质，除了与食品的基质条件有关外，还与环境条件密切相关。影响食品变质的最重要的几个环境因素有温度、湿度和气体。

　　(1)温度

　　①温度对微生物生长的影响　根据微生物生长的最适温度，可将微生物分为嗜冷、嗜温、嗜热 3 个生理类群。每一类群微生物都有最适宜生长的温度范围，但这 3 类群微生物又都可以在 20~30 ℃生长繁殖，当食品处于这种温度的环境中时，各种微生物都可生长繁殖而引起食品的变质。

　　低温对微生物生长极为不利，但低温微生物在 5 ℃左右或更低的温度(甚至-20 ℃以下)下仍能生长繁殖，使食品发生腐败变质。低温微生物是引起冷藏、冷冻食品变质的主要微生物。食品中能在低温下生长的微生物主要有：假单胞杆菌属、产碱菌属、变形菌属、黄杆菌属、无色杆菌属等革兰阴性无芽孢杆菌；小球菌属、乳杆菌属、小杆菌属、芽孢杆菌属和梭状芽孢杆菌属等革兰阳性细菌；假丝酵母属、隐球酵母属（*Cryptococcus*）、圆酵母属、丝孢酵母属（*Trichosporon*）等酵母菌；青霉属、芽枝霉属、葡萄孢属和毛霉属等霉菌。食品中不同微生物生长的最低温度见表 2-6。

表 2-6 食品中微生物生长的最低温度 ℃

食品	微生物	生长最低温度	食品	微生物	生长最低温度
猪肉	细菌	-4	乳	细菌	-10
牛肉	霉菌、酵母菌、细菌	-1~1.6	冰激凌	细菌	-10~-3
羊肉	霉菌、酵母菌、细菌	-5~-1	大豆	霉菌	-6.7
火腿	细菌	1~2	豌豆	霉菌、酵母菌	-4~6.7
腊肠	细菌	5	苹果	霉菌	0
熏肋肉	细菌	-10~-5	葡萄汁	酵母菌	0
鱼贝类	细菌	-7~-4	浓橘汁	酵母菌	-10
草莓	霉菌、酵母菌、细菌	-6.5~-0.3			

注：引自江汉湖，食品微生物学，2002。

这些微生物虽然能在低温条件下生长，但其新陈代谢活动极为缓慢，生长繁殖的速度也非常迟缓，因而它们引起冷藏食品变质的速度也较慢。

有些微生物在很低温度下能够生长，其机理还不完全清楚。但至少可以认为它们体内的酶在低温下仍能起作用。另外，也观察到嗜冷微生物的细胞膜中不饱和脂肪酸含量较高，推测可能是由于它们的细胞质膜在低温下仍保持半流动状态，能进行活跃的物质传递。而其他微生物则由于细胞膜中饱和脂肪酸含量高，在低温下成为固体而不能履行其正常功能。

一般认为，-10 ℃可抑制所有细菌生长，-12 ℃可抑制多数霉菌生长，-15 ℃可抑制多数酵母菌生长，-18 ℃可抑制所有霉菌与酵母菌生长。因此，为了防止微生物的生长，建议食品的冻藏温度应≤-18 ℃。

当温度在 45 ℃以上时，对大多数微生物的生长十分不利。在高温条件下，微生物体内的酶、蛋白质、脂质体很容易发生变性失活，细胞膜也易受到破坏，这样会加速细胞的死亡。温度越高，死亡率也越高。

在高温条件下，仍然有少数微生物能够生长。通常把凡能在 45 ℃以上温度条件下进行代谢活动的微生物，称为高温微生物或嗜热微生物（theormphiles）。和其他微生物相比，嗜热微生物的生长曲线独特，延滞期、对数期都非常短，进入稳定期后，迅速死亡。

在食品中生长的嗜热微生物，主要是嗜热细菌，如芽孢杆菌属中的嗜热脂肪芽孢杆菌（*Bacillus stearothermophilus*）、凝结芽孢杆菌（*B. coagulans*）；梭状芽孢杆菌属中的肉毒梭菌（*Clostridium botulinum*）、热解糖梭状芽孢杆菌（*C. thermosaccharolyticum*）、致黑梭状芽孢杆菌（*C. nigrificans*）；乳杆菌属和链球菌属中的嗜热链球菌（*Streptococcus thermophilus*）、嗜热乳杆菌等。霉菌中纯黄丝衣霉（*Byssochlamys fulva*）耐热能力也很强。

在高温条件下，嗜热微生物的新陈代谢活动加快，所产生的酶对蛋白质和糖类等物质的分解速度也比其他微生物快，因而使食品发生变质的时间缩短，比一般嗜温细菌快 7~14 倍。由于它们在食品中经过旺盛的生长繁殖后，很容易死亡，所以在实际中，若不及时进行分离培养，就会失去检出的机会。高温微生物造成的食品变质主要是酸败、发酵等。

②温度对食品化学反应速率的影响　温度直接影响食品的非酶褐变、脂肪酸败、淀粉老

化、蛋白质变性、维生素分解等化学反应的速率。Van't Hoff 规则指出，反应温度每升高10 ℃，化学反应速率增加 2~4 倍。此外，动植物源食品大多数酶的最适温度在 30~40 ℃，50 ℃以上活力显著降低，60 ℃以上变性失活。低温保存食品可以降低酶促反应速率，延缓食品变质。

（2）气体

微生物与氧气有着十分密切的关系。一般来讲，在有氧的环境中，微生物进行有氧呼吸，生长、代谢速度快，食品变质速度也快；缺乏氧气条件下，由厌氧性微生物引起的食品变质速度较慢。氧气存在与否决定着兼性厌氧微生物是否生长和生长速度的快慢，兼性厌氧微生物在有氧环境中引起食品变质的速度也要比在缺氧环境中快得多。

新鲜食品原料中，由于组织内一般存在着还原性物质，如植物组织常含有维生素 C 和还原糖，动物原料组织内含有巯基，因而具有抗氧化能力。在食品原料内部生长的微生物绝大部分应该是厌氧性微生物；而在原料表面生长的则是需氧微生物。食品经过加工，物质结构改变，需氧微生物能进入组织内部，食品更易发生变质。

另外，二氧化碳、氢气、环氧乙烷、臭氧等气体对微生物的生长也有一定的影响。二氧化碳可防止好氧性细菌和霉菌所引起的食品变质，但乳酸菌和酵母等对二氧化碳有较大耐受力，实际应用中可通过控制它们的浓度来防止食品变质。

（3）湿度

空气中的湿度对于微生物生长和食品变质起着重要的作用，尤其是未经包装的食品，例如把含水量少的脱水食品放在湿度大的地方，食品则易吸潮，表面水分迅速增加。长江流域梅雨季节，粮食、物品容易发霉，就是因为空气湿度太大（相对湿度 70% 以上）的缘故。当含水量较高的食品置于湿度较小的贮藏环境时，食品的 A_w 就会降低直至与周围环境建立平衡。

A_w 值反映了溶液和作用物的水分状态，而相对湿度则表示溶液和作用物周围的空气状态。当两者处于平衡状态时，$A_w \times 100$ 就是大气与作用物平衡后的相对湿度。每种微生物只能在一定的 A_w 值范围内生长，但这一范围的 A_w 值要受到空气湿度的影响。

（4）光线

阳光中的紫外线一方面可以杀死食品中的腐败菌而抑制食品的腐败变质，但另一方面也会促使食品的生物变化，如油脂酸败，且光照使食品温度升高有利于腐败菌的生长。

2.1.3　食品腐败变质的化学过程

食品腐败变质的过程实质上是食品中蛋白质、碳水化合物、脂肪等被污染微生物的分解代谢作用或自身组织酶进行的某些生化过程。例如新鲜的肉、鱼类的后熟，粮食、水果的呼吸等可以引起食品成分的分解、食品组织溃破和细胞膜碎裂，为微生物的侵入与作用提供条件，结果导致食品的腐败变质。当然，由于食品成分的分解过程和形成的产物十分复杂，建立食品腐败变质的定量检测尚有一定的难度。

2.1.3.1　食品中蛋白质的分解

肉、鱼、禽蛋和豆制品等富含蛋白质的食品，主要是以蛋白质分解为其腐败变质特征。由微生物引起蛋白质食品发生的变质，通常称为腐败。

蛋白质在动植物组织酶以及微生物分泌的蛋白酶（protease）和肽链内切酶（endopetidase）等的作用下，首先水解成多肽，进而裂解形成氨基酸。氨基酸通过脱羧基、脱氨基、脱硫等作用进一步分解成相应的氨、胺类、有机酸类和各种碳氢化合物，食品即表现出腐败特征。

食物中的蛋白质 $\xrightarrow[\text{或组织蛋白质酶}]{\text{微生物蛋白质酶}}$ 多肽 $\xrightarrow{\text{肽链内切酶}}$ 氨基酸 $\xrightarrow[\text{脱氨基、脱硫等作用}]{\text{脱羧基作用}}$ 氨+胺+硫化氢等蛋白质分解后所产生的胺类是碱性含氮化合物，如胺、伯胺、仲胺及叔胺等具有挥发性和特异臭味的物质。各种不同的氨基酸分解产生的腐败胺类和其他物质各不相同，甘氨酸产生甲胺，鸟氨酸产生腐胺，精氨酸产生色胺进而又分解成吲哚，含硫氨基酸分解产生硫化氢和氨、乙硫醇等。这些物质都是蛋白质腐败产生的主要臭味物质。

2.1.3.2　食品中碳水化合物的分解

食品中的碳水化合物包括纤维素、半纤维素、淀粉、糖原以及双糖和单糖等。含这些成分较多的食品主要是粮食、蔬菜、水果和糖类及其制品。在微生物及动植物组织中的各种酶及其他因素作用下，这些食品组成成分被分解成单糖、醇、醛、酮、羧酸、二氧化碳和水等低级产物。由微生物引起糖类物质发生的变质，习惯上称为发酵或酵解（fermentation）。

碳水化合物含量高的食品变质的主要特征为酸度升高、产气和稍带有甜味、醇类气味等。食品种类不同，也表现为糖、醇、醛、酮含量升高或产气（CO_2），有时常带有这些产物特有的气味。水果中果胶可被一种曲霉和多酶梭菌（*Clostridium multifermentans*）所产生的果胶酶分解，并可使含酶较少的新鲜果蔬软化。

2.1.3.3　食品中脂肪的分解

虽然脂肪发生变质主要是由于化学作用所引起，但是许多研究表明，它与微生物也有着密切的关系。脂肪发生变质的特征是产生酸和刺激的"哈喇"气味。人们一般把脂肪发生的变质称为酸败（rancidity）。食品中油脂酸败的化学反应，主要是油脂自身氧化过程，其次是加水水解。油脂的自身氧化是一种自由基的氧化反应，而水解则是在微生物或动物组织中的解脂酶作用下，使食物中的中性脂肪分解成甘油和脂肪酸等。

（1）油脂的自身氧化

油脂的自身氧化是一种自由基（游离基）氧化反应，其过程主要包括：脂肪酸（RCOOH）在热、光线或铜、铁等因素作用下，被活化生成不稳定的自由基 R·、H·，这些自由基与氧气生成过氧化物自由基；接着自由基循环往复不断地传递生成新的自由基，在这一系列的氧化过程中，生成了氢过氧化物、羰基化合物（如醛类、酮类、低分子脂酸、醇类、酯类等）、羟酸以及脂肪酸聚合物、缩合物（如二聚体、三聚体等）。

（2）脂肪水解

脂肪酸败也包括脂肪的加水分解作用，产生游离脂肪酸、甘油及其不完全分解的产物。如甘油一酯、甘油二酯。脂肪酸可进而断链，形成具有不愉快味道的酮类或酮酸；不饱和脂肪酸的不饱和键可形成过氧化物；脂肪酸也可再氧化分解成具有特臭的醛类和醛酸，即所谓的"哈喇"气味。这就是食用油脂和含脂肪丰富的食品发生酸败后感官性状改变的原因。

脂肪自身氧化以及加水分解所产生的复杂分解产物，使食用油脂或食品中脂肪带有若干明显特征：首先是过氧化值上升，这是脂肪酸败最早期的指标；其次是酸度上升，羰基（醛酮）反应阳性。脂肪酸败过程中，由于脂肪酸的分解，其固有的碘价（值）、凝固点（熔点）、密度、折光指数、皂化价等也必然发生变化，因而，脂肪酸败会产生特有的"哈喇"气味，肉、鱼类食品脂肪的超氧化变黄，鱼类的"油烧"现象等也常常被作为油脂酸败鉴定中较为实用的指标。

食品中脂肪及食用油脂的酸败程度，受脂肪的饱和度、紫外线、氧、水分、天然抗氧化剂以及铜、铁、镍离子等触媒的影响。油脂中脂肪酸不饱和度、油料中动植物残渣等，均有促进油脂酸败的作用；而油脂的脂肪酸饱和程度、维生素 C、维生素 E 等天然抗氧化物质及芳香化合物含量高时，则可减慢氧化和酸败。

2.1.4　食品腐败变质的危害

腐败变质的食品首先是带有使人们难以接受的感官性状，如刺激气味、异常颜色、酸臭味道和组织溃烂、黏液污秽感等。其次是营养成分分解，营养价值严重降低。腐败变质食品一般由于微生物污染严重，菌相复杂和菌量增多，因而增加了致病菌和产毒霉菌等存在的机会。食源性病原菌(旧称致病菌)引起的食源性疾病(包含食物中毒)，几乎都有菌量异常增大的现象；至于腐败变质分解产物对人体的直接毒害，至今研究仍不够明确。例如，某些鱼类腐败产生的组胺使人体中毒，脂肪酸败产物引起人的不良反应及中毒，以及腐败产生的亚硝胺类、有机胺类和硫化氢等都具有一定毒性。

食品严格的过程控制能够了解食品的安全状况，食品腐败变质的准确鉴定包括感官鉴定、理化检测和微生物指标检测等。

2.1.5　食品腐败变质的鉴定

食品腐败变质一般是从感官、理化和微生物 3 个方面确定其合适指标进行鉴定。

2.1.5.1　感官鉴定

食品的感官鉴定是指通过人的视觉、嗅觉、触觉、味觉等感觉器官，对食品的组织状态和外在的食品安全质量进行鉴定，是查验食品腐败变质的一种简单而灵敏的方法。食品初期腐败时会产生腐败臭味，发生颜色的变化(褪色、变色、着色、失去光泽等)，出现组织变软、变黏等现象。

（1）色泽

当微生物生长繁殖引起食品变质时，有些微生物产生色素，分泌至细胞外，色素不断累积就会造成食品原有色泽的改变，如食品腐败变质时常出现黄色、紫色、褐色、橙色、红色和黑色的片状斑点或全部变色。另外，由于微生物代谢产物的作用促使食品发生化学变化时也可引起食品色泽的变化。例如，肉及肉制品的绿变就是由于硫化氢与血红蛋白结合形成硫化氢血红蛋白所引起的。腊肠由于乳酸菌增殖过程中产生了过氧化氢促使肉色素褪色或绿变。

（2）气味

动植物原料及其制品因微生物的繁殖而产生极轻微的变质时，人们的嗅觉器官就能敏感地觉察到有不正常的气味产生。例如，氨、三甲胺、乙酸、硫化氢、乙硫醇、粪臭素等具有腐败臭味，这些物质在空气中浓度为 $10^{-18} \sim 10^{-11}$ mol/L 时，人们的嗅觉就可以察觉到。此外，食品变质时，含有二甲胺的胺类物质，甲酸、乙酸、己酸、酪酸等低级脂肪酸及其脂类，酮、醛等一些羰基化合物，以及醇类、酚类、靛基质、粪臭素等也可察觉到。

食品中产生的腐败臭味，常是多种臭味混合而成的。有时也能分辨出比较突出的不良气味，如霉味臭、醋酸臭、胺臭、粪臭、硫化氢臭、酯臭等。但有时产生的有机酸及水果变坏产生的芳香味，人的嗅觉习惯不认为是异味。因此评定食品质量不是以香、臭味来划分，而是应该按照正常气味与异常气味来评定。

（3）口味

微生物造成食品腐败变质时也常引起食品口味的变化。而口味改变中比较容易分辨的是酸味和苦味。一般碳水化合物含量多的低酸食品，变质初期产生酸是其主要的特征。但对于原来酸味就高的食品，如番茄制品，微生物造成酸败时，酸味稍有增高，辨别起来就不那么容易。另外，某些假单胞菌污染消毒乳后可产生苦味；蛋白质被大肠埃希菌、小球菌等微生物作用也会产生苦味。变质食品可产生多种异味。

口味的评定从卫生角度看是不符合要求的，而且不同人评定的结果往往意见分歧较多，为此口味的评定应借助仪器测试更为准确和科学，如电子舌等。

（4）组织状态

固体食品变质时，动植物性组织因微生物酶的作用，可使组织细胞破坏，造成细胞内容物外溢，这样食品的性状即出现变形、软化；鱼肉类食品则呈现肌肉松弛、弹性差，有时组织体表出现发黏等现象；微生物引起粉碎后加工制成的食品（如糕点、乳粉、果酱等）变质后常引起黏稠、结块等表面变形、湿润或发黏现象。

液态食品变质后即会出现浑浊、沉淀，表面出现浮膜、变稠等现象，鲜乳因微生物作用引起变质可出现凝块、乳清析出、变稠等现象，有时还会产气。

2.1.5.2　理化检测

微生物的代谢可引起食品化学组成的变化，并产生多种腐败性产物，因此，直接测定这些腐败性产物就可作为判断食品质量的依据。

一般氨基酸、蛋白质类等含氮高的食品，如鱼、虾、贝类及肉类，在需氧性败坏时，常以测定挥发性盐基氮（total volatile basic nitrogen，TVBN）含量的多少作为评定的化学指标；对于含氮量少而含碳水化合物丰富的食品，在缺氧条件下腐败则经常以测定有机酸的含量或 pH 的变化作为指标。

（1）挥发性盐基总氮

挥发性盐基总氮指肉、鱼类样品浸液在弱碱性条件下能与水蒸气一起蒸馏出来的总氮量，主要是氨和胺类（三甲胺和二甲胺），常用蒸馏法或 Conway 微量扩散法定量。该指标现已列入我国食品安全标准。例如，一般在低温有氧条件下，鱼类挥发性盐基氮的量达到 30 mg/100 g时，即认为是变质的标志。

（2）三甲胺

因为在挥发性盐基总氮构成的胺类中，主要是三甲胺，它是季胺类含氮物经微生物还原产生的。可用气相色谱法进行定量，或者三甲胺制成碘的复盐，用二氯乙烯抽取测定。新鲜鱼、虾等水产品、肉中没有三甲胺，初期腐败时，其量可达 4~6 mg/100 g。

（3）组胺

鱼贝类可通过细菌分泌的组氨酸脱羧酶使组氨酸脱羧生成组胺而发生腐败变质。当鱼肉中的组胺达到 4~10 mg/100 g，就会发生变态反应样的食物中毒。通常用圆形滤纸色谱法（卢塔-宫木法）进行定量。

（4）K 值

K 值（K value）是指 ATP 分解的肌苷（HxR）和次黄嘌呤（Hx）低级产物占 ATP 系列分解产物 ATP+ADP+AMP+IMP+HxP+Hx 的百分比，K 值主要适用于鉴定鱼类早期腐败。若 $K \leqslant 20\%$，说明鱼体绝对新鲜；$K \geqslant 40\%$ 时，鱼体开始有腐败迹象。

（5）pH 值的变化

食品中 pH 值的变化，一方面可由微生物的作用或食品原料本身酶的消化作用，使食品 pH 值下降；另一方面也可以由微生物的作用所产生的氨而促使 pH 值上升。一般腐败开始时食品的 pH 值略微降低，随后上升，因此多呈现"V"字形变动。例如，家畜和一些青皮红肉的鱼在死亡之后，肌肉中因碳水化合物产生消化作用，造成乳酸和磷酸在肌肉中积累，以致引起 pH 值下降；其后因腐败微生物繁殖，肌肉被分解，造成氨积累，促使 pH 值上升。借助于 pH 计测定则可评价食品变质的程度。

但由于食品的种类、加工方法不同以及污染的微生物种类不同，pH 值的变动有很大差别，所以一般不用 pH 值作为初期腐败的指标。

（6）过氧化值和酸价

过氧化值是脂肪酸败最早期的指标，其次是酸价的上升。在脂肪分解的早期，酸败尚不明显，由于产生过氧化物和氧化物而使脂肪的过氧化值上升，其后则由于形成各种脂肪酸而使油脂酸价上升。

（7）物理指标

理化指标中物理指标主要包括食品可溶性固形物、浸出液电导率、折光率、冰点、黏度、硬度等指标。其中，肉浸液的黏度测定尤为敏感，能反映腐败变质的程度。

2.1.5.3　微生物检测

对食品进行微生物菌数测定，可以反映食品被微生物污染的程度，以及预测食品发生变质的可能性，是判定食品生产的一般卫生状况以及食品质量安全的一项重要依据。在国家食品安全标准中常用细菌总数和大肠菌群的近似值来评定食品质量安全，一般食品中的活菌数超过 10^7 CFU/g 时，则认为处于初期腐败阶段。详细内容见《食品安全国家标准　食品微生物检验　菌落总数测定》（GB 4789.2—2016）。

GB 4789.2—2016

2.2　细菌及其毒素污染

食品的细菌性污染是指致病细菌或其毒素通过不同途径污染食品，并在食品中大量繁殖的过程。致病细菌又称病原细菌，是指可以导致人体疾病的细菌，其中食品为传播媒介的致病菌被称为食源性致病菌。常见的食源性致病细菌包括沙门菌、致病性大肠埃希菌、副溶血弧菌、金黄色葡萄球菌、肉毒梭状芽孢杆菌等。与作用于食品营养成分的腐败细菌不同，致病细菌直接干扰人体正常的生理功能，对人体健康造成严重损害，因此，食品生产、加工、经营者均应采取控制措施，尽可能降低食品中的致病细菌的含量水平及导致风险的可能性。

食品的细菌性污染途径涉及食品的原料、生产加工、运输、贮藏、销售、食用的各个环节。食源性致病菌的污染源主要包括自然环境、食品的原料或辅料、食品加工或贮藏设备、食品包装材料、食品接触人员、蝇虫接触等。①自然环境：如土壤、空气中均存在大量细菌，其中也包括病原细菌，若食品未经合理包装，自然环境中的病原细菌沾染或洒落到食品表面，并在食品中繁殖，造成食品的细菌性污染；②食品的原料和辅料：通常营养丰富，适宜病原细菌的生长繁殖，因此食品原料和辅料需要合理的处理和保存，在食品加工前进行细菌检测和灭菌处理；③食品加工或贮藏设备：在使用过程中会黏附食品的汁液或残渣，形成适于病原细菌生长的微环境，并且极易造成不同批次食品的交叉污染；④食品包装材料：与食品长期接触，各种包装材料若处理不当，或由于静电等作用吸附病原细菌，污染食品；⑤食品接触人员：包括食品的加工人员、运输人员、售卖人员等，人体表面存在大量细菌，食品接触人员必须保持个人卫生，并在接触食品时佩戴手套及口罩，尽量避免体表细菌污染食品；⑥蝇虫接触：蝇虫体表携带大量细菌，接触食品后同样会造成食品的细菌性污染。

由于食品原料或辅料中的病原细菌所造成的食品细菌性污染称为内源性污染，也称第一次污染。在食品生产加工、运输、贮藏、销售、食用等过程中由环境、设备、包装材料、人员、蝇虫等来源的病原细菌造成的食品细菌性污染称为外源性污染，也称第二次污染。食品的内源性污染未经合理处置，或者内源性污染消除后又发生外源性污染，均会导致食品中病原细菌的大量繁殖，造成食用者的食物中毒症状。

细菌性污染所引发的食物中毒按照作用机理可分为感染型、毒素型和混合型。感染型也称为侵袭型，病原菌随同食物进入人体肠道，可以入侵肠黏膜，导致肠黏膜充血、白细胞浸润、水肿，引发腹痛、腹泻、恶心、呕吐等肠胃炎症状，常伴有血便和体温升高现象，严重时病原菌通过胃肠道进入血液循环系统，引发菌血症及全身感染。常见的感染型食源性病原细菌是沙门菌。毒素型的食源性病原细菌不直接侵染肠黏膜，而是通过产生肠毒素或类似毒素，刺激肠壁上皮细胞，使肠上皮细胞对钠离子和水的吸收受到抑制，导致频繁腹泻，且通常为黄色稀便或水样便。被毒素型致病细菌的毒素所污染的食物，即使在食品中没有活体菌体存活的情况下，同样可能导致食物中毒发生。常见的毒素型食源性病原细菌包括金黄色葡萄球菌、肉毒杆菌。混合型食源性病原菌既可以入侵肠黏膜，引发肠黏膜的炎性反应，又可以产生肠毒素，引起急性胃肠道症状，通过病原菌对肠道的入侵和产生肠毒素的协同作用导致食物中毒，因此被称为混合型。常见的混合型食源性病原细菌包括副溶血性弧菌。需注意的是，大部分病原菌都兼备侵袭能力和毒素能力，即使是典型的感染型致病细菌沙门菌，也可以分泌肠毒素。因此，上述分类是相对的。通常情况下，细菌性食物中毒发病潜伏期短、病程短，多数在 2~3 d 内可自愈，愈后好，病死率低。但单核细胞增生李斯特菌和肉毒梭菌所引发的食物中毒病情重，致死率高。

2.2.1　沙门菌污染

2.2.1.1　沙门菌食物中毒的流行病学特点及临床表现

据统计，在大部分国家和地区中，沙门菌污染导致的食物中毒在所有细菌性食物中毒中所占的比例最高。沙门菌食物中毒严重危害人民群众的身体健康，并造成巨大的经济损失。夏季和秋季为沙门菌食物中毒的高发期，常被污染的食物包括未煮透或煮透后被二次污染的肉类、蛋类、乳类，如生鸡蛋或溏心鸡蛋、凉拌皮蛋、凉拌肉食等。偶见果蔬类食品污染沙门菌，如 2006 年美国 200 多人因食用被污染的西红柿而感染沙门菌。

沙门菌食物中毒的潜伏期一般为 4~48 h，最短 2 h，长者可达 72 h。症状为典型的感染型食物中毒症状，以急性肠胃炎为主，如腹泻、腹痛、恶心、呕吐等，腹泻为黄绿色水样便，少数带有黏液或便血。常伴有发热症状，一般 38~40 ℃。通常在发热后 3 d 内会好转，一般愈后良好。婴儿、老年人、免疫功能低下的患者则可能因沙门菌进入血液而出现严重的菌血症，少数还会合并脑膜炎或骨髓炎。

2.2.1.2　沙门菌种类及生物学特性

沙门菌属变形菌门 γ 变形菌纲肠杆菌目肠杆菌科下属的一个菌属，为革兰阴性肠道杆菌，菌体大小为 $(0.6~0.9) \mu m \times (1~3) \mu m$。目前全世界已经报道的沙门菌血清型有 2 500 多种，分属于 46 个血清组，我国报道的血清型约有 300 种，分布于 37 个血清组。沙门菌的抗原主要分为 3 种类型：菌体(O)抗原、鞭毛(H)抗原以及抗原表面(Vi)抗原，按其抗原成分，可分为甲、乙、丙、丁、戊等基本菌组。其中与人体疾病有关的主要有甲组的副伤寒甲杆菌，乙组的副伤寒乙杆菌和鼠伤寒杆菌，丙组的副伤寒丙杆菌和猪霍乱杆菌，丁组的伤寒杆菌和肠炎杆菌等。

沙门菌为需氧或兼性厌氧细菌，最适生长温度为 20~30 ℃，营养要求不高，发酵葡萄糖、麦芽糖、甘露醇和山梨醇，不发酵乳糖、蔗糖。宿主特异性不强，可以广泛感染多种家畜和禽类等。无芽孢，一般无荚膜。在水中可生存 2~3 周，在粪便中可生存 1~2 个月。不耐热，在 60 ℃下 15 min 可被杀死。不耐酸，在肉类加工企业中，为了减少沙门菌污染，屠宰后的胴体在入库预冷前采用有机酸喷淋的方式进行减菌处理，但有研究表明微酸环境可以提高沙门菌在其他环境压力下的存活率并影响其毒性。耐受胆盐，在沙门菌培养基中常加入胆盐以抑制杂菌生长。对抗生素具有较强的抗性，包含多种耐药质粒，且耐药性和耐药谱呈现上升的趋势。近期研究表明鼠伤寒沙门菌能够形成持留菌，能够可逆性调节自身生理机能从而对抗生素产生耐受性，并在受到抗生素胁迫时在多种宿主组织中存活。持留菌能够作为耐药质粒的贮存库，促进细菌耐药性在肠道内传播。

2.2.1.3 沙门菌致病机理及毒力基因

沙门菌是典型的感染型食源性病原细菌。以鼠伤寒沙门菌为例，该细菌进入小肠后，首先黏附在肠上皮细胞的 M 细胞群上，短暂黏附后利用宿主的信号通路对宿主细胞骨架结构重排，破坏正常上皮细胞刷状缘，并诱导膜褶皱的形成，将黏附的细菌吞噬到一个大囊泡中，形成包含沙门菌的囊泡(Salmonella-containing vacuoles，SCVs)。之后，菌体通过抑制宿主抗菌物质的运输，修改宿主细胞骨架组成等方式影响囊泡运输，维持囊泡的稳定性，保证沙门菌在其内部生存繁殖。沙门菌穿过肠上皮细胞后被吞噬细胞吞噬，依然在吞噬细胞的 SCVs 中生存，由于大量毒力因子的协同作用，确保菌体在吞噬细胞中生存。菌体随吞噬细胞迁移，从肠系淋巴膜进入循环系统，全身扩散。

沙门菌染色体中毒力相关基因位于毒力岛(*Salmonella Pathogenicity Island*，*SPI*)上，目前已经发现 12 个毒力岛(*SPI1~SPI12*)，其中 *SPI1~SPI5* 研究比较清楚。*SPI1* 编码Ⅲ型分泌系统 1(*Type Ⅲ Secretion System-1*，*T3SS-1*)的多种成分，包括其操纵子及分泌性效应蛋白。这些效应蛋白主要参与细胞支架肌动蛋白的重排，帮助细菌入侵上皮细胞。*SPI2* 编码 *T3SS-2* 的成分、分泌系统调节因子、*T3SS* 分子伴侣、分泌系统效应蛋白等。有助于沙门菌在宿主细胞内生存和繁殖，并参与连四硫酸盐还原酶的生产，保证了沙门菌的连四硫酸盐呼吸。*SPI3* 编码的蛋白质 MisL 有助于肠道定植在感染期间参与宿主和病原体相互作用；编码的 MgtCB 蛋白质，有助于鼠伤寒沙门菌在巨噬细胞内存活，进而抵御细胞的清除作用，同时可以借助巨噬细胞完成全身扩散，增强其侵袭性。*SPI4* 编码Ⅰ型分泌系统 *T1SS*，介导毒素分泌，并增强细菌在宿主巨噬细胞内的存活。*SPI5* 编码肌醇磷酸酶，直接诱导腹泻并且诱导分泌肠黏膜液体和多核性白蛋白进而导致肠道炎症反应。此外，沙门菌中也存在毒力质粒，编码的毒力基因可诱导细菌增殖使巨噬细胞分化和凋亡。

2.2.2 大肠埃希菌 O157：H7

2.2.2.1 大肠埃希菌 O157：H7 食物中毒的流行病学特点及临床表现

大肠埃希菌在自然环境及人体肠道中大量存在，大部分大肠埃希菌菌株是非致病菌，有的还是人体肠道中的共生微生物。只有少数几类大肠埃希菌菌株为致病细菌，包括肠致病性大肠埃希菌，引起婴幼儿水样或蛋花汤样便；肠产毒性大肠埃希菌，患者多数无明显腹痛，每天排十几次水样便；肠侵袭性大肠埃希菌，引起患者发热、腹痛、腹泻，粪便中有黏液和血；肠出血性大肠埃希菌，患者早期为水样便，后为血便；肠集聚性大肠埃希菌，与小儿顽固性腹泻有关。其中最为典型的是肠出血性大肠埃希菌 O157：H7。

大肠埃希菌 O157：H7 于 1982 年首先在美国被发现，此后在世界各地散发或地方流行，常污染的食物有各类熟肉制品、冷菜、奶类、蛋类、蔬菜、水果等。潜伏期通常为 3~4 d，长者可达 9 d。患者可能出现严重的水状腹泻、带血腹泻、发烧、腹绞痛及呕吐等症状。情况严重时，可能并发急性肾病。5 岁以下的儿童出现该等并发症的风险较高。若治疗不当，可能会致命。

食源性致病菌安全事故处置与警示

2.2.2.2 大肠埃希菌 O157：H7 菌种类及生物学特性

大肠埃希菌属于变形菌门 γ 变形菌纲肠杆菌目肠杆菌科埃希氏菌属的一个种，革兰阴性杆菌，大小为 $(0.4~0.7)\mu m \times (1~3)\mu m$。具有菌体(O)抗原、鞭毛(H)抗原、荚膜(K)抗原、菌毛(F)抗原这 4 种类型的抗原。大肠埃希菌 O157：H7 即为其中一种血清型的菌株。

大肠埃希菌为兼性厌氧菌，最适生长温度为 33~42 ℃，37 ℃繁殖迅速。大肠埃希菌

O157：H7 在自然界的水中可存活数周至数月。具有较强的耐酸性，在 pH 2.5~3.0 条件下可耐受 5 h。耐低温，能在冰箱内长期生存。不耐热，75 ℃加热 1 min 即被灭活。对氯敏感，被 1 mg/L 的余氯浓度杀灭。对多种抗生素具有耐药性。

2.2.2.3　大肠埃希菌 O157：H7 致病机理及毒力基因

大肠埃希菌 O157：H7 的致病机理尚未完全阐明，目前研究较为清楚的毒力因子包括 *LEE* 毒力岛、*ETT2* 毒力岛、pO157 质粒和志贺样毒素。*LEE* 毒力岛编码 5 个操纵子 *LEE1—LEE5*，其中 *LEE1*、*LEE2*、*LEE3* 编码Ⅲ型分泌系统；*LEE4* 编码 EspA、EspB 和 EspD 蛋白；*LEE5* 中的 *eae* 基因编码紧密黏附素 Intimin，*tir* 基因编码易位紧密黏附素受体 Tir。Ⅲ型分泌系统介导菌体黏附肠细胞，Tir 借助Ⅲ型分泌系统分泌后，在 EspA、EspB 和 EspD 蛋白的帮助下转位到宿主细胞上。Intimin 识别转位后的 *Tir*，引发宿主细胞信号转导反应并导致细胞骨架重排，形成特异性损害，产生黏附和消除损伤。*ETT2* 毒力岛编码Ⅲ型分泌系统 2，目前对该系统的研究尚不深入，可能在大多数菌株中不具有完整的分泌系统功能，但是其对于细菌毒力的发挥具有重要作用。pO157 质粒编码溶血素（Hemolysin）蛋白，可在靶细胞膜上形成孔洞并杀死靶细胞。此外，pO157 还编码Ⅱ型分泌系统，推定黏附因子 ToxB 蛋白以及多种炎症相关的酶类。志贺样毒素 Stx 是一种外毒素，分为Ⅰ型（Stx Ⅰ）和Ⅱ型（Stx Ⅱ），具有肠毒性、细胞毒性和神经毒性。志贺毒素与宿主细胞膜上的受体 Gb3 特异性结合后，通过内吞作用进入细胞，再通过逆行运输通过高尔基体网络和内质网进入细胞质，干扰核糖体的正常功能，阻断蛋白质合成。志贺毒素在大肠埃希菌 O157：H7 引发的腹泻、出血性肠炎和溶血性尿毒综合征等疾病中起到重要作用。

2.2.3　李斯特菌

2.2.3.1　李斯特菌食物中毒的流行病学特点及临床表现

李斯特菌在环境中无处不在，主要以食物为传染媒介，是最致命的食源性病原体之一。虽然李斯特菌食物中毒事件发生的概率较低，但一旦发生会严重危害中毒者的健康。李斯特菌食物中毒发病高峰在夏季，常被污染的食物包括肉类、蛋类、禽类、海产品、乳制品、蔬菜、冰激凌等。由于李斯特菌对低温耐受性较强，因此常发生冰箱中剩饭、剩菜、剩奶污染李斯特菌的事件。

李斯特菌的潜伏期很长，一般为 2~6 周，长者可达 70 d。通常情况下，免疫系统健康的人即使食入李斯特菌也不易发生食物中毒，而孕妇、新生儿、老人和免疫力低下者容易发生李斯特菌中毒，主要症状包括呼吸急促、呕吐、出血性皮疹、化脓性结膜炎、发热、抽搐、昏迷、自然流产、脑膜炎、败血症直至死亡。

2.2.3.2　李斯特菌种类及生物学特性

李斯特菌属为厚壁菌门芽孢杆菌纲芽孢杆菌目李斯特菌科下的一个属，革兰阳性小杆菌，大小为 $(0.4~0.5)\,\mu m \times (0.5~2)\,\mu m$。李斯特菌属包含 10 个种，其中单核细胞增生李斯特菌是主要的食源性病原菌，根据菌体（O）抗原和鞭毛（H）抗原至少可将单核细胞增生李斯特菌分为 13 个血清型。

李斯特菌为兼性厌氧细菌，最适生长温度为 35~37 ℃，无芽孢及荚膜。能发酵糖类，产酸不产气。能分解七叶苷，不能分解尿素和明胶。不产生吲哚和硫化氢。对低温具有抗性，通常不耐超过 37 ℃的高温，70 ℃加热 2 min 可杀死食物中的李斯特菌。李斯特菌不同菌株表现出对四环素、青霉素、甲氧苄啶、链霉素、红霉素、万古霉素等抗生素的抗性，有些菌株具有多重抗生素耐药性。

2.2.3.3 李斯特菌致病机理及毒力基因

李斯特菌也属于感染型病原微生物，进入肠道后可以在相关毒力因子的作用下黏附、侵染肠上皮细胞。与沙门菌、大肠埃希菌 O157：H7 等依靠Ⅲ型分泌系统黏附和入侵细胞的病原菌不同，李斯特菌主要依靠内化素（internalins）完成对细胞的入侵。内化素是李斯特菌毒力相关基因编码的一个蛋白质家族，介导细菌侵入无吞噬能力的细胞，包括 InlA、InlB、InlC-InlH。InlA 与钙黏蛋白结合，引发信号传导以及侵入部位的蛋白质局部积累，介导细菌进入上皮细胞；而 InlB 可与补体分子 C1q 受体或肝细胞生长因子受体结合，诱导了生长因子激活的典型信号级联，包括 RTK 激活、PI3 激酶激活和 Cdc42/Rac 激活，最终导致肌动蛋白在侵入部位组装，介导细菌穿越肝细胞、成纤维细胞、上皮细胞等。李斯特菌可以产生李斯特菌溶血素（Listeriolysin O），是一种依赖胆固醇的孔形成毒素，通过溶解细胞吞噬体膜使李斯特菌进入细胞质中，是李斯特菌造成持续性感染细胞的主要原因。由于李斯特菌具有更强的细胞内生存能力和细胞间扩散能力，导致李斯特菌食物中毒的致死率较高。

2.2.4 金黄色葡萄球菌

2.2.4.1 金黄色葡萄球菌中毒的流行病学特点及临床表现

金黄色葡萄球菌广泛存在于自然界中，食品受其污染的机会很多。金黄色葡萄球菌食物中毒多发于春、夏季；污染食品种类繁多，如奶制品、肉类、蛋类、凉菜、剩饭等。该菌属于毒素型致病菌，可产肠毒素，即使食品中的菌体被杀死，仍有可能存在肠毒素残留，同样会造成食物中毒。

金黄色葡萄球菌食物中毒的潜伏期较短，为 2~5 h，主要症状为恶心呕吐，多次腹泻腹痛，金黄色葡萄球菌毒素进入人体消化道后被吸收进入血液，刺激中枢神经系统，导致呕吐症状比腹泻症状严重。一般 1~2 d 即可恢复，死亡率低。

2.2.4.2 金黄色葡萄球菌种类及生物学特性

金黄色葡萄球菌是厚壁菌门芽孢杆菌纲芽孢杆菌目葡萄球菌科葡萄球菌属的一个种，革兰阳性球菌，直径 0.8 μm 左右，显微镜下呈单个、成双以及排列成葡萄串状。

金黄色葡萄球菌为需氧或兼性厌氧，最适生长温度 37 ℃，最适生长 pH 7.4。金黄色葡萄球菌有高度的耐盐性，可在 10%~15% 氯化钠肉汤中生长，可发酵葡萄糖、麦芽糖、乳糖、蔗糖，产酸不产气。70 ℃ 的温度 10 min 就可将金黄色葡萄球菌菌体杀死，但金黄色葡萄球菌毒素需必须加热至 100 ℃ 并持续 2 h 才能降解。金黄色葡萄球菌最初对青霉素、四环素、红霉素等大部分抗生素敏感，但随着抗生素的大量使用，逐渐出现了对各种抗生素的耐药性金黄色葡萄球菌。多重耐药性金黄色葡萄球菌是目前临床上面临的最为棘手的问题之一。

2.2.4.3 金黄色葡萄球菌致病机理及毒力基因

金黄色葡萄球菌是典型的毒素型病原微生物，其毒力因子主要是其分泌的外毒素，包括成孔毒素、剥脱性毒素和超级抗原三大类。金黄色葡萄球菌分泌的成孔毒素有 α-溶血素、β-溶血素、酚溶性调节蛋白和白细胞毒素，这些毒素被吸收进入循环系统后，分别作用于不同的靶细胞类群，使靶细胞的细胞膜上形成孔洞，导致细胞裂解。剥脱性毒素又称为表皮分解素，是具有高底物特异性的丝氨酸蛋白酶，选择性地识别并水解皮肤中的桥粒蛋白，主要在皮肤感染中发挥作用。超级抗原包括 8 种葡萄球菌肠毒素 SE、中毒性休克综合征毒素 TSST-1 和 11 种类葡萄球菌超抗原毒素。葡萄球菌肠毒素是引起急性胃肠炎的蛋白质性毒素，其超抗原作用刺激 T 细胞增殖，导致宿主在感染初期 IgM 的合成受到抑制，免疫功能减弱，毒素与肠道神经细胞受体作用，并被吸收入血液后到达中枢神经系统刺激呕吐中枢，导致以呕吐为主的食物中毒。

需要说明的是，金黄色葡萄球菌也具有侵入细胞内部的能力。菌体黏附细胞后，通过与宿主细胞的受体反应，激发宿主细胞的跨膜信号传递，引发宿主细胞骨架的重排，进入宿主细胞后诱导细胞发生凋亡。这一事实再次说明，感染型和毒素型病原细菌的分类是相对的，金黄色葡萄球菌在食物中毒和肠道毒性中以毒素作用为主，因此被视为典型的毒素型食源性病原细菌。

2.2.5 副溶血性弧菌

2.2.5.1 副溶血性弧菌中毒的流行病学特点及临床表现

副溶血性弧菌主要污染的食品是海产品，包括多种海洋鱼类、虾、蟹、贝类等，特别是牡蛎、毛蚶、蛏子等滤食性贝壳类，更容易在体内富集这种细菌，是引起我国食源性疾病事件最多的致病菌之一。2020 年 8 月发生了一起另类的"海产品"导致副溶血性弧菌食物中毒事件，在广西防城港市万尾金滩海域一艘运输榴莲的货船侧翻，当地村民打捞漂浮在海面的榴莲，食用后出现群体性腹痛腹泻、呕吐等疑似食物中毒症状。此外，副溶血性弧菌污染也发生在含盐分较高的腌制食品中，如咸菜、腌肉等。副溶血性弧菌食物中毒多在夏、秋季发生于沿海地区。近年来由于海鲜空运，内地城市病例也渐增多。

副溶血性弧菌食物中毒的潜伏期较短，一般为 10 h，短者 2 h，长者 24 h。中毒者主要症状包括脐部腹痛，表现多为阵发性绞痛，并有腹泻、恶心、呕吐、畏寒、发热等症状。粪为水样便、血样便、黏液或脓血便。部分病人有里急后重，重症患者因脱水，使皮肤干燥及血压下降造成休克。少数病人可出现意识不清、痉挛、面色苍白或发绀等现象，若抢救不及时，呈虚脱状态，可导致死亡。

2.2.5.2 副溶血性弧菌的种类及生物学特性

副溶血性弧菌为变形菌门 γ 变形菌纲弧菌目弧菌科弧菌属的一个种，革兰阴性弧菌，菌体大小为 $(0.5\sim0.8)\,\mu m\times(1.4\sim2.6)\,\mu m$。副溶血性弧菌的抗原主要有菌体（O）抗原和荚膜（K）抗原。

副溶血性弧菌为兼性厌氧菌，最适温度为 30~37 ℃，最适 pH 为 7.4~8.2。副溶血性弧菌为嗜盐细菌，在无盐条件下不生长。不耐热，56 ℃加热 5 min 或 90 ℃加热 1 min 即可杀死该菌。对酸敏感，当 pH 在 6 以下时即不能生长，在普通食醋中 1~3 min 即死亡。副溶血性弧菌对 β-内酰胺类、氨基糖苷类、磺胺类、喹诺酮类、四环素类和氯霉素类等抗生素具有不同程度的耐受作用，耐药谱与分离地区、分离品种、水产品养殖环境和养殖模式等相关。

2.2.5.3 副溶血性弧菌致病机理及毒力基因

副溶血性弧菌首先黏附并定植在宿主细胞表面，之后释放多种外毒素对宿主细胞进行攻击。荚膜多糖、甘露糖敏感血凝素和多价黏附分子可为细菌提供对宿主细胞的黏附能力。副溶血性弧菌通过Ⅲ型分泌系统和Ⅵ型分泌系统分泌效应物质，对靶细胞造成毒性作用。借助Ⅲ型分泌系统分泌的效应蛋白包括 Vop Q、Vop R、Vop S 等，介导宿主细胞的肌动蛋白骨架重排和细胞裂解等。Ⅵ型分泌系统分泌的效应蛋白包括 Icm F1、Icm F2、Hcp2、Vgr G2，介导细胞黏附，具有细胞毒性，诱导巨噬细胞自噬。副溶血性弧菌可以释放耐热性溶血毒素，导致人的肠黏膜溃烂，红细胞破碎溶解，被认为是副溶血性弧菌最重要的毒力因子。在副溶血性弧菌食物中毒过程中，菌体侵染和分泌毒素都发挥重要作用，因此该菌通常被认为是混合型病原细菌。

2.3 真菌及其毒素污染

世界上有超过 20 万种真菌，包括霉菌、酵母和蕈类。影响食品安全的真菌主要是霉菌及其毒素。霉菌在自然界分布很广，由于霉菌可以形成各种微小的孢子，因而很容易污染食品。

真菌毒素(mycotoxin)是由真菌产生的重要次级代谢产物，广泛存在于谷物、饲料、咖啡、坚果、水果、酒类等食用、饮用或饲用农产品中，会严重影响食品的品质，并危害人类健康。真菌毒素污染问题给食品、饲料以及畜牧等行业的生产造成了一系列不容忽视的严重影响。FAO统计报告显示，全世界每年约有25%的农产品被真菌污染，其中约有2%的农产品因霉变失去其营养和经济价值。真菌毒素能够有效地抑制动物体内DNA、RNA或蛋白质的合成，破坏细胞结构，损害动物的肝脏、肾脏等器官，具有致癌、致畸、致突变作用，对人和动物的健康造成了严重的危害。真菌毒素被归类为比农兽药残留、化学合成物、植物毒素、食品添加剂更重要的食源性污染物，WHO将真菌毒素纳入食品安全重点监控内容。我国的农产品和饲料等真菌毒素污染严重，因真菌毒素污染导致的食品安全问题频发，造成巨大的经济损失，严重危害人类健康。

目前，真菌毒素根据结构分类可达400种之多，黄曲霉毒素(aflatoxin，AF)、赭曲霉毒素(ochratoxin，OT)、伏马菌素(fumonisins)、玉米赤霉烯酮(zearalenone，ZEN)和脱氧雪腐镰刀菌烯醇(deoxynivalenol，DON)、展青霉素(patulin)、T-2毒素(T-2 toxin)、杂色曲霉素(sterigmatocvstin，ST)等危害性比较严重，在我国食品和饲料中有严格的限量标准。

2.3.1　黄曲霉毒素

黄曲霉毒素(AF)，也称为黄曲霉素，在已知的真菌毒素中，黄曲霉毒素毒性和致癌性最强。1960年英国发生10只火鸡死亡事件。死亡的火鸡肝脏出血及坏死、肾肿大，病理检查发现肝实质细胞退行性病变及胆管上皮细胞增生。研究发现火鸡饲料中的花生粉含有一种荧光物质，该荧光物质是导致火鸡死亡的病因，并证实该物质是黄曲霉的代谢产物，故命名为黄曲霉毒素。1993年黄曲霉毒素被WHO的癌症研究机构划定为Ⅰ类致癌物。

2.3.1.1　物理化学性质

黄曲霉毒素是结构类似的一大类化合物，基本结构为双呋喃环和氧杂萘邻酮(香豆素)。双呋喃环是黄曲霉毒素的基本毒性结构，而氧杂萘邻酮是致癌相关基团。已发现的黄曲霉毒素有20多种，其中，黄曲霉毒素B_1、B_2、G_1和G_2是4种含量最丰富、危害最严重的黄曲霉毒素(图2-1)。在长波长紫外光下，B类和G类黄曲霉毒素分别显示蓝光和绿光。黄曲霉等一些真菌只能产生B类毒素，而寄生曲霉既可产B类黄曲霉毒素(AFB)，还可产G类毒素(AFG)。黄曲霉毒素的相对分子质量为312~346，难溶于水，其纯品为无色结晶。黄曲霉素耐高温，在烹调加工温度下破坏较少，加热到268~269℃才被破坏。黄曲霉毒素在中性和酸性溶液中十分稳定，在强酸性溶液中(pH 1~3时)AFB_1会稍有分解，在pH 9~10的强碱性溶液中能迅速分解，产生钠盐，但此反应是可逆的，一旦环境条件呈酸性，又能重新形成带有荧光的AF。紫外线对低浓度黄曲霉毒素有一定的破坏性。此外，氯气、二氧化硫、次氯酸、过氧化氢这些氧化剂能够破坏AFB_1的结构使其失去毒性。

2.3.1.2　污染来源

黄曲霉毒素主要由黄曲霉和寄生曲霉等曲霉属真菌产生，在我国各省均有分布，常存在于土壤、谷物、坚果及其制品，特别是在花生和核桃中。近年来，在近百种食品和农副产品中都有黄曲霉毒素被检出，包括豆类、坚果类、大米、玉米、小麦、花生、肉类、乳及乳制品、水产品等。一般在热带和亚热带地区，食品中黄曲霉毒素的检出率比较高。

黄曲霉菌为需氧菌，是一种常见的腐生真菌，广泛存在于土壤、灰尘、植物及植物果实上，在热带和亚热带的核果类和谷类上十分常见，且容易侵染坚果类(如花生)、谷物类(如玉米)等农作物。适宜黄曲霉菌生长的外部环境条件并不严苛，水分活度0.76~0.98，温度30~38℃是黄曲霉菌的适宜生长条件；其适宜产毒温度为20~35℃，在低于10℃或高于40℃时产

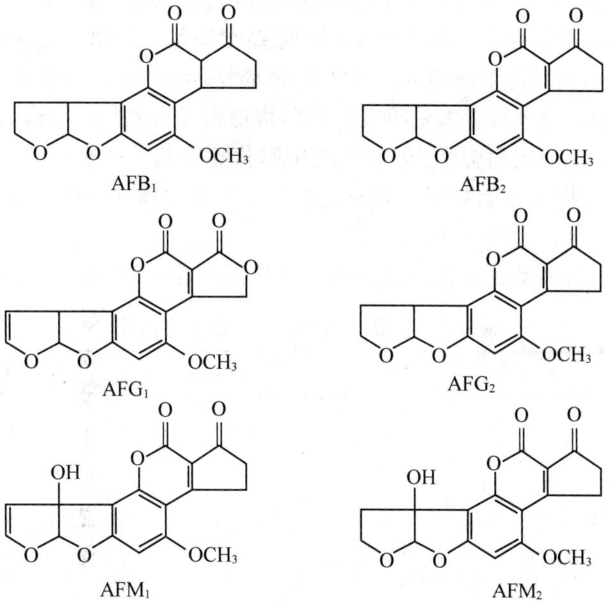

图 2-1 部分黄曲霉毒素化学结构式

毒量较少。产毒所需温度的范围取决于基质及环境条件。在实验室条件下，温度在 25~30 ℃ 时，湿的花生、大米和棉籽中的黄曲霉在 48 h 内即可产生黄曲霉毒素，而在小麦中最短需 4~5 d 才能产生黄曲霉毒素。

2.3.1.3 毒性

在已知的真菌毒素中，黄曲霉毒素 B_1 被公认为是目前致癌力最强的天然物质，AFB_1 的毒性可达氰化钾的 10 倍，三氧化二砷(砒霜)的 68 倍之多，属于剧毒物质，仅 0.294 mg/kg 的剂量就可以导致敏感动物急性中毒死亡。同时，大量动物试验的研究结果表明，AFB_1 具有很强的致癌能力，是标准致癌物二甲基亚硝胺的 75 倍，可以诱发肝癌。双呋喃环是黄曲霉毒素的基本毒性结构，而氧杂萘邻酮是致癌相关基团。化学结构不同的黄曲霉毒素的毒性有所差异，AFB_1 和 AFG_1 在 C8-C9 是饱和的，而 AFB_2、AFG_2 在此位点是非饱和的，毒性大小依次为：$AFB_1 > AFM_1 > AFG_1 > AFB_2 > AFM_2$。黄曲霉毒素 AFM_1、AFM_2 是由黄曲霉毒素 AFB_1 和 AFB_2 在动物体内经过羟基化反应衍生而生成的代谢产物，其毒性和致癌能力相较 AFB_1 而言会低一个数量级。经代谢产生的 AFM_1 除了从乳汁和尿液中排出外，还有部分存留在肌肉中。

（1）急、慢性毒性

各种动物 AFB_1 的敏感性不同，其敏感性依动物的种类、年龄、性别、营养状况等不同而有很大自差别。雏鸭对 AFB_1 最敏感，LD_{50} 为 0.24~0.56 mg/kg。对任何动物而言，它的毒害作用主要影响的器官是肝脏，呈急性炎症、出血性坏死、肝细胞脂肪变性和胆管增生。脾脏和胰脏也有轻度的病变。人组织的体外试验也证实 AF 对人体有毒性。

长期摄入小剂量的黄曲霉毒素则造成慢性中毒，其主要变化特征为动物生长障碍、肝脏出现慢性损伤，具体表现为：血液中磷酸肌酸激酶、异柠檬酸脱氢酶的活性降低和球蛋白、白蛋白、肝糖原及维生素 A 含量降低等肝功能变化；肝实质细胞变性、坏死，胆管上皮及纤维细胞增生，形成再生结节；食物利用率下降，体重减轻，生长发育缓慢，母畜不孕或产仔少。

（2）致癌性

长期持续摄入较低剂量的 AF 或短期摄入较大剂量的 AF 均可诱发大多数种属动物的原发

性肝癌。大规模的流行病学资料显示，某些地区人群食物中黄曲霉毒素水平与原发性肝癌的发病率呈正相关。例如，非洲撒哈拉沙漠以南的高温高湿地区，黄曲霉毒素污染食物严重，当地居民肝癌发病较多。而埃及等干燥地区，黄曲霉毒素污染不严重，肝癌发病也相对较少。人们对 AF 诱发肝癌的作用机制进行了大量研究。黄曲霉毒素经过微粒体混合功能氧化酶代谢活化，形成 8~9 环氧化物而发挥致癌作用。被活化的中间代谢产物一方面转化成羟基化代谢产物排出体外，另一方面与生物大分子 DNA、RNA、蛋白质结合发挥其毒性、致癌和致突变效应。

2.3.1.4　限量标准

食品中 AFB_1 限量指标见表 2-7，乳及乳制品中 AFM_1 限量指标见表 2-8。

表 2-7　食品中 AFB_1 的限量卫生标准

食品类别(名称)	限量/(μg/kg)
谷物及其制品	
玉米、玉米面(渣、片)及玉米制品	20
稻谷[a]、糙米、大米	10
小麦、大麦、其他谷物	5.0
小麦糟、麦月、其他去壳谷物	5.0
豆类及其制品	
发酵豆制品	5.0
坚果及籽类	
花生及其制品	20
其他熟制坚果及籽类	5.0
油脂及其制品	
植物油脂(花生油、玉米油除外)	10
花生油、玉米油	20
调味品	
酱油、醋、酿造酱(以粮食为主要原料)	5.0
特殊膳食用食品	
婴幼儿配方食品	
婴儿配方食品[b]	0.5(以粉状产品计)
较大婴儿和幼儿配方食品[b]	0.5(以粉状产品计)
特殊医学用途婴儿配方食品	0.5(以粉状产品计)
婴幼儿辅助食品	
婴幼儿谷类辅助食品	0.5

注：a 稻谷以糙迷计；b 以大豆及大豆蛋白制品为主要原料的产品。

表 2-8　食品中 AFM_1 的限量卫生标准

食品类别(名称)	限量/(μg/kg)
乳及乳制品[a]	0.5
特殊膳食用食品	
婴幼儿配方食品[b]	0.5(以粉状产品计)
较大婴儿和幼儿配方食品[b]	0.5(以粉状产品计)
特殊医学用途婴儿配方食品	0.5(以粉状产品计)

注：a 乳粉按生乳折算；b 以乳类及乳蛋白制品为主要原料的产品。

2.3.2 赭曲霉毒素

赭曲霉毒素 A(OTA)是自然界中存在的一种真菌毒素,广泛污染各种食物,如谷物、咖啡、可可豆、葡萄、干果、牛奶、乳制品及肉制品等,导致人对 OTA 的大量暴露。流行病学研究中发现人类的肾病与 OTA 在食物中的暴露量和血中的浓度存在明确的联系,OTA 被认为与人类疾病如巴尔干地方性肾病(其特征为肾小管间质肾炎,且容易并发肾、输尿管和膀胱肿瘤)有关,对动物致癌性的研究表明对人类有可能的致癌作用,所以国际癌症研究机构在 1993 年将 OTA 定为人类可能的致癌物。

赭曲霉毒素合成途径

2.3.2.1 物理化学性质

赭曲霉毒素的主体结构是香豆素及苯丙氨酸,以及其通过不同结构基团取代的衍生物。赭曲霉毒素是一系列含有该结构的类似物的总称。目前发现的结构清楚的主要有 7 种,包括 A、B、C、D 4 种主要化合物和它们的酯化衍生物(图 2-2)。

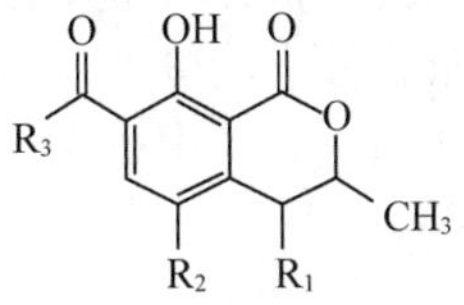

ochratoxins	R_1	R_2	R_3
OTA	H	Cl	—NH—CH(COOH)—CH₂—Phenyl
OTB	H	H	—NH—CH(COOH)—CH₂—Phenyl
OTC	H	Cl	—NH—CH(COOC₂H₅)—CH₂—Phenyl
4-hydroxyochratoxin A	OH	Cl	—NH—CH(COOH)—CH₂—Phenyl
OTα	H	Cl	—OH

图 2-2 赭曲霉毒素及衍生物化学结构式

ochratoxin:赭曲霉毒素;OTA:赭曲霉毒素 A;OTB:赭曲霉毒素 B;OTC:赭曲霉毒素 C;
4-hydroxychratoxin A:4-羟基赭曲霉毒素 A;OTα:赭曲霉毒素 α;Phenyl:苯基

OTA 的化学分子式为 $C_{20}H_{18}ClNO_6$,相对分子质量为 403.8,OTA 是一种酸性分子,呈白色针状晶体。易溶于极性有机溶液,可溶于碳酸氢钠溶液,微溶于水,不溶于己烷、石油醚、乙醚和酸性水溶液,熔点为 90~170 ℃。OTA 对紫外的吸收为:$\lambda_{max}^{MeOH}(nm;\varepsilon) = 333 (6\ 400)$,在长波紫外光下显示绿色或黄绿色荧光,碱性条件下紫外检测为蓝色荧光,并且 OTA 含量和荧光强度成正比关系,荧光变化表现为可逆过程。

2.3.2.2 污染来源

赭曲霉毒素首次是从赭曲霉(*Aspergillus ochraceus*)中分离出来的,在 15~37 ℃ 温度范围内均可产生,目前已鉴定到 21 种曲霉属和青霉属产生菌。自然界中产生 OTA 的真菌菌株主要有纯绿青霉(*Penicillium viridicatum*)、赭曲霉和炭黑曲霉(*Aspergillus carbonarius*)。这些菌在不同的环境条件下产生 OTA 的能力不相同。在热带和亚热带地区,农作物在田间或贮存过程中污染的 OTA 主要来源于赭曲霉。最佳生长和产毒温度为 25~30 ℃、水活度在 0.96~0.98。在加拿大和欧洲等地的寒冷地区,谷物(小麦、大麦、玉米、大米等)及其制品中 OTA 的产毒真菌主要为纯绿青霉。最佳生长和产毒温度在 20 ℃、水活度在 0.8。水果及果汁中 OTA 主要是由炭黑曲霉和黑曲霉所产生,特别是葡萄,因此这两种霉菌是新鲜葡萄、葡萄干、葡萄酒和咖啡中 OTA 的主要产生菌。在很多动物源食品(如牛奶、肉、蛋)中也能分离检测出 OTA,*Penicillium nordicum* 能适应高盐的干腌肉、奶酪,在低水活度(0.87)的干腌肉中 OTA 产量较高。

2.3.2.3　毒性

至少有 20 种赭曲霉毒素类似物被发现，其中 OTA 的毒性最高。OTA 由二氢异香豆素以酰胺键结合一分子苯丙氨酸形成，其中戊酮的甲基侧链的氧化为酰胺键提供羧基。在二氢异香豆素环上的氯原子(Cl)有助于提高毒素的毒性，脱氯的 OTB 的毒性较 OTA 下降 10 倍。赭曲霉毒素合成研究中还有其他一些类似物存在，包括 OTC、OTα、OTβ 等，其中 OTα 和 OTβ 分别是 OTA 和 OTB 断开酰胺键的非苯丙氨酸残基的部分结构，而 OTA 加上一个乙酯键即为 OTC，其中 OTα 是无毒的。

（1）急、慢性毒性

赭曲霉毒素具有烈性的肾脏毒和肝脏毒，当人畜摄入被这种毒素污染的食品和饲料后，就会发生急性或慢性中毒，如大鼠经口喂 20 mg/kg 的赭曲霉毒素，就会产生急性中毒；鸡食用含有赭曲霉毒素 1~2 mg/kg 的饲料，种蛋孵化率会降低。赭曲霉毒素的毒性特点是造成肾小管间质纤维结构和机能异常而引起的营养不良性肾病及肾小管炎症、免疫抑制等。

赭曲霉毒素能引起肾脏的严重病变、肝脏的急性功能障碍、脂肪变性、透明变性及局部性坏死，长期摄入也有致癌作用。赭曲霉毒素与家畜肾病相关的病例在许多国家均有报道。在巴尔干地区地方性肾病流行，6%~18% 的人群血液中能检出 OTA，这可能与相关国家食物中含有 OTA 有关。在巴尔干半岛以外的一些地区人群的血液中也检出了 OTA。调查表明，泌尿系统肿瘤高发病率又与巴尔干地方性肾病明显相关。

（2）毒理学研究

关于动物试验或细胞试验的毒理学研究表明，OTA 具有致癌性、致畸性，引起免疫抑制、神经损伤、肝脏功能衰竭、肾脏与泌尿系统病变等多种危害。OTA 的病理学及毒理学研究结果表明，OTA 抑制蛋白质合成，竞争性抑制苯丙氨酸-tRNA 转移酶，干扰苯丙氨酸在内的代谢系统，促进膜脂质过氧化，扰乱钙离子平衡，抑制线粒体呼吸作用及引起 DNA 损伤。最近的研究聚焦在 OTA 干扰细胞信号转导和调节，调节生理信号，影响细胞活力和分化繁殖。最近的研究特别关注：①通过氧化胁迫代谢物介导的毒性；②胞内 OTA 积累作用于有机阴离子转运蛋白；③纳摩尔级细胞内信号转导。

2.3.2.4　限量标准

食品中 OTA 限量指标见表 2-9。

表 2-9　食品中 OTA 限量指标

食品类别(名称)	限量/(μg/kg)
谷物及其制品	
谷物*	5.0
谷物碾磨加工品	5.0
豆类及其制品	
豆类	5.0
酒类	
葡萄酒	2.0
坚果及籽类	
烘焙咖啡豆	5.0
饮料类	
研磨咖啡(烘焙咖啡)	5.0
速溶咖啡	10.0

　注：* 稻谷以糙米计。

2.3.3　展青霉素

展青霉素又称棒曲霉素，是一种有毒的真菌代谢产物。目前发现能产生展青霉毒素的真菌主要有曲霉、青霉及丝衣霉 3 个属，包括扩展青霉菌（*P. expansum*）、棒状青霉菌（*P. claviforme*）、展青霉菌（*P. patulin*）、产黄青霉菌（*P. chrysogemn*）、圆弧青霉菌（*P. cyclopium*）等，其中棒曲霉和扩展青霉的产毒能力最强。展青霉素主要生长在水果上，并污染水果制品，尤其是苹果、山楂、梨、番茄、苹果汁和山楂片等。

2.3.3.1　物理化学性质

展青霉素的分子式为 $C_7H_6O_4$，相对分子量为 154.1，无色针状晶体结构，熔点为 109~110 ℃，其分子结构如图 2-3 所示。展青霉素不溶于石油醚，微溶于苯和乙醚，易溶于水、氯仿、乙醇、丙酮和乙酸乙酯等有机溶剂，光照下不稳定，易分解，属于一种水溶性的非挥发性内酯。此外，展青霉素在碱性条件下不稳定，其生物活性易被破坏，所以展青霉素的提取和保存一般是在酸性条件下进行的（图 2-3）。

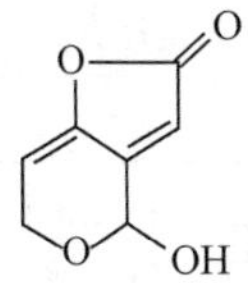

图 2-3　展青霉素化学结构式

2.3.3.2　污染来源

在所有的水果中，受展青霉素产生菌及展青霉素污染最为严重的是苹果及其制品。一般来说，已经成熟或是接近成熟的果实易受到此类霉菌的污染，特别是在适宜的条件下，果肉在潮湿的环境中会迅速腐烂，十余天可腐烂完全，果实表面长出青绿色的霉丛，具有强烈霉湿味。除了苹果及其制品易受到展青霉素的污染外，梨、猕猴桃、葡萄、草莓、樱桃、杏、桃子、柿子、桑葚、李子、蓝莓、油桃、柑橘等水果均有可能受到该类霉菌的污染。表面有破损的果实在长期的存放过程中极易被青霉菌污染，果汁、果酱样品展青霉素阳性检出率高，主要原因是展青霉素在果汁中能够稳定存在。在 80 ℃条件下，加热 10~20 min，仍然有 50% 毒素残留，在 60~90 ℃下处理 10 s 仅能减少 18.8% 的展青霉素，因此普通巴氏杀菌很难将其全部杀灭。除此之外，在干酪和谷物产品，如小麦、大麦及其相关产品、谷物根部、饲料中也可检测出展青霉素。

2.3.3.3　毒性

（1）急、亚急性毒性

展青霉素的毒性以神经中毒症状为主要特征，表现为全身肌肉震颤般痉挛、狂躁、跛行、心跳加快、粪便较稀、溶血检查阳性等。啮齿动物的急性中毒常伴有痉挛、肺出血、皮下组织水肿、无尿直至死亡。亚急性毒性试验结果表明，高剂量的展青霉素对大鼠的肾及胃肠道有毒性作用。但肾上腺的相对质量和组织病理学没有明显变化，表明胃部基底溃疡是由展青霉素的直接作用而非间接作用引起的。

（2）毒理学研究

展青霉素在对动物体作用的过程中还能改变各类细胞膜的透性，使细胞膜破损，胞内内容物流失，从而导致细胞失活，有研究表明展青霉素的毒性与活体细胞中谷胱甘肽的缺失有关。大鼠试验表明展青霉素中毒可导致肝、肾和肠组织中的二磷酸果糖酶浓度降低，说明展青霉素抑制了肝脏中一磷酸果糖酶的生物合成。腹腔注射展青霉素可显著抑制肝、肾和脑中 Na，K-ATP 酶和 Mg-ATP 酶。肝、肾和脑的线粒体和微粒体体外试验也显示同样结果。展青霉素可抑制大脑半球、小脑和延髓中的乙酰胆碱酯酶，并伴随胆碱酯酶升高。展青霉素可使妊娠大鼠肝中乳酸脱氢酶升高，胎盘中谷丙转氨酶降低，并使人胎盘线粒体和微粒体升高。给大鼠喂饲含扩展青霉的饲料，可导致空腹血糖增高，糖耐量试验表明葡萄糖含量增高，并使胰岛素分泌减少，说明展青霉素可导致糖尿病。毒理学试验表明，展青霉素具有影响生育、致癌和免疫等毒理作用，同时也是一种神经毒素。

2.3.3.4　限量标准

食品中展青霉素限量指标见表 2-10。

表 2-10　食品中展青霉素限量指标

食品类别(名称)*	限量/(μg/kg)
水果及其制品	
水果制品(果丹皮)	50
饮料类	
果蔬汁类	50
酒类	50

注：* 仅限于以苹果、山楂为原料制成的产品。

2.3.4　脱氧雪腐镰刀菌烯醇

脱氧雪腐镰刀菌烯醇(DON)又名呕吐毒素，主要由禾谷镰刀菌(*Fusarium graminearum*)和黄色镰刀菌(*F. culmorum*)产生，这两株菌能够引起小麦赤霉病和玉米穗腐病。DON 与赤霉病的发生有关，在感染过程中有助于镰刀菌的毒性。赤霉病不仅在小麦中发生，而且在大麦、玉米以及其他一些谷物中也时有发生。病原菌不仅降低产量，而且由于 DON 的产生使谷物品质严重下降。脱氧雪腐镰刀菌烯醇中毒是人或动物采食被这种毒素污染的粮食等原料而引起的，是以食欲废绝、呕吐为特征的中毒性疾病。DON 毒素已被 WHO 和 FAO 确定为食品中最危险的生物污染物之一。

2.3.4.1　物理化学性质

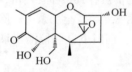

图 2-4　脱氧雪腐镰刀菌烯醇化学结构式

DON 是雪腐镰刀菌烯醇的脱氧衍生物，它由 1 个 12,13-环氧基、3 个—OH 功能团和 1 个 α,3-不饱和酮基组成，是四环的倍半帖。分子式为 $C_{15}H_{20}O_6$。相对分子质量为 296.3，化学结构式如图 2-4 所示。DON 为无色针状结晶，熔点为 151～153 ℃。它可溶于水和极性溶剂，如含水甲醇、含水乙醇或乙酸乙酯等，不溶于正己烷和乙醚。DON 具有较强的热抵抗力和耐酸性，在乙酸乙酯中可长期保存，120 ℃时稳定。但是加碱或高压处理可破坏部分毒素。例如，DON 在pH 4.0 条件下，100 ℃或 120 ℃加热 60 min 均不被破坏，170 ℃加热 60 min 仅少量被破坏，在pH 7.0 条件下，100 ℃或 120 ℃加热 60 min 仍很稳定，170 ℃加热 15 min 部分被破坏。

2.3.4.2　污染来源

DON 是 B 类单端孢霉烯中的一种，B 类单端孢霉烯在 C8 位具有一个酮基，主要由某些镰刀菌产生，如尖孢镰刀菌、禾谷镰刀菌、串珠镰刀菌、粉红镰刀菌、雪腐镰刀菌和拟枝孢镰刀菌等。镰刀菌属主要感染田里的谷物，毒素的产生既可发生在收获之前，也可发生在收获之后，尤其是在未妥善处理和干燥的情况下，粮食在贮存过程中毒素会继续产生。许多粮谷类都可以受到污染，如小麦、大麦、燕麦、玉米等。DON 对于粮谷类的污染状况与产毒菌株、温度、湿度、通风、日照等因素有关。DON 污染粮谷的情况非常普遍，早在 2000 年，就有 FAO的数据显示，DON 在小麦、玉米、燕麦、大麦、黑麦和大米中的检出率分别是 57%、41%、68%、59%、49%和 21%。2013 年对 199 份饲料及原料进行了 DON 含量的检测，DON 总检出率为 87.44%，超标率为 27.14%；从地区分析，华中地区的 DON 污染情况最严重。2015 年年底采用双份饭调查方法入户采集安徽省阜阳市部分居民家庭餐桌上即食状态的各种谷类食物，检测 DON 及其衍生物含量，调查人群主要食用的谷类食物包括大米粥、馒头/花卷、面条、米饭、粑粑子。馒头/花卷和粑粑子中 DON 和 DON-3-G 均 100%检出，总 DON 平均含量分别为 454.9 μg/kg、457.7 μg/kg，最高污染水平来自馒头/花卷样品，总 DON 含量为 2 067.8 pg/kg；面条中 DON 和 DON-3-G 检出率分别为 100%、71.6%，总 DON 平均含量为 75.50 μg/kg；米饭和大米粥中两种物质检出率和含量均相对较低。

2.3.4.3 毒性

（1）急、慢性毒性

DON 具有很强的细胞毒性，在体内可能有一定的积蓄，但无特殊的靶器官，且不同的动物对 DON 的敏感程度不一，猪最敏感。DON 的急性中毒与动物的种属、年龄、性别、染毒途径有关，雄性动物比较敏感，主要引起动物站立不稳、反应迟钝、竖毛、食欲下降、呕吐等，严重者可造成死亡。人误食 DON 后急性中毒症状一般出现在 0.5 h 后，快的可在 10 min 后出现，主要症状是头昏、腹胀、恶心、呕吐，以及白细胞缺乏症，一般在 2 h 后可自行恢复。老人和幼童，或大剂量中毒者，症状较重，呼吸、脉搏、体温及血压均略有升高。DON 的慢性中毒主要表现为对神经系统的影响，引起拒食、体重下降等。

（2）毒理学研究

DON 毒素能够抑制蛋白质合成和核酸的复制，抑制线粒体功能，破坏细胞膜完整性，能引起腹泻、呕吐、肠道坏死等病症。另外，DON 还能够破坏正常的细胞分裂和细胞膜的完整性，诱导细胞凋亡。研究表明，DON 还具有很强的细胞毒性和胚胎毒性，能引起人类食管癌、IgA 肾病、克山病和大骨节病等，DON 毒素已被 WHO 和 FAO 确定为食品中最危险的生物污染物之一。流行病学调查发现，在食管癌高发区的玉米和小麦中均检测到 DON，其检出率是低发区的 10 倍。

2.3.4.4 限量标准

食品中 DON 限量指标见表 2-11。

表 2-11 食品中 DON 限量指标

食品类别(名称)	限量/(μg/kg)
谷物及其制品	
玉米、玉米面(渣、片)	1 000
大麦、小麦、麦片、小麦粉	1 000

2.3.5 玉米赤霉烯酮

玉米赤霉烯酮(ZEN)又称为 F2 毒素，是非固醇类、具有雌性激素性质的真菌毒素。ZEN 是由镰刀菌属真菌产生的次级代谢产物，是一种全球性的粮食污染物。在各种毒性中，生殖毒性是 ZEN 最重要的毒性，主要伤害生殖器官。

2.3.5.1 物理化学性质

玉米赤霉烯酮由间苯二酚与 14 个原子组成的大环内酯结构组成，是 2,4-二羟基苯甲酸内酯类化合物，化学结构如图 2-5 所示，分子式 $C_{18}H_{22}O_5$，相对分子质量 318.36。该类毒素主要由 5 种代谢结构类似物组成，分别为 α-zearalenol、β-zearalenol、α-zearalanol、β-zearalanol 和 zearalenone。除 zearalenone 在 C6 位为酮基外，其他 4 种在 C6 位均为羟基。α-zearalenol 和 β-zearalenol 在 C1—C2 位为双键结构，而 α-zearalanol、β-zearalanol 和 zearalenone 无双

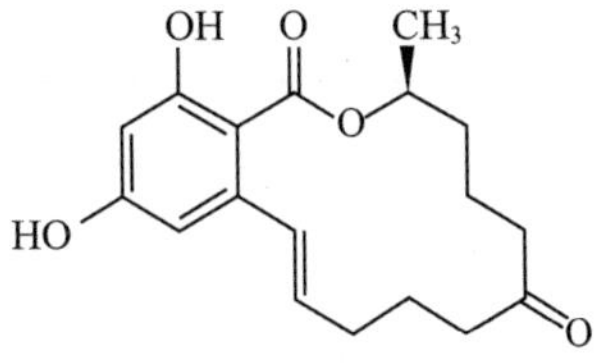

图 2-5 玉米赤霉烯酮化学结构式

键, 为饱和结构。ZEN 为白色晶体, 熔点 161~163 ℃, 紫外光谱最大吸收为 236 nm、274 nm 和 316 nm, 红外线光谱最大吸收为 970 nm, 其甲醇溶液在 254 nm 短紫外光照射下呈明亮的绿-蓝色荧光。不溶于水, 溶于碱性溶液、乙醇、乙醚、苯、乙酸乙酯及甲醇等。ZEN 的结构与 17β-雌二醇相似, 因而能与雌激素受体结合引起类雌激素作用。

2.3.5.2　污染来源

ZEN 是禾谷镰刀菌和大刀镰刀菌等镰刀菌属产生的次级代谢产物, 是一种全球性的粮食污染物, 对玉米的污染较广泛, 也广泛污染小麦、大麦、燕麦、高粱、大米和小米等谷类作物, 程度较轻。此外, 谷物产品麦芽、面粉、大豆和啤酒中也检测到有 ZEN 污染。镰刀菌属主要感染田里的谷物, 毒素的产生既可发生在收获之前, 也可发生在收获之后, 尤其是在未妥善处理和干燥的情况下, 粮食在贮存过程中毒素会继续产生。实际上, 食品和食物原料中的较严重的 ZEN 污染主要是在贮存中产生的。在湿度为 45%, 温度 24~27 ℃下培养 7 d, 或 12~14 ℃下培养 4~6 周, ZEN 的产量最高。

2.3.5.3　毒性

(1) 急性毒性

在急性中毒条件下, ZEN 对神经系统、心脏、肾脏、肺和肝都有一定的毒害作用。动物表现为兴奋不安, 走路蹒跚, 全身肌肉震颤, 突然倒地死亡。主要的机制是 ZEN 会造成神经系统亢奋, 在脏器当中造成很多的出血点, 使动物突然死亡。同时还可发现动物呆立, 粪便稀如水样, 恶臭, 呈灰褐色, 并混有肠黏液。发现外生殖器肿胀, 精神委顿, 食欲减退, 腹痛、腹泻的特征。在剖检时还能发现淋巴结水肿、胃肠黏膜充血、水肿, 肝轻度肿胀、质地较硬、颜色淡黄。实际上, ZEN 的急性毒性较弱, ZEN 与其说是一种毒素, 更不如说是一种真菌产生的非甾醇类雌激素。

(2) 毒理学研究

ZEN 与雌激素的结构相似, 因此能与雌激素受体结合表现弱雌激素活性, 雌激素活性相当于 17β-雌二醇的 1/300, 尤其会对动物体内雌激素受体丰富的器官造成影响, 如卵巢、乳腺、子宫、阴茎、睾丸、附睾和前列腺等生殖系统器官, 引起动物体内激素紊乱, 生殖系统异常, 从而对动物生殖发育功能造成严重的影响。母猪的 ZEN 中毒还可引起不育症、胎仔干性坏疽、胎仔吸收、流产, 有胎仔小、仔猪瘦弱、腿外翻等症状。牛对 ZEN 的敏感性比猪低。据报道, 饲喂含 500 μg/kg ZEN 的饲料不会影响产奶量。

ZEN 并未被列入致癌物行列, 但是就 ZEN 是否能引发肿瘤, 一直以来都很有争议。

2.3.5.4　限量标准

食品中 ZEN 限量指标见表 2-12。

表 2-12　食品中 ZEN 限量指标

食品类别(名称)	限量/(μg/kg)
谷物及其制品	
小麦、小麦粉	60
玉米、玉米面(渣、片)	60

2.4　病毒污染

病毒是一类个体微小、结构简单, 只含一种核酸(DNA 或 RNA), 必须在活细胞内寄生并以复制方式增殖的非细胞型生物。病毒按照宿主细胞类型可分为植物病毒、动物病毒和细菌病毒，对人类存在威胁的是动物病毒。

食源性病毒是指以食物为载体，通过消化道侵入人体，导致人类患病的病毒。病毒只能在细胞内进行繁殖，但有些病毒粒子可以在食品表面存活很长时间，因此即使非活细胞的食品，也可以作为病毒的传播媒介。某些病毒虽然以食物为载体进行传播，但并不通过消化道侵染人体，这种病毒通常也不被认为是食源性病毒。常见的食源性病毒包括肝炎病毒、诺如病毒、轮状病毒等。

由于病毒只能在细胞内进行繁殖，因此人和动物才是病毒传播的根本来源，环境中的病毒粒子也只是暂时存在的形式，其根源可能来自人或动物的排泄物或尸体。类似于致病细菌对食品有内源性污染和外源性污染的途径之分，病毒对食品的污染途径也分为原发性污染和继发性污染。原发性污染指人畜共患病毒感染的动物被作为食品或食品原料，未经有效处理所导致的食品污染；继发性污染是指在食品加工、运输、销售、食用等过程中，以环境、仪器、人员、蝇虫等为源头的病毒附着在食品表面或进入食品内，所导致的食品污染。

食品的病毒污染具有季节性和地域性，多发于夏、秋季节，并且与地域的饮食结构和饮食习惯密切相关。近年来，随着食品保藏技术、全球贸易和冷链物流技术的发展，这种季节性和地域性正在减弱。因此，必须加强对食品中病毒的检验检疫工作。

与细菌不同，抗生素类药物对于病毒是无效的。病毒寄生在宿主细胞内进行复制，因此很难用不破坏细胞的方法来杀灭病毒。目前针对病毒性疾病的最有效的防治方法是接种疫苗来预防病毒感染或者使用抗病毒药物来降低病毒的活性。

2.4.1　肝炎病毒

2.4.1.1　肝炎病毒的流行病学特点及临床表现

肝炎病毒是指引起病毒性肝炎的病原体，包括甲型、乙型、丙型、丁型、戊型、己型、庚型肝炎 7 种。其中，甲型和戊型肝炎病毒通过肠道感染，其他类型病毒均通过密切接触、血液和注射方式传播。本节重点介绍甲型和戊型肝炎。

甲型肝炎是世界性疾病，我国是甲型肝炎的高发国家之一。甲型肝炎主要污染的食物为水生的软体动物和甲壳动物等，尤以毛蚶最为出名。毛蚶生活在近海滩，易被城镇生活污水所污染；每只毛蚶每日能过滤 40 L 水，将甲肝病毒在体内浓缩并贮存；许多地区喜欢吃半生的毛蚶，病毒不能被灭活。毛蚶导致 1988 年上海市甲型肝炎流行，计有 29 万人患病。甲型肝炎患者主要的症状为畏寒、发热、食欲减退、恶心、疲乏、肝肿大及肝功能异常。部分病例出现黄疸，无症状感染病例较常见，一般不转为慢性和病原携带状态。

戊型肝炎以水型流行最常见，少数为食物型暴发或日常生活接触传播。多发于高温多雨季节，尤其在洪涝灾害造成粪便对水源广泛污染的地区。戊型肝炎多数病例症状较轻，主要症状包括发热、乏力、恶心、呕吐、肝区痛等，黄疸不严重。

2.4.1.2　肝炎病毒生物学特性

甲型肝炎病毒是一种 RNA 病毒，属于微小 RNA 病毒科。病毒呈球形，直径约为 27 nm，无囊膜，衣壳由 32 个壳微粒组成，呈二十面体立体对称，每一壳微粒由 4 种不同的多肽即 VP1、VP2、VP3 和 VP4 所组成。衣壳内部含有长度为 7 400 nt 的单股正链 RNA。甲型肝炎病毒对低温、60 ℃加热 1 h、乙醚及 pH 3 的酸化作用均有一定的抵抗力。在 4 ℃下可保存数月，−20 ℃可保存数年。但 100 ℃温度下加热 5 min 或用甲醛溶液、氯等处理，可使之灭活。非离子型去垢剂不破坏病毒的传染性。

戊型肝炎病毒也是一种 RNA 病毒，在分类学上属于戊型肝炎病毒科。病毒呈球形，直径 27~34 nm，无囊膜，衣壳同样呈二十面体立体对称。衣壳内部含有 7 600 nt 的单股正链 RNA。

在碱性环境中稳定，有镁离子、锰离子存在情况下可保持其完整性，对高热敏感，煮沸可将其灭活。

2.4.1.3 肝炎病毒的致病机理

甲型肝炎病毒进入人体后先在肠黏膜和局部淋巴结增殖，继而进入血流，形成病毒血症，最终侵入靶器官肝脏，在肝细胞内增殖。2016 年北卡罗来纳大学的研究表明病毒引发被感染的细胞产生抗病毒反应，从而激活一种预先编程的细胞凋亡通路。宿主细胞通过自杀来抑制病毒繁殖，但这也导致肝脏内产生炎症。

丙型肝炎病毒的 RNA 基因组包括 3 个开放阅读框(open reading frames，ORFs)，ORF1 编码非结构蛋白，包括甲基转移酶、木瓜蛋白酶样半胱氨酸蛋白酶、解旋酶和 RNA 依赖性 RNA 聚合酶等；ORF2 编码衣壳蛋白；ORF3 编码在病毒颗粒组装和释放中起到重要作用的小型多功能蛋白质。目前虽已有多种进入/附着因子被发现，但仍不清楚不同因子与病毒间的具体相互作用，戊型肝炎病毒进入宿主细胞的受体也仍然未知。

2.4.2 诺如病毒

2.4.2.1 诺如病毒的流行病学特点及临床表现

1968 年在美国诺瓦克镇一所小学发生急性胃肠炎暴发，4 年后从患者粪便中分离出诺如病毒，这是这种病毒首次被发现，并在当时命名为诺瓦克病毒。此后，世界各地陆续从急性胃肠炎患者粪便中分离出多种形态与之相似但抗原性略有差异的病毒颗粒，统称为诺瓦克样病毒。值得注意的是，2002 年 8 月，第八届国际病毒命名委员会对该病毒进行系统命名时，并未采用以最早暴发地为依据的诺瓦克病毒(Norwalk virus)命名，而是采用了诺如病毒(Norovirus)，从该事件可以看出，以最早暴发地为病毒的命名并非是历史传统。

诺如病毒是发达国家流行性肠胃炎的主要病原体。有观点认为，就肠胃炎病原体而言，在发展中国家细菌的比例较高，发达国家病毒的比例较高。近年来随着我国经济的发展，诺如病毒感染比率也有上升的趋势。诺如病毒全年均可发病，每年的 10 月到次年 3 月是高发期。常污染的食物包括贝类等海产品、生食的蔬果类以及饮用水等。

诺如病毒感染的潜伏期为 12~48 h，主要症状包括恶心、呕吐、腹痛、腹泻、发热、畏寒、肌肉酸痛等，儿童以呕吐为主，成年人以腹泻为主，绝大多数感染者症状较轻，1~3 d 自愈。少数患者会出现严重并发症，重症或死亡病例通常发生于高龄老人和婴幼儿。

2.4.2.2 诺如病毒的生物学特性

诺如病毒是一种 RNA 病毒，属于人类杯状病毒科。无包膜，直径约 27~40 nm。传统上认为诺如病毒是由 180 个衣壳蛋白构成 90 个二聚体，然后形成二十面体对称的病毒粒子，衣壳内为单股正链 RNA，长 7 500~7 700 nt。2019 年的研究发现了一个更小的形状，是由 60 个衣壳蛋白构成 30 个二聚体的独立结构，此外还发现了一个由 240 个衣壳蛋白组成的更大外壳结构，形成一个两层的结构，能够与人类细胞进行不同的互动。诺如病毒对恶劣环境抗性较强，具有耐低温、耐酸等特性，不易灭活，在地下水中存留 2 个月仍具有感染性。病毒变异快，每隔 2~3 年即可出现引起全球流行的新变异株。

2.4.2.3 诺如病毒的致病机理

由于缺少有效的研究模型，目前对诺如病毒感染的发病机制尚不清楚。2016 年的一项研究发现胆汁中的胆汁酸和脂肪神经酰胺是诺如病毒成功感染人小肠模型所必需的。胆汁酸激活小肠内吞作用的同时，也为诺如病毒侵入细胞制造了机会，侵入细胞后的诺如病毒在细胞中进行复制，由此导致人类呕吐腹泻。

中国疾病预防控制中心诺如病毒防控指南

2.4.3　轮状病毒

2.4.3.1　轮状病毒的流行病学特点及临床表现

轮状病毒是引起婴幼儿腹泻的主要病原体之一，每年导致全球约 2.58 亿例腹泻发作和约 12.8 万例死亡。在我国，每年大约有 1 000 万婴幼儿被轮状病毒感染，其中有近 4 万名儿童因轮状病毒腹泻死亡，约占中国 5 岁以下儿童总死亡人数的 12%。

轮状病毒潜伏期为 1~3 d，主要症状为呕吐、发热、腹泻，腹泻多为水样，白色、淡黄色或黄绿色，无黏液。严重时还可发生脱水、电解质紊乱，甚至死亡。有症状感染一般发生在 6 个月至 2 岁的婴幼儿，2 岁以上的感染者较少发生严重疾病，到 5 岁时，几乎所有的儿童都感染过轮状病毒。成年人感染轮状病毒多数无症状，但可作为病毒的携带者。轮状病毒感染在秋、冬季节高发，主要通过携带有病毒的人员接触食物后，被婴幼儿进食，进而导致婴幼儿感染。具有高度传染性。感染者的粪便每克可以包含 10 万亿个以上的感染性颗粒；将感染传播给另一个人所需的颗粒少于 100 个。

2.4.3.2　轮状病毒的分型及生物学特性

轮状病毒属于呼肠孤病毒科，共有 A、B、C、D、E、F、G 7 个种，感染人类的主要轮状病毒为 A 种、B 种和 C 种，其中最常见的是轮状病毒 A 种的感染，人类轮状病毒感染超过 90% 的案例也都是该种造成的。轮状病毒呈球形，直径 70~76 nm，无包膜，有双层衣壳，呈车轮辐条状，故称为轮状病毒。衣壳内为双股 RNA，由 11 个不连续的节段组成，总长为 18 555 nt，第 9 节段编码两种蛋白质，其余节段各编码一种蛋白质。

轮状病毒对理化因子的作用有较强的抵抗力。在 50 ℃加热 1 h 仍具有活性，56 ℃加热 30 min 可灭活。耐低温，在 -20 ℃条件下可存活 7 年，在 -70 ℃条件下可以长期保存。耐酸碱，在 pH 3.5~10.0 之间都具有感染性。病毒经乙醚、氯仿、反复冻融、超声处理后仍具有毒性。95% 的乙醇是最有效的病毒灭活剂。

2.4.3.3　轮状病毒的致病机理

轮状病毒主要在肠道中复制，并感染小肠绒毛的肠上皮细胞，导致上皮的结构和功能改变。轮状病毒在肠道中产生毒性轮状病毒蛋白 NSP4，该蛋白是一种肠毒素，可与未感染的邻近肠上皮细胞结合以激活 Ca^{2+} 激活的氯离子通道并引起分泌性腹泻。轮状病毒可感染肠道内壁的肠嗜铬细胞，刺激 5-羟色胺的产生，激活迷走神经传入神经，进而激活控制呕吐反射的脑干细胞，导致呕吐。

2.5　寄生虫污染

寄生虫（parasites）是指营寄生生活的动物，其中通过食品感染人体的寄生虫称为食源性寄生虫（foodborne parasite），主要包括原虫、节肢动物、吸虫、绦虫和线虫，其中后三者统称为蠕虫。在寄生与被寄生的关系中，以其机体给寄生虫提供居住空间和营养物质的生物称为宿主。寄生虫的幼虫和成虫，其寄主不是同一个种时，则幼虫的寄主称为中间宿主或中间寄主。寄生虫成虫或有性生殖阶段所寄生的宿主称为终宿主。有些蠕虫成虫或原虫某一阶段既可寄生于人，也可寄生于脊椎动物，在一定条件下可通过感染的脊椎动物传给人，在流行病学上，称这些脊椎动物为保虫宿主，一般来说，保虫宿主都会传播人畜共患性寄生虫病。寄生虫侵入人体并能生活一段时间，这种现象称为寄生虫感染，有明显临床表现的寄生虫感染称为寄生虫病。易感个体摄入污染寄生虫或其虫卵的食物而感染的寄生虫病称为食源性寄生虫病。

寄生虫能通过多种途径污染食品和饮水，经口进入人体，引起人的食源性寄生虫病的发生和流行，特别是能在脊椎动物与人之间自然传播和感染的人畜共患寄生虫病对人体健康危害很大。食源性寄生虫病按食物来源一般可分为六大类：①植物源性寄生虫病，如姜片吸虫病。②肉源性寄生虫病，如旋毛虫、牛带绦虫、住肉孢子虫。③螺源性寄生虫病，如广州管圆线虫。④淡水甲壳动物源寄生虫病，如肺吸虫。⑤鱼源性寄生虫病，如肝吸虫病。⑥水源性寄生虫病，如隐孢子虫病。最直接、最危险的引起食源性寄生虫病的方式是生吃肉源性食品和鱼源性食品，如生吃小牛肉、白斩鸡、生鱼片、清蒸海螺等；生吃蔬菜也是一个重要传染途径。

寄生虫侵入人体，在移行、发育、繁殖和寄生过程中对人体组织和器官造成的主要损害有3个方面：①夺取营养，寄生虫在人体寄生过程中，从寄生部位吸取蛋白质、碳水化合物、矿物质和维生素等营养物质，使感染者出现营养不良、消瘦、体重减轻等症状，严重时发生贫血（如感染钩虫）。②机械性损伤，寄生虫侵入机体、移行和寄生等生理过程均可对人体的组织和器官造成不同程度的损伤，如钩虫寄生于肠道可引起肠黏膜出血；许多蛔虫的幼虫在人体内移行过程中可引起各种组织器官损害，其中以皮肤和肺脏病变较多，导致皮肤幼虫移行症和内脏幼虫移行症，患者出现发热、荨麻疹等症状。③毒素作用与免疫损伤，有些寄生虫可产生毒素，损害人体的组织器官；有些寄生虫的代谢产物、排泄物或虫体的崩解物也能损害组织，引起人体发生免疫病理反应，使局部组织出现炎症、坏死、增生等病理变化。

在我国，寄生虫病仍然是影响人体健康的重要疾病，我国农村地区重点寄生虫感染人数仍然较多，防控任务仍然艰巨。

2.5.1 绦虫类

2.5.1.1 生物学特性

猪带绦虫（*Taenia solium*），又称有钩绦虫、链状带绦虫或猪肉绦虫。牛带绦虫（*Taenia saginata*）又称无钩绦虫、肥胖带绦虫或牛肉绦虫。猪带绦虫和牛带绦虫寄生于人的肠道中，引起绦虫病。猪囊尾蚴俗称猪囊虫，是猪带绦虫的幼虫，呈卵圆形白色半透明的囊，大小约（8~10）mm×5 mm。囊壁内面有一小米粒大的白点，是凹入囊内的头节，其结构与成虫头节相似，头节上有吸盘、顶突和小钩。囊尾蚴的大小、形态因寄生部位和营养条件的不同和组织反应的差异而不同，在疏松组织与脑室中多呈圆形，大小5~8 mm；在肌肉中略长；在脑底部可大到2.5 cm，并可分支或呈葡萄样，称为葡萄状囊尾蚴。

2.5.1.2 食品污染来源与途径

人是猪带绦虫和牛带绦虫的唯一终末宿主和传染源，感染者会经过粪便排出猪带绦虫和牛带绦虫虫卵，污染饲料和水源，使猪或牛感染囊尾蚴。人因食入生的或未煮熟的含囊尾蚴的猪肉或牛肉而感染猪带绦虫病或牛带绦虫病。也有因食用腌肉、熏肉等半熟食品引起感染。同时，在肉品加工中生熟不分会造成交叉污染。

人体感染囊尾蚴的方式包括猪带绦虫感染者因呕吐反胃，致使肠内容物逆行至胃或十二指肠，绦虫虫卵经消化后孵出六钩蚴进入组织，造成体内自体感染；猪带绦虫感染者把自体排出的虫卵带入口腔而感染；或由于食品污染了猪带绦虫虫卵而出现异体感染。异体感染是人体感染囊尾蚴的主要方式，是不注意饮食卫生所致。

2.5.1.3 对人体危害

猪带绦虫和牛带绦虫成虫在人体内存活的时间比较久，最长可达到25~30年，成虫寄生于人的小肠，其吸盘或小钩不仅造成局部肠黏膜损伤，使感染者头昏、恶心、腹痛、便秘或腹泻；还夺取人体营养使病人消瘦。

猪囊尾蚴可寄生于人体多个部位。寄生在脑中时会破坏大脑的完整性，引起神经机能障碍，反应能力下降，防御能力降低；寄生在眼中会造成视力下降，甚至失明；在皮下和肌肉，引起肌肉酸痛、发胀，出现假性肥胖。

2.5.1.4　预防控制措施

加强肉品卫生检验，禁止销售囊尾蚴病肉(俗称米猪肉或豆猪肉)。在肉品加工中，严格执行生熟分开，设备器具规范消杀。加强食品卫生宣传教育，杜绝吃生肉的不卫生嗜好。查治病人、人畜粪便严格执行无害化处理，提倡圈舍饲养猪、牛。

2.5.2　旋毛虫

2.5.2.1　生物学特性

旋毛形线虫(*Trichinella spiralis*)，简称旋毛虫，寄生于多种动物，也可以寄生于人，引起旋毛虫病，是危害严重的食源性人畜共患寄生虫病，此病是我国进出口肉类的首检和必检病种。旋毛虫成虫寄生在小肠，称为肠旋毛虫；幼虫寄生在横纹肌内，一般形成柠檬状包囊，包囊内含一条略弯曲似螺旋状的幼虫，称为肌旋毛虫。含有囊包的肌肉被合适的宿主吞食后，幼虫进一步发育，在宿主肠内成熟并进行生殖。成虫在宿主小肠内交配，然后雌虫钻入肠壁内产出幼虫，幼虫被血流带到身体各部，在肌肉内生长，约经 16 d 成熟，形成新的包囊。

2.5.2.2　食品污染来源与途径

人旋毛虫病主要因摄入了未彻底高温加热的含旋毛虫包囊的猪、狗等肉发生感染。含有活旋毛虫包囊的腌肉、熏肉、腊肠和发酵肉制品等因其中心温度未能达到杀死虫体的温度，也可引起食用者感染。此外，污染了旋毛虫包囊的刀和砧板、容器等食品用具，也可成为感染源。

2.5.2.3　对人体危害

旋毛虫对人体产生的损害包括虫体移行期产生的机械损伤，诱发过敏反应，以及虫体代谢排泄物毒性作用。成虫寄生于小肠时引起肠炎，患者有厌食、恶心、腹泻、腹痛、出汗及低热等症状，可持续 1 周。幼虫肌肉移行期，患者出现头痛、出汗、眼睑和面部浮肿、肌肉疼痛、淋巴结肿大，并伴有发热。严重感染时呼吸、咀嚼、吞咽和说话困难，声音嘶哑，嗜酸性粒细胞增多。发病 1 月后，幼虫在肌肉内形成包囊，急性炎症消退，但肌肉疼痛可持续数月，患者消瘦、虚脱，严重可诱发心肌炎甚至死亡。

2.5.2.4　预防控制措施

(1)加强检查

在饲养、运输环节要加强控制，不放过任何一个环节，严防被旋毛虫感染的肉类和肉制品流入市场。此外，被邮寄或携带入境的肉类及肉制品也应加强旋毛虫检疫，被感染的肉类要坚决销毁，确保食品安全。

(2)加强健康教育

加强健康教育，普及预防旋毛虫病知识及理念，改变不良烹饪方法及饮食习惯，提倡熟食、改变吃生肉或半生肉习俗。

(3)改善养猪方法

尽量建立工业化养猪场，应用颗粒饲料喂养，饲料应煮沸 30 min 确保旋毛虫幼虫被全部杀死。禁止猪任意放养，管理好粪便，保持猪舍清洁卫生，坚决取缔垃圾养猪场。

2.5.3　人蛔虫

2.5.3.1　生物学特性

人蛔虫(*Ascaris lumbricoides*)，又称似蚓蛔线虫，为世界性分布种类，是人体最常见也是人体肠道内最大的寄生线虫。成虫长圆柱形，活体略带粉红色或微黄色，体表有横纹，两条侧线明显，雄虫尾部常卷曲。雌虫长200~350 mm，雄虫长150~310 mm。成虫寄生于小肠，以肠内半消化的食物为营养。雌、雄虫交配后，雌虫产卵随粪便排出，受精卵在温暖潮湿的环境，经20 d左右发育为幼虫，并在卵内蜕皮一次，发育为感染性虫卵。

2.5.3.2 食品污染来源与途径

病人和带虫者为传染源，宿主排出虫卵污染环境、饮食、蔬菜、水果等，被人食用后而感染，特别是食用未经洗涤的生蔬菜更容易引起感染。

2.5.3.3 对人体危害

幼虫在人体移行中可损害肠壁、肝和肺，引起局部出血和粒细胞浸润、支气管炎、肺炎及哮喘。成虫寄生于小肠，夺取营养，感染者通常无明显症状，儿童和体弱者有营养不良、食欲不振、荨麻疹、畏寒、发烧、磨牙等表现。严重时导致肠梗阻、肠扭转、肠套叠、肠坏死，异位寄生时常引起胆管阻塞、肝脓肿、腹膜炎等，偶尔并发胰腺炎、急性阑尾炎，或引起咽喉和支气管阻塞与窒息。

2.5.3.4 预防控制措施

在蔬菜和瓜果加工过程中或食用前应清洗干净，尽量避免生食蔬菜；及时查治病人，搞好环境卫生，加强粪便管理；儿童可计划服用驱虫药。

2.5.4 卫氏并殖吸虫

2.5.4.1 生物学特性

卫氏并殖吸虫（*Paragonimus westermani*），又称肺吸虫。卫氏并殖吸虫成虫虫体肥厚，体呈卵圆形，背面隆起，体表多小棘。长7~15 mm，宽3~8 mm。活体红褐色，半透明，不停做伸缩运动。口吸盘和腹吸盘大小相等。第一中间宿主是川卷螺，第二中间宿主是溪蟹、蝲蛄（寄生在鳃、肌肉等处）等。终末宿主为人及多种肉食类哺乳动物。成虫寄生在肺脏内，也可异位寄生在脑等部位。虫卵可经气管排出或随痰吞咽后经粪便排出。卵入水中在适宜温度下经3周孵出毛蚴，主动侵入川卷螺，经由胞蚴、母雷蚴、子雷蚴、尾蚴从螺逸出。尾蚴在水中主动侵入溪蟹、蝲蛄，在这些第二中间宿主体内形成囊蚴。

2.5.4.2 食品污染来源与途径

人多因生食醉和未煮熟的含活囊蚴的蟹或蝲蛄而经口感染囊蚴。野猪、鼠、蛙等动物已被证实可作为转续宿主，人吃进带有后尾蚴（即童虫）的这些动物的肉，或饮用污染童虫的溪水、湖水等也会感染，引起肺吸虫病。儿童感染多因捕捉蟹类玩、生吃或烧烤吃蟹肢或蝲蛄而感染。感染季节以夏、秋季为主，但在喜食醉蟹的地区，四季皆可流行。

2.5.4.3 对人体危害

肺吸虫病急性期表现轻重不一，轻者表现为食欲不振、乏力、腹痛、腹泻、低烧等非特异性症状。重者会有全身过敏性反应、高热、腹痛、咳嗽、肝大并伴有荨麻疹。肺吸虫尾蚴在人体内移行，引起腹腔发炎、出血，腹腔积水，器官粘连，肝脏出血，肺脏脓肿和囊肿，胸膜炎等病变。成虫寄生于肺脏，有时侵害脑、脊髓、眼、腹腔、肝等器官，引起局部炎症反应，形成脓肿、囊肿、结节和斑痕。

2.5.4.4 预防控制措施

加强卫生宣传教育，保持良好的饮食习惯，不食用生的和半生的溪蟹、蝲蛄、蝲蛄酱、蝲蛄豆腐和醉蟹，不饮用生溪水。加强水源管理，防止人畜粪便和病人痰液污染水源。为了切断传染源，应用吡喹酮及时治疗病人和受感染的犬、猪，消灭中间宿主，管理转续宿主和保虫宿主（野生动物）。

2.5.5　肝片吸虫

2.5.5.1　生物学特性

肝片吸虫(*Fasciola hepatica*)属于吸虫纲片形科片形属。肝片吸虫具有典型的形态学特点，背腹部呈扁平，形似叶片，活体成虫一般为淡红色。肝片吸虫的虫体大小随着宿主、计生数量和虫龄不同有明显差别，较大的肝片吸虫通常为 25~75 mm，宽 5~12 mm。虫体有口腹两个吸盘，腹吸盘较口吸盘相比稍大，位于口吸盘的后方。肝片吸虫以无性繁殖方式发育幼虫(尾蚴)，具有雌雄两套生殖系统。肝片吸虫包括成虫、虫卵、毛蚴、胞蚴、雷蚴、尾蚴、囊蚴、后尾蚴(童虫)这 8 个生活阶段，虫卵在适宜的环境条件下迅速发育为毛蚴，毛蚴的孵出与氧气、温度、光线、水质有着密切的关系，干燥环境或阳光直射不利于发育为毛蚴，12~30 ℃都能孵出。从后尾蚴到成虫大约要 2 个月，成虫可在宿主体内寄生 3~5 年。

2.5.5.2　食品污染来源与途径

肝片吸虫主要寄生在很多反刍动物体内，如牛、羊、驴、骆驼、鹿等是其终末宿主。椎实螺是肝片吸虫的中间宿主，对该类寄生虫的传播有重要影响。在宿主体内寄生的成虫，产出的虫卵随胆汁进入肠腔，虫卵随着这些动物的粪便排出体外，在合适的条件下，在水中孵出毛蚴，通过污染椎实螺生长的环境而进入螺体，在中间宿主体内继续发育、繁殖为胞蚴、雷蚴、尾蚴。尾蚴从中间宿主中逸出后，附在水生植物或者水面上，很快拖尾，形成囊蚴，动物食入感染性囊蚴而感染。附有囊蚴的水草等食物进入终末宿主消化道，在十二指肠内幼虫脱囊而出，穿过肠壁，进入腹腔，最后钻入肝脏移行后进入胆管发育为成虫。

2.5.5.3　对人体危害

肝片吸虫多寄生在肝脏、胆管内，主要损害人的肝脏。肝片吸虫的后尾蚴和成虫均可致病，容易引起胆管上皮细胞的增生、急性肝炎、胆管扩张、肝实质梗死。随着童虫的成长，损害更加明显而广泛，严重时可出现肝区疼痛，水肿，便秘或腹泻，贫血和衰竭，甚至死亡，在童虫移行至肺部/皮下或其他器官时，患者会出现感染和皮肤变态反应等症状。

2.5.5.4　预防控制措施

感染该病的宿主是主要传播源，因此要注意加强驱虫。消灭中间宿主，对于容易发生该病的沿海地区，可选择用适当比例稀释的硫酸铜溶液或者氨水/石灰水等消灭螺体。对牛、羊的粪便及时清理，特别是感染肝片吸虫的禽畜粪便，可堆积发酵，利用生物热杀死虫卵，避免其他健康禽畜感染该病。食用牛、羊肝脏时要充分烹调，蔬菜要充分洗净。

2.5.6　异尖线虫

2.5.6.1　生物学特性

异尖线虫(*Anisakis*)是一类成虫或第三期幼虫寄生于某些哺乳海栖鱼类(鲸鱼、海狗、海豹)的线虫。成虫虫体乳白色略微带黄，头部口唇形态为圆形，腺胃呈长方形。雄虫尾部钝圆锥形，有许多肛前乳头和数对肛后乳头，两个交合刺的长短不一。雌虫阴门位于虫体中央稍前处。异尖线虫有 30 多个属，可引起人体异尖线虫病的虫种有 5 个属。异尖线虫对环境有着极强的耐受性，对酒精、盐有一定的抗性，而且可以在 -10~45 ℃温度变化范围内保持存活，通常在人体寄生的均为第三期幼虫。

2.5.6.2　食品污染来源与途径

异尖线虫的中间宿主多为海洋鱼类，分布遍及全球。成虫受精后，雌虫便将卵排到海水中，在 5~7 ℃虫卵孵化发育为第一期幼虫，在被第一宿主吞入后此时的幼虫已经由一期幼虫发育为第三期非感染性幼虫，待第二中间宿主(如鳕鱼、带鱼、比目鱼等深海鱼类以及鱿鱼、乌贼等软体动物)以作为第一中间宿主的磷虾为食物来源时，这些非感染性幼虫即在宿主体腔脏器表面或鱼肉中转化为感染性幼虫，并在终末宿主体内逐渐发育成第四期幼虫和成虫。人的感染主要是由食入含活异尖线虫幼虫的海鱼和海产软体动物而引起。日本、西欧和拉丁美洲的太平洋沿岸地区，因习惯食用生的或半熟的(腌渍、酒渍、烟熏或冷冻)的章鱼、墨鱼、三文鱼等海鱼而多发感染异尖线虫病。

2.5.6.3 对人体危害

人体感染本虫后，轻者仅有肠胃不适，重者发病急骤，伴有腹痛恶心、呕吐、腹泻等症状。异尖线虫进入体内后在消化道内移行，甚至钻入消化道内壁黏膜，对消化道造成严重危害，此外，外虫体进入体内后还分泌一种非渗透性、不耐热的蛋白质，可以引起嗜酸性粒细胞向感染部位集中。虫体死亡崩解时内毒素被释放出来，则导致其他脓性细胞向感染部位集中。虫体代谢产生的有毒物质和内毒素会导致机体表现一系列的超敏反应，如风疹、水肿。

2.5.6.4 控制措施

异尖线虫对于高温的适应能力较差，通常情况下 55 ℃下 10~60 s，60 ℃下 0.5~1 s 即死亡。控制异尖线虫最好的方式是将鱼肉烹熟后食用，慎食生鱼片、不喝生水是预防异尖线虫最有效的方法。

2.5.7 广州管圆线虫

2.5.7.1 生物学特性

广州管圆线虫(*Angiostrongylus cantonensis*)属线形动物门管圆科管圆线虫属。广州管圆线虫成虫细长，呈线状，白色，体表光滑具有微小细丝状横纹，头端钝圆，头顶中央有小圆孔。雌虫长约 17~45 mm，雄虫约 11~26 mm。虫卵椭圆形，大小约为 75 μm×41 μm。其生活史比较复杂，褐家鼠、黑家鼠和黄胸鼠是其主要的中间宿主，其中也包括一些螺类。

2.5.7.2 食品污染来源与途径

成虫寄生于终宿主褐家鼠、黑家鼠的肺动脉内。雌虫在肺动脉内产卵，虫卵随血流入肺毛细血管，孵出第一期幼虫，此幼虫穿破肺毛细血管进入肺泡，沿呼吸道上行至咽，再被吞入消化道随粪便排出。幼虫侵入中间宿主发育成感染性幼虫。宿主等吞食感染性幼虫或感染性幼虫污染的食物而感染。在我国发现福寿螺和褐云玛瑙螺对管圆线虫的感染率较高，转续宿主还包括蟾蜍、蛙、蜗牛、蟹、虾等十几种动物。

2.5.7.3 对人体的危害

广州管圆线虫在体内移行过程中会造成组织损伤，在肠管可以入侵肠黏膜引起肠炎；在肺部可以引起咳嗽、流涕、咽痛等呼吸道感染症状。但其引起的最严重的病理损伤是幼虫侵犯中枢神经系统造成脑膜炎，幼虫侵犯人体中枢神经系统后，在脑和脊髓内移行造成组织损伤及死亡后引起的炎症反应，可导致嗜酸性粒细胞增多性的脑膜炎，病变集中区域还会危及到脑干和脊髓，主要症状是头疼，严重可使人致死。

2.5.7.4 预防控制措施

对广州管圆线虫的中间宿主和转续宿主必须熟食，为防止宿主污染的食物被人食用，要洗干净附在蔬菜水果上的一切软体动物，不喝生水，加工螺类、虾类要注意防止厨具污染，积极灭鼠，阻断传染源。

2.5.8　华支睾吸虫

2.5.8.1　生物学特性

华支睾吸虫(*Clonorchis sinensis*)，又称肝吸虫，为人畜共患寄生虫，寄生于人、家畜、野生动物的肝脏胆管及胆囊内而引起肝脏病变。华支睾吸虫是雌雄同体的吸虫，属于后睾目后睾科支睾属。成虫体长，背腹扁平，前端稍尖，后端较钝，状似葵花籽，体表光滑，平均大小为(10~25)mm×(3~5)mm，呈乳白色、半透明。虫卵形似芝麻，淡黄褐色，大小为(27~35)μm×(12~20)μm，卵内含有一个毛蚴。

2.5.8.2　食品污染来源与途径

华支睾吸虫第一中间宿主为淡水螺，第二中间宿主为淡水鱼、虾。成虫寄生于人和肉食类哺乳动物的肝胆管内，成虫产出虫卵，虫卵随胆汁进入消化道随粪便排出，进入水中被第一中间宿主淡水螺吞食后，经过毛蚴、胞蚴、雷蚴和尾蚴阶段。成熟的尾蚴从螺体逸出，在水中附于第二中间宿主淡水鱼、虾类，侵入其肌肉等组织发育为囊蚴。人或动物食用含囊蚴的未煮熟的鱼虾后，囊蚴进入终宿主体内发育为成虫，可在人体内存活20~30年。

2.5.8.3　对人体的危害

人由于食生或半生的含有华支睾吸虫囊蚴的淡水鱼肉等引起华支睾吸虫病。食入华支睾吸虫囊蚴数量少时可无症状，感染后34.2%患者无明显症状；若食入的数量多或反复多次感染，因囊蚴的机械性刺激作用，产生有毒分泌物和代谢产物导致胆管上皮细胞脱落、增生，引发胆管炎、胆囊炎、胆结石。有症状者早期表现为低热、头痛、食欲减退、消化不良；到了中期可表现为上腹部疼痛、肝区隐痛、肝肿大、胆囊炎，甚至出现黄疸；如果得不到及时的治疗，久经刺激，晚期患者可发展为肝硬化、腹水、肝癌、胆管癌。儿童慢性感染有明显的消化道症状、营养不良、贫血，严重则出现肝硬化、发育障碍、身材矮小，出现侏儒症、第二性征发育延迟。

2.5.8.4　预防控制措施

对于华支睾吸虫病的预防，要积极开展以防治传染源为主、结合健康教育、改厕等综合措施。改进饮食习惯和烹饪方法，不食用未煮熟的鱼、虾。严格把控加工环境卫生，防止加工用具污染。对流行地区的人群进行普查，及时发现病人、治疗病人。加强人畜粪便管理，对粪便进行无公害化处理，防止污染鱼塘和水源。加强家畜饲养管理，禁止用生鱼、虾喂养猪、狗、猫，定期对动物驱虫。

本章小结

本章介绍了食品的生物性污染及其导致的食品腐败和食物中毒。在食品腐败方面，介绍了食品腐败变质的定义、产生因素、腐败变质的化学过程、引起的危害以及食品安全的鉴定；在食物中毒方面，介绍了细菌、真菌、病毒、寄生虫污染食物的条件、途径、危害及机制。

思考题

1. 何为食品的腐败变质？导致食品腐败变质的综合因素有哪些？
2. 如何鉴定食品是否发生了腐败变质？
3. 简述食品中蛋白质、脂肪、碳水化合物分解变质的主要化学过程。
4. 举例说明食源性病原细菌在流行病学特性、生物学特性以及基因组学三者之间的辩证唯物关系。

5. 分析细菌性食物中毒和病毒性食物中毒的异同点。

6. 什么是真菌毒素？常见真菌毒素包括哪些？

7. 谷物真菌毒素污染有哪些？其产毒菌和危害有哪些？在哪些条件下容易发生？

8. 水果真菌毒素污染有哪些？其产毒菌有哪些？

9. 简述常见的食源性寄生虫污染的控制和预防措施。

第3章 农用化学投入品与食品安全

　　农用化学投入品是指农业生产中投入的化肥、农药、兽药和生长调节剂等，是重要的农业生产资料。农用化学投入品的使用可促进食用农产品的生产，在农业持续高速发展中起着重要作用。我国是农用化学投入品生产和使用大国。在食用农产品生产中，如果使用农用化学投入品不当，将导致这些化学药品在农产品中达到不安全的残留水平，对人体健康造成危害，同时会威胁生态环境的安全。

3.1　滥用化肥

3.1.1　化肥的分类与使用情况

　　化肥是化学肥料的简称，是用化学方法合成或经矿石加工而成的肥料。化肥与有机肥相比，具有养分含量高、肥效快、便于贮运和施用等优点。化肥种类很多，性质和特征也各不相同，按其养分组成大致可分为单元肥料、复合肥料和微量元素肥料3类。随着世界人口不断增长，农产品生产者为提高作物产量，常使用化肥补充农作物生长所需的营养。化肥是重要的农业生产资料，是农作物增产增收的物质基础。没有化肥，就难以维持农作物的高产，人类也得不到充足的食物。但化肥的长期大量使用，不但使大量氮、磷、钾进入河流，造成资源浪费，甚至导致江河湖泊富营养化，如2007年无锡太湖暴发蓝藻事件就属于一例湖泊富营养化的典型案例，给当地居民的日常生活和生产带来极大的危害。

3.1.2　滥用氮肥对食品安全的影响

3.1.2.1　氮肥概述

　　氮元素对农作物生长发育起着非常重要的作用，它是植物体内氨基酸和蛋白质的组成部分，也是对植物光合作用起决定作用的叶绿素的组成部分，同时也是组成酶、核酸、维生素等多种物质的主要元素。氮肥，又称氮素化肥，具有氮(N)标明量，是提供植物氮元素营养的单元肥料。根据氮肥中氮元素化合物的形态，分为铵态氮肥、硝态氮肥、硝-铵态氮肥、酰胺态氮肥、氰氨态氮肥五大类。

3.1.2.2　滥用氮肥造成的污染

　　氮肥对提高农作物产量的贡献率可达40%～60%。适当增加施氮量能够显著提高作物产量，且对籽粒的蛋白质含量和品质也有一定的提高作用。但是目前氮肥滥用问题非常严重。全世界的化肥施用量在40年内增加了15倍，而粮食增产只有3～4倍，不断增施氮肥的同时，产量和氮肥利用率却并没有随之同步提高。

　　氮肥施入土壤后的主要去路有3条。一是被田间作物和土壤中微生物吸收利用，约占50%；二是被土壤固定，约占20%；三是通过地表径流、生化反

我国农用化肥和氮肥生产情况(2000—2013年)

应、挥发等淋溶损失，可能达到 5%~8%。施入农田土壤中的肥料氮通过淋溶的方式进入地下水是非常严重的一个问题，会造成氮污染。一方面，大量氮元素以挥发、淋失、硝化及反硝化等方式进入大气和水体，从而使农田养分流失，土壤、水体、空气污染等环境问题不断加剧；另一方面，由氮转化成的氨在微生物的作用下形成硝酸盐和酸性氢离子，造成土壤和水体生态系统酸化，使生物多样性下降，进一步导致富营养化，引发"水华"和"赤潮"等现象，造成鱼类及水生动物的大量死亡，破坏水资源和生态环境。因此，提高肥料尤其是氮肥的利用率，在保障稳产高产的同时减少肥料投入是未来我国农业研究的重要方向之一。

氮肥的超量投入也会造成硝酸盐在农产品中大量积累。土壤中部分氮元素经硝化作用转化为硝态氮，被蔬菜吸收导致硝态氮和亚硝态氮蓄积，造成蔬菜硝态氮含量超标。不同的农作物种类积累硝酸盐的能力不同。一般情况下，谷类作物中累积不明显，而十字花科、藜科和葫芦科等作物会大量积累硝酸盐，主要代表作物有菠菜、莴苣、水萝卜、芹菜、花椰菜。研究发现，叶菜类硝酸盐含量最高（3 156.94 mg/kg± 1 425.62 mg/kg），茄果类含量最低（172.36 mg/kg± 148.08 mg/kg）；硝酸盐含量依次为叶菜类>根茎类>葱蒜类>瓜类>豆菜类 >花菜类>茄果类，但同一类蔬菜不同品种的硝酸盐含量差别较大，同一品种的蔬菜中硝酸盐含量差别也很大，可能与产地、生长条件不同有关。

3.1.2.3 滥用氮肥对人体的危害

硝酸盐对人体无害或毒害性相对较低。但现代医学证明人体摄入的硝酸盐在细菌硝酸盐还原酶的作用下被还原为亚硝酸盐，亚硝酸盐可使血液的载氧能力下降，从而导致高铁血红蛋白血症，婴幼儿中以蓝婴综合征（blue-baby syndrome）为主；另外，亚硝酸盐可与人类摄取的其他食品、医药品、残留农药等成分中的次级胺（仲胺、叔胺、酰胺及氨基酸）反应，在胃液环境中（pH=3）形成致癌物 N-亚硝基化合物，使机体肝癌、胃癌等肿瘤的发生率增加。目前研究表明，在检测到的 300 余种亚硝胺类化合物中，已证实有 90% 至少可诱导一种动物致癌，其中乙基亚硝胺、二乙基亚硝胺和二甲基亚硝胺等对多种动物具有致癌活性，这对人类健康构成了潜在的威胁。

盐渍类、发酵类蔬菜在腌制过程中，其中所含的硝酸盐可能被一些细菌分泌产生的硝酸盐还原酶转变成亚硝酸盐而影响人体健康。因此，在这类食品的加工中适当添加维生素 C 或抗氧化剂可有效阻断亚硝胺类致癌物的形成，减少硝酸盐的危害。

由于硝酸盐易溶于水，如果在烹调、加工前对食用农产品进行热烫处理，使细胞、组织间的硝酸盐溶于水中，可将它们的硝酸盐含量降低 45% 以上；切片越薄、越短，越鲜嫩的果蔬，热烫处理降硝酸盐的效果越好。对富含硝酸盐的叶菜类蔬菜，在保证产品品质的前提下，可以适当增加热烫时间，以提高产品的食用安全性。

3.1.3 滥用磷肥对食品安全的影响

3.1.3.1 磷肥概述

磷是农作物生长发育必不可少的重要元素之一。土壤中磷元素可为作物的高产提供物质基础。磷肥施入土壤中，有一部分被植物吸收，还有很大一部分植物不能吸收，在土壤中形成积累态磷。土壤中磷元素大部分以迟效性状态存在，这就使得进入土壤中的磷元素大部分无法被植物吸收，从而影响作物的产量。随着磷元素在土壤中不断地积累，土壤质量会不断降低。同时，这部分积累的磷元素还会通过淋失进入周围的环境，进而造成周围生态环境的富磷污染。

磷肥是由磷矿石加工而成，根据其溶解性，可分为水溶性磷肥、枸溶性磷肥和难溶性磷肥。水溶性磷肥，其主要成分能溶入水，包括过磷酸钙、重过磷酸钙等，以过磷酸钙使用较多。枸溶性磷肥，能溶入 2% 的柠檬酸或柠檬酸铵溶液，包括钙镁磷肥、脱氟磷肥、沉淀磷肥、钢渣磷肥等，以钙镁磷肥使用较多。难溶性磷肥，不能溶于水、弱酸，只能溶于强酸，包括磷矿粉、骨粉、磷质海鸟粪等。生产上以水溶性磷肥过磷酸钙、枸溶性磷肥钙镁磷肥、难溶性磷肥磷矿粉和骨粉使用较多。磷元素移动性很小，易被土壤固定，生产上要采用深施、集中施用的方法，即采用穴施或沟施，或与有机肥混合堆沤后沟施，并深施到根系密集层，以提高磷肥的有效性。

3.1.3.2　滥用磷肥造成的污染

土壤表层的磷元素，随着淋洗、入渗造成底层土壤磷元素的超标积累。当土壤中的磷元素达到饱和时，就会向地下水及周边环境扩散，因此，上层土壤中磷元素的饱和度决定了下层土壤中磷元素的含量水平，而下层土壤中磷元素的饱和度又直接影响地下水中磷元素的含量，因此施用大量磷肥，会造成磷元素在土壤下层中大量积累。在磷肥施入后，对各层土壤进行监测发现，五氧化二磷含量在各土层中均呈增加趋势，表明磷肥在进入土壤中后，会向下层土壤淋失，连续多年对土壤施加磷肥，会使磷元素在更深的土层中积累。如蔬菜种植时，由于其封闭性和高施肥性，再加上大量灌水，导致土壤中磷肥大量向底层土壤及周围环境中迁移，造成了土体、水体及周围环境的磷素污染。

另外，磷肥的生产原料是磷矿石，生产工艺流程复杂，因此相对于氮肥和钾肥，磷肥中常常含有多种重金属，如镉、砷、汞、铅、氟等。如多数磷矿石含镉 5~100 mg/kg，大部分或全部进入肥料中。由于镉在土壤中运动性较小，淋失很少，也不会被微生物分解，因此可在土壤中不断积累而危害生态环境和人类。不当施用磷肥会造成土壤镉污染，这一点已经获得国际公认。磷肥中的有毒有害物质随农田施肥进入土壤环境，一方面对作物生长产生危害，另一方面由于这些有毒有害物质在土壤-植物系统的积累、迁移和转化，进入食物链，对人体健康造成危害。

3.1.3.3　滥用磷肥对人体的危害

由于磷肥存在镉等重金属污染，通过农田施肥会导致农产品中重金属元素超标，因此滥用磷肥对人体的危害主要表现为重金属对人体的危害。

镉是人体非必需微量元素，有难去除和容易通过食物链在人体富集累积等特性，在人体内的半衰期长达 20~40 年。镉一旦进入人体后危害极大，主要的靶器官是肝脏和肾脏，其与体内低分子蛋白质结合后对肝肾造成损伤；镉对人的呼吸、心血管、免疫和生殖系统，甚至胚胎发育都表现出严重的毒性效应。研究表明，肺癌、前列腺癌等多种癌症也与镉有一定的关联。20 世纪 60 年代，日本神通川流域的民众由于长期食用镉大米，发生了大规模的镉中毒，症状是骨头有针扎般的剧痛，这就是历史上的"骨痛病"（也称"痛痛病"）。

3.2　农药残留

我国是农业大国，也是农药生产及使用大国。水果、蔬菜等农产品种植过程中，常发生病害、虫害、草害等，严重影响了蔬菜、水果的产量和质量，甚至造成绝收。农药的使用可以解决这些问题，提高农产品的产量。随着居民消费水平的不断提高，人们对果蔬的品种、外观、风味、产量、供应期等提出了更高的要求，带来了果蔬种植面积和种植方式的巨大变化，主要表现为温室、大棚等的种植面积急速增长，以及重茬和连作面积的大幅度提高，直接导致病虫害的加重，进一步增加了农药的使用量。

水果、蔬菜这类农产品病虫害比较严重，种植过程中需多次施药，由于这类农产品生长期大多较短，加上农药利用率低（我国目前平均农药利用率仅 35%），施药后采摘间隔期短，极易出现农药残留，人体在摄入食物的同时也摄入了残留在食品中的各类农药。因此，农药的使用是把"双刃剑"，在带来农产品增产的同时，也引发了严重的食品安全和环境污染问题。下面将详细介绍农药的类型和毒性、食品中农药残留现状与危害、食品中农药残留的控制措施等。

3.2.1　农药的定义及分类

3.2.1.1　农药的定义

我国《中华人民共和国农药管理条例》中对于农药的定义是："农药是指用于预防、控制危害农业、林业的病、虫、草、鼠和其他有害生物以及有目的地调节植物、昆虫生长的化学合成的或者来源于生物、其他天然物质的一种物质或者几种物质的混合物及其制剂"。这里提到的农药包括用于不同目的、场所的下列各类：①预防、控制危害农业、林业的病、虫（包括昆虫、蜱、螨）、草、鼠、软体动物和其他有害生物；②预防、控制仓储以及加工场所的病、虫、鼠和其他有害生物；③调节植物、昆虫生长；④农业、林业产品防腐或者保鲜；⑤预防、控制蚊、蝇、蜚蠊、鼠和其他有害生物；⑥预防、控制危害河流堤坝、铁路、码头、机场、建筑物和其他场所的有害生物。

这个定义与欧盟及美国环境保护局的定义基本一致，但欧盟定义的农药除了作用于植物及其产品生长/生产环节外，还包括贮存和运输环节；美国的定义中农药除了作用于植物、昆虫外，还包括作用于植物的落叶剂、干燥剂及氮稳定剂。

3.2.1.2　农药的种类

日常接触到的农药产品是由"有效成分"和"惰性成分"组成的，产品标签必须明确标注有效成分及占产品的质量分数，这也是构成农药产品通用名称的主要内容之一。农药的分类主要基于产品的有效成分，目前我国已登记注册的农药有效成分共有1 475种，针对这些有效成分还具有不同的农药分类方法。

农药产品中的惰性组分

（1）按来源分类

可分为生物源农药、矿物源农药（又称无机农药）和有机合成农药3类。

①生物源农药　指直接利用生物活体或生物代谢过程中产生的具有生物活性的物质或从生物体提取的物质作为防治病虫草害以及其他有害生物的农药。具体可分为植物源农药、动物源农药和微生物源农药。如Bt（苏云金芽孢杆菌）、除虫菊素、烟碱大蒜素、性信息素、井冈霉素、农抗120、浏阳霉素、链霉素、多氧霉素、阿维菌素、芸薹素内脂、除螨素、生物碱等。

②矿物源农药（无机农药）　指有效成分起源于矿物的无机化合物的总称。主要有硫制剂、铜制剂、磷化物，如硫酸铜、波尔多液、石硫合剂、磷化锌等。

③有机合成农药　根据化学组成又可以分为有机氯、有机磷、氨基甲酸酯、拟除虫菊酯等类杀虫剂，三唑类杀菌剂，二苯醚类除草剂等。

（2）按用途或防治对象分类

可分为杀虫剂、杀菌剂、除草剂、杀线虫剂、杀鼠剂、植物生长调节剂、杀螨剂、杀软体动物剂。

①杀虫剂　用于防治有害昆虫，可控制其种群密度或减轻、消除为害的药剂。按作用方式又可进一步分为以下7类：

胃毒剂：药剂通过昆虫口器及消化系统进入虫体，引起害虫中毒死亡，如敌百虫、甲基异柳磷等。适用于防治咀嚼式口器害虫（如地老虎、芫菁、蝗虫等）；虹吸式口器害虫（如蛾类、蝶类）及舔吸式口器（蝇类）害虫。

触杀剂：药剂通过接触昆虫体壁（包括表皮、触角、附肢、足、翅等）渗入虫体，使虫体中毒死亡，如拟除虫菊酯类杀虫剂氯氰菊酯、溴氰菊酯等。适用于各类口器的害虫，但对体壁有蜡质层等保护物的害虫(如介壳虫)无效。

熏蒸剂：药剂在常温常压下能气化为毒气，或分解生成毒气，通过昆虫的气门及呼吸系统进入昆虫体，使害虫中毒死亡，对所有昆虫均有毒杀作用，如敌敌畏、磷化铝等。熏蒸剂一般在密闭条件下(温室、大棚、仓库)使用。

内吸剂：药剂通过植株的叶、茎、根或种子被吸入植物体内，并能在植物体内输导、存留，或经过植物的代谢作用而产生更毒的物质发挥作用。当害虫刺吸带毒植物的汁液或咬食带毒组织时，引起害虫中毒死亡。主要防治刺吸式口器害虫(如蚜虫、飞虱、蝽象等)和锉吸式口器害虫(如蓟马)，常用药有乐果、吡虫啉、啶虫脒等。此外，有的杀虫剂虽能渗入植物体内，但不能在植物体内输导，称为"内渗剂"。此类药剂可以防治潜叶为害类害虫，如阿维菌素(爱福丁)用来防治斑潜蝇。

拒食剂：可影响昆虫的味觉器官，使用后其厌食、拒食，最后因饥饿、失水而逐渐死亡，或者因摄取营养不足而不能正常发育的药剂。

特异性杀虫剂：有拒避剂、驱避剂、引诱剂、不育剂、拟激素剂等，如灭幼脲、氟虫脲等通过抑制昆虫几丁质合成，阻碍其正常蜕皮变态而死亡。

综合性杀虫剂：很多杀虫剂品种同时具有几种作用。在一定施药方法下，杀虫剂可能主要发挥一种作用，也可能发挥几种作用，这类具有多方面杀虫作用的药剂称为综合性杀虫剂，如毒死蜱同时具有触杀、胃毒、熏蒸和渗透作用，可杀死多种害虫。

②杀菌剂　指在一定剂量或浓度下，具有杀死植物病原菌或抑制其生长萌发的农药。按作用方式又可进一步分为以下4类：

保护性杀菌剂：在病原菌侵染之前或虽已接触但还未侵入植物体之前，用来处理植物或所处环境(如土壤)，以保护植物免受危害的杀菌剂，如百菌清、福美双、代森锰锌等。保护剂要求掌握好施药时机，一定要在病菌可能侵染之前不久，如病菌已经侵入植物体内，就没有效果。最晚也要在田间刚发现"中心病株"之时，以保护大多数植株。保护剂往往有较长时间的持效期，必要时可多次施药。

治疗性杀菌剂：杀菌剂在病原菌侵入植株以后施用，可抑制病菌生长发育甚至致死，可以缓解植株受害程度或恢复健康。治疗剂一般具有内吸性或内渗性，如多菌灵、氟硅唑等内吸性杂环类杀菌剂，春雷霉素等抗生素杀菌剂，菌毒清等内渗性杀菌剂。另外，甲霜灵、三乙膦酸铝等内吸杀菌剂具有向顶性(即药剂被植物体吸收后于韧皮部内沿光合作用产物的运输向顶端发展的特性)与向基性(即药剂被植物体吸收后于韧皮部内沿光合作用产物的运输向下传导)双向内吸传导作用，治疗效果优越。

复合杀菌剂：兼有保护和治疗作用的制剂，如克露、赛深、抑快净等。

抗病毒剂：可以钝化病毒或抑制病毒DNA的复制而降低病毒发病的药剂，如速展、毒病灵、阿泰灵等。

③杀线虫剂　用于防治植物病原线虫。

④除草剂　用以消灭或控制杂草生长的农药。按作用方式又可进一步分为以下4类：

输导型除草剂：使用后可通过内吸作用传至杂草的敏感部位或全株，使之中毒死亡的药剂。

触杀性除草剂：不能在植物体内传导移动，只能杀死接触到的植物组织的药剂。

选择性除草剂：在一定浓度和剂量范围内杀死或者抑制部分植物，而对另一些植物安全的药剂。

灭生性除草剂：在常量剂量下可以杀死所有接触到药剂的绿色植物体的药剂。

此外，按处理方式分为土壤处理剂和茎叶处理剂。

土壤处理剂：此类除草剂可通过杂草的根、芽鞘或下胚轴等部位吸收而产生毒效，在作物播后苗前施用，又称苗前处理剂，如玉米田除草剂西玛津、胡萝卜田除草剂氟乐灵、马铃薯田除草剂田普等。

茎叶处理剂：通过杂草地上部茎叶吸收药剂而产生毒效，在作物苗期施用，又称苗后处理剂，如马铃薯田除草剂薯来宝、富薯、高效盖草能，小麦田除草剂麦思达等。

⑤杀鼠剂　用于防治害鼠。

⑥植物生长调节剂　对植物生长发育有控制、促进或者调节作用的药剂。

⑦杀螨剂　用于防治害螨。

⑧杀软体动物剂　用于防治有害软体动物，如蜗牛、蛞蝓。

（3）按毒性分类

根据农药致死中量（LD_{50}），可将农药的毒性分为 5 级（表 3-1）。

表 3-1　农药毒性分类

毒性	$LD_{50}/(mg/kg)$	具体农药举例
剧毒农药	≤50	久效磷、磷胺、甲胺磷、苏化 203、3911
高毒农药	50~100（包含）	呋喃丹、氟乙酰胺、氰化物、401、磷化锌、磷化铝、砒霜
中毒农药	100~500（包含）	乐果、叶蝉散、速灭威、敌克松、402、菊酯类农药
低毒农药	500~5 000（包含）	敌百虫、杀虫双、马拉硫磷、辛硫磷、乙酰甲胺磷、二甲四氯、丁草胺、草甘膦、托布津、氟乐灵、苯达松、阿特拉津
微毒农药	>5 000	多菌灵、百菌清、乙磷铝、代森锌、灭菌丹、西玛津

3.2.2　农药的施用与间隔期

农药的施用需要遵守安全间隔期的要求。农药安全间隔期，又称安全等待期，是指最后一次施药至放牧、收获（采收）、使用、消耗作物前的时期，自喷药后到残留量降到最大允许残留量所需间隔时间。通俗地说，也就是喷施一定剂量农药后必须要等待多少时间采收才安全。这个时间是通过严格的标准试验后确定的数字，通常在施用农药的标签和说明书上有明确标识，是保证农产品安全的重要手段。

安全间隔期是在我国典型农业生态气候条件下，将作物生长的规律与农药残留降解田间试验数据相结合，通过科学推荐和风险评估获得，它既不是纯经验也不是纯粹依据理论计算得到的。具有以下两个特点：

第一，安全间隔期与农药品种、施用剂量、使用次数及作物种类有关，对于农药品种低毒、降解速度快、施药剂量少的，以及作物生长速度快、农产品可食部分不易接触到农药的，往往安全间隔期就短，反之，就会设定的长些。

第二，由于日光、气温和降雨等气候因素，同一种农药在相同作物上的安全间隔期在不同地区存在差异。我国南北方作物的种植及生长周期存在着较大差异，安全间隔期可能不同。另外，在同一地点，种植模式不同安全间隔期也可能不同，如保护地大棚蔬菜和非保护地露天种植模式，两种不同环境条件下，农作物上农药残留的降解速度往往存在一定的差异，因此，安全间隔期也不一样，通常情况下，保护地大棚种植模式下，安全间隔期会更长一点。因为封闭、弱光的保护地环境下农药的降解速度相对较慢。

不是所有农药都制定安全间隔期。对一些毒性低，或者不用于食用作物的农药，经过风险评估和管理部门批准,无须标注安全间隔期。例如很多播后苗前使用的除草剂,由于本身毒性很低,加之施用量很少,仅一次,经过整个作物生育期后,在收获的农产品可食部分几乎没有检测到农药残留。因此,很多除草剂就没有安全间隔规定,或者标签上未提到"收获期安全"的字眼。

3.2.3　农药残留

据《中国统计年鉴》数据,2000—2015 年我国化学农药原药产品从 60 万 t/年增加到 374 万 t/年,自农业部 2015 年 2 月 17 日下发《到 2020 年农药使用量零增长行动方案》后,近几年我国化学农药原药产品产量一直处于下降的趋势,2018 年我国化学农药原药产量 208.28 万 t,每年平均降低 17.7%。

水果和蔬菜的农药使用量居各种作物之首,农药化学污染物是当前食品安全源头污染主要来源。研究表明,果蔬中施用的农药仅有 10%(粉剂)~20%(液体剂型)可以附着其上,其中除 1%~4% 直接发挥杀虫等作用外,剩余的则残留到终产品和环境中。而对于未能附着在农作物上的农药,40%~60% 落于土壤中对土壤造成污染,部分土壤中的农药可渗入地下水中对水体造成污染,5%~30% 浮于空气中造成大气污染。

食品中的农药残留

3.2.3.1　农药残留现状

农药残留是世界各国都会面临的共性问题,但欧盟、美国等发达国家均建立了较完善的法律法规和残留监控体系,日本则出台了"肯定列表制度",加强食品中农用化学品残留管理,监控农药 542 种。

(1)欧盟

1996 年,欧盟启动共同体农药残留监控计划,分为欧盟层面和国家层面。欧盟层面监控计划,又叫协调监控计划,是一个覆盖主要农药和相关产品的周期滚动计划,目前周期为3 年;国家层面计划为各成员国综合考虑协调监控计划的建议、本国的消费类型、其他成员国的监测结果等多方面的因素确定监测的产品和杀虫剂的类型、采样和样品数量,各成员国一般会将其所承担的协调监控计划纳入国家监控计划中。各成员国必须于每年 8 月 31 日前向欧盟委员会下属健康、食品审计和分析办公室提交监控报告。此外,欧盟层面每年会发布新一轮的农药残留监控计划,如 2018 年 4 月 10 日,欧盟委员会发布了"2019—2021 年动植物源性食品中农药残留限量监控计划(EU)2018/555",该法规于 2019 年 1 月 1 日生效,每年取样 10 类植物源性产品(包括进口产品),涉及水果、蔬菜、谷物、酒类等,监控 2,4-D、阿维菌素、乙酰甲胺磷等 175 种农药;每年取样 2 类动物源性产品(包括进口产品),涉及牛奶和猪油(2019年),禽脂肪和羊油(2020 年),牛油和鸡蛋(2021 年),监控联苯菊酯、氯丹、毒死蜱等 24 种农药。

(2)美国

从 20 世纪 70 年代起,美国陆续建立了三大农药残留监控体系,包括国家残留监控计划(NRP)、农药残留监测计划(PPRM)和农药残留数据计划(PDP),监控农药品种达 500 多种,并建成农药化学污染物残留数据库。

(3)中国

我国尚未形成有严格系统法律法规作保障的残留监控体系。尽管有关部门也开展了残留监控计划,并取得了一定的成绩,但多为抽检,在农产品农药残留监控中发挥的作用未能显现。最近的国家级农药残留监测有:2016 年组织开展两次全国农产品质量监督抽查,蔬菜、水果合格率分别为 96.8%、96.2%,全年未发生重大农产品质量安全事件;2017 年国家食品药品监督管理总局开展的食品安全监督抽检中，蔬菜制品的农药残留抽检合格率为98.0%，水果合格率为97.5%以上；2018年，农业农村部按季度组织开展了4次国家农产品质量安全例行监测（风险监测），重点增加了农药和兽用抗生素等影响农产品质量安全水平的监测指标，其中，蔬菜、水果的残留农药抽检合格率分别为97.2%和96.0%；2019年农兽药残留超标的不合格率为1.5%，全年未发生重大农产品质量安全事件，其中"三品一标"（无公害农产品、绿色食品、有机农产品和农产品地理标志）抽检合格率为98.8%。

此外，从2012年开始，经过我国庞国芳院士及其团队的多年攻关，已完成全国32个重点城市，以及山东和海南省内13个市县水果蔬菜产区500个以上不同消费市场（超市、农贸市场、批发市场），不同季节销售的累计18类140多个品种25 000多批的水果蔬菜样本中，1 000种农药化学污染物残留值的侦测调查，并出版了《中国市售水果蔬菜农药残留报告》（2012—2015及2015—2019两部），初步摸清了我国市售水果蔬菜农药残留基本状况：

①农药残留普遍存在　所有的检测样本中，94%以上的样本中检测到有农药残留，共检出535种农药，杀菌剂和杀虫剂分别占据45%和40%以上。此外，50%以上残留量在1~10 mg/kg范围内，35%以上残留量在10~100 mg/kg范围内；按照检出的残留农药的毒性分析，中毒、低毒、微毒农药的占比分别为44.4%、27.3%、24.9%，高、剧毒农药占比为3.5%，整体安全有基本保障。

②农残合格率基本有保障　果蔬样本中的农药的残留值，与我国现行的《食品安全国家标准　食品中农药最大残留限量》（GB 2763—2019）对照，超标率不到3%；但若与欧盟、日本的标准相比，农残超标率超过15%。

③高、剧毒和禁用农药品种仍能检出　超过50%样本同时检出2种以上农药，8%样本同时检出6种及以上农药；高、剧毒和禁用农药品种仍能大量检出，在超过10%样本中检出76种高剧毒和禁用农药。

3.2.3.2　农药残留的控制措施

世界各国已实施从农田到餐桌的农药等化学污染物的监测监控调查，其中欧盟、美国和日本均建立了较完善的法律法规和监管机构，制定了农产品中农药最大残留限量（MRL）；在严格控制农药使用的同时，不断加强和重视食品中有害残留物质的监控和检测技术的研发，并形成了非常完善的监控调查体系。MRL是食品安全标准，也是国际贸易进出口的门槛，更是食品安全监控体系的重要标准之一。

早在1976年WHO、FAO和联合国环境规划署（UNEP）就共同建立了全球环境检测系统/食品项目，旨在掌握会员国食品污染状况，了解食品污染物摄入量，保护人体健康，促进贸易发展。我国农业农村部与国家卫生健康委和国家市场监督管理总局联合发布了新版《食品安全国家标准　食品中农药最大残留限量》（GB 2763—2019），规定了483种农药在356种（类）食品中7 107项残留限量，涵盖的农药品种和限量数量均首次超过国际食品法典委员会数量，这标志着我国农药残留限量标准迈上新台阶。但与欧美日发达国家相比，我国MRL面临水平低和数量少的问题，欧盟、美国和日本现已制定的MRL标准分别为162 248项、39 147项和51 600项。

庞国芳院士及其团队在普查我国市售果蔬残留农药污染现状时发现，普查的海量残留数据按照我国MRL标准衡量仅能涵盖40%，剩余的仅能用统一标准进行评判，而欧盟、日本的MRL标准的数据应用率达95%以上，我国仍需继续开展研究，不断完善现行标准。

3.2.4　食品中农药残留的危害

残留在农产品和环境中的农药，可以通过多重途径进入人体，损害健康。一方面，浮于空气中的农药会经过人类的呼吸作用或与人类皮肤接触，对人类身体健康造成伤害；另一方面，通过影响各种生物体，进而经由食物链进入人体引发慢性中毒。农药的生物富集是农药对生物间接危害的最严重形式，植物中的农药可经过食物链逐级传递并不断蓄积，对人和动物构成潜在威胁。

3.2.4.1　流行病学相关研究现状

通过对人群样本开展人体农药残留的相关流行病学研究，探析人体内农药的残留情况及其与重大慢病发生发展的关系，是目前世界各国研究不断完善和修订食品中农药残留标准的重要研究方向之一。从 20 世纪 90 年代开始，各国学者便围绕农药暴露或残留开展相关流行病学研究，但分析 1993—2017 年间的研究可以发现，近 80% 的流行病学研究是通过自主报告或职业暴露情况等间接方式来评估人体的农药暴露水平，且这类研究多为病例-对照类的流行病学研究，而残留农药的危害也多依赖于医生的诊断结果，仅有约 20% 的研究是直接测定人群的血液（15.6%）或尿液（4.7%）中的农药残留水平进行分析，且多集中于横断面研究（该类型约占全部流行病学研究的 30%）和神经系统疾病（约占全部疾病类型的 50%）的关联分析中。

此外，该类型的研究无法对农药暴露及疾病进行因果推断，农药暴露水平评估方法的限制更是无法准确阐明农药膳食暴露、人体残留分布与疾病风险之间的真实关系，更多的关于残留农药对人体健康的危害作用通常是从动物研究或体外研究中推断出来的，缺乏长期流行病学研究。

3.2.4.2　人体农药暴露水平研究现状

相关研究显示，在人体血清、精液、卵泡、母乳、尿液等中均能发现不同浓度的一些农药的生物标记物。美国疾病控制和预防中心（CDC）更是定期开展美国不同年龄段的人群血液样本中农药等化学污染物及其代谢物水平的检测，2019 年发布的第四版检测结果检测了 54 种农药在美国 3~5 岁、6~11 岁、12~19 岁、20~59 岁、60 岁以上 5 个年龄段人群的体内残留水平，这为开展残留农药的长期低剂量危害研究提供了农药种类及暴露水平选择的依据，而我国尚缺乏这方面的基础数据。

尽管目前在用农药活性成分的数量已超 1 000 种，流行病学报道的与慢性疾病相关的具体农药品种，受血、尿液样本中残留农药检测方法的限制，目前多集中于 DDT、DDE、HCH、HCB 等半衰期长、极易蓄积在体内的有机氯类农药以及毒死蜱、二嗪农、甲拌磷、敌敌畏等有机磷杀虫剂。此外，食品中的残留农药经口进入人体后，会在体内进行代谢、转化，这更加大了人体农药暴露水平测定的难度。

（1）国外检测方法现状分析

目前，国外关于血、尿液样本中残留农药的最高通量的检测方法为韩国国立首尔大学的 Jeong-Han Kim 于 2018 年发表的，利用 UPLC-MS/MS 技术检测 100 μL 人血清样本中的 379 种农药，94.5% 的目标农药检测限可达 10 ng/mL。然而，这与在用的农药活性成分的数量相比，覆盖面不到 40%。除此之外的其他检测方法，则是针对某类型农药，如有机氯类杀虫剂、烟碱类杀虫剂、除草剂草甘膦及其代谢物等。

（2）国内检测方法现状分析

我国目前发表的方法中，最具代表性的为南京医科大学公共卫生学院夏彦恺教授团队开发的涵盖 88 种农药的 GC-MS/MS 检测方法，其检出限为 0.015~8 ng/mL，利用该方法也对江苏省成人血清中农药水平与其他国家进行了比较。此外，鉴于我国目前残留农药中有机磷类杀虫剂较多，还可通过评估尿液样本中有机磷农药的代谢物磷酸二甲酯、磷酸二乙酯及总的二烃基磷酸盐的含量来评估有机磷农药的暴露水平，上海交通大学公共卫生学院田英教授团队等利用该方法发现孕期暴露于有机磷农药对后代神经系统的发育有不良作用。

3.2.4.3 残留农药的低剂量长期暴露危害评估

对于残留农药的危害研究，从最初的致癌、致畸和致突变的"三致"毒理评估，到后来利用动物模型开展的各类急性、亚慢性和慢性毒理评估发现，残留在农产品中的农药，更多的是让机体处于长期低剂量的暴露下，且是多种农药的联合暴露下。而目前的研究仍然多为单一农药品种的暴露危害评估，但其危害作用已逐步从基因毒性、脏器毒性慢慢向内分泌系统、消化道系统、神经系统等转变。

(1)依据膳食残留数据的风险评估

目前国际上关于食品中危害因子的风险评估，主要基于 WHO 及美国环境保护协会提出的风险指数(Hazard Index，HI；也有文献称为 Hazard Quotient，HQ 或 Risk Quotient，RQ)方法，即 $HI = \dfrac{EDI}{ADI}$。其中，$EDI = \sum \dfrac{EDI_c}{bw} = \sum \dfrac{R_i \times F_i \times E_i \times P_i}{bw}$，$R_i$ 为食品 i 中农药 c 的残留水平(mg/kg)，F_i 为食品 i 的日消费量[g/(人·d)]，E_i 为食品 i 的可食用部分因子，P_i 为食品 i 的加工处理因子，bw 为人的平均体重(kg)。因 E_i 和 P_i 的数值往往较难获得，故文献中多采用 $EDI = \sum \dfrac{F_i \times RL_i}{bw}$ 的公式计算，即默认 E_i 和 P_i 为 1。而 R_i 的值，已有研究中有选用测定的平均值，也有将所有的检测数值用 Excel 等软件处理后，选择 P97.5 或 P99 对应的数值；文献中也有选择检测的最大值，但这多见于进行短期/急性暴露评估时计算 ESTI(按 EDI 的公式计算，也有直接用 EDI 的)。

我国采用的是食品安全指数(IFS_c)方法，由上海市食品药品监督管理局和复旦大学公共卫生学院在 2008 年正式提出发表的，也是膳食摄入量与允许摄入量或无明显毒性反应的剂量的比值，公式为：$IFS_c = \dfrac{EDI_c \times f}{SI_c \times bw}$，其中，$SI_c$ 为安全摄入量，可采用每日允许摄入量 ADI；f 为校正因子，如果安全摄入量采用 ADI，f 取 1，即按下式计算：$IFS_c = \dfrac{EDI_c}{ADI \times bw}$。

(2)依据流行病学的疾病关联

流行病学研究已证实农药暴露能够增加患癌症尤其是前列腺癌、乳腺癌的患病风险，并与心脑血管疾病、神经退行性疾病(如帕金森、阿尔兹海默症)、不孕不育、内分泌代谢系统疾病(如糖尿病)、呼吸系统疾病、肾功能损伤等 40 余种慢性疾病密切相关，这其中越来越受到关注的是残留农药的内分泌干扰作用。

(3)依据动物模型的毒理评价

已有的动物模型上的农药急、慢性暴露的毒理评估普遍存在暴露剂量远高于实际值的问题，无法准确评估膳食暴露水平下，残留农药的低剂量长期暴露对人体健康的危害。而随着流行病学证据的增加，具有内分泌干扰作用的农药品种的日益增多，以及肠道菌群与疾病、健康间关联的逐步证实，近年来已有研究开始关注低剂量的农药暴露通过影响激素水平、扰乱肠道菌群引发各类疾病。以果蔬中常检出的有机磷类杀虫剂毒死蜱为例，其慢性暴露降低睾酮等性激素及促性腺激素的水平，通过 LH-LHR-PKA-CREB-Star 通路抑制睾丸中间质细胞合成睾酮，且该作用与其代谢产物三氯吡啶密切相关；此外，毒死蜱对于肠道菌群、机体炎症的影响也有报道，毒死蜱的低剂量慢性暴露能够通过影响肠道菌群而引发小鼠肥胖、胰岛素抵抗危害也被证实。对于目前使用及残留严重的有机磷类杀虫剂，因该大类农药具有一致的代谢产物(如磷酸二乙酯)，关于其代谢产物对肠道菌群、机体激素水平、炎症因子等的影响也有研究开始关注，其慢性暴露扰乱成年雄性大鼠血清中甲状腺相关激素水平及肝脏中甲状腺激素相关基因的表达，导致甲状腺激素水平紊乱和功能异常的作用也已被证实。

3.3　兽药残留

食品中兽药残留是指食品动物用药后，动物产品的任何可食用部分中所有与药物有关的物质的残留，包括药物原形或/和其代谢产物。在防治畜禽传染病中，兽药有着非常重要的作用，但近些年来我国在畜禽和水产养殖过程中滥用兽药的现象时有发生，致使动物性食品中兽药残留现象严重，主要原因包括：兽药违法使用、兽药质量不合格、不稳定、标签外用、不遵守休药期及饲料环境污染等。例如，2019 年天津滨海新区查处的"瘦肉精"事件，2021 年的"315 消费者权益晚会"报道的瘦肉精再现事件，兽药的非法使用再次引发了人们对食品安全的高度关注。

为规范兽药使用和保障食品安全，相关部门会根据毒物代谢动力学和毒理学评价结果，确定未观察到有害作用剂量水平（NOEL），采用适当的不确定系数，制定对应药物的每日允许摄入量（ADI），其中 ADI＝NOEL/安全因子，如果 NOEL 是根据急性试验得到的，安全因子为 1 000，若是通过慢性试验得到的，安全因子则为 100。最大残留限量是指对食品动物用药后，允许存在于食物表面或内部的该兽药残留的最高量/浓度（以鲜重计），其制定规则是参考 ADI，并通过评价代谢试验、饲喂试验、加工过程和环境行为试验等结果，以保证食品安全为前提进行推荐最大残留限量（MRLs），可通过公式 $MRLs＝\dfrac{ADI×60\ kg/d}{组织消费量/d}$ 计算获得。

兽药的超标残留会对人体造成一系列不良影响，如引起过敏反应、肠道菌群失调，甚至有"三致"作用等。动物性食品中常见的兽药残留主要有抗生素类、抗菌类、促生长激素类和抗寄生虫类等；超标食品样本主要分布在蜂产品、鸡肉、猪肉及鸡蛋中。本节将按类别对常见动物性食品中残留兽药结构、理化性质、危害、残留限量、食品中兽药残留的控制措施进行具体的阐述。

3.3.1　抗生素类

抗生素是指微生物（包括细菌、真菌、放线菌属）或高等动植物在生活过程中所产生的具有抗病原体或抑制作用的一类次级代谢产物。抗生素的发现使人类掌握了治疗感染性疾病的有力武器，在兽医临诊和畜牧业生产中有大量应用，并且大部分兽用抗生素作为药物添加剂用于动物疾病预防、降低死亡率和促进生长；抗生素的不合理使用极易导致动物性食品中抗生素残留超标，长期食用此类食品导致药物在人体积蓄，会产生急、慢性中毒等种种危害。

常见的抗生素类型和结构如图 3-1 所示。本小节将具体介绍常发生食品安全事件的氯霉素类、四环素类、β-内酰胺类、氨基糖苷类以及大环内酯类抗生素。

3.3.1.1　氯霉素类

氯霉素类（chloramphenicols，CAPs）是氯霉素（CAP）及其衍生物的统称，是由委内瑞拉链霉菌（*Streptomyces venezuelae*）产生的一种广谱抗生素，其对多种好氧和厌氧微生物具有活性抑制作用，化学结构如图 3-1 所示。氯霉素合成品为白色或微黄色针状或片状晶体，无臭，味极苦，稍溶于水、乙醚和氯仿，易溶于甲醇、乙醇、丙酮或乙酸乙酯，不溶于苯和石油醚。在中性或弱酸性水溶液中较稳定，遇碱易失效。氯霉素对革兰阴性细菌、革兰阳性细菌等都有抑制作用，可用于治疗伤寒菌痢、尿道感染、百日咳、肺炎、败血症等疾病。

氯霉素自 1984 年上市以来，一直是治疗伤寒、副伤寒和沙门菌病的首选药物，对乳腺炎有很好的治疗效果，是兽医临床上常用的抗生素；但氯霉素的毒副作用很强，且人体较动物对氯霉素更为敏感，它能抑制人机体造血功能，导致严重的再生障碍性贫血（粒细胞或全血细胞），并且其发生与使用剂量和频率无关；婴幼儿的摄入可导致出现致命的"灰婴儿综合征"。

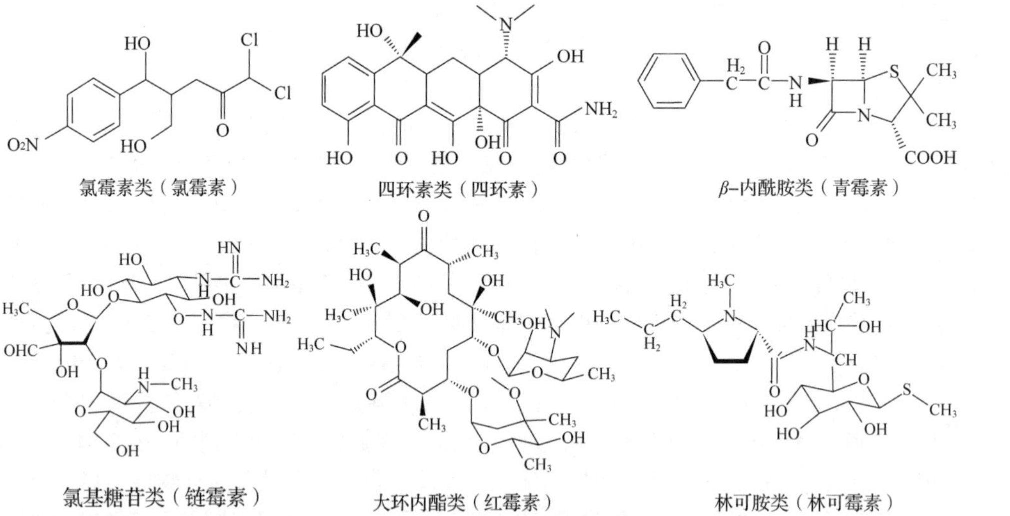

氯霉素类（氯霉素）　　四环素类（四环素）　　β-内酰胺类（青霉素）

氯基糖苷类（链霉素）　　大环内酯类（红霉素）　　林可胺类（林可霉素）

图 3-1　抗生素类兽药结构分子式

氯霉素在组织中的残留浓度能达到 1 mg/kg 以上，对食用者威胁很大，这使得氯霉素及其盐、酯类制剂成为第一个被禁止用于食品动物的兽药，在所有动物性食品靶组织中均不得检出，2019 年我国农业农村部在第 250 号公告中也明文规定将氯霉素及其盐、酯类列入禁止使用药物，并要求在所有动物性食品的靶组织中均不得检出，美国、欧盟对动物食品中氯霉素的最大残留限量为 0.3 μg/kg。

3.3.1.2　四环素类

四环素类抗生素在化学结构上为氢化并四苯环衍生物，故称四环素类，由放线菌属产生。四环素类抗生素主要包括四环素、土霉素（即氯四环素）、去甲基金霉素，以及半合成脱氧土霉素（即强力霉素）、甲烯土霉素和二甲胺四环素等。四环素类抗生素的基本结构如图 3-2 所示，四环素类抗生素在水中溶解度很低，易与强酸、强碱形成盐类。临床上一般用其盐酸盐，具有较好的水溶性和稳定性。四环素类为广谱抗生素，对革兰阳性和阴性菌、立克次体等均有抑菌作用，其作用机理主要是与 30S 核糖体亚基末端结合，干扰细菌蛋白质的合成。在畜禽生产中，四环素类被广泛作为药物添加剂，用于防治肠道感染和促生长，但容易在动物性食品中残留，可致人体内正常菌群减少，B 族维生素缺乏，真菌繁殖，出现口干、咽炎、口角炎、舌炎、舌苔色暗或变色等症状。

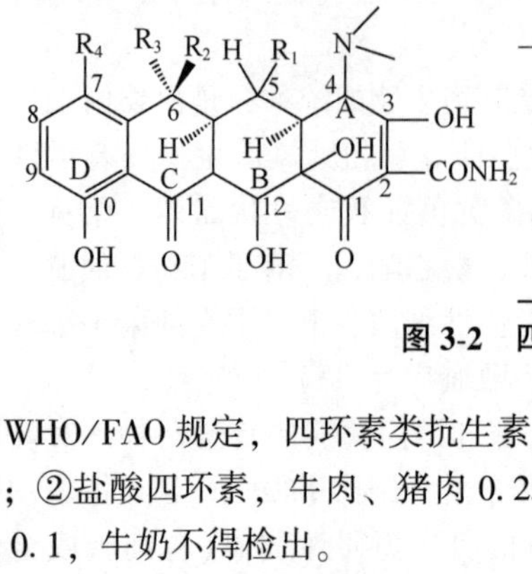

药物	R_1	R_2	R_3	R_4
金霉素	Cl	CH_3	OH	H
强力霉素	H	CH_3	H	OH
四环素	H	CH_3	OH	H
土霉素	H	CH_3	OH	OH

图 3-2　四环素类抗生素的基本结构式

WHO/FAO 规定，四环素类抗生素允许残留量（≤mg/kg）为：①盐酸土霉素，牛肉、猪肉 0.01；②盐酸四环素，牛肉、猪肉 0.25；③盐酸金霉素，牛肉、猪肉 1.0；④金霉素，牛肉、猪肉 0.1，牛奶不得检出。

美国 FDA 规定，四环素类抗生素允许残留量（≤mg/kg）为：①四环素，肉类 0.5，蛋类

0.3，奶类 0.1；②土霉素，肉类 0.25，蛋类 0.3，奶类 0.1；③金霉素，肉类 0.05，蛋类
0.05，奶类 0.02。

我国最新国家标准规定动物性食品中四环素类药物的最高残留限量指标见表 3-2 所列。

表 3-2　动物性食品中四环素类药物的最高残留限量指标

动物种类	靶组织	最高残留限量/(μg/kg)			标准号
		四环素	土霉素	金霉素	
牛/羊/猪/家禽	肌肉		≤ 200		
	肝		≤ 600		
	肾		≤ 1 200		
牛/羊	奶		≤ 100		GB 31650—2019
家禽	蛋		≤ 400		
鱼	皮+肉		≤ 200		
虾	肌肉		≤ 200		

3.3.1.3　β-内酰胺类

β-内酰胺类抗生素的化学结构中含有 β-内酰胺基母核，如图 3-3 所示，据其结构差异可分为青霉素类、头孢菌素类、碳青霉烯类和单环 β-内酰胺类。以青霉素类和头孢菌素类为代表的 β-内酰胺抗生素是历史最悠久的抗微生物药物，同时也是最为重要的一类抗生素，其作用特点是抑制细菌黏肽转肽酶的活性，阻止细胞壁的形成，从而呈现出较强的杀菌活性，由于哺乳动物的细胞没有细胞壁，故这类药物毒副作用很小。在长期使用中已发现它们存在抗菌谱窄、耐药性、引起过敏和稳定性差等问题，近年来已经推出了效能更强、副作用更小的各种半合成药物，如广谱、耐酶、耐酸、长效的半合成青霉素和第三代、第四带头孢菌素类抗生素。β-内酰胺类抗生素对人体的副作用包括腹泻、头晕、疹块、荨麻疹、重叠感染，还会导致发烧、呕吐、红斑、皮肤炎、血管性水肿和伪膜性肠炎等不良症状产生。

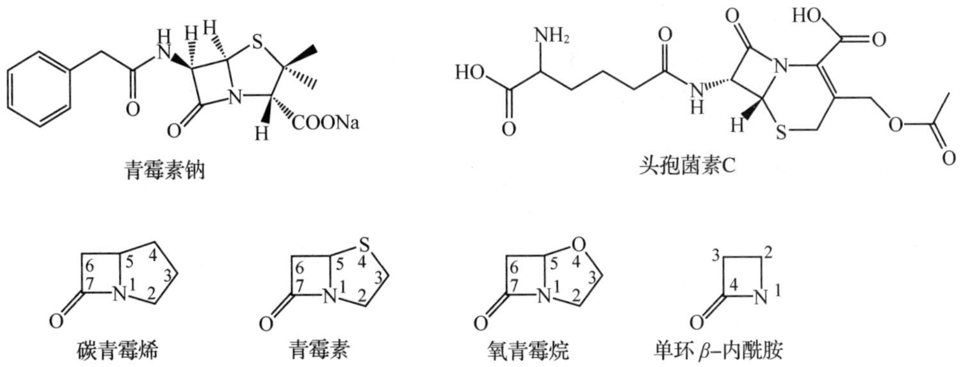

青霉素钠　　　　　　　　　　　　　头孢菌素C

碳青霉烯　　青霉素　　氧青霉烷　　单环 β-内酰胺

图 3-3　β-内酰胺类抗生素的结构式

我国食品安全国家标准（GB 31650—2019）对 β-内酰胺类的一些常见抗生素（如青霉素、氨苄西林、氯唑西林、阿莫西林及克拉维酸等）在不同靶组织中的残留均有一定的限量，如青霉素在猪、牛及家禽肌肉中最高残留限量是 50 μg/kg，而在牛奶样品中最高残留限量是 4 μg/kg。美国 FDA 规定，肉类、蛋品、乳类均不得检出青霉素类抗生素。

3.3.1.4 氨基糖苷类

氨基糖苷类抗生素主要有链霉素、卡那霉素、庆大霉素、新霉素、巴龙霉素和妥布霉素等；氨基糖苷类抗生素分为两大类：一类为天然来源，由链霉菌和小单胞菌产生，如链霉素、卡那霉素、妥布霉素、庆大霉素、大观霉素等；另一类为半合成品，如奈替米星、依替米星、阿米卡星等。本类药物为有机碱，制剂为硫酸盐，除链霉素水溶液性质不稳定外，其他药物水溶液性质均稳定。这类抗生素对革兰阴性菌有显著的抑制乃至杀灭作用，对革兰阳性菌也有作用，抗菌原理主要是抑制细菌蛋白质的合成，抗菌作用强；毒副作用普遍较大，主要是对第八对脑神经及对肾脏有毒性，在养殖业中违规用作抗菌剂会造成严重药物残留和安全事件。

我国食品安全国家标准（GB 31650—2019）对氨基糖类抗生素残留有较严格的限定，如卡那霉素在所有食品动物的肌肉组织中，最高残留限量是 100 $\mu g/kg$，在奶制品中的残留限量是 150 $\mu g/kg$；链霉素在牛、羊、猪及鸡的肌肉中最高残留限量是 600 $\mu g/kg$，肾脏是 1 000 $\mu g/kg$，在牛羊奶制品中是 200 $\mu g/kg$。

3.3.1.5 大环内酯类抗生素

大环内酯类抗生素是一类分子结构中具有 12～16 碳内酯环的抗菌药物的总称，主要分为3 类：红霉素类、麦迪霉素类和螺旋霉素类。该类抗生素通过阻断 50S 核糖体中肽酰转移酶的活性来抑制细菌蛋白质合成，属于快速抑菌剂，主要用于治疗需氧革兰阳性球菌和阴性球菌、某些厌氧菌以及支原体、衣原体等感染。

大环内酯类抗生素在畜牧业中的广泛使用，不可避免地在饲养动物的体内残留，随食物链进入人体后对敏感体质人群造成肠道反应、过敏反应，严重则会造成听力下降，肝肾损伤。我国食品安全国家标准（GB 31650—2019）规定了红霉素、吉他霉素、螺旋霉素等多种大环内酯类抗生素在牛、羊、猪、鸡等不同动物的肌肉、脂肪、肝、肾等不同组织中的最大残留限量，如红霉素在一般食品样本中的残留限量是 100 $\mu g/kg$，但在奶制品中的限量为 40 $\mu g/kg$，泰乐菌素残留限量是 100 $\mu g/kg$，但在鸡蛋样品的限量为 300 $\mu g/kg$；同时颁布的《食品安全国家标准 水产品中大环内酯类药物残留量的测定液相色谱-串联质谱法》（GB 31660.1—2019）则制定了水产品中竹桃霉素、红霉素、克拉霉素等 9 种大环内酯类抗生素残留的国家标准检测方法。

3.3.2 化学合成抗菌类

抗菌药物一般是指具有杀菌或抑菌活性的药物，由细菌、放线菌、真菌等微生物经培养而得到的某些产物，或用化学半合成法制造的相同或类似的物质，在一定浓度下对病原体有抑制和杀灭作用，包括磺胺类、咪唑类、硝基咪唑类、喹诺酮类等化学合成药物。抗菌药物的发明和应用是 20 世纪医药领域最伟大的成就之一，人类应用抗生素和合成抗菌药物有效地治愈了各类严重的细菌感染性疾病，卓有成效地降低了各种严重细菌感染性传染病的死亡率，进而掀起了抗菌药物的研发和广泛应用的高潮，但值得警醒的是这些抗菌类药物往往对人体也有不同程度的副作用，滥用会导致其在食品中严重残留，进而发生食品安全事件。

常见的化学合成抗菌类兽药类型和结构如图 3-4 所示。本小节将具体介绍常发生食品安全事件的磺胺类、喹诺酮类以及呋喃类兽药。

3.3.2.1 磺胺类

磺胺类药物是指具有对氨基苯磺酰胺结构的人工合成的一类药物的总称，其对链球菌和葡萄球菌具有良好的抑制作用，同时对溶血性链球菌以及其他细菌感染的疾病有明显的疗效。常用疗效好、毒性和副作用小的品种有氨苯磺胺、磺胺嘧啶、磺胺甲嘧啶、磺胺二甲嘧啶、磺胺对甲氧嘧啶、磺胺间甲氧嘧啶、磺胺噻唑、磺胺甲噻二唑、磺胺甲基异噁唑、磺胺氯哒嗪等。磺胺类药物的结构如图 3-4 所示。磺胺类一般为白色或微黄色结晶粉末，无臭，基本无味，长

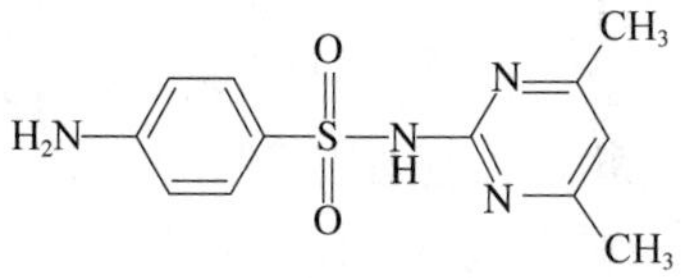
磺胺类（磺胺二甲基嘧啶）

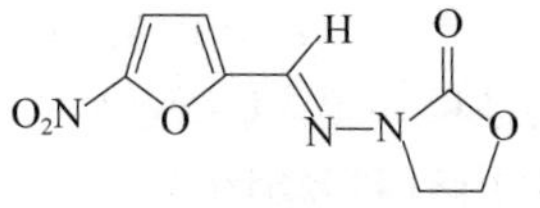
呋喃类（呋喃唑酮）

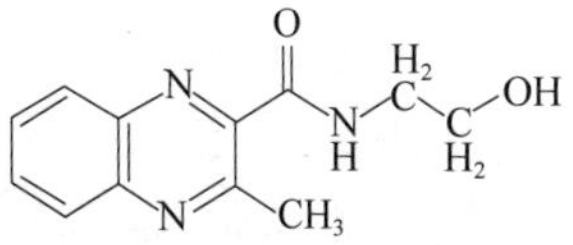
喹噁啉类（喹乙醇）

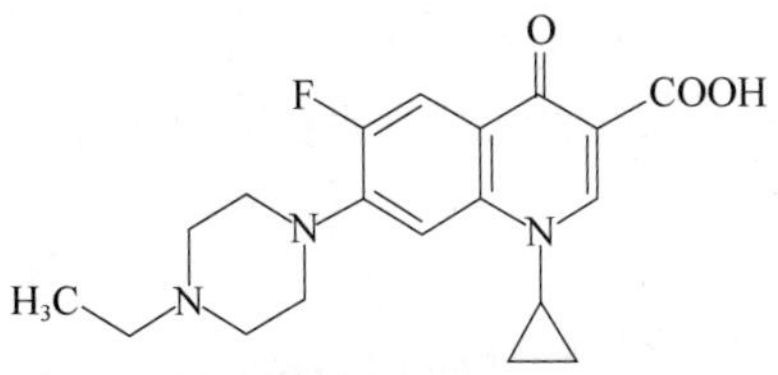
喹诺酮类（恩诺沙星）

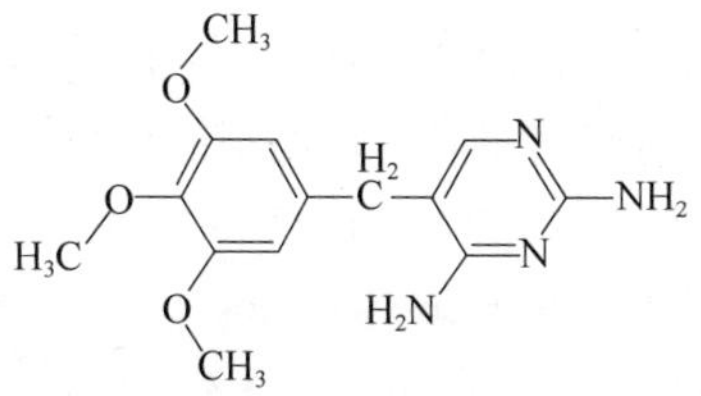
二氨基嘧啶类（三甲氧苄氨嘧啶）

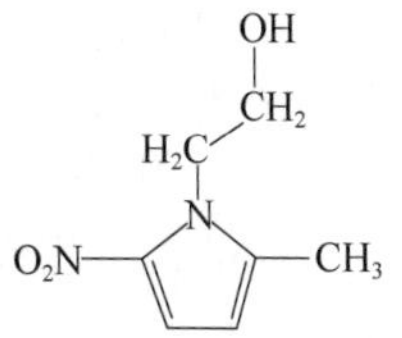
硝基咪唑类（甲基咪唑）

图 3-4　化学合成抗菌类兽药结构分子式

久暴露颜色会逐渐变黄。其性质相当稳定，相对分子质量在 170～300；微溶于水，易溶于乙醇和丙酮，在氯仿和乙醚中几乎不溶解，因其结构中带有苯环，各种磺胺类药物均具有紫外吸收。

磺胺类药物抑菌作用的主要机理是干扰细菌的酶系统对氨基苯甲酸的利用能力，对氨基苯甲酸是叶酸的组成部分，而叶酸是微生物生长的必要物质。磺胺类药物作为饲料药物添加剂，具有抗菌谱广、性质稳定、便于保存、制剂多和价格低的特点，常与金霉素、土霉素等配合使用。同时磺胺类药物也常用于治疗畜禽细菌感染疾病和球虫病，因此这类药物在动物性食品中的残留较为普遍，长期使用会引起泌尿系统和消化系统损伤、血小板减少以及过敏反应，并导致细菌产生耐药性。

欧盟规定，在所有食品动物的肌肉、肝、脂肪中磺胺类药物的最高残留量≤0.1 mg/kg，饲喂磺胺类药物添加剂的食品动物，宰前法定休药期为 15 d。美国 FDA 规定，具有治疗活性的磺胺类药物在肉、蛋、乳中的最高残留量≤0.1 mg/kg。我国食品安全国家标准（GB 31650—2019）对磺胺类兽药残留限量指标见表 3-3 所列。

表 3-3　动物性食品中磺胺类药物的最高残留限量指标

动物种类	靶组织	最高残留限量/(μg/kg)	标准号
所有食品动物（产蛋期禁用）	肌肉	≤ 100	
	脂肪	≤ 100	
	肝	≤ 100	
	肾	≤ 100	GB 31650—2019
牛/羊	奶	≤ 100(除磺胺二甲嘧啶≤ 25)	
鱼	皮+肉	≤ 100	

3.3.2.2　喹诺酮类

喹诺酮类药物在化学结构上属于吡酮酸衍生物，俗称喹诺酮。喹诺酮类药物是一种广谱抗菌药物，近年来其发展迅猛，是继磺胺类药物之后在人工合成抗菌药物方面的重大突破。随着研究的不断深入，该类药物逐渐向抗菌谱广、高效、低毒、组织穿透力强的方向发展，也形成了抗菌作用更强的第三代喹诺酮类药物，如培氟沙星、恩诺沙星、沙拉沙星、丹诺沙星、环丙沙星、双氟沙星、氧氟沙星和麻保沙星等。喹诺酮类药物的作用机理是通过抑制细菌 DNA 螺旋酶而呈现出较强的杀菌活性，其结构如图 3-4 所示。喹诺酮类药物被大量地用于防治动物组织感染、败血症和促生长方面，其对呼吸道疾病具有很好的疗效，对厌氧菌、衣原体等也有作用，现已成为兽医临床和水产养殖中最重要的抗感染药物之一，但造成的细菌耐药性和潜在的致癌性也引起了广泛的社会关注。

组织中的喹诺酮残留物主要是原型药物，故一般选择原型药物作为标示残留，肝肾组织中的残留物浓度最高，肌肉和有脂肪附着的皮肤组织和血浆残留浓度最低。我国食品安全国家标准（GB 31650—2019）对喹诺酮类药物在不同食品中的残留限量均做了详细规定，其中常见的恩诺沙星和环丙沙星的总残留普遍要求在 100~300 μg/kg 以内；同时农业部公告第 2292 号规定洛美沙星、培氟沙星、氧氟沙星、诺氟沙星 4 种喹诺酮类兽药的盐、酯及其各种制剂不得使用。

3.3.2.3 呋喃类

呋喃类是一类具有硝基结构的抗菌药，20 世纪 40 年代初用作化疗药物，能作用于细菌的酶系统，干扰细菌的糖代谢而有抑菌作用。呋喃类药物有 10 余种，较常用的有呋喃唑酮、呋喃它酮、呋喃西林、呋喃妥因；代谢产物有 AOZ、AMOZ、SEM、AHD。呋喃唑酮代谢物和呋喃西林代谢物是常见的检出代谢物，涉及畜禽肉、淡水鱼虾、蟹等；硝基呋喃类是水产品常见不合格指标。

呋喃类属广谱抗菌药物，可以治疗细菌引起的各种疾病，可能会在养殖、运输、暂养环节使用。其原型药在生物体内代谢迅速，和蛋白质结合稳定，故常检测其代谢物来反映硝基呋喃类药物的残留状况；代谢物容易被组织吸收并长时间存在，可能会引起溶血性贫血、多发性神经炎、眼部损害和急性肝坏死。欧盟和美国分别在 2009 年和 2002 年规定禁止在动物性食品中检测到呋喃类药物（代谢物），在 2019 年农业农村部公告第 250 号明确规定，硝基呋喃类为食品动物中禁止使用的化合物，在动物性食品中不得检出。

3.3.3 促生长激素类

在食品领域，促生长激素类药物主要通过增强同化代谢、改善饲料利用率或增加瘦肉率等机制发挥作用，这类药物效能极高、起效快、使用量小，许多药物属于内源性物质，监控难度极高。性激素和 β-兴奋剂对人、动物和环境的潜在危害很大，许多国家包括我国都禁止用于食品动物。少数国家虽允许使用，但对使用对象和方法都有极其严格的规定。

本小节将介绍常发生食品安全事件的 β-激动剂和甾类同化激素，其结构如图 3-5 所示。

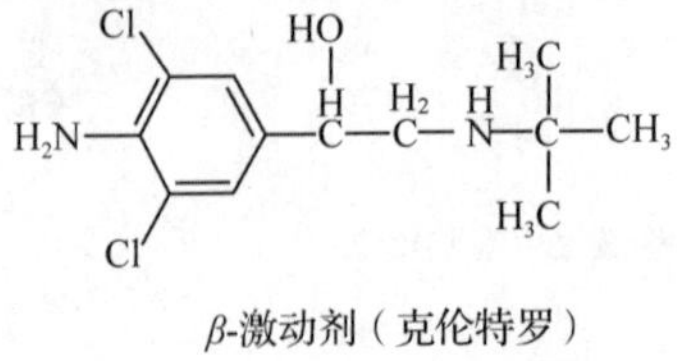

β-激动剂（克伦特罗） 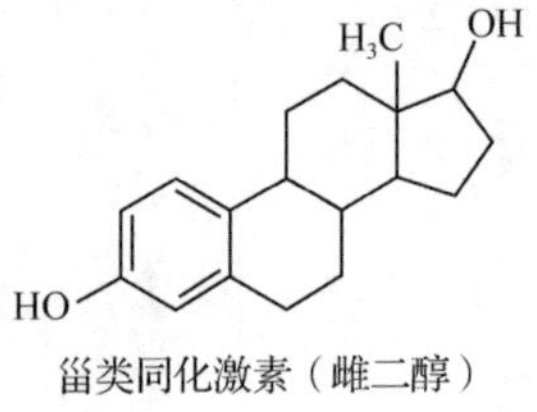   甾类同化激素（雌二醇）

图 3-5 激素类兽药结构分子式

3.3.3.1 β-激动剂

β-肾上腺素受体激动剂（简称 β-兴奋剂）能够加强心脏收缩、扩张骨骼肌血管和支气管平滑肌，兽医和医学临床上用于治疗休克和支气管痉挛。β-激动剂主要包括克伦特罗、塞曼特罗、塞不特罗、马布特罗和沙丁胺醇，其中克伦特罗生物利用度高，应用较多。违规使用高剂

量 β-激动剂具有提高饲料转化率和增加瘦肉率的作用,后者更是被称为"再分配效应",即减少体内蛋白质消耗,增加脂肪分解,曾发生的"瘦肉精事件"就是典型 β-激动剂盐酸克伦特罗的违规使用。该类药物毒副作用较大,人食用后可能出现肌肉震颤、心慌、战栗、头疼、恶心、呕吐等不良反应症状,特别是对高血压、心脏病、甲亢和前列腺肥大等疾病患者危害更大,严重的可导致死亡。这类药物如果用于食品动物,易在动物组织,尤其是内脏中残留,所以我国禁止所有 β-激动剂用于食品动物。

3.3.3.2 甾类同化激素

甾体激素类药物,是指分子结构中含有甾体结构的激素类药物,是临床上一类重要的药物。群勃龙、睾酮、雌二醇等均属于甾类同化激素药物,是比较重要的性激素。同化激素能增强体内物质沉积、改善生产性能,被广泛应用于畜牧养殖业,尤其是反刍动物养殖中。但多数激素类物质具有潜在的致癌效应,长期摄入同化激素会导致机体代谢紊乱、发育异常或肿瘤。雌二醇(Estradiol, E2)作为最具活性的天然性激素之一,50 年前便已作为同化剂在畜牧业生产中应用,然而由于雌激素类添加剂在动物体内的不完全代谢,主要的残留代谢产物仍具有生物活性,最终通过食物链作用富集在生物机体的脂肪组织,不仅对动物健康形成危害,而且对人类也会形成长期毒害作用,甚至对生态环境造成直接或间接危害。为保证动物性食品卫生安全,我国农业部公告第 176 号文件明确规定在饲料及动物饮用水中严禁加入雄性激素、雌激素、糖皮质激素等激素类药物,同时发布了多个动物性食品 E2 残留的国家(行业)检测标准,如 GB 29698—2013 以 GC-MS 作为奶及奶制品中 E2 残留量测定的检测标准。

3.3.4 抗寄生虫类

寄生虫病的感染率极高,在动物中几乎普遍存在,会导致动物增重等生产性能下降和产品品质下降从而造成损失。一些寄生虫病属人畜共患病,对人体造成严重危害,所以对抗寄生虫类药物性能的基本要求是广谱、高效、使用方便和残留低,常见的抗寄生虫类药物主要有苯并咪唑类、咪唑并噻唑类、阿维菌素类、菊酯类及四氢嘧啶类等(图 3-6)。

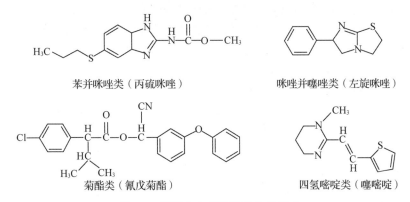

苯并咪唑类(丙硫咪唑) 咪唑并噻唑类(左旋咪唑)

菊酯类(氰戊菊酯) 四氢嘧啶类(噻嘧啶)

图 3-6 抗寄生虫类兽药结构分子式

3.3.4.1 阿维菌素类

一类具有杀虫、杀螨、杀线虫活性的十六元大环内酯化合物,由链霉菌中阿维链霉菌(*Streptomyces avermitilis*)发酵产生。天然阿维菌素中含有 8 个组分,主要的 4 种是 A1a、A2a、B1a 和 B2a,其总含量≥80%;对应的 4 个比例较小的同系物是 A1b、A2b、B1b 和 B2b,其总含量≤20%。目前已商品化的兽药品种有阿维菌素、伊维菌素、多拉菌素、埃普利诺菌素和莫西菌。该类药物化学结构新颖、作用机制独特、高效、低毒、安全、抗虫谱广,对绝大多数线虫、体外寄生虫及其他节肢动物都有很强的驱杀效果，是目前畜牧业生产上用量最大的抗寄生虫药物，对于牛、羊、猪、马、犬等动物寄生虫的驱除作用显著。阿维菌素类药物曾被普遍添加于动物饲料中预防和治疗寄生虫疾病，但动物通过植物源食物（饲料等）本身的残留、饲料中添加、兽药临床使用等途径都可能摄取这类药物，导致药物残留，并通过食物链对人类健康造成威胁。WTO、美国、欧盟等都制定了阿维菌素类药物在各动物组织中的最大残留限量，欧盟为 15 μg/kg，美国为 20 μg/kg，联合国食品法典委员会（CAC）和许多国家对该类化合物的最大残留限量为 100 μg/kg。我国对部分阿维菌素类药物的最大残留限量做出了规定：阿维菌素在牛、猪、羊肌肉中最大残留限量均为 30 μg/kg，在牛、猪、羊肝脏、脂肪中最大残留限量均为 100 μg/kg。

3.3.4.2　苯并咪唑类

苯并咪唑类药物本身是一类高效、低毒的抗寄生虫类药物，在化学结构上有一个共同特点是有相同的中心结构：1,2-二氨基苯，即"苯并咪唑核"。该药物被广泛用于猪、牛、羊、马等食用动物养殖业中，常见的主要有丙硫咪唑、阿苯达唑、芬苯达唑和奥芬达唑等。多数苯并咪唑类药物在肝脏内经过广泛代谢，一些代谢产物却具有较高的药理或毒理学活性，一般作为总残留的一部分进行监控，这类药物会干扰细胞的有丝分裂，具有明显的致畸作用和潜在的致癌、致突变效应。

我国食品安全国家标准（GB 31650—2019）对苯并咪唑类兽药在不同动物的肌肉、皮脂、肝、肾等不同组织中的最大残留限量都做了明确规定，如奥苯达唑在猪的肌肉和肾组织中最大残留限量是 100 μg/kg，在皮脂中最大残留限量是 500 μg/kg。欧盟规定阿苯达唑、芬苯达唑和奥芬达唑在牛奶中的最大残留限量分别为 100、10、10 μg/kg。

3.3.5　食品中兽药残留的控制措施

食品中兽药残留的控制是保证食品安全的重要前提，而造成兽药残留的原因往往是多方面的，因此，这需要政府、社会、群众的多方努力和合作才能达到有效保障食品安全这一共同目的，其中积极有效的控制措施可以从以下几个方面进行考虑。

①从养殖源头、运输、屠宰、加工和贮藏等各环节全程监控。食品安全事件发生的原因往往包括监管疏忽，加强食品产业链的全程有效监控，必定能够及时发现，避免食品安全事故发生。

②大力推进快速检测方法及产品验证、评估和抽检；加快建设快速检测技术标准体系；并尽快给予快速检测方法及产品相关的法律地位。一些欠发达农村或山区往往缺乏检测条件，而快检方法最大优势是能够在简陋的条件下及时快速地鉴别样本是否合格，因此给予快检方法及产品法律地位，对保障相关地区的食品安全有重要意义。

③推动第三方实验室检测（诚信和责任）。我国食品日均消耗量巨大，政府质检机关检测资源有限，引入社会力量从而推动第三方实验室检测，同时政府起监督和规范作用，将在一定程度上增强检测能力，完善食品安全监督检测体系。

④增加科研资金投入，开展本领域基础研究。开展基础研究，一是尝试从根本上推动兽药的发展；二是开发更加精准有效的检测技术，降低食品安全风险。

⑤加强食品安全科普宣传教育，正确认识兽药残留。

本章小结

随着人民生活水平的不断提高，消费者对食用农产品的需求已不单是满足温饱，而是向吃得安全、吃得健康转变。我国是农业大国，随着经济的发展和城市化，农产品供应压力增大，农业上过量及不合理施用农用化学投入品，对农产品及加工产品安全造成严重的威胁。农产品中残留的化肥、农药和兽药，不仅会造成农产品出口的贸易壁垒，还会对人类健康产生巨大的威胁，涉及神经系统、内分泌系统、生殖系统、呼吸系统、免疫系统各个方面，这些已通过流行病学研究和动物模型验证得到证实。未来的研究应关注血液、尿液样本中农用化学品及其代谢物的检测方法开发，以及人群农用化学品暴露水平监测，不仅要构建农用化学品的膳食暴露数据库，更要构建人体代谢形式、蓄积水平的基础数据库，加强流行病学研究以确定影响重大疾病发生发展的农药种类，并通过动物试验确定疾病风险增加的剂量范围，真正提升农用化学品残留的安全监管水平，为实现"健康中国 2030"国家战略提供保障。

思考题

1. 简述农用化学品的分类和使用情况。
2. 简述滥用氮肥和磷肥对人体健康的危害。
3. 简述通过膳食摄入残留农药对人体健康的危害。
4. 未来在制定食品中农药的最大残留限量值时，除了依据农药的毒理学参数以外，还需参考哪些指标或因素？
5. 动物性食品中兽药残留会造成什么危害？中国、美国以及欧盟等国家、组织制定了哪些标准、法规对各种食品中兽药残留限量做出规定？
6. 食品中兽药残留的控制措施有哪些？

第4章　有害元素与食品安全

随着工农业生产发展排放的废水、废气和固体废弃物的"三废"越来越严重，导致有害元素(toxic elements)污染物在土壤和水体中不断累积，产出的粮食和鱼蛋肉等受它们的污染，使得农副产品的产量和质量下降，严重威胁食用者的健康。

有害元素包括密度大于 4.5 g/cm³ 且具有金属性质的重金属(如汞、铅、镉等)和一些原子密度低的类金属(如砷)。这些元素基本没有任何必要的生物学作用，在超出其在环境介质中临界暴露水平后，对微生物、植物、动物和人类的生物化学形态特征均有一定的影响。这些有害元素难以被生物降解，在食物链的生物放大作用下，即使在很低的浓度下食用也会在体内积累造成慢性中毒。

4.1　有害元素概况

4.1.1　食品中有害元素的来源

①本底含量高　某些地区由于特殊的自然环境(如矿区、海底火山等)，使环境中有害元素含量比较高，称为"高本底含量"。在这些地区活动或生长的动植物体内有害元素含量显著高于一般地区。例如，新疆奎屯垦区是我国大陆上首次发现的地方性砷中毒病区，该地区为新疆地势最低洼地，天山山脉富有含氟砷矿，提供了氟、砷来源。

②人类活动造成环境污染，使有害元素污染食品　由于工业生产中各种含有害元素的废气、废水和废渣的排放，含重金属的农药(如含砷农药、含汞农药)的使用等对环境的污染，造成在这些区域生活的动植物受到有害元素的污染。生物从环境中摄取的有害元素经过食物链富集，使处于食物链顶层的人类通过食物摄入较高含量的有害元素，导致对机体健康的危害。

③食品加工、贮存、运输和销售过程中使用和接触的机械、管道、容器以及添加剂中含有的有害元素迁移导致对食品的污染。

例如，1956 年日本在生产酱油的过程中由于使用含砷量高的碳酸氢钠而导致砷污染酱油事件；1960 年英国曼彻斯特由于在啤酒发酵过程中使用硫酸处理过的含砷高的葡萄糖而引起7 000 人发生含砷啤酒中毒事件等。

4.1.2　有害元素的共同特点

(1)具有强蓄积性

由于有害元素生物半衰期长，它们进入人体后排除的速度缓慢，因此在体内逐渐积累而导致浓度逐渐升高，最终达到产生有毒作用的浓度。

(2)具有生物富集作用

有害元素可以通过生物链传递。人类位于食物链的顶端，富集到体内的有害元素浓度常常达到很高的水平。如汞、镉经过生物富集后浓度可能达到其环境浓度的数百甚至上千倍。

（3）有害元素产生的危害多是长效性和慢性的

食品具有食用的经常性和食用人群的广泛性，所以常导致不易被发现的大范围人群慢性中毒和对健康的远期或潜在危害，也可以由于意外事故等使人大剂量暴露于有害元素而产生急性中毒。

4.1.3　影响有害元素在体内毒性强度的因素

（1）有害元素的种类对毒性的影响

不同种类的有害元素其毒性不同，如金属镉的 LD_{50} 为 890 mg/kg，硫酸镉为 88 mg/kg。镉作用的靶器官主要是肾，损害肾近曲小管、肾小球等，还可损伤骨骼和导致钙代谢紊乱；而铅作用的主要靶器官是中枢神经系统，对大脑的中枢神经系统损害尤其严重，导致理解力、记忆力下降，多动，反应迟钝，注意力不集中等，还可损伤造血系统而导致贫血。

（2）有害元素不同化学形态对毒性的影响

化学形态是指元素的化学价态、元素的结合状态、元素所在化合物或化合物与基质的结合状态。化学形态直接关系到元素的活性、毒性、迁移能力和与基质分离的难易程度。

（3）胃肠道 pH 对有害元素毒性的影响

一些有害元素在胃液的酸性环境中容易形成可溶性的离子状态，如铜、铬等元素在酸性条件下形成可溶性的氯化物，在胃内与氨基酸等作用形成复合物而被吸收。

（4）肠道微生物的状况对有害元素毒性的影响

肠道内微生物可以分泌特殊的螯合剂，与有害元素结合而形成可被微生物利用的物质，从而使得胃肠道的黏膜细胞难于吸收这些有害元素。因此，体内微生物在一定程度上发挥了解毒作用。

（5）年龄对有害元素毒性作用的影响

婴幼儿由于胃肠黏膜未发育成熟，胞饮作用大于成人，对铅、镉等有害元素的吸收率较高。因此，婴幼儿对有害元素的毒性表现较敏感。

（6）膳食成分对有害元素毒性作用的影响

食物中的一些营养成分可以影响有害元素毒性的大小，如维生素 C 可使六价铬还原成三价铬，降低其毒性；食物中植酸、蛋白质、维生素 C 等均能影响镉、锌等的毒性；食物中的蛋白质与有害元素螯合，延缓其在消化系统的吸收。

（7）元素间的相互作用对毒性作用的影响

当体内摄入两种以上的元素时，它们有时表现出明显的相互作用。一般认为锌、铜、铁是镉的代谢拮抗物，特别是镉的毒性与锌镉比密切相关，镉与锌争夺金属硫蛋白上的巯基，当食物中锌镉比较大时，镉的毒性较低；硒和汞可形成络合物，从而降低汞的毒性；铜引起的贫血可以通过添加锌或铁使病情减轻；硒可以抑制铜发生毒性作用；钼酸盐可使铜在体内的分布发生变化，促使其排出体外。

4.2　汞

汞（Hg），俗称水银，在元素周期表中处于第 6 周期第 Ⅱ B 族，是一种毒性较强的银白色过渡金属，也是唯一在常温下呈液态并易流动的金属。因其具有生物累积性、持久性以及长距离迁移性，已被联合国环境规划署、欧盟、WHO 等国际组织列为全球性污染物。

4.2.1 汞的理化性质

(1)物理性质

汞是典型的重金属污染物之一,常温下易蒸发,且蒸发成的汞蒸气无色无味,常常被墙壁或衣服吸附,从而对人体健康造成直接伤害。此外,其还具有熔点低,沸点高,表面张力大,导热性差,难溶于水的特点。表4-1列举了汞及其常见化合物的基本物理性质。

表4-1 汞及其常见化合物的物理性质

性质	Hg^0	$HgCl_2$	HgO	HgS	CH_3HgCl	$(CH_3)_2Hg$
熔点/℃	-38.8	277	分解 (500℃)	升华 (584℃)	升华 (167℃)	—
沸点/℃	375 (1 atm)	303 (1 atm)	—	—	—	—
蒸汽压/Pa	0.180 (20℃)	$8.9×10^{-3}$ (20℃)	$9.2×10^{-12}$ (25℃)		1.76 (25℃)	$8.3×10^{-3}$ (20℃)
溶解度/(g/L)	$49.4×10^{-6}$ (20℃)	66	$5.3×10^{-2}$ (25℃)	$2.4×10^{-24}$ (25℃)	5~6 (25℃)	1.95 (25℃)
亨利系数/ (Pa·m³/mol)	729 (20℃)	$3.69×10^{-5}$ (20℃)	$3.76×10^{-11}$ (25℃)		$1.6×10^{-5}$ (15℃,pH=5.2)	646 (20℃)

(2)化学性质

汞在自然界中常以金属汞、无机汞和有机汞形式存在,通常分为3种价态:零价汞(Hg^0)、一价汞(Hg^+)和二价汞(Hg^{2+})。不同形态和价态的汞具有不同的化学性质:大气中的汞常以Hg^0形态存在,由于其化学反应惰性大和水溶性低等特点,在大气中的滞留时间可达$0.5~2$年,能随大气环流迁移数千到数万千米,参与大气长距离传输。而Hg^{2+}可以与多种无机或有机配位体络合,形成稳定的聚合物,还可以发生还原和甲基化反应。此外,金属汞还具有一种独特的性质,它可以与大部分金属形成合金(如金、银、钠和钾等),称为汞齐,如金汞齐、钠汞齐等。

4.2.2 汞的来源

汞的来源主要分为自然来源和人为来源两大部分。

(1)自然来源

在自然界中,岩石、底泥、水体及土壤中都天然地存在少量的汞。此外,在某些区域还存在汞的富集现象,进而形成矿点或汞含量极高的温泉,成为当地及周边区域汞的天然污染源。火山喷发、森林大火均可排放出汞;此外,海洋中、土壤中及自然水体中都存在汞元素,可挥发到大气中,这些都是汞的自然来源。在汞的总排放量中,来自自然环境的汞仅占不到50%。对于大气中的所有汞,来自自然环境的汞仅占约1/4。

(2)人为来源

①工业排放 主要包括燃煤电厂以及供热厂对含汞杂质的排放。化石燃料能源、水泥、矿石等产品的生产与提炼都需要汞元素的参与,在该过程中,汞元素会以蒸气的形式排放到大气中。据统计,人为造成汞污染的最主要原因之一就是煤炭燃烧,约占总排放量的60%。

②农业排放 现如今,农业上对含汞化肥、农药的不合理使用日益泛滥。某些化肥的含汞

量很高，如磷肥的平均含汞量已达到 0.25 mg/kg，这些都是汞污染的直接来源。据调查，西安郊区某一农田含有 6 处污灌区，经检测，这 6 所污灌区土壤含汞量达到 0.52~0.90 mg/kg。

③其他　废物焚化、纸浆处理(杀黏菌剂)、垃圾填埋等途径都会释放汞。

4.2.3　汞的安全事故

自 20 世纪 40 年代，汞的危害逐步为人们所认识。历史上汞中毒的事件众多，其中以日本"水俣病"和伊拉克麦粒汞中毒事件最为典型。

(1)日本"水俣病"

1956 年，日本水俣湾附近发现了一种奇怪的病。这种病症最初出现在猫身上，被称为"猫舞蹈症"。病猫步态不稳、抽搐、麻痹，甚至跳海死去，被称为"自杀猫"。随后不久，此地也发现了患这种病症的人。患者由于脑中枢神经和末梢神经被侵害，轻者口齿不清，步履蹒跚，面部痴呆，手足麻痹，感觉障碍，视觉丧失，震颤，手足变形；重者精神失常，或酣睡，或兴奋，身体弯弓高叫，直至死亡。当时这种病由于病因不明而被称作"怪病"，这就是轰动世界的"水俣病"。

水俣病是一种环境污染所导致的疾病。当含有汞的废水进入水体后，这些金属汞或无机汞在水中某些微生物的作用下转变为毒性更大的有机汞(主要是甲基汞)，由于食物链的生物富集作用而最终在水生生物的体内达到很高的浓度，尤其在贝类体内为甚。这种剧毒物质只要有挖耳勺的一半大小就可以置人于死地。当时日本水俣湾的甲基汞含量达到了足以毒死日本全国人口两次都有余的程度。

目前，临床上已有相关药物对此病进行治疗。但由于患此病者其自身神经系统以及相关脏器功能会受到损伤，以至于该药物临床效果不明显。基于此，对于水俣病的预防措施主要有：勿食被有机汞污染的鱼贝类、勿饮被有机汞污染的水体等。

(2)伊拉克麦粒汞中毒事件

1971 年 12 月 21 日，伊拉克全国大量病人涌入医院。这些患者的症状相同，主要表现为：全身感觉异常，手、脚、唇、舌麻木，运动机能失调，听力及视力减弱等症状。而伊拉克的医生们很快意识到，这是一起集体汞中毒事件。

如此之多的民众忽然在短时间内汞中毒，引起了医院的高度警惕。奇怪的是：患者集中在农村地区，城市里则没有一个病例。经过调查，医护人员们发现，这些患者的都食用过一批进口小麦种子制成的面饼。

种子中含汞并非人为投毒，而是当时社会上存在的一种杀灭真菌的手段。许多种子在播种前，人们常用甲基汞对其进行消毒。一些需要远洋运输的种子，为了防止运输过程出现霉变情况，甲基汞便成了最常使用的杀菌剂之一。经过处理的种子可以播种，但不能食用，一旦食用，隐患无穷。伊拉克麦粒汞中毒事件是当时历史上规模最大的汞中毒事件，引起了全球的广泛关注。

4.2.4　汞的毒性和作用机理

4.2.4.1　汞的毒性

汞及其化合物具有很强的生物毒性，其中有机汞化合物的毒性最大。汞中毒中以甲基汞致病最为严重。甲基汞不仅会破坏人体细胞的基本运行功能和一些肝脏细胞的解毒功能，还可以改变细胞的渗透性，进而抑制营养物质进入人体细胞内，导致细胞老化、坏死，严重的还会导致人体肾脏功能衰竭。目前，汞中毒可分为急性中毒和慢性中毒等。

（1）急性中毒

急性中毒的多数病例是由于短时间内大量吸入高浓度的热汞蒸气引起的，主要是急性间质性肺炎与细支气管炎。主要症状：发热、胸闷、气急、咳嗽、多痰，周围血中白细胞计数增加，肺部听诊呼吸音粗糙等。轻度患者可逐步缓解，重度患者可导致死亡。

（2）慢性中毒

慢性中毒的多数病例是由于长期吸入金属汞蒸气引起的。主要症状：轻度头昏头痛、健忘、多梦等，部分病例出现心悸、多汗等植物神经系统紊乱现象。该病情发展到一定程度时会表现出三大典型症状：易兴奋症、意向性震颤、口腔炎。

4.2.4.2 作用机理

汞的毒理机制复杂，目前尚不完全清楚，但大多数研究认为，汞与含巯基和硒基（—SeH）大分子的牢固结合在起主要作用，这种结合可破坏重要分子的生物学功能。

（1）汞与巯基和硒基结合

汞对存在于氨基酸、蛋白质和酶中的巯基和硒基具有高度亲和力。汞和巯基络合物的稳定常数高，所以汞可以与任何自由的巯基结合。而汞与硒基的结合能力要高于巯基，因此，硒基比硫基更容易与汞相互作用。含硒的酶如谷胱甘肽过氧化物酶（GSH-PX）和硫氧还原蛋白还原酶（TrxR）是汞的良好靶标。汞可干扰含硒、硫分子的生物学功能，如可以改变蛋白质构象，或通过修饰侧链产生蛋白质加合物，导致蛋白质形状和活性的变化，当巯基和硒基基团处于酶的活性位点时影响更强。这些结合可导致氧化还原状态失衡，产生自由基，导致线粒体损伤、细胞凋亡、神经退行性疾病和其他疾病。

（2）氧化应激

汞与肽或蛋白质中巯基和硒基的结合使得后者生物活性容易受到影响，当与抗氧化有关的分子受到影响时会导致氧化应激。汞可引起几种抗氧化酶的活性变化，如谷胱甘肽过氧化物酶（GSH-PX）、谷胱甘肽还原酶（GR）、超氧化物歧化酶（SOD）和过氧化氢酶（CAT），汞也可引起谷胱甘肽耗竭，从而导致氧化应激。汞可直接诱导线粒体氧化损伤，从而导致氧自由基（ROS）的积累。此外，汞诱导的 ROS 过度生成与细胞内钙稳态的破坏和细胞内谷胱甘肽（GSH）的耗尽有关。ROS 可通过多种机制导致细胞损伤，包括对脂质过氧化、蛋白质和 DNA 氧化的直接损伤。

（3）兴奋毒性

兴奋毒性通常指由于谷氨酸受体的过度激活而引起的神经元的损伤和死亡，该受体影响细胞 Ca^{2+} 稳态，进而导致全身性急性氧化应激。谷氨酸是主要的兴奋性神经递质，在汞的神经毒性中起着关键作用，这是由于对谷氨酸代谢的抑制而导致 N-甲基-D-天冬氨酸受体（NMDARs）的过度激活致使神经元死亡。

（4）线粒体损伤和细胞凋亡

线粒体是细胞能量生成的供电站，对细胞的生存至关重要。此外，线粒体参与细胞凋亡信号转导通路。与细胞核 DNA 不同，线粒体 DNA 缺乏保护蛋白，因而对自由基损伤非常敏感。甲基汞诱导的氧化应激可导致线粒体损伤。此外，甲基汞还可积累到线粒体，抑制呼吸酶，降低线粒体跨膜电位，减少 ATP 的生产和 Ca^{2+} 缓冲容量。这种线粒体损伤通常始于线粒体通透性转变（MPT）、外膜破裂，以及促凋亡因子（如 Cyt-C 和 AIF）释放到细胞质中，进一步激活凋亡通路，引起 DNA 断裂和染色质凝聚，最终导致细胞死亡。神经细胞之间紧密相连，广泛的凋亡将破坏其正常的组织结构和功能，这可能与汞的许多毒性症状有关。

（5）其他机制

汞抑制重要酶活性。汞与巯基的共价结合抑制了脑内含有巯基的重要酶，包括乙酰胆碱酯酶(AChE)和 Na⁺/K⁺-ATPase。AChE 涉及多种功能,如保持正常的神经传递、大脑发育、学习和记忆以及神经元损伤后修复。Na⁺/K⁺-ATPase 以 ATP 为驱动力,负责钠和钾离子跨细胞膜的转运,从而维持动物细胞中这些阳离子的正常梯度,使神经冲动传播、神经递质释放和阳离子稳态等功能得以正常发挥。汞对 AChE 和 Na⁺/K⁺-ATPase 的抑制损害了神经的正常功能。

除此之外,汞还可以抑制核酸与蛋白质合成。核酸和蛋白质是所有生命过程的核心分子。核酸作为蛋白质构建的模板,是生物信息贮存的重要分子,汞化合物对 DNA 和 RNA 合成的抑制作用早有报道,这种核酸含量的降低可能归因于自由基对 DNA 的损伤和 ROS 直接相互作用对 RNA 合成的抑制。

总的来说,汞的毒性主要来自硫和汞的强烈亲和作用,蛋白质的二级结构等经常和半胱氨酸相关的二硫键—S—S—有关,汞会破坏这类结构导致毒性,因此汞是巯基依赖性的各种酶(如膜 ATPase)的抑制剂。已知大脑丙酮酸的代谢会受到汞的抑制,乳酸脱氢酶和脂肪酸合成酶也是。汞在溶酶体中的积累增加了溶酶体酸性磷酸酶的活性,溶酶体损伤将各种水解酶释放到细胞中引起细胞损伤。肾脏也是汞的靶器官,汞会在肾脏中积累。尽管汞通过—SH 基团与血液中的蛋白质和肽结合,但肾脏对汞的摄取却非常快。线粒体功能障碍被认为是无机汞导致的肾脏近端小管细胞损伤的早期事件。由于汞与—SH 基团的强烈结合能力,因此与关键蛋白质—SH 基团的结合可能是毒性的主要部分。这些对线粒体的影响将导致肾细胞呼吸控制的减少,并且其功能(如溶质重吸收)将受到损害。现在说到汞,大部分人想到的是神经毒性。有机汞神经毒性机理大部分相似。胆汁排泄后再吸收后,甲基汞可与 GSH 结合并在肠道中降解为半胱氨酸缀合物。甲基汞半胱氨酸缀合物是亲脂性物质,也是氨基酸蛋氨酸的类似物和特定转运蛋白的底物。因此,它很容易被大脑中的星形胶质细胞吸收,与蛋白质中的关键硫醇基团相互作用会导致毒性和对某些神经元的损害。

4.2.5 汞的限量标准

食品重金属污染日益严重,引起了人们的广泛关注,我国政府、有关团体组织和企业对食品重金属污染问题的重视程度越来越高,近几年修正了相应的政策法规,以适应我国食品安全的形势变化(表 4-2)。

表 4-2 食品中汞限量指标

食品种类	中国/(mg/kg)	欧盟/(mg/kg)	国际食品法典委员会/(mg/kg)	日本/(mg/kg)	美国/(mg/kg)
水产动物及其制品	0.5 甲基汞	0.5 甲基汞	0.5 甲基汞	0.3 甲基汞	1.0 甲基汞
(肉食性鱼类及其制品除外)	1.0 甲基汞	1.0 甲基汞	1.0 甲基汞	—	—
谷物及其制品(稻谷、糙米、大米、玉米、玉米面、小麦、小麦粉)	0.02	—	—	—	1.0
蔬菜及其制品(新鲜蔬菜)	0.01	—	—	—	—
食用菌及其制品	0.1	—	—	—	—
肉、肉制品及蛋、蛋制品(肉类和鲜蛋)	0.05	—	—	—	—
乳及乳制品(生乳、巴氏杀菌乳、灭菌乳、调制乳、发酵乳)	0.1	—	—	—	—
调味品(食用盐)	0.001	—	—	—	—

(续)

食品种类	中国/ (mg/kg)	欧盟/ (mg/kg)	国际食品法 典委员会/ (mg/kg)	日本/ (mg/kg)	美国/ (mg/kg)
饮料类(矿泉水)	0.001mg/L	—	—	—	—
特殊膳食用食品(婴幼儿罐装辅助品)	0.02	—	—	—	—

4.2.6 汞的控制措施

随着我国社会经济的发展，工业化进程的逐步加快，食品安全和环境保护问题越来越受到社会各界的关注，因此加强汞的监测管控逐渐成为相关部门的工作重心。目前，已有6种途径可以对汞元素进行有效控制。

(1)从源头上遏制

汞在开采前要及时撤退附近的居民，防止汞蒸气对人体造成损伤；注意土壤治理，控制工业污染源，严格控制工业"三废"和城市生活垃圾对农业环境的污染，严格控制农、兽药的使用，加大对污染企业的监控力度，把危害降到最低点。

(2)加强对流通途径的控制

限制含汞的餐具、管道、容器、包装以及含汞的添加剂的使用，定期检测受污染区水体中汞含量的水平。

(3)完善食品安全制度建设

提升食品安全监管力度，实时检测食品安全情况，为预防食品安全突发情况，制定相应的应急措施以及应急预案，为人民群众食品安全提供保障。

(4)制定有效检测方法

目前，常用的检测汞的方法有：紫外–可见分光光度法、酶抑制法和高效液相色谱法等。但我国关于食品中汞元素检测方法具有一定的缺陷，如操作处理程序复杂、检测成本高、仅限于专业人员操作等，进而对检测工作造成了影响。

(5)加强食品安全教育

提高个人食品安全意识，培养良好的卫生习惯，防止误食、误用、投毒和人为污染食品；相关部门应加强宣传力度，加强群众监督；食品生产企业要增强责任意识，团队定期施行食品安全制度考核。

(6)治疗受害人群

在对受害人群进行治疗的同时也要积极开展预防工作。

4.3 镉

镉，稀有金属元素，化学符号Cd，呈银白色。镉是人体非必需元素，在自然界中常以化合物状态存在，一般含量很低，正常环境状态下，不会影响人体健康。镉和锌是同族元素，在自然界中镉常与锌、铅共生。当环境受到镉污染后，镉可在生物体内富集，通过食物链进入人体引起慢性中毒。地壳中物质与镉的比例为1 000 000∶0.1~1 000 000∶0.5，镉是作为副产品从锌矿石或硫镉矿中提炼出来的，大多用来保护其他金属免受腐蚀和锈损，如电镀钢、铁制品、铜、黄铜及其他合金，另一用途是制造一种叫作镉黄的亮黄色颜料，可用作高级油漆和绘画颜料。

4.3.1 镉的理化性质

镉是银白色有光泽的金属，熔点 320.9 ℃，沸点 765 ℃，密度 8 650 kg/m³，有韧性和延展性。镉在潮湿空气中缓慢氧化并失去金属光泽，加热时表面形成棕色的氧化物层，若加热至沸点以上，则会产生氧化镉烟雾。高温下镉与卤素反应激烈，形成卤化镉，也可与硫直接化合，生成硫化镉。镉可溶于酸，但不溶于碱。镉的氧化态为 +1、+2。氧化镉和氢氧化镉的溶解度都很小，它们溶于酸，但不溶于碱。镉可形成多种配离子，如 $Cd(NH_3)$、$Cd(CN)$、$CdCl$ 等。

4.3.2 镉的来源

镉的有机化合物很不稳定，自然界中不存在有机镉，但在生物体内的镉多数是与蛋白质分子呈结合态的。

（1）自然来源

镉在自然的本底值一般比较低，因此食品中的镉含量一般不高。但是，通过食物链的生物富集作用，可以在食品中检出镉，其中植物性食物中谷类含镉量最高，动物性食物中肝脏和肾脏含镉量高，贝、蟹、虾、鱼类的肝脏含镉量也很高。镉可以通过作物根系吸收进入植物性食物，可以通过饮水、饲料迁移到动物性食物中，使畜禽类产品中含有镉。农作物中镉含量的差异与土壤的性质、作物品种有关。由于镉易溶解于有机酸，因此酸性土壤中的镉易被植物吸收。研究发现，从浮游生物到海藻类的镉的富集系数约为 900，32 种淡水植物的镉的富集系数约为 1 620，从土壤到植物与从水系到鱼类的镉的富集系数大约是 10。不同食品被镉污染的程度差异很大，海产品、动物内脏(特别是肝和肾)、食盐、油类、脂肪和烟叶中的镉含量平均浓度比蔬菜、水果高；海产品中尤其以贝类含镉量较高；植物性食物中镉含量相对较低，其中甜菜、洋葱、豆类、萝卜等蔬菜和谷物污染相对较重。

（2）人为来源

①工业排放 镉在工业上的用途很广泛，如可以作为原料或者催化剂用于生产塑料、颜料和化学试剂。作为聚氯乙烯稳定剂成分的耗用量占镉总耗量的 20%。由于镉的耐腐蚀性和耐摩擦性，常用作生产不锈钢、雷达、电视机荧光屏的原料，镉还是制造原子核反应控制棒的材料之一，电镀生产耗镉量占镉消耗总量的 50%。

镉污染源主要来自工业"三废"，一般重工业比较发达的城市镉污染较严重。我国的贵州赫章、江西大余、浙江温州、沈阳张士等地区环境镉污染相对较重。

②食品容器及包装材料中镉的污染 镉是合金、釉彩、颜料和电镀层的组成成分之一。当使用含镉容器盛放和包装食品，特别是酸性食品时，镉可从容器或包装材料中迁移到食品中，造成食品的污染。

③使用不合格化肥造成的镉污染 有些化肥(如磷肥等)含镉量较高，在施用过程中可造成农作物的镉污染。

4.3.3 镉的安全事故

1930—1960 年，日本富山县神通川流域部分镉污染。事件源于炼锌厂排放的含镉废水污染了周围的耕地和水源。

2004 年 5 月，广东惠州两家电池厂员工被检测出血镉、尿镉增高，截至当年 8 月 3 日，共检测了两家企业 1 021 名职工，其中 177 人镉超标，另有 2 人镉中毒。

2009 年 8 月，湖南浏阳市镇头镇镉污染，事件源于长沙湘和化工厂生产次氧化锌和硫酸锌但没有完善的排污设施。截至 2009 年 8 月 2 日，该工厂被永久关闭。

2012 年 1 月，广西龙江河遭受镉污染。2012 年 1 月 31 日，广西龙江河突发环境事件应急指挥部参与事故处置的专家估算，此次镉污染事件镉泄漏量约 20 t。专家称，此次镉泄漏量，在国内历次重金属环境污染事件中罕见，此次污染事件波及河段达到约 300 km。

2012 年 2 月，加拿大环保组织一份关于"潜藏在化妆品中重金属的危害"的报告，测试了49 个知名品牌的化妆品，包括倩碧的粉底液和欧莱雅睫毛膏。研究人员主要测试了这些化妆品中是否含有砷、镉、铅、汞、铍、镍、硒和铊 8 种有毒物质，其中，后 4 种化学物质在加拿大是被禁止的。结果发现，除了汞以外，每个测试的化妆品几乎都含有其余的 7 种有毒物质。其中，倩碧(Clinique)的幻真控油粉底液含有砷、铍、镉、镍、铅和铊 6 种有毒物质，另一知名化妆品牌欧莱雅的睫毛膏"Bare Naturale"，也被检测出含有和倩碧一样的 6 种有毒物质。另外，"封面女郎"品牌(Cover Girl)的超完美眼线笔则含有铍、镉、镍和铅。

2012 年 6 月 17 日，山东省日照市检验检疫局对一批来自日本的重金属镉含量超标的 24 t进口秋刀鱼，依法实施了退运处理。据介绍，这批秋刀鱼是 5 月报检，共计 2 400 箱、24 000 kg，货值 456 万日元(约合 31 万元人民币)。

2013 年 3 月 4 日，日本著名化妆品牌资生堂的一款明星产品"安热沙防晒霜"被检测出含有镉，安热沙系列在中国已畅销多年并多次荣登商家销量榜冠军，产品包括金瓶防晒露、美白防晒乳、莹亮防晒露、温和防晒精华乳等多种。

2013 年 5 月广州餐饮环节食品抽检，四成五的湖南大米和米制品被检出镉超标。

4.3.4　镉的毒性和危害

4.3.4.1　镉的毒性

镉会对呼吸道产生刺激，长期暴露会造成嗅觉丧失症、牙龈黄斑或渐成黄圈。镉化合物不易被肠道吸收，但可经呼吸被体内吸收，积存于肝或肾脏造成危害，尤以对肾脏损害最为明显，还可导致骨质疏松和软化。

(1)急性中毒

镉的化合物具有不同的毒性，硫化镉、硒磺酸镉的毒性较低，氧化镉、氯化镉、硫酸镉毒性较高。镉引起人中毒的剂量平均为 100 mg。急性中毒症状主要表现为恶心、流涎、呕吐、腹痛、腹泻，继而引起中枢神经中毒症状，严重者可因虚脱而死亡。表 4-3 列举了常见镉化合物的半数致死量。

表 4-3　常见镉化合物的半数致死量

镉化合物	$LD_{50}/(mg/kg)$	镉化合物	$LD_{50}/(mg/kg)$
Cd	890	$CdCl_2$	150
CdO	72	$Cd(NO_3)_2$	100
$CdSO_4$	88		

(2)慢性中毒

由于食品中镉的浓度相对比较低，因此在正常情况下通过食品摄入的镉主要表现为慢性毒性。

①镉对肾的危害 镉主要损害肾近曲小管上皮细胞，使其重吸收功能下降，临床上可以出现蛋白尿、氨基酸尿、糖尿和高钙尿等症状，造成蛋白质、钙等营养成分从体内大量流失。镉对肾产生毒性的机理一般认为是由镉-金属硫蛋白复合物(CdMT)进入肾脏所致。CdMT 在肝脏中合成，当肝脏受损时释放入血液，通过肾小球滤过，在近曲小管被重吸收并降解后，释放出镉离子而产生毒性作用。给雄性 Wistar 大鼠皮下注射不同剂量的镉-金属硫蛋白结合物，结果显示，镉接触组尿钙和尿蛋白都高于对照组，肾皮质钠泵和钙泵活性低于对照组，体外试验显示镉能抑制钙泵活性。

②镉可以导致钙代谢紊乱 骨钙迁出而使中毒的人发生骨质疏松和病理性骨折，镉产生这种作用的机理是：镉使肾中维生素 D 的活性受到抑制，进而妨碍十二指肠中钙结合蛋白的生成，导致钙磷代谢失调，干扰骨质上钙的正常沉积，同时尿钙、尿磷增加；缺钙使肠道对镉的吸收率增加，加重骨质软化和疏松；镉影响骨胶原的正常代谢，这就是日本神通川流域由于镉污染而导致"痛痛病"发生的原因。痛痛病患者主要表现为肾小球损伤及肾小球重吸收功能障碍，身材矮小并有脊椎和胸腔变形，低血压，末梢神经障碍和贫血。痛痛病患者的潜伏期为 2~8 年，病人肾皮质中镉含量可达 0.6~1.0 mg/g，尿镉达 30 μg/L。

③镉在肾蓄积还能引起高血压 研究人员给大鼠腹腔注射氯化镉，1 周后大鼠体重锐减并且血压升高，2 周后出现肾损害，血压进一步升高。芬兰东北地区由于环境镉污染等原因，那里的居民血液中镉浓度比较高，高血压的发病率也高。研究人员测定 30 例原发性高血压患者和 30 例年龄等条件相同的无高血压的健康人(做对照)的血镉水平，结果发现，高血压组的血镉水平显著高于健康对照组。研究认为，镉通过导致细胞内钙超载，细胞脂质过氧化损伤及增加体内钠水潴留等多种机制引起血压增高。

④镉能引起贫血 镉中毒和"痛痛病"患者出现贫血已得到大多数学者的公认，对沈阳西郊某镉污染区居民的贫血状况的调查结果也表明，镉曾经污染区居民有明显的贫血现象，其发生率为对照区的 2.8 倍。镉导致贫血的机理可能与镉抑制骨髓血红蛋白的合成，影响胃肠道对铁的吸收等有关。

⑤镉具有"三致"作用 致突变：体外试验表明，镉对于人体、动物和微生物细胞都有一定的致突变效果。致癌性：在啮齿类动物的肌肉和皮下注射金属镉和镉化合物，在注射部位可引起肉瘤，1993 年国际癌症研究机构(IARC)将镉定为人类致癌物。致畸性：大剂量镉盐在孕早期给予啮齿动物，引起露脑、脑积水、唇裂等；孕晚期给予，则造成严重的胎盘损害和胎仔死亡。

4.3.4.2 镉的危害

镉进入人体的途径主要是从食品摄入并蓄积在肾、肝、心等组织器官中。镉化合物的种类，膳食中的蛋白质、维生素 D 和钙、锌含量等因素均影响食品中镉的吸收。通过消化道进入体内的镉其吸收率较低，仅为 1%。但研究证明，当动物以缺乏蛋白质和钙的饲料喂养时，对镉的吸收率可以增加至 10%。

钙离子蛋白会主动吸收镉元素，造成钙离子代谢的混乱，而镉比钙更亲硫，镉离子可以置换出非常多的钙离子，甚至可置换出骨中的钙，镉中毒时骨骼中的钙大量从尿中排出，导致骨质疏松软化多孔。引起机体出现低钙的主要原因是随着机体镉负荷的增加，肠道对钙的吸收率不断下降和钙的排出量增加。镉会影响赖氨酰氧化酶活性，这种酶是一种铜酶，在骨胶原成熟过程中起决定作用。这个效应的发现和"痛痛病"相关。

肾脏是镉慢性毒作用的靶器官，早期的慢性中毒症状就是肾近曲小管功能障碍。一般认为，镉所致的肾损伤是不可逆的，目前尚无有效的疗法。镉进入肾中与金属硫酶蛋白结合，沉积在肾组织中而不是随尿液离开，这导致镉在人肾皮质中平均代谢时间是 30 年。国内调查显示,镉污染区居民尿检异常率均显著高于对照区居民,这证实了镉对肾小管重吸收功能造成了不可逆的损害。

镉在小肠中吸收后,部分与血红蛋白结合,部分与低分子硫蛋白结合,形成镉-金属硫蛋白,主要蓄积在肝(占全身蓄积量的1/2),其次是肾(占全身蓄积量的1/6)。肾皮质中镉的浓度最高,比人体中镉的平均浓度高100倍左右。镉在肺、胰、甲状腺、膀胱、睾丸、肌肉和脂肪等脏器和组织的浓度为中等,骨组织次之,脑组织中最低。在骨骼中26%的镉与铜硫蛋白结合。进入人体内的镉最后通过粪便、尿液、汗液和毛发等途径排出体外,生物半衰期为15~30年。在正常情况下,婴儿出生时体内并无蓄积镉,但随着年龄的增长,体内的镉含量增加,50岁人体的镉含量可达80 mg。

镉穿越血脑屏障的能力比较弱,但长期摄入累积,镉也能按照锌的方式进入脑。进入脑后可以和汞一样破坏含硫蛋白的功能。

4.3.5 镉的限量标准

由于镉元素近年来对人体产生的负面影响日益严重,我国对食品中镉元素进行了更加严格的管控,表4-4列举了我国对食品中镉限量指标的规定。

表4-4 食品中镉限量指标

食品类别(名称)	限量(以 Cd 计)/（mg/kg）
谷物及其制品	
谷物(稻谷[a] 除外)	0.1
谷物碾磨加工品(糙米、大米除外)	0.1
稻谷[a]、糙米、大米	0.2
蔬菜及其制品	
新鲜蔬菜(叶菜蔬菜、豆类蔬菜、块根和块茎蔬菜、茎类蔬菜、黄花菜除外)	0.05
叶菜蔬菜	0.2
豆类蔬菜、块根和块茎蔬菜、茎类蔬菜(芹菜除外)	0.1
芹菜、黄花菜	0.2
水果及其制品	
新鲜水果	0.05
食用菌及其制品	
新鲜食用菌(香菇和姬松茸除外)	0.2
香菇	0.5
食用菌制品(姬松茸制品除外)	0.5
豆类及其制品	
豆类	0.2
坚果及籽类	
花生	0.5

（续）

食品类别（名称）	限量（以 Cd 计）/（mg/kg）
肉及肉制品	
肉类（禽畜内脏除外）	0.1
禽畜肝脏	0.5
禽畜肾脏	1.0
肉制品（肝脏制品、肾脏制品除外）	0.1
肝脏制品	0.5
肾脏制品	1.0
水产动物及其制品	
鲜、冻水产动物	
鱼类	0.1
甲壳类	0.5
双壳类、腹足类、头足类、棘皮类	2.0（去除内脏）
水产制品	
鱼类罐头（凤尾鱼、旗鱼罐头除外）	0.2
凤尾鱼、旗鱼罐头	0.3
其他鱼类制品（凤尾鱼、旗鱼制品除外）	0.1
凤尾鱼、旗鱼制品	0.3
蛋及蛋制品	0.05
调味品	
食用盐	0.5
鱼类调味品	0.1
饮料类	
包装饮用水（矿泉水除外）	0.005 mg/L
矿泉水	0.003 mg/L

注：a 稻谷以糙米计。

4.3.6　镉的控制措施

加强监管，减少环境中镉的污染是控制食品被镉污染的重要手段。

从产品加工角度出发，通过寻找食品（如稻米）不同部位对镉的累积规律，利用加工技术降低食品中镉含量也是控制食品中含量的有效手段。

还可以通过添加对镉毒作用有拮抗的有益元素降低镉的毒效应。例如，锌是镉的拮抗元素，锌对镉中毒有一定的保护作用。镉进入机体后能够置换锌，干扰了体内含锌酶系统的活力，而锌又是生物体维持正常生长发育的必需金属元素，如果镉的摄入量大于生物体内锌的含量，含锌酶系统的活力即受到抑制或者破坏；反之，锌含量高于镉，便能对抗镉的毒性作用，故而生物体内的锌镉含量比值较镉的绝对含量更有意义。钙对镉中毒也具有一定的拮抗作用。硒也可以减缓镉引起的损伤。

4.4 铅

铅(Pb)，对人类来说是非致癌物质，然而，它却是一种普遍存在的环境污染物，在自然界中广泛分布，常以二价阳离子(Pb^{2+})的形式存在，于2019年7月23日被列入第一批有毒有害水污染物名录。随着工业化和城市化的快速发展，毒性非常大的铅以废气、废水、废渣等各种形式排放到环境中，造成了大气、水体、土壤甚至食物等的污染，并随着空气、水和食物通过呼吸系统和消化系统进入到人体当中。WHO等不同机构对饮用水和食物中铅离子设定了最大浓度值，但世界还有很多地区仍难以达到这一标准。研究表明，即使血铅水平低于目前公认的干预阈值，虽尚不足以产生特异性的临床表现，但已能对儿童的智力发育、体格生长、学习能力和听力产生不利影响。目前，发展中国家仍有1 500万~1 800万儿童由于铅中毒而受损害。

4.4.1 铅的理化性质

金属铅是一种耐腐蚀的银灰色重金属元素，位于元素周期表ⅣA族，原子序数为82，相对密度11.34，熔点327.5 ℃，沸点1740 ℃，相对原子质量207.19，是原子量最大的非放射性元素。铅及其化合物的用途很广，冶金、蓄电池、印刷、颜料、油漆、釉料、焊锡等作业均可接触铅及其化合物，其密度高、质柔软、延性弱、展性强、可弯曲。当用刀将铅切开时，表面易氧化而失去光泽，溶于硝酸、热硫酸、有机酸和碱液，不溶于稀盐酸和冷硫酸。既能形成高铅酸的金属盐，又能形成酸的铅盐。自然环境中以二价铅化合态形式存在的化合物有碳酸铅、硫化铅、硝酸铅、乙酸铅、卤化铅、磷酸铅、铬酸铅、氧化铅、氢氧化铅、叠氮化铅、四乙基铅、硬脂酸铅等，分布于土壤、水体和空气中。它也经常与其他金属结合，特别是锌、铁、镉和银以及和其他金属构成合金，如焊锡合金等。常见的含铅物质有密陀僧(PbO)、黄丹(Pb_2O_3)、铅丹(Pb_3O_4)、铅白[$Pb(OH)_2 \cdot 2PbCO_3$]、硫酸铅($PbSO_4$)等。

4.4.2 铅的来源

食物中铅的来源非常广泛，包含盛装食品的器皿、制作的工艺及生产过程中直接接触(如罐头食品、皮蛋及爆米花等)；地下水、土壤和空气沉积的铅，则导致农作物铅含量超过限量标准。有研究表明，地面水中铅本底平均值大约为0.5 μg/L，地下水中铅的浓度为1~60 μg/L，在含有石灰石和方铅矿地区，天然水中铅含量可高达400~800 μg/L。"三废"的大量排放加剧了铅的积聚程度，扩大了污染范围。根据某地区2016—2018年监测的数据，采集并检测十二大类食品706件，铅含量范围为0.005~1.0 mg/kg，检出率为70.4%；铅超标样品为18件，超标率2.55%，坚果及其籽类3件、水八仙6件、蔬菜8件、蛋及蛋制品1件。因此，铅污染的来源主要包括：①农作物，它们通过根系富集，再通过食物链引发食品安全问题；②动物性食品，畜禽、水产品等动物性食品的铅污染主要原因是它们食用了铅超标的饲料导致的；③饮用水，主要来源于受到铅污染的河流、地表水和地下水。

4.4.3 铅的污染事件

在过去的一个多世纪里，由于人类活动，铅污染了环境。在过去的几十年里，无论是急性还是慢性暴露在任何铅浓度水平上都是有害的，对神经发育和认知都有不良影响。从20世纪70年代开始，人们开始努力控制环境中的铅浓度，由于监管和公共教育举措，铅含量大幅下降，但铅污染事件仍时有发生。

（1）美国铅污染水质事件

2014 年 4 月至 2015 年 10 月，密歇根州弗林特市近 10 万居民因饮用水水质变化而受到影响，引发人们对铅污染的关注。因缺乏必要的腐蚀控制处理，铅从管道释放到饮用水中导致弗林特儿童血铅水平升高。2016 年，联邦政府宣布进入紧急状态，弗林特的供水被调回。

（2）德清血铅超标事件

浙江海久电池股份有限公司成立于 2003 年 5 月，位于德清县新市工业园区，主要生产销售摩托车小型启动铅酸蓄电池，职工约 1 000 人。2011 年 3 月以来，因海久公司组装车间风焊工位多个排风管存在裂缝或孔洞，造成抽风效率低下、铅尘无组织排放，并存在违法违规生产排污行为等原因，该公司职工及附近村民在自发体检中陆续发现血铅超标情况。经血铅检测发现，职工及家属血铅超标 327 人，村民 5 人。超标人员中成人 233 人，儿童 99 人。

4.4.4 铅的毒性和作用机理
4.4.4.1 铅的毒性

铅是一种严重危害人体健康的重金属元素，人体可通过摄取食物、饮用水等方式把铅带入人体。进入人体的铅 90% 贮存在骨骼，10% 随血液循环流动而分布到全身各组织和器官。随着体内富集的铅离子浓度越来越高，因为多余的铅离子难以被人体利用，它将对人体的健康产生极为不利的影响，主要表现在对神经系统、呼吸系统、造血器官和肾脏的损害。儿童时期接触铅会导致不良且永久性的神经发育后果，即使更低水平的血铅浓度都能够延缓儿童智力的发育。此外，铅可以穿过胎盘，损害胎儿的神经系统和大脑。

（1）急性中毒

人摄入大量的铅后引起铅的急性中毒，表现为口内有重金味、流涎、恶心、呕吐、阵发性腹痛、便秘或腹泻、头痛、血压升高、出汗多、尿少等，严重者出现痉挛、抽搐、昏迷，合并有中毒性肝病、中毒性肾病和贫血等。一般情况下，铅中毒经驱铅治疗后，可很快恢复，除铅中毒性脑病外，很少有后遗症。

（2）慢性中毒

由于铅是蓄积性的中毒，只有当人体中铅含量达到一定程度时，才会引发身体的不适。在长期摄入铅后，会对机体产生严重的损害，并大大降低人体内的许多蛋白质、氨基酸、酶等物质的活性，严重干扰身体正常生理活动。如果人体内的铅含量过高，会对造血系统产生极其严重的影响，如抑制合成血红蛋白，缩短红细胞寿命，最终引发贫血。铅对于神经系统也有很严重的危害性，周围神经系统中，运动神经轴突是铅的靶目标组织；中枢神经系统中，大脑和小脑是铅毒性作用的主要靶标组织。尤其对儿童健康和智能的危害产生难以逆转的影响。铅对于消化系统也具有很强的破坏力，它会使消化系统黏膜出现炎症性的变化，铅中毒的患者很多都会有萎缩性胃炎。

慢性中毒表现为中毒性神经衰弱症候群，患者头痛、头晕、失眠、多梦、记忆力减退、乏力、肌肉关键酸痛，消化不良、口内金属味、食欲不振、恶心呕吐、便秘等，贫血伴有心悸、气短、疲劳、易激动、头痛等，引起高血压、肾炎，严重者合并震颤、麻痹、血管病变、中毒性脑病等。

4.4.4.2 铅的作用机理

铅主要经呼吸道和胃肠道进入人体，也有少部分经皮肤吸收进入机体。经呼吸道进入机体的铅约 35%～40% 积聚在肺部，这部分铅约 37% 以 1 μm 小颗粒的形式沉积在肺泡区，约 50% 的铅经肺吸收进入血液循环。经体内黏附膜吸收进入机体的铅只有 5%～15% 进入血液循环。进入血液循环的铅约 99% 与红细胞中的血红蛋白结合，经血液循环通路进入大脑、肝、肾等，经过 4~6 周以后，血液中的铅大部分会沉积到骨骼中。铅沉积在骨骼中可长达 30 年。

铅在机体内通过损害抗氧化体系并产生过多的自由基诱导氧化应激并产生甲醛，造成蛋白质氧化和 DNA 损伤，从而干扰多种生化过程：细胞内和细胞间信号传递、蛋白质折叠和成熟、离子转移、酶调节、神经递质释放等基本过程受到 Ca^{2+}、Mg^{2+}、Fe^{2+} 等二价阳离子影响较为明显，而 Pb^{2+} 可以取代上述离子。

铅在人体中广泛分布，可以对机体各系统和器官产生损害。铅在细胞内可与蛋白质的巯基结合，通过抑制磷酸化而影响细胞膜的运输功能，抑制细胞呼吸色素的生成，导致卟啉代谢紊乱，使大脑皮质兴奋和抑制功能紊乱，大脑皮质和内脏的调节发生障碍，引起神经系统的病变。铅能抑制血红蛋白的合成，主要是由于铅能够溶解红细胞，缩短红细胞的寿命。由于线粒体对铅有较强的吸附潜力，从而铅可以阻断细胞的呼吸链而抑制呼吸作用。肾脏是铅的主要排泄器官，超量蓄积的铅使肾小管上皮细胞变性或死亡，近曲小管上皮细胞内增生包涵体，引发中毒性肾病。

4.4.5 铅的检测

4.4.5.1 铅的限量标准

FAO、WHO 和欧盟委员会条例（EC）分别对不同食物中铅离子含量的最大浓度值进行了设定，见表 4-5 所列。我国国家卫生和计划生育委员会及国家食品药品监督管理总局于 2017 年发布的《食品安全国家标准 食品中污染物限量》（GB 2762—2017）给出了铅在食品中的允许最大浓度（表 4-6）。因此，食品生产加工过程中应该严格按照规定，不可超过规定用量，严格按照相关标准对每种食品中铅的含量限量要求，确保食品中铅的含量不会危害人体健康。

表 4-5　不同机构对饮用水和食物中铅离子设定的最大浓度值

食物类别（名称）	机构	最大浓度值
饮用水	EC	10 μg/L
	WHO	10 μg/L
酒	EC	200 μg/L
	FAO/WHO	200 μg/L
原料奶	EC	20 μg/kg
	FAO/WHO	20 μg/kg
肉	EC	100 μg/kg
	FAO/WHO	100 μg/kg
鱼肉	EC	300 μg/kg
	FAO/WHO	300 μg/kg
贝壳类	EC	1 500 μg/kg
	FAO/WHO	
谷物、豆类等	EC	200 μg/kg
	FAO/WHO	50~300 μg/kg
水果（除了小水果和浆果类）	EC	200 μg/kg
	FAO/WHO	100μg/kg
蔬菜	EC	100 μg/kg
	FAO/WHO	
脂肪和油脂（包括乳脂肪）	EC	100 μg/kg
	FAO/WHO	100 μg/kg

表 4-6　我国食品中铅限量指标

食品类别(名称)	限量(以 Pb 计)/(mg/kg)
谷物及其制品	0.2~0.5
蔬菜及其制品	0.1~1.0
水果及其制品	0.1~1.0
食用菌及其制品	1.0
豆类及其制品	0.05~0.2
藻类及其制品	1.0~2.0(干重计)
坚果及籽类	0.2~0.5
肉及肉制品	0.2~0.5
水产动物及其制品	0.5~2.0
乳及乳制品	0.05~0.5
蛋及蛋制品	0.2~0.5
油脂及其制品	0.1
调味品	1.0~3.0
食糖及淀粉糖	0.5
淀粉及淀粉制品	0.2~0.5
焙烤食品	0.5
液体饮料类	0.01~0.3 mg/L
固体饮料	1.0
酒类	0.2~0.5
可可制品、巧克力和巧克力制品以及糖果	0.5
冷冻饮品	0.3
特殊膳食用食品	0.02~0.5
其他类	0.5~5.0

4.4.5.2　铅的检测方法

当前关于铅离子污染的监测和检测越来越受重视，已经发展成熟的检测铅离子的传统方法有双硫腙比色法、原子吸收光谱法(AAS)、原子发射光谱法(AES)、电感耦合等离子体光谱法(ICP-MS)、X 射线荧光光谱法(XRF)以及离子色谱法(IC)等。尽管这些方法准确、精度高，但它们需要特别的实验室、复杂昂贵的设备、费时的前处理和熟练的操作者，从而很大程度地限制这些方法的实际应用，尤其是现场、即时和快速的检测。但目前新兴的电化学传感器法和功能核酸生物传感器法因检测铅离子成本低、选择性好、灵敏度高、操作方便，并能实现现场在线检测，得到快速的发展。

4.4.6　控制方法

因重金属铅对环境污染的不可降解性及对人体的危害，需要采取适当措施降低和杜绝铅的使用。

(1)遏制污染源头、降低暴露水平

我国的铅产量位居世界前列，如果在生产过程中控制不当极易发生铅污染，如 2012 年初在陕西省凤翔发生的铅中毒事件，就是因为生产控制出现了问题，导致铅污染了周边的环境。此外，控制铅污染还包括推广使用无铅汽油或降低加铅量；限制含铅油漆涂料的生产及使用；加强食品生活饮水的卫生监督；加强环境保护，防止环境污染等。

（2）提高生产工艺水平、控制流通途径

为了降低或避免食品中铅含量的超标，提高生产加工工艺水平和设备先进性至关重要。但一些中小企业和作坊式手工业者为了节省生产成本，使用较为低端的设备，导致食品在加工过程中铅含量超过了国家限量标准。此外，传播途径（如水源、餐具、罐头等方式）也可导致铅污染食品，需定期检测严防铅通过正常的流通途径进入食品，发现超标食品应及时进行处理。

（3）重点关注血铅超标人群

铅对人体危害巨大，儿童身体中铅含量达到 10 $\mu g/dL$ 左右时，将会比同龄儿童智力低9%，定期对受威胁地区人群进行血铅监测，及时治疗中毒病人，是当前必须考虑的问题之一。开展儿童血铅调查、及时予以健康指导和驱铅治疗，帮助儿童养成良好的生活饮食习惯。家长要培养并监督孩子养成流水洗手的习惯，除饭前外，吃零食前也应洗手；经常清洗小儿玩具，避免小儿将涂有油漆的玩具放入口中；不在马路边或铅作业工厂附近散步、玩耍；动物性食品含有丰富锌、铁、钙，这些元素在肠道中与铅相抵抗，保证儿童的日常膳食中有动物性食物以获取足够量的钙、铁、锌等，这样铅就不容易从消化系统吸收；同时也要保证小儿摄入蔬菜，这样小儿不容易便秘，可避免有害物质被吸收。

（4）多食用抗铅食物、保证膳食平衡

在日常饮食中，要注意尽量定时定量并保证膳食平衡，因为空腹时铅在肠道的吸收率会相应增加；增加锌、钙、铁等矿物元素的摄入，它们可降低胃肠对铅的吸收和骨铅的蓄积；增加维生素 C 摄取，维生素 C 能促进铅从体内排出；每天要饮用足量的水，水可以稀释铅在人体组织中的浓度，促进从胃肠排出；多食用抗铅食物，如蛋类、牛奶、大蒜、新鲜水果、蔬菜等。

（5）加强监管、做好宣传工作

相关部门应当加强对铅污染物的监测，及时发现问题并采取相应的干预措施，降低铅污染给人们带来的健康危害。加强立法，提高食品生产经营者及食品加工从业人员的法律意识，加大对环境的综合治理力度，减少工业"三废"等对农田、江河及海洋的污染，从根本上解决重金属铅对各类食品所造成的污染问题，从而保证食品的安全与卫生。加强宣传，提高人们对铅污染的认识，加强健康教育工作，让群众养成良好的饮食和卫生习惯，少吃含铅量较高的食品。

4.5 砷

砷及其化合物是常见的环境污染物。砷的主要矿物有砷硫铁矿和砷石等，但多伴生于铜、铅、锌等的硫化物矿中。砷和含砷金属的开采、冶炼，用砷或砷化合物作原料的玻璃、颜料、原药、纸张的生产以及煤的燃烧等过程，都可产生含砷废水、废气和废渣，对环境造成污染。有些陆地植物和海洋生物可以在含砷的环境中生长，并积累砷元素。最后将砷传递到食物链的顶端。砷不是人体的必需元素，但是由于所处环境及部分食品中含有砷而成为人体内的构成元素之一。

4.5.1 砷的理化性质

砷属于第 VA 族，原子序数33，相对原子质量74.92。单质砷熔点817℃。砷单质不溶于水，溶于硝酸和王水（浓盐酸和浓硝酸按体积比3∶1组成的混合物），也能溶解于强碱。砷单质很活泼，在空气中会慢慢氧化。砷在空气中加热至约 200 ℃时会发出光亮，至 400 ℃时会有一种带蓝色的火焰燃烧，并形成白色的三氧化二砷烟，有独特恶臭。砷易与氟和氧化合，在加热情况下与大多数金属和非金属发生反应。

砷很容易被细胞吸收导致中毒。砷可区分为有机砷及无机砷，有机砷化合物绝大多数有毒，部分含有剧毒。另外有机砷及无机砷中又分别分为三价砷（As_2O_3）及五价砷（$NaAsO_3$），在生物体内砷价数可互相转变。砷与汞类似，被吸收后容易跟硫化氢根或双硫根结合而影响细胞呼吸及相关酶的作用，甚至使染色体发生断裂。

4.5.2 砷的来源

环境中的砷可以通过各种途径污染食品，继而经口进入人体造成危害。在 2000 年对我国进行的总膳食研究中发现，成年男性标准膳食中无机砷摄入量为 0.079 mg/d，占暂定每周可耐受摄入量的 58.6%。根据欧洲食品安全风险评估中心与食品添加剂和污染物联合专家委员会给出的无机砷基准剂量置信下限值（BMDL）进行暴露评估，可以得到全国各省份成年男子膳食无机砷估计暴露边界值（MOE）在 4.2~17.0，平均 MOE 值为 7.4，中位数 MOE 为 7.1，所有 MOE 值均大于 1。因此，通过食品摄入砷是人体中砷的主要来源，食品中砷的来源主要包括以下几方面。

(1) 天然本底

砷在自然界中广泛存在，动物机体、植物中都含有微量的砷。自然界中的砷主要以二硫化砷（雄黄）、三硫化砷（雌黄）及硫砷化铁等硫化物的形式存在于岩石圈中。此外，在其他多种岩石中砷也伴随存在，如镍砷矿、硫砷铜矿等，这些矿石在风化、水浸和雨淋等条件下可以进入土壤和水体。地壳中砷含量一般为 2~5 μg/g。现已发现新疆、内蒙古、贵州等省（自治区）有地方性砷中毒病区，其中贵州为燃煤污染型，其余为饮水型砷中毒。贵州省燃煤污染型地方性砷中毒（简称燃煤型砷中毒）是在 20 世纪 60 年代被发现的，因皮肤的损害性改变而被当地居民称为"癞子病"。环境流行病学调查结果显示，病区砷污染严重，室内空气和食品含砷量超过国家标准数倍至数十倍。人体可同时通过消化道、呼吸道和皮肤摄入砷而导致砷中毒的发生。

自然环境中的动植物可以通过食物链或以直接吸收的方式从环境中摄取砷。正常情况下动植物食品中砷含量较低。陆地植物和陆地动物中的砷主要以无机砷为主，且含量都比较低，如蔬菜和豆类砷含量一般都小于 0.1 mg/kg，只在特殊地域中的动植物砷含量比较高，海洋生物砷含量高于陆地生物。例如，海鱼的砷含量可以达到 5.0 mg/kg，贝类可达到 10 mg/kg；鱼肉与水体砷量比例为 6.5∶1。砷能够在海产品中富集，目前不少研究显示可食性海藻（海带、紫菜等）、鱼类和贝类等海产品中砷的含量较高，长期摄入这些海产品能导致一定的健康风险，可能造成人体砷慢性中毒。据报道，海洋生物体内砷含量比相应陆地的动物高 10 倍，如海鱼的砷含量可以达到 5.0 mg/kg，贝类可达到 10 mg/kg；鱼肉与水体砷量比例为 6.5∶1。广州市对 166 份海产品砷含量进行了检测，结果发现砷的平均含量为 1.79 mg/kg，其中墨鱼砷含量最高，平均可达 4.28 mg/kg，带鱼砷含量最低，平均为 0.88 mg/kg。一般认为，砷在鱼体内的富集与水体砷浓度成正比，也与时间的延长成正比。

(2) 食品的砷污染

在环境化学污染物中，砷是最常见、危害居民健康最严重的污染物之一。食品中砷污染的来源主要是工业的含砷废水、废气、废渣污染及矿物燃料。有色金属熔炼、砷矿的开采冶炼，含砷化合物在工业生产中的应用，如陶器、木材、纺织、化工、油漆、制药、玻璃、制革、氮肥及纸张的生产等，特别是在我国流传广泛的土法炼砷所产生的大量含砷废水、废气和废渣常造成砷对环境的持续污染，从而造成食品的砷污染。含砷废水、农药及烟尘会污染土壤。高砷煤燃烧所产生的烟气也是砷污染的重要污染源，居民燃用高砷煤做饭取暖，炉灶无烟囱，玉米、辣椒等放于炉灶上层烘烤，使食物受到室内煤烟污染，农民通过食入与吸入途径摄取大量的砷。据报道，在广州的污灌区，因土壤受到污染，粮食作物砷含量达到 2.0 mg/kg；北京市农业科学院用含 0.25 mg/L 砷的水灌溉水稻，糙米中含砷量比清灌对照组增加 75%，用含 0.5 mg/L 砷的水灌溉油菜，其砷残留量比清灌溉区高 29%。土壤中残留的砷能造成苹果树的菌根缺乏，延迟苹果树的生长，因此世界各国都非常重视果园土壤砷的研究和治理。山东部分苹果园土壤砷的检测结果表明，苹果园土壤砷的检出率达 100%，超标率为 2.2%；在对陕西苹果园砷含量的一项研究中发现，与中国和世界土壤的砷背景值相比，陕西渭北苹果园土壤砷含量较中国背景值高 5.2%，较世界背景值高 142%。典型的慢性砷中毒在日本宫崎县吕久砷矿附近，因土壤中含砷量高达 300~838 mg/kg，致使该地区小学生慢性砷中毒。日本岛根县谷铜矿山居民也有慢性砷中毒患者。

（3）含砷农药的使用对食品的污染

农业上大量使用含砷农药，它们直接污染了大气、水、土壤，从而被农作物、动植物摄取、吸收，并在体内累积，产生生物蓄积效应。在我国，砷酸钠、亚砷酸钠、砷酸钙、亚砷酸钙、砷酸铅及砷酸锰是比较常用的含砷农药，由于无机砷的毒性较大、半衰期长，目前已禁止生产使用。但有机砷农药的使用并没有受到严格的限制，仍在使用中的有机砷农药有甲基砷酸钙、二砷甲酸、甲基砷酸钠、甲基砷酸二钠、甲基硫酸和砷酸铅等。生产和使用含砷农药可以通过污染环境来污染食品，也可以通过施药造成作物的直接污染。如美国由于过去曾大量使用砷酸铅农药防治害虫，使华盛顿州北部等地区部分果园土壤中的砷含量达 57.69~359.87 mg/kg；我国部分长期使用福美砷防治苹果树腐烂病的果园中，土壤和树体部位的砷含量也明显增加。同时，家禽食用饲料添加剂，由此产生的粪便也是土壤砷的重要来源。调查显示，我国谷类作物中含砷量为 70~830 μg/kg。某些砷污染严重的地区如湖南郴州，水稻籽粒中砷的含量高达 7 500 μg/kg，是稻米中砷安全标准推荐值的 75 倍。

（4）食品加工过程的砷污染

在食品原料、辅料、食品加工、贮存、运输和销售过程中使用和接触的机械、管道、容器、包装材料以及因工艺需要加入的食品添加剂中，也可造成砷对食品的污染。在食品的生产加工过程中，食用色素、葡萄糖及无机酸等化合物如果质地不纯，就可能含有较高量的砷而污染食品。如生产酱油时用盐酸水解豆饼，并用碱中和，若使用砷含量较高的工业盐酸，就会造成酱油含砷量增高。

4.5.3　砷的毒性和作用机理

元素形式的砷不溶于水，基本无毒，但砷化合物具有不同的毒性，AsH_3 是砷化合物中毒性最大的。砷的毒性大体有如下顺序：AsH_3＞三价砷＞五价砷＞有机砷＞零价砷。砷在人体内的代谢，通常认为砷的甲基化作用具有两面性：一方面可以有效抑制砷的急性毒效应；另一方面也可能诱发慢性砷中毒而导致癌变等发生。砷能引起人体急性中毒、亚急性中毒、慢性中毒及具有致癌性、致畸性和致突变性。成人经口服中毒剂量以 As_2O_3 计，约为 5~50 mg，致死量为 0.06~0.3 g。

慢性砷中毒较之急性砷中毒来说则比较常见，当人体摄入大量砷离子后，可导致脂质过氧化现象出现。在脂质过氧化的过程中，人体会代谢产生大量的氧自由基，尤其是一些具有中等反应活性的自由基，这些自由基由于结构的原因，可以直接穿透细胞膜扩散至细胞核并攻击 DNA 与 RNA。有研究表明了砷可以通过阻断三羧酸循环来阻止细胞正常的呼吸作用。该研究表明，砷可以与三羧酸循环中的一种关键的辅酶——硫辛酸相结合。在人体中，硫辛酸主要以两种不同的状态存在，一种为环状的氧化态，另一种则是链状的还原态(二氢硫辛酸)。其中，砷可以与二氢硫辛酸结合形成一个稳定的六元环，这样就使得二氢硫辛酸无法与其他的酶结合，从而抑制了二氢硫辛酸向硫辛酸的转化，抑制了细胞与组织正常的呼吸代谢。

砷对消化道有腐蚀作用，接触部位可产生急性炎症、出血与坏死。砷进入肠道可引起腹泻。砷吸收后，可麻痹血管运动中枢，可直接作用于毛细血管，使脏器的微血管发生麻痹、扩张和充血，以至血压下降。人体吸收的砷部分潴留于肝脏，引起肝细胞退行性变与糖原消失。在体内，砷可与细胞内巯基酶结合而使其失去活性，从而影响组织的新陈代谢，引起细胞死亡。也可使神经细胞代谢障碍，造成神经系统病变。砷还可以使心脏及脑组织缺血，引起虚脱、意识消失及痉挛等。临床上主要表现为与心肌损害有关的心电图异常和局部微循环障碍导致的雷诺氏综合征、球结膜循环异常、心脑血管疾病等。心肌损伤的机制与生物膜损伤有关，砷破坏了心肌细胞溶酶体膜，使溶酶体酶释放，对细胞造成不可逆损伤，最终导致心肌细胞的破坏崩解，而这种膜损伤可能是由砷导致的膜通透性增加和脂质过氧化共同作用的结果。

砷具有神经毒性，长期砷暴露可观察到中枢神经系统抑制症状，包括头痛、嗜睡、烦躁、记忆力下降、惊厥甚至昏迷和外周神经炎伴随的肌无力、疼痛等。由于砷在自然界中普遍存在，其通过污染的水体、食物和空气经食物链进入人体后，随血液流动分布于全身各组织器官，过量砷暴露或微量砷的长期暴露都会对人体产生毒害作用，进而引发多器官组织和功能的异常变化，导致急性或慢性砷中毒。

4.5.4 砷的限量标准

由于砷的毒性对人体健康产生巨大危害，WHO 提出了砷的 BMDL 为 0.5，若超过该限量，癌症发病率会增加 0.5%。这个限量对肺癌、膀胱癌、皮肤癌分别为每千克体重 3 $\mu g/d$、5.2 $\mu g/d$、5.4 $\mu g/d$。2015 年 6 月 25 日，欧盟发布法规(EU) 2015/1006，在(EC) NO 1881/2006 法规中新增附录关于食品中(尤其是大米和大米产品)中无机砷最大限量的规定。污染物专家小组认为，根据 FAO 和 WHO 下的食品添加剂联合专家委员会(JECFA)规定的 15 $\mu g/kg$ 而暂定的每周耐受摄入量(PTWI)不再适用。因为数据显示，无机砷可能会导致肺癌、膀胱癌和皮肤癌，且接触低于 JECFA 规定的限制也可能会导致一系列不良反应。我国也对由砷引起的一系列问题，兼顾与其他相关标准相协调，进一步修订完善了《食品安全国家标准 食品中污染物限量》(GB 2762—2012)，一些常见原料的砷限量指标见表 4-7。

表 4-7 常见食品中砷限量指标

食品类别(名称)	限量(以 As 计)/(mg/kg)	
	总砷	无机砷[b]
谷物及其制品		
谷物(稻谷[a] 除外)	0.5	—
谷物碾磨加工品(糙米、大米除外)	0.5	—
稻谷[a]、糙米、大米	—	0.2
水产动物及其制品(鱼类及其制品除外)	—	0.5
鱼类及其制品	—	0.1
蔬菜及其制品		
新鲜蔬菜	0.5	—
食用菌及其制品	0.5	—

（续）

食品类别(名称)	限量(以 As 计)/(mg/kg)	
	总砷	无机砷[b]
肉及肉制品	0.5	—
乳及乳制品		
生乳、巴氏杀菌乳、灭菌乳、调制乳、发酵乳	0.1	—
乳粉	0.5	—
油脂及其制品	0.1	—
调味品(水产调味品、藻类调味品和香辛料除外)	0.5	—
水产调味品(鱼类调味品除外)	—	0.5
鱼类调味品	—	0.1
食糖及淀粉糖	0.5	—
饮料类		
包装饮用水	0.01 mg/L	—
可可制品、巧克力和巧克力制品以及糖果		
可可制品、巧克力和巧克力制品	0.5	—
特殊膳食用品		
婴幼儿辅助食品		
婴幼儿谷类辅助食品(添加藻类的产品除外)	—	0.2
添加藻类的产品	—	0.3
婴幼儿罐装辅助食品(以水产品及动物肝脏为原料的产品除外)	—	0.1
以水产及动物肝脏为原料的产品	—	0.3
辅助营养补充品	0.5	—
运动营养食品		
固态、半固态或粉状	0.5	—
液态	0.2	—
孕妇及乳母营养补充食品	0.5	—

注：a 稻谷以糙米计。

b 对于制定无机砷限量的食品可先测定其总砷，当总砷水平不超过无机砷限量值时，不必测定无机砷；否则，需再测定无机砷。

4.5.5 控制措施

4.5.5.1 解决环境污染问题

食品中的砷污染物来自环境污染，要控制食品中的砷污染物，必须从治理环境入手。解决环境污染的根本措施是健全法制、加强管理、严格执法。由于农用化学物质、含砷化肥的大量使用可造成水体及土壤中砷的污染，因此预防砷污染食品应严格控制工业生产中各种含砷的废气、废水和废渣的排放。为确保达到允许的排放标准，生活用水砷含量不得超过 0.04 mg/L。废料稳定性评价上，我国《工业企业设计卫生标准》(GBZ 1—2010)规定：地面水中砷最高允许质量浓度 0.04 mg/L，居民区大气中砷化物(按砷计)日平均最高允许质量浓度 0.003 mg/m³。《工业"三废"排放试行标准》(1974 年)规定：砷及其无机化合物最高允许质量浓度 0.5 mg/L。当含砷物料通过 TCLP 实验后浸出液中砷含量>5 mg/L 时，该含砷废弃物必须加以处理而不能直接排放。对含砷毒物严加保管，砷剂农药必须染成红色，以便识别并防止与面粉、面碱、小苏打等混淆，外包装必须标有"毒"字；凡接触过砷制剂的器具，用后必须仔细刷洗，不得盛装任何食物。

总的来说，首先，应立足于预防环境污染的发生，控制污染源，改进生产工艺，切实执行有关环境保护法规；其次，要进行食品污染监测，要尽快建立健全食品污染预警机制，及时对相关食品采取有效措施加以控制；最后，要加强宣传教育，增强人们的环境保护和防范意识。

4.5.5.2　制定相应的标准

严格监管食品生产的各个环节，制定各类食品中砷的最高允许限量标准，并加强经常性的监督检测工作。根据当前我国砷检测结果来看(参考《GB 2762—2017》)，食品国家标准规定砷含量残留限量：粮食 ≤ 0.5 mg/kg，鲜乳 ≤ 0.1 mg/kg，蔬菜、水果、肉类、蛋、淡水鱼、酒类 ≤ 0.5 mg/kg，生活饮用水标准限量 ≤ 0.01 mg/L。一般食品中砷的本底含量多低于 0.1 mg/kg，而海产品中的含砷量 ≤0.5mg/mL。食品流通的各个环节都有可能受到不安全因素的影响，应改变传统的、单一的产品质量检验方式，进行食品质量安全的全程监管与检测；食品安全及食品监督体系应尽快和国际规范接轨，吸取国际上广泛采用的 GMP 和 HACCP 管理系统中的可取之处，建立适合我国的法律法规体系；加大科研投入，开发新型排污治理技术，减少环境污染物的排放；进一步提高我国食品安全检测能力，开发研制能够快速、准确地检测食品中有害物质的分析仪器；妥善保管含砷物质及其化合物，对已被污染的食品应根据污染物的种类、来源、毒性大小、污染方式、程度和范围、受污染食品的种类和数量等不同情况作不同处理，尽可能减少损失；严格控制食品生产加工、贮存、运输和销售过程中使用和接触的机械、管道、容器以及添加剂中砷的含量，完善食品安全的预防和监测机制。

4.6　其他有害元素

其他元素对人体健康也起着非常重要的作用。它们在食品中来源广泛，在人体内残留至一定剂量会产生危害，对保持机体内外环境的平衡和维持人体健康起着至关重要的作用。本节主要讨论铬元素、铝元素和稀土元素对食品安全的影响。

4.6.1　铬对食品安全的影响

铬，英文名称 chromium，元素符号 Cr，属于元素周期表中ⅥB族金属元素，原子序数24，相对原子质量51.996，密度7.19g/cm³，熔点1 857 ℃±20 ℃，沸点2 672 ℃。常见化合价为+3、+6 和+2，电离能为6.766 eV。铬是一种银白色金属，质极硬而脆，耐腐蚀；属不活泼金属，常温下对氧和湿气都是稳定。铬在地壳中的含量为0.01%，居第17 位。自然界不存在游离状态的铬，主要含铬矿石是铬铁矿。铬被广泛应用于冶金、化工、铸铁、耐火及高精端科技等领域。

4.6.1.1　食品中铬的来源

铬是动物和人体必不可少的微量营养素之一，其主要作用是帮助维持身体中所允许的正常葡萄糖含量。研究表明，通过饮食摄入的铬一旦被吸收，便迅速离开血液分布于各个器官中，特别是肝脏，有三价铬存在。铬的最好来源是肉类，尤以肝脏和其他内脏，是生物有效性高的铬的来源，干酪、蛋白类和肝等食品铬含量相对较高。食品中铬主要来源于以下途径：

(1)天然本底

铬在地壳中的含量为0.01%，居第17 位。自然界不存在游离状态的铬，大多以三价的形式存在于铬铁矿、铬铅矿及硫酸铬矿等矿中。不同地区的土壤中铬含量差异很大，平均含量约为100 mg/kg，海水中铬含量为9.7 μg/m³。近南北向褶皱带中的铬铁矿资源量占世界总量的90%以上。我国是一个铬铁矿资源严重短缺的国家。

（2）环境污染

空气、水和土壤中的铬可通过食物链富集于食品中。我国制革、纺织品生产和印染等产业发达，工业生产排放的含铬废水是环境中铬污染的主要来源，如铬矿冶炼和开采，各种含铬化合物用于电镀、颜料、油漆、合金、印染、陶瓷、橡胶及鞣革等的生产，其产生的含铬工业"三废"如果未经无害化处理排入环境中，就会导致大气、水体受污染。由于铬具有累积性和生物链浓缩特性，可以离子状态迁移到土壤中，并蓄积于各种生物体内，如蔬菜、海产品等。农作物从被污染的水中和土壤中吸取大量的铬，因此铬易通过生物富集作用进入植物、动物体内，造成食物的污染。

（3）食品容器、用具中铬对食品的污染

食品加工过程中使用的器械、包装也可能导致铬污染。不锈钢食具和容器中均含有铬，如果盛放酸性食品，其中的铬可迁移到食品中，生产设备的磨损金属屑也可使产品中含有铬。在食品加工过程中使用的器械、包装也可能导致铬污染。因此我国 GB 9684—2011《食品安全国家标准 不锈钢制品》规定，不锈钢食饮具在酸性溶液浸泡溶出铬不应超过 $0.4\ \mathrm{mg/dm^2}$。

（4）生产过程的非法添加

近年来，一些不法商家为节省成本，采用工业明胶代替食用明胶作为食品添加剂，而有些厂家采用铬盐鞣制的皮革下脚料提取明胶，卖给制药企业，制成胶囊壳。这些明胶内不仅含有铬，还可能含有其他防腐或染色成分，对人体造成危害。

4.6.1.2 食品中铬污染对健康的影响

（1）铬在体内的代谢

铬主要在小肠被吸收。人体对金属铬的吸收率只有 0.5%~1.0%，对无机铬的吸收率不到 1%，对有机铬的吸收率可达 10%~25%。铬进入血液后，主要与血浆中的铁球蛋白、白蛋白、γ-球蛋白结合。六价铬比三价铬毒性高 100 倍，并易被人体吸收且在体内蓄积。进入人体的铬被积存在人体组织中，代谢和被清除的速度缓慢。在一定条件下，三价铬和六价铬可以相互转化。六价铬还可透过红细胞膜，15 min 内可以有 50% 的六价铬进入红细胞，然后与血红蛋白结合。铬的代谢产物主要从肾脏排出，少量经粪便排出。进入机体内的铬主要分布于肝、肾、脾和骨中。

（2）铬对健康的危害

六价铬是明确的有害元素，它可以通过消化道、呼吸道、皮肤和黏膜侵入人体，在体内主要积聚在肝、肾和内分泌腺中。通过呼吸道进入的则易积存在肺部。长期接触六价铬的父母还可能对其子代的智力发育带来不良影响。

①铬对人体皮肤的危害 皮肤直接接触铬化合物所造成的伤害主要有铬性皮肤溃疡（铬疮）和铬性皮炎及湿疹两种。铬性皮肤溃疡：只有擦伤的皮肤与铬化合物接触时会对人体造成伤害，铬化合物不损伤完整的皮肤。铬性皮肤溃疡的发生主要与皮肤的过敏性、接触时间长短及个人卫生习惯有关。溃疡发生后需进行及时妥当处理，若忽视治疗，进一步发展可深放至骨部，剧烈疼痛，愈合甚慢。铬性皮炎及湿疹：湿疹常发生于手及前臂等暴露部分，偶尔也发生在足及踝部，甚至脸部、背部等。患处皮肤瘙痒并形成水泡，皮肤过敏者接触铬污染物数天后即可发生皮炎，铬过敏期长达 3~6 个月。

②铬对呼吸道的危害 铬性鼻炎：接触铬盐常见的呼吸道职业病是铬性鼻炎，该病早期症状为鼻黏膜充血、肿胀、鼻腔干燥、搔痒、出血，嗅觉减退，黏液分泌增多，常打喷嚏等，继而发生鼻中隔溃疡。铬性鼻炎根据溃疡及穿孔程度，可为 3 期：糜烂性鼻炎、溃疡性鼻炎和鼻中隔穿孔。

③对眼及耳的危害 眼皮及角膜接触铬化合物可能引起刺激及溃疡，症状为眼球结膜充

血、有异物感、流泪刺痛、视力减弱，严重时可导致角膜上皮脱落。铬化合物侵蚀鼓膜及外耳引起溃疡仅偶然发生。

④对肠胃道的危害　误食入六价铬化合物可引起口腔黏膜增厚，水肿形成黄色痂皮，反胃呕吐，有时带血，剧烈腹痛，肝肿大，严重时循环衰竭，失去知觉，甚至死亡。六价铬化合物在吸入时是有致癌性的，会造成肺癌。

⑤全身中毒　全身中毒发生概率较小，症状包括头痛，消瘦，肠胃失调，肝功能衰竭，肾脏损伤，单核血球增多，血钙增多及血磷增多等。

（3）控制铬污染的措施

①做好防护措施，尽量避免铬环境，如工作需要，做好防烟尘措施。

②防止吸入呼吸道，及时脱离现场至空气新鲜处，严重时立刻就医。

③误食后给饮足量温水，催吐，及时就医，严格控制含铬工业"三废"的排放。

4.6.2　铝对食品安全的影响

铝，英文名称 aluminum，元素符号 Al。元素周期表中原子序数为 13，属ⅢA 族的金属元素，相对密度 2.7 g/cm³，熔点 660 ℃，沸点 2 467 ℃。铝是一种银白色金属，质量轻，具有良好延展性、导电性、导热性、耐热性和耐辐射性。铝在空气中其表面会生成致密的氧化物薄膜，从而使铝具有良好的耐蚀性。平常我们可见的铝制品，均已经被氧化。而这种被氧化的铝多呈现银灰色。铝元素在地壳中的含量仅次于氧和硅，居第三位，是地壳中含量最丰富的金属元素。正因其含量丰富又具有良好性能，所以其常被制成棒状、片状、箔状、粉状、带状和丝状广泛应用在航空、建筑、汽车、电力等重要工业领域。

4.6.2.1　食品中铝的来源

（1）天然本底

世界铝土矿资源比较丰富，美国地质调查局 2015 年数据显示，世界铝土矿资源量为 550×10⁸~750×10⁸ t。铝是地壳中含量最多的金属元素，占地壳质量的 7.45%，仅次于氧和硅。铝多以铝硅酸盐的形式存在。

（2）环境污染

工业生产中产生的"三废"，农业生产中使用的化肥、杀虫剂及岩石分化等过程，使其中的铝元素以不同的状态存在于土壤、空气和水中。采矿冶炼、工业排放、水质处理常常污染土壤、空气和水源，导致食品原料和生产用水铝含量超出合理水平，食品因原料带入受到铝污染。

（3）食品接触材料迁移污染

铝制炊具、餐具、加工工具和容器以及铝箔、铝托盘、含铝多层复合包装材料在一定条件下向食品体系发生不同程度的铝迁移污染。

（4）农药残留污染

磷化铝作为杀虫剂应用于谷物、油料和蔬菜等种植过程，还作为熏蒸剂应用于粮谷的贮存和运输。三乙膦酸铝作为杀菌剂应用于蔬菜、水果等种植过程。含铝农药的使用造成的食品铝残留污染不容忽视。

（5）含铝食品添加剂带入污染

不少含铝食品添加剂作为膨松剂、抗结剂、固化剂、着色剂等或者以复配形式应用于食品生产加工，导致食品铝带入污染。JECFA 认为，含铝食品添加剂是食源性铝的主要来源。

4.6.2.2　食品中铝污染对健康的影响

随着医学的发展，人们逐渐认识到铝的危害性，铝元素不仅非人体所需，而且对人体的危害十分可怕。WHO 于 1989 年正式将铝确定为食品污染物。人体中铝元素含量太高时，会影响肠道对磷、锶、铁、钙等元素的吸收。在肠道内形成不溶性磷酸铝随粪便排出体外，而缺磷又影响钙的吸收（没有足够的磷酸钙生成），可导致骨质疏松，容易发生骨折。体内过多铝对中枢神经系统、消化系统、脑、肝、骨、肾、细胞、造血系统、免疫功能等均有不良影响，同时铝也会干扰孕妇体内的酸碱平衡，使卵巢萎缩，影响胎儿生长并影响机体磷、钙的代谢等。铝在大脑和皮肤中积沉，还会加快人体的整体衰老过程，特别明显地使皮肤弹性降低、皱纹增多。近年来又发现铝的蓄积与中枢神经系统损害、骨损害和造血系统损害有关，尤其与阿尔茨海默氏病关系密切。

4.6.2.3　预防食品中铝污染的措施

①加强环境监测，改进铝工业生产的工艺，减少铝的排放。

②改进饮用水的生产、输送工艺，用铁盐替代铝盐，降低水中余铝的含量。

③采用新型无铝膨松剂，减少食品中铝残留。

④减少铝制包装容器的使用。

4.6.3　稀土元素对食品安全的影响

稀土元素（rare earth elements，RE）包括元素周期表 ⅢB 族中原子序数从 57~71 的 15 个镧系元素，以及与其电子结构和化学性质相近的钪（Sc）和钇（Y），总共 17 个元素，化学性质稳定。近年来对稀土的大量开采和利用，使易吸收的可溶态稀土越来越多地进入人们的生存环境和食物链中，稀土污染对人群健康的潜在危害引起了广泛关注。

4.6.3.1　食品中稀土元素的来源

（1）天然本底

稀土元素在地壳中以复杂氧化物、含氧酸盐及氟化物等形式存在，我国的稀土资源十分丰富，有开采价值的储量占世界第一位，导致本底较高。

（2）环境污染

一定剂量的稀土元素对促进植物生长发育、增加农作物产量以及增加动物体重和提高其抗病性有一定的作用，所以含有稀土元素的化肥或农药广泛用于农牧业生产，再加上众多现代化工厂的"三废"排放，使得越来越多稀土元素进入食物链；稀土开采所造成的元素放射性污染，会损害当地空气，甚至已有癌症村出现；稀土浸出、酸沉等产生的大量废水富含氨氮、重金属等污染物，导致饮用水和农业灌溉用水的严重污染，对环境和植被破坏性非常大；稀土产生的废渣占用大量的土地，其中所含的重金属或有害元素在雨水冲洗作用下进入河流或地下水体，会严重影响人类的身体健康和生态环境。目前，在中国水体重金属污染的危害很严重，一方面通过直接饮用造成重金属中毒而损害人体健康；另一方面是间接污染农产品和水产品，通过食物链对人体健康构成威胁。

4.6.3.2　食品中稀土元素污染对健康的影响

稀土元素属于重金属元素，进入动物和人体后蓄积，可诱发广谱毒性效应。稀土元素可经胃肠道、呼吸道或皮肤进入机体，通过血液输送至组织器官。一般在肝、骨、脾等网状内皮系统组织中分布较多，根据稀土元素的分类，轻稀土元素（La、Ce、Pr、Nd、Pm、Sm）主要沉积在肝，其次是骨，分别占吸收量的 50% 和 25%，重稀土元素（Tb、Dy、Ho、Er、Tm、Yb、Lu）则主要沉积于骨，约占 65%。未被吸收的稀土元素以原形经粪便迅速排出体外，而进入血液的未蓄积于组织和器官的稀土元素主要从肾和胆汁等排泄途径排出体外。稀土化合物毒性大小顺序是：氧化稀土<氯盐<丙酸盐<乙酸盐<硫酸盐<硝酸盐。

①肝脏毒性　众多研究显示，稀土元素对肝脏的作用符合"hormesis 效应"（毒物兴奋效

应），即低剂量表现促进作用而高剂量产生抑制作用。对肝脏的毒性作用包括可引起肝脏形态学和病理组织学的变化，导致肝细胞损伤，使肝细胞坏死；导致肝脏的代谢紊乱，形成脂肪肝；诱发脂质过氧化损伤使细胞凋亡。长期摄入稀土元素可引起动物生长减慢，肝脏等组织损伤以及血液成分改变等一系列变化。

②稀土元素的骨蓄积　严重危害生物及人体的健康。稀土元素的蓄积可诱发骨质疏松症，还能引发对骨髓的毒性。

③神经毒性　稀土元素可能具有一定的神经毒性。重金属会抑制人体内酶的活动，使细胞质中毒从而伤害神经组织，还可导致直接的组织中毒，损害人体具解毒功能的关键器官（肾、肝等组织）。重金属通过水体直接或间接进入食物链后，能严重消耗体内贮存的铁、维生素 C 和其他必需的营养物质。

④稀土元素对内分泌和免疫系统的影响　均表现为毒性兴奋作用，超过一定剂量后表现为抑制作用。

预防食品中稀土元素污染的主要手段是控制工业"三废"的排放，加强含稀土元素化肥、饲料生产和使用的监管。

4.7　常见微量元素超量引起的毒性

微量元素与人体健康密切相关，已经发现的必需微量元素包括铁、锌、铜、锰、铬、钼、钴、硒、镍、钒、锡、氟、碘和硅共 14 种，它们虽然在体内含量极微，仅占人体重的 0.01% 以下，但对保持机体内外环境的平衡和维持人体健康起着至关重要的作用。它们的摄入过量、不足或不平衡都会不同程度地引起人体生理的异常或疾病的发生。本节主要讨论几个典型微量元素超量摄入引起的毒性。

4.7.1　铁

铁的主要生理功能是造血，正常人体内铁总量约 4~5 g。当人体内缺乏铁时，会发生贫血、免疫力低下、头痛等。但是当人体内铁过量时，则会因不能及时排出体外而沉积于肝脏、胰腺和皮肤，从而引起血色病（血色素沉积）、肝功能异常等。由于膳食结构的改变和工业污染等，人们大量食用铁强化食品，因此近年来进入人体的铁增加，可能引起铁超量摄入而带来不良影响。

4.7.1.1　中毒原因

人体内没有将体内过量的铁排出体外的调节机制，体内铁含量基本由吸收来控制。导致铁过量的原因主要有两种：原发性铁过量与继发性铁过量。原发性铁过量包括遗传性血色素沉积症或胃肠道铁吸收调控缺陷造成过量铁积累的有关类似疾病；继发性铁过量分为四类：①外源性铁增加：过量补充铁剂、膳食中铁摄入过多等；②内源性铁增加：严重贫血刺激铁吸收造成过量的铁积累；③医源性铁增加：铁剂治疗用量过大，疗程过长，肠道外的铁进入人体（过量肌内注射铁剂等）以及血液疾病需要反复输血等；④先天性铁增加：如出生前铁经胎盘进入胎儿体内等。

4.7.1.2　中毒剂量

欧美国家的标准为血清铁蛋白（SF）>1 000 μg/L，日本为 SF≥500 μg/L。我国目前还没有铁过量诊断与治疗的标准，目前采用的是欧美标准，即在排除活动性炎症、肝病、肿瘤、溶血和酗酒等因素的影响后，SF>1 000 μg/L 诊断为铁过量。当一次摄入铁量≥20 mg/kg 体重时，即可发生急性铁中毒。急性铁中毒最明显的表现是恶心、呕吐和血性腹泻，全身性的影响有凝血不良、代谢性酸中毒和休克等。铁的致死量为 $200 \sim 250$ mg/kg。

4.7.1.3 对人体的毒害及作用机理

(1) 铁对肝脏的影响

肝脏是贮存铁的主要部位，因此成为铁过量损伤的主要靶器官，可引发肝纤维化和肝癌。铁可增加活性氧中间体的生成，后者可导致脂质过氧化，并通过氧化损伤蛋白质和核酸；铁可以通过减少 T 细胞的生成和降低自然杀伤细胞及 T 辅助细胞的功能，影响抗原特异性细胞反应；铁也可影响免疫介导的窦状隙枯否细胞对丙型肝炎病毒和乙型肝炎病毒的清除。铁作为一种强有力催化剂，促进氧自由基的产生，导致肝细胞亚细胞膜磷脂过氧化损伤，特别是在线粒体和微粒体膜的损伤，通过干扰电子转移而导致能量减少，最终使细胞死亡而继发肝纤维化形成。

(2) 铁对肾脏的影响

铁、氧自由基、肾小管上皮细胞间的相互作用机制正日益受到重视。正常情况下，体内的铁以血红素铁和非血红素铁等形态存在，但在急性、慢性肾脏病变，尤其是伴有蛋白尿的临床病人和动物模型中可发现肾小管液及上皮细胞质内具有催化活性的游离铁显著增加，并且可积聚于肾近曲小管和远曲小管细胞的溶酶体中，偶见积聚于线粒体内。

铁的积聚与蛋白尿、肾小管间质病变、脂质过氧化、次全切除肾的肾小球滤过率、残余肾质量等病损程度直接相关。铁负荷可增加肾缺血损伤的易感性，而肾小管上皮细胞是介导的氧自由基损伤的主要部位，小管间质病变又是继发性肾单位毁损和慢性进展性肾功能衰竭的主要决定因素。在肾小管细胞内铁催化的氧自由基反应是缺血性和中毒性肾脏病变发生的重要步骤，其作用机制涉及氧化损伤、缺血损伤和 ATP 耗竭、溶酶体损伤、尿液中其他蛋白的相互作用、抗氧化酶活性减弱等。

(3) 铁对心血管的影响

铁储备过多会增加患心血管疾病的危险。研究发现，铁过量与动脉粥样硬化、冠心病、高血压和心肌梗死等心血管疾病显著相关。铁过量也可以引起内分泌器官功能损害，导致糖尿病、性功能减退等。有研究者对淮阴市共 1 200 例人群心血管病危险因素调查，表明冠心病人群血清铁蛋白水平明显高于非冠心病人群，并提示铁贮存增加和高血压、高血脂、糖尿病起协同作用，并且是冠心病的独立危险因素。

(4) 铁过量与神经退行性疾病

铁在大脑发育的初期阶段中具有积极的意义，但在大脑功能退行性改变中却成为危险因素之一。铁利用铁传递蛋白的转运，透过血液到达大脑。大脑中大多数的铁存在于少突胶质细胞中，并在少突胶质细胞中维持着铁的动态平衡。大脑中的铁浓度在出生时最低，之后慢慢增加，铁对神经传递系统和认知方面有着复杂的、持续性的影响。铁动态平衡一旦遭受破坏，可能诱发一系列神经退行性疾病。一些研究显示神经退行性疾病（如帕金森病和阿尔茨海默病），以及肝豆状核变性，都可能会发生大脑中铁离子的过度沉积。铁过度沉积会导致神经元坏死，这些原因可能导致脑萎缩。

4.7.2 锌

锌是人体必须元素之一，参与了人体内 200 多种酶的合成，被誉为"生命之花"。锌直接参与酶的合成，促进机体生长发育及组织再生，保护皮肤健康，维护免疫功能，进而更好地维护人类身体健康。锌虽有诸多好处，但补锌应当适量，长期服用锌含量高的补品、食品也会给人体带来危害。

4.7.2.1　中毒原因

锌中毒的起因大致有以下几个方面：

①空气、水源、食品被锌污染可造成锌过量进入人体。

②临床误治，若大量口服、外用锌制剂或长期使用锌剂治疗，都可以引起锌中毒，临床表现为腹痛、呕吐、腹泻、消化道出血、厌食、倦怠、昏睡等。

③意外口服氧化锌溶液，其腐蚀性强，出现急性腹痛、流涎、唇肿胀、喉头水肿、呕吐、便血、脉搏增快、血压下降。严重者由于胃肠穿孔引起腹膜炎，甚至休克而死亡。

④吸入氧化锌烟雾，引起金属烟尘热，多见于铸造厂工人，经排锌治疗 2 周后可痊愈。

⑤慢性锌中毒临床表现为顽固性贫血，食欲下降，合并有血清脂肪酸及淀粉酶增高。长期过量摄取含锌食物会影响铜代谢，造成低铜，锌、铜比值过高，可影响胆固醇代谢，形成高胆固醇血症，并使高密度脂蛋白降低 20%～25%，最终导致动脉粥样硬化、高血压、冠心病等。

4.7.2.2　中毒剂量

锌的供给量和中毒剂量相距很近，正常人体内锌的含量为 2～2.5 g。人每日所需的锌摄入量为 10～20 mg，而中毒量为 80～400 mg。

4.7.2.3　对人体的毒害及作用机理

（1）锌与前列腺增生的关系

前列腺是人体锌含量最高的组织之一，前列腺增生患者血清和前列腺组织中的锌估量显著高于正常人，有研究表明锌有刺激前列腺组织增生的作用，对于具有前列腺肥大的老年患者，严禁长期使用锌剂。

（2）锌对免疫功能损害

锌是参与免疫功能的一种重要元素，但是大量的锌会抑制吞噬细胞的活性和杀菌力，从而降低人体的免疫功能，使抵抗力减弱，而对疾病易感性增加。人体实验表明，给锌 4～6 周，血清锌明显增高，但中性多形核细胞对细菌的吞噬作用明显减弱，淋巴细胞对植物血凝素反应降低。

（3）对铁的影响

过量补锌可降低机体内血液、肾和肝内的铁含量，出现小细胞低色素性贫血的症状，红细胞生存期缩短，肝脏及心脏中超氧化物歧化酶等酶活性下降。有学者提出，高锌主要竞争性抑制铁与铁蛋白的结合和释放，影响铁蛋白的储铁能力，导致肝铁计量下降，从而使人体发生顽固性缺铁性贫血，并且在体内高锌情况下，即使使用铁制剂，也难以治愈贫血。

（4）对铜代谢的影响

长期大剂量摄入锌可诱发人体的铜缺乏，从而引起心肌细胞氧化代谢紊乱。除此之外，还会造成单纯性骨质疏松、脑组织萎缩、低色素小细胞性贫血等一系列生理功能障碍，特别由锌诱导的铜元素缺乏造成血管韧性降低而出现的血管破裂，对中老年人危害很大。

4.7.3　铜

铜是人体健康不可缺少的微量营养素，对于血液、中枢神经和免疫系统、头发、皮肤和骨骼组织以及脑、肝和心等器官的发育和功能都有重要影响。铜主要从日常饮食中摄取。WHO建议为了维持健康，成人每千克体重每天应摄入 0.03 mg 铜。

4.7.3.1　中毒原因

铜摄入过量的原因主要包括以下几个方面：

（1）生活性中毒

以硫酸铜及碱式醋酸铜最为多见：误服硫酸铜如食用含铜绿的铜器皿烹调、存放或贮存后的食物致急性中毒；误服含铜农药：如抗松灵、波尔多液、王铜或灭菌铜等致急性中毒；生活环境或饮用水、粮食中铜含量高。

（2）医源性中毒

硫酸铜外用治疗磷烧伤或磷化合物中毒时作洗胃液，或用作催吐剂使用不当而致急性中毒；病人因用含铜器械进行血液透析而发生铜中毒。

（3）生产性中毒

采矿、冶炼、铸造铜及铜合金；电器工业用铜制造电线、电缆、电阻元件、无线电和电话元件；建筑工业用铜管材和板材；民用工业用铜作铜壶、火锅、装饰材料等，均可接触铜尘和铜烟引起中毒。

（4）慢性中毒

多见于先天性铜代谢障碍，如威尔逊病。这是一种以青少年为主的常染色体隐性遗传性疾病，是先天性铜代谢障碍性疾病。绝大多数限于一代同胞发病或隔代遗传，连续两代发病罕见。临床上以肝损害、锥体外系症状与角膜色素环等为主要表现，伴有血浆铜蓝蛋白缺少和氨基酸尿症。

4.7.3.2 中毒剂量

职业性铜摄入中毒，其铜中毒量为治疗量的100倍。除此之外，若长期口服硫酸铜达治疗量10倍（25~50 mg），也会引起中毒。

4.7.3.3 对人体的毒害及作用机理

（1）铜对肝脏的影响

铜存留在肝脏会引起肝损害，出现慢性、活动性肝炎；铜沉积在脑组织会引起神经组织病变，出现小脑运动失常和帕金氏综合征；铜存留在近侧肾小管会引发氨基酸尿、糖尿、蛋白尿和尿酸尿。

（2）致癌作用

过量的铜进入肝脏细胞，与蛋白质、金属离子形成络合物，该络合物在体内环境中较稳定，脂溶性高，容易和酶、核酸等大分子相互作用，这些过量铜离子可作用于DNA，导致细胞恶性分化和生长。

4.7.4 锰

锰是人体必需的微量元素，在人体中的含量仅为12~20 mg，但是在维持人体健康方面却发挥着重要作用。

4.7.4.1 中毒原因

急性锰中毒可因口服高锰酸钾或吸入高浓度氧化锰烟雾引起急性腐蚀性胃肠炎或刺激性支气管炎、肺炎；慢性锰中毒主要见于长期吸入锰的烟尘的工人，临床表现以锥体外系症状为主，且有神经行为功能障碍和精神失常。

4.7.4.2 中毒剂量

急性锰中毒常见于口服浓度大于1%高锰酸钾溶液，引起口腔黏膜糜烂、恶心、呕吐、胃部疼痛；3%~5%溶液发生胃肠道黏膜坏死，引起腹痛、便血，甚至休克；5~19 g锰可致命。

4.7.4.3 对人体的毒害及作用机理

锰选择性地作用于丘脑、纹状体、苍白球、黑质、大脑皮层及其他脑区。锰过量后，在丘脑下部和纹状体的锰可增加5倍左右，在其他脑区增加1~2倍。在纹状体、丘脑、中脑有多巴胺减少、高香草酸增高，以及 Na^+-K^+-ATPase 和胆碱酯酶活性增高、Mg-ATP 酶活性改变和单胺氧化酶活性降低。病理改变可见神经细胞变性和神经纤维脱髓鞘改变，局部血管有充血、管壁增厚、血栓形成及周围组织水肿和淋巴细胞浸润等。由于血管病变进一步加重神经细胞和神经纤维的损伤。严重锰中毒可引起肾小管上皮细胞退行性病变，肝脂肪变性，心肌和肌肉纤维可有水肿和退行性病变，肾上腺缺血和部分坏死。过度的锰暴露还与不可逆的脑疾病有关，其表现为明显的心理学和神经学的紊乱。

4.7.5　碘

4.7.5.1　中毒原因

常见碘中毒为吸入大量碘蒸气或服碘剂引起。口服中毒碘剂有碘结晶、碘酊、卢戈氏液（含碘5%）、碘化钾（含碘化钾10%）、碘甘油（含碘3%）等。

4.7.5.2　中毒剂量

碘的口服致死量为 2~3 g，小儿误服碘酊 3~4 mL 可致死亡。

4.7.5.3　对人体的毒害及作用机理

碘过量的危害包括急性碘过量和慢性碘过量。血碘升高到一定水平（>10 mmol/L）后，甲状腺内高浓度的碘可以抑制碘的活化过程，使甲状腺激素的生成和释放减少，产生碘阻滞效应（Wolff-Chaikoff 效应）。2~3 周后甲状腺可以自主地脱离碘阻滞效应，从而发生碘脱逸反应，发生机制是通过抑制甲状腺钠/碘同向转运体的基因转录与表达，使钠/碘同向转运体减少，碘由血浆向甲状腺细胞内的转运减少，甲状腺内碘量下降，从而恢复甲状腺激素的合成和释放。

碘过量可导致甲状腺肿、甲状腺功能减退等甲状腺自身调节功能紊乱的疾病，还可诱发或促进自身免疫性甲状腺炎的发生发展。在沿海地区，导致甲状腺肿的原因往往是由于摄碘过多所致，称为"碘致甲状腺肿"；还可对人智力产生影响，流行病学调查显示，高碘地区学生智商明显低于碘适宜地区，动物试验研究表明，过量摄入碘，会使动物记忆力下降。

碘致甲亢的临床表现与毒性弥漫性甲状腺肿相似，表现为浸润性眼病和浸润性皮肤病变，眼周肿胀，畏光，异物感，流泪，眼后痛，眼运动疼痛，视力模糊和双影，视神经被眼外肌压迫视力急剧下降。从摄入的碘量来看，碘甲亢的发生有3种情况：第一种是一次或多次大剂量的碘摄入造成碘甲亢，如服乙胺碘呋酮等含碘药物或使用造影剂，它可发生于碘营养正常的人，患结节甲肿者更易发生；第二种是摄入较高剂量的碘，多发生在高碘地区；第三种是摄入一般剂量的碘（可以是生理范围的碘摄入量），见于缺碘地区甲肿病人服碘盐后、非缺碘地区甲肿病人服碘后及原有甲亢已控制的病人服碘后复发者。

4.7.6　硒

4.7.6.1　中毒原因

由于环境高硒、补硒过量或误用药物等原因而摄入过的硒会引发急性或慢性硒中毒。

4.7.6.2　中毒剂量

硒的中毒剂量食物为 5 mg/kg，饮用水为 0.5 mg/kg。根据体重计算，如果日硒摄入量在 400~800 mg/kg 范围内便可能引发急性中毒。动物的硒中毒分为急性硒中毒和慢性硒中毒，通常硒对动物的营养范围为 0.1~2.0 mg/kg，达到 3~10 mg/kg 时将引起慢性中毒，超过 10 mg/kg 后会引起急性中毒以致猝死。

4.7.6.3　对人体的毒害及作用机理

硒在人体内发挥生理作用主要是通过硒蛋白来实现的。硒蛋白是一种以硒代半胱氨酸形式，利用 3 个终止密码子之一的 UGA 作为编码子，插入到蛋白质编码序列中所形成的特殊蛋白质，所以硒代半胱氨酸又被称为人体内的第 21 种氨基酸。在植物和真菌中硒被非编码形式随机取代元素周期表中与硒元素位于同族的硫而进入蛋白质中，如此形成的蛋白质称为含硒蛋白质。人体内共含有 25 种硒蛋白，这些硒蛋白又可分为两大类：一类硒蛋白以游离形式存在于细胞内被称为游离硒蛋白，共 16 种；另一类则于细胞的膜结构上，被称为膜硒蛋白，共有 9 种。

小肠是硒的主要吸收部位，硒进入小肠前的吸收率基本可以忽略，硒也可以通过呼吸道、皮肤进入人体。目前肠的硒吸收机制尚未清晰，但是不同形式硒源的吸收方式存在差异，亚硒酸盐为简单扩散，有机硒遵循氨基酸吸收机制，其中硒代蛋氨酸遵循蛋氨酸途径运行，硒酸盐的吸收同时借助钠泵和氢离子交换机制。食物中 50% ~ 100% 的硒可以被人体吸收，单胃动物（如猪）和家禽的有机硒和硒酸盐吸收率高于 90%。硒经过肠道吸收后很快被血红细胞摄取，通过谷胱甘肽和谷胱甘肽还原酶参与的一系列还原反应，将硒还原为硒化氢，成为硒蛋白合成中的活性硒源。连续的甲基化作用催化硒化氢生成二甲基、三甲基硒离子。硒在血红细胞中还原成为硒化物后进入血浆内与血浆蛋白相结合，硒能够与高亲和力的 α 和 β 球蛋白、低密度脂蛋白（LDL）和超低密度脂蛋白（VLDL）结合。在特异性蛋白（特别是 GSH-Px）中的硒则为硒代半胱氨酸（SeCys）。硒蛋白由血液运送至不同的器官与组织，当膳食中的硒摄入不足时人体便会利用贮存的硒蛋白。人体吸收的大部分硒代谢后通过尿液排出，肾脏排泄的硒占总硒的 55%~60%，且相当稳定，另外有少量经粪便、汗液排出体外。

动物硒中毒的发病原因主要是吸收了含硒量过高的饲粮，大量硒进入机体后，在肝脏和红细胞中还原并甲基化，当硒的含量超过机体自身的解毒能力时，大量硒以未解毒形式留存于体内，而硒与硫的性质相似，在动物体内存在竞争关系，过量的硒能够取代含硫化物的硫而成为硒代甲硫氨酸、硒代半胱氨酸，从而抑制胆固醇基酶的活性，阻碍体内的生化反应，例如，高浓度硒能够抑制免疫组织的生长，对机体产生免疫抑制。因此，硒的过量摄入会对动物的正常生理功能产生不利的影响。硒对动物免疫功能的影响是多方面的和复杂的，实际上，高浓度硒还能够降低动物繁殖能力，抑制生长发育，引起动物的多处组织器官不良反应甚至导致动物死亡。随着硒资源的开发利用，补硒已经成为一种流行趋势，但随之而来的人类补硒的最大安全替代量成为亟待解决的安全问题。

硒的过量摄入会导致人体硒中毒，如 1959—1964 年湖北恩施地区暴发脱发脱甲症。专家对硒中毒患者的临床症状进行了细致的观察分析，按各种中毒症状的严重程度将病区患者划分为不同的病变阶段，并同时测定了患者的血硒、血浆硒、尿硒以及环境硒，为人体硒中毒和内外硒环境的研究提供科学资料。部分学者提出引起硒中毒的机理包括引起氧化应激，硒替代头发和角蛋白中的硫，导致蛋白质的结构缺陷等。

目前人们对于硒的研究还存在很多难点：对硒的营养与毒性消耗的剂量把握还不够精准，过量的硒对生物产生毒害作用；没有充分利用好高硒地区的优势，资源利用率不高。因此，建议未来应围绕硒对不同生物营养与毒性的作用机制、硒蛋白的表达、硒对不同生物的营养与毒性剂量的准确定位以及高硒地区进行深入研究，趋利避害，根据不同生物对硒引发的反馈症状，有针对性地探索硒的生物学价值。

本章小结

有害元素可因高本底含量或通过环境污染而对食品的污染。本章中有害元素的来源、进入食品链的途径、危害特点及安全限量都是需要重点掌握的内容。

甲基汞的毒性大，易受汞污染的食品主要有海产品，主要损害神经系统；镉主要损害肾和骨骼；铅主要损害神经系统、造血系统和肾脏；三价砷的毒性较强，主要损害神经细胞、皮肤以及具有致癌作用；

稀土元素可能对肝、脑等器官有一定毒性。为此，必须对食品中有害元素的危害性进行全面了解，用有效的检测方法最大限度地防止其污染食品。

思考题

1. 简述食品中汞的来源。
2. 简述控制汞的有效措施。
3. 列举历史上两个汞中毒的典型案例。
4. 简述汞的毒理机制。
5. 简述镉元素的理化性质。
6. 简述食品中镉的来源。
7. 简述控制镉的有效措施。
8. 列举历史上镉中毒的典型案例(5 个即可)。
9. 简述铅元素的理化性质。
10. 简述食品中铅的来源途径。
11. 简述控制铅的有效措施。
12. 简述铅的毒理机制。
13. 人体中砷的来源有哪些？
14. 砷通过食品对人体健康的主要危害有哪些？
15. 食品中铬污染的来源有哪些？它的毒性作用是如何发挥的？
16. 我国食品中铝污染的主要来源是什么？铝对人体健康主要有什么危害？
17. 微量元素是人体必需的吗？为什么会对人体造成伤害？

第5章　食品添加剂与食品安全

了解与掌握食品添加剂的基本概念，学习食品添加剂的分类及主要特性；了解食品防腐剂的主要作用机理，掌握主要食品添加剂使用范围及使用方法、限量标准及相关注意事项，同时了解食品添加剂的发展趋势与最新研究进展。

5.1　食品添加剂概述

5.1.1　定义

各国对食品添加剂(food additives)的定义不尽相同。1962 年 FAO 和 WHO 的食品添加剂专家委员会(Joint FAO/ WHO Expert Committee on Food Additives, JECFA)将食品添加剂定义为：在食品生产加工、处理、包装、运输、贮存过程中为其技术目的而添加的物质。认为食品添加剂作为辅助成分直接或间接成为食品成分，但是不能影响食品的特性，是不含污染物并不以改善食品营养为目的的物质。美国《联邦食品、药品和化妆品法》将食品添加剂定义为：以适用于食品，可以直接或间接变成食品的一部分为目的，还给予食品的性质以影响，或期待产生某些效果的物质。2009 年，我国通过的《食品安全法》中规定，食品添加剂是指为改善食品品质和色、香、味以及为防腐、保鲜和加工工艺的需要而加入食品中的人工合成或天然物质，包括营养强化剂。2015 年，我国通过的《中华人民共和国食品安全法》中规定，食品添加剂是指为改善食品品质和色、香、味以及为防腐、保鲜和加工工艺的需要而加入食品中的人工合成或者天然物质，包括营养强化剂。

5.1.2　食品添加剂的分类

(1)按来源分类

按其来源食品添加剂分为天然食品添加剂和人工化学合成食品添加剂两类。天然食品添加剂是指不含有害物质的非化学合成食品添加剂，主要来自动植物组织或微生物的代谢产物及一些矿物质，并用干燥、粉碎、提取等方法而制得。人工合成食品添加剂则是通过化学手段使元素或化合物经过氧化、还原、缩合、聚合、成盐等反应而得到的物质。

大多数天然食品添加剂的毒性比化学合成添加剂弱，但品种少、价格较高。而化学合成食品添加剂品种齐全、价格低、使用量少，故普遍使用的是化学合成食品添加剂。考虑到化学合成食品添加剂的安全性，开发天然食品添加剂已成为食品工业领域的研究热点之一。

(2)按生产方法分类

食品添加剂按生产方法可大致分为 3 类：①应用生物技术(酶法和发酵法)获得的产品，如柠檬酸、红曲米等。②利用物理方法从天然动植物提取的产品，如甜菜红、辣椒红素等。③用化学合成得到的纯化学合成物，如苯甲酸钠、胭脂红等。

5.1.3　使用要求

随着食品毒理学的深入发展，原本被认为无害的食品添加剂经研究发现可能存在致畸和致突变的危害。因此，目前国际、国内对于食品添加剂的安全性问题均给予高度重视，食品添加剂的使用涉及人体的安全，必须防止滥用。

正确使用食品添加剂，除应遵守《食品添加剂卫生管理办法》《食品安全法》《食品营养强化剂卫生管理办法》外，还应遵循以下原则：

①经过食品毒理学安全性评价，证明在使用限量内长期使用对人体安全无害。

②不影响食品自身的感官性状和理化指标，对营养成分不应有破坏作用。

③应有中华人民共和国卫生健康委员会颁布并批准执行的使用卫生标准和质量标准。

④食品添加剂在应用中应有明确的检验方法。

⑤食品添加剂被摄入人体后，最好能参与人体正常的物质代谢或能被正常解毒过程解毒后全部排出体外；在达到一定使用目的后，能够经过加工、烹调或贮存被破坏或排出。

⑥禁止以掩盖食品腐败变质或以掺杂、掺假、伪造为目的而使用食品添加剂；不得经营和使用无卫生许可证、无产品检验合格证及污染变质的食品添加剂。

⑦未经卫生健康委员会允许，婴儿及儿童食品不得加入食品添加剂。

5.1.4　食品添加剂的卫生管理

（1）国际上对食品添加剂的卫生管理

①FAO/WHO 关于食品添加剂的卫生管理　FAO/WHO 设立 JECFA 来制定国际通用的食品标准。其工作是定期召集会议对食品添加剂进行安全性评价及建议食品添加剂的使用原则、检验方法、标准和每日允许摄入量（ADI）。因此，在各个国家的食品标准中食品添加剂的种类和使用量等，均应以 JECFA 的建议为根据。该委员会建议将食品添加剂分为以下 4 类管理。

第一类为 GRAS 物质，即一般认为是安全的物质，可以按照正常需要使用，不建立 ADI 值者。

第二类为 A 类，分为 A1 和 A2 两类。A1 类为经过安全性评价，毒理学性质已清楚，认为可以使用并已制定出正式 ADI 值者；A2 类为目前毒理学资料尚未完善，但已暂定 ADI 值并允许暂时使用于食品的物质。

第三类为 B 类，毒理学资料不足，尚未建立 ADI 值者，分为 B1 和 B2 两类。B1 类为 JEC-FA 曾经进行过安全性评价，因毒理学资料不足未制定 ADI 值者；B2 类为 JECFA 尚未进行安全性评价者。

第四类为 C 类，原则上禁止使用的食品添加剂，分为 C1 和 C2 两类。C1 类是认为在食品中使用是不安全的；C2 类是只限于在某些食品中作特殊用途的。

JECFA 的一个工作重点是使各国在广泛的国际贸易中，制定统一的规格和标准，确定统一的试验和评价方法等，克服法规不同所造成的贸易障碍。

②美国对食品添加剂的卫生管理　1959 年美国颁布了《食品添加剂法》，其中规定：在出售食品添加剂之前需经毒理学试验，食品添加剂的使用安全和效果的责任由生产者承担，但对已列入 GRAS 物质者例外；凡新的食品添加剂，在未得到 FDA 批准之前，不能生产和使用。

③欧盟对食品添加剂的卫生管理　1974 年欧共体（EEC，欧盟的前身）成立了食品科学委员会（Scientific Committee for Food of the Commission of the EEC），负责 EEC 范畴内食品添加剂管理，包括对 ADI 值的确认、是否允许使用、允许使用范围及限量，并据此编各种准用食品添加

剂的统一编号。

（2）我国对食品添加剂的卫生管理

①制定食品添加剂使用标准和法规　我国使用的食品添加剂必须经过卫生健康委员会批准并列入《食品添加剂使用标准》。1973 年成立食品添加剂卫生标准科研协作组，1977 年卫生部制定《食品添加剂使用标准（试行）》，1981 年正式颁布了《食品添加剂使用标准》（GB 2760—1981），其中包括食品添加剂的种类、名称、使用范围、最大使用量以及《食品添加剂卫生管理办法》。1986 年和 1996 年对《食品添加剂使用标准》前后进行两次修订。修订时，采用了《食品添加剂分类和代码》（GB 12493—1990）及《食品用香料分类与编码》（GB/T 14156—1993）的分类及代码、编码，并增加了食品香料与萃取物制造者协会（Flavour Extract Manufacturers Association，FEMA）编号，按英文字母顺序排列。此外，我国在 1982 年实施的《中华人民共和国食品卫生法（试行）》、1995 年颁布的《中华人民共和国食品卫生法》和 2009 年实施的《中华人民共和国食品安全法》中对食品添加剂均有相应法律规定。目前对食品添加进行管理的法规是 2015 年10 月 1 日起施行的《中华人民共和国食品安全法》，并于 2021 年 4 月 29 日第二次修正。

②食品添加剂新品种申报与受理　根据《食品添加剂新品种管理办法》，卫生健康委员会于 2021 年发布了卫生监督发〔2010〕49 号文件，对食品添加剂新品种申报与受理流程重新定义。文件内容共 19 条，卫生部 2002 年 7 月 3 日发布的《卫生部食品添加剂申报与受理规定》同时作废。

5.1.5　食品添加剂的安全性评价

为确保食品添加剂的安全性，必须对其进行安全性评价。

（1）食品添加剂的毒理学评价程序

食品添加剂的毒理学评价程序参见《食品安全性毒理学评价程序》（GB 15193.1—2014）的相关内容。

（2）食品添加剂的使用限量与相关参数

JECFA 规定的用于评价食品添加剂毒性安全性的重要指标有：

①LD_{50}　LD_{50} 越大其毒性越小，在食品中使用时越安全。

②ADI　ADI 是评价食品添加剂最重要、也是最终的标准。ADI 值越大，说明这种添加剂的毒性越低。

③食品添加剂在食品中的最大使用量（单位：g/kg）　制定步骤如下：

第一步，将 ADI 值乘以平均体重求得每人每日允许摄入量；

第二步，根据人群的膳食调查，搞清膳食中含有该添加剂的各种食品的每日平均摄入量；

第三步，分别算出每种食品含有该食品添加剂的最高允许量；

第四步，根据该食品添加剂在食品中的最高允许量制定出该食品添加剂在每种食品中的最大使用量。

为了充分保证人体安全，原则上总是希望食品添加剂在食品中的最大使用量标准低于最高允许量，具体要按照其毒性及使用等实际情况确定。也可以用 JECFA 推荐的"丹麦预算法"（DBM）来推算，这种方法目前已被世界各国公认和采用，即：食品添加剂的最大使用量 =40×ADI。

（3）我国对食品添加剂的安全性评价

根据《食品添加剂新品种管理办法》（卫生部令第 73 号，2010 年 3 月 15 日）的规定，未列入食品安全国家标准或卫生部公告允许使用的食品添加剂品种，以及扩大使用范围或使用量的食品添加剂品种，必须获得卫生部批准后方可生产经营或使用。生产、经营、使用或者进口的单位或者个人应当提出食品添加剂新品种许可申请，并提交生产工艺、理化性质、质量标准、毒理试验结果、应用效果、应用范围、最大应用量等有关资料，卫生部应当在受理后 60 日内组织医学、农业、食品、营养、工艺等方面的专家对食品添加剂新品种技术上确有必要性和安全性评估资料进行审查，并做出技术评审结论。必要时，可以组织专家对食品添加剂新品种研制及生产现场进行核实、评价。安全性验证应当在取得资质认定的检验机构进行。对尚无食品安全国家检验方法标准的，应当首先对检验方法进行验证。根据技术评审结论，卫生部决定对在技术上确有必要性和符合食品安全要求的食品添加剂新品种准予许可并列入允许使用的食品添加剂名单予以公布。卫生部根据技术上的必要性和食品安全风险评估结果，将公告允许使用的食品添加剂的品种、使用范围、使用量，按照食品安全国家标准的程序，制定、公布为食品安全国家标准。

　　各国都制定相应的法规对食品添加剂的安全性进行管理。我国于 1982 年制定了《食品添加剂使用卫生标准》（GB 2760—1981），随着食品工业的发展和对食品安全的高度重视，GB 2760 不断进行修订。修订后的标准充分借鉴和参照了国际食品添加剂法典标准的框架，无论是食品添加剂的使用原则、分类系统的设置，还是添加剂使用要求的表述，都尽可能与 CAC 相一致。

GB 2760—2014

5.2　食品防腐剂

5.2.1　概述

5.2.1.1　定义

　　食品中所含碳水化合物、蛋白质等营养物质比例相对平衡，有利于微生物的生长繁殖，从而造成食品腐败。食品防腐剂（food preservatives）是指能防止由微生物所引起的食品腐败变质、延长食品保存期的食品添加剂。它兼有防止微生物繁殖而引起食物中毒的作用，故又称抗微生物剂。

5.2.1.2　分类

　　按照防腐剂抗微生物的主要作用性质，可将其大致分为具有杀菌能力的杀菌剂和仅具有抑菌作用的抑菌剂两类。

　　食品防腐剂按照来源和性质可分为：有机防腐剂、无机防腐剂、生物防腐剂等。有机防腐剂主要包括苯甲酸及其盐类、山梨酸及其盐类、对羟基苯甲酸酯类、丙酸盐类等。无机防腐剂主要包括二氧化硫、亚硫酸及其盐类、硝酸盐类、各种来源的二氧化碳等。生物防腐剂主要是指由微生物产生的具有防腐作用的物质，如乳酸链球菌素和纳他霉素；还包括来自其他生物的甲壳素、鱼精蛋白等。

5.2.1.3　应用

　　目前市场上流通的食品大都含有一定的防腐剂，只有少数食品不用添加防腐剂也不易滋生微生物和变质，如方便面、密封罐头等。其中，方便面经过了油炸，面饼中几乎没有水分；而罐头已经进行了严格的灭菌与密封，也没有滋生微生物的可能。针对我国市面上流通的很多食品都含有防腐剂的现状，为确保食品质量和安全使用防腐剂，我国《食品安全法》和食品添加剂使用标准，对食品中能添加的防腐剂类型和用量进行了明确规定，只要按照国家规定合理添加防腐剂，不会给人体健康带来危害。

　　食品防腐剂的使用必须符合《食品安全国家标准　食品添加剂使用标准》（GB 2760—2014）附录 A 关于食品添加剂的使用规定：每种防腐剂均规定了允许使用的产品品种、使用范围及最大使用量或残留量。

5.2.2 安全问题

食品防腐剂使用中存在的安全问题主要可以分为五大类：超标使用、违规使用、降级使用、无标识使用、无序使用。

（1）超标使用

部分食品生产企业为了达到要求的食品保质期或者改善食品的色香味等目的而违规超标使用防腐剂，超过食品添加剂使用标准中允许添加量均会对人体产生一定的影响，甚至存在潜在的致癌风险。

（2）降级使用

食品中使用的添加剂国家规定必须为食品级的，但有食品生产企业为了降低成本采用工业级的添加剂代替食品级的添加剂，工业级添加剂由于残留的杂质超标而存在一定的毒性，消费者使用后可能会对身体健康产生一定的危害，甚至危害生命安全。

（3）违规使用

违规使用主要是一些食品生产企业或者食品摊贩采用未列入 GB 2760—2014 中的食品添加剂，如用于医院消毒的福尔马林被一些食品生产者用于猪肚、牛肚、鱿鱼等的消毒，用含有甲醛的吊白块来进行米、面粉、糖、腐竹等食品的增白和防腐，这些违规添加的物质引发了诸多食品安全事件。

（4）无序使用

无序使用主要是由于防腐剂使用者对防腐剂的使用性能了解不够透彻，在食品加工中使用防腐剂的量和使用方式全凭经验或者个人意愿，无视食品添加剂相关法规的规定。更有甚者使用一些没有合格检测报告和合格证的产品，甚至是过期的防腐剂，这些无序使用导致食品防腐剂乱象丛生。

（5）无标识使用

国家法律明文规定食品中若添加有食品添加剂必须在配料表中按照相关规定进行清晰的标识，但有些厂家为了迎合消费者对添加剂的顾虑情绪，故意在包装或者食品标签上不写食品防腐剂，甚至还在外包装上标识未添加防腐剂，欺骗消费者。

5.2.3 安全控制

5.2.3.1 控制措施

（1）食品防腐剂的抑菌范围

了解所用食品防腐剂的抗菌谱，最低抑菌浓度和食品所带的腐败性菌类，做到有的放矢。每种食品防腐剂往往只对一类或某几种微生物有抑制作用，由于不同的食品染菌的情况不详，需使用的食品防腐剂也不一样。

（2）不同防腐剂有效的 pH 值范围

酸型防腐剂的抑菌效果主要取决于其在食品中未解离的酸分子，如常用的山梨酸及其盐、苯甲酸及其盐、丙酸及其盐等，其效力随 pH 值而定，酸性越强防腐效果越好，而在碱性中则几乎无效。

（3）食品防腐剂的溶解和分散

有些情况，腐败开始只发生在食品的表面，如水果，那么只需使用较少的食品防腐剂均匀地分布于食品表面即可，甚至不需要完全溶解。而对于饮料、罐头、焙烤食品等就要求将食品防腐剂均匀分散其中。所以，这时要注意食品防腐剂的溶解分散特性，对于易溶于水的防腐剂，可用其水溶液加入食品；如果食品防腐剂不溶或难溶，就要用其他有机溶剂首先使其溶解或分散开，要注意食品中不同相中食品防腐剂的分散特性，如其在油与水中的分配系数。这点对高比例油水体系的防腐很重要，如微生物开始出现于水相，而使用的食品防腐剂却大量分配于油相，这样食品防腐剂效果很可能不佳。

（4）食品防腐剂的联合使用

每种食品防腐剂都有一定的抑菌谱，没有一种防腐剂能抑制或杀灭食品中可能存在的所有腐败性微生物；而且许多的微生物还会产生抗药性。因此，生产上可将不同的食品防腐剂混合使用。

5.2.3.2　防腐剂在不同食品中的限量（表 5-1）

表 5-1　常见食品防腐剂

防腐剂	食品名称	最大使用量/(g/kg)	备注
苯甲酸及其钠盐	蜜饯凉果	0.5	以苯甲酸计
苯甲酸及其钠盐	调味糖浆	1.0	以苯甲酸计
苯甲酸及其钠盐	复合调味料	0.6	以苯甲酸计
苯甲酸及其钠盐	碳酸饮料	0.2	以苯甲酸计
苯甲酸及其钠盐	果酒	0.8	以苯甲酸计
丙酸及其钠盐、钙盐	豆类制品	2.5	以丙酸计
丙酸及其钠盐、钙盐	原粮	1.8	以丙酸计
丙酸及其钠盐、钙盐	面包	2.5	以丙酸计
单辛酸甘油酯	糕点	1.0	
单辛酸甘油酯	肉灌肠类	0.5	
二甲基二碳酸盐	碳酸饮料	0.25	固体饮料按稀释倍数增加使用量
二甲基二碳酸盐	果蔬汁(浆)类饮料	0.25	固体饮料按稀释倍数增加使用量
2,4-二氯苯氧乙酸	经表面处理的鲜水果	0.01	残留量≤2.0 mg/kg
二氧化硫	水果干类	0.1	最大使用量以二氧化硫残留量计
二氧化碳	饮料类	按生产需要适量使用	最大使用量以二氧化硫残留量计
硫黄	水果干类	0.1	只限用于熏蒸，最大使用量以二氧化硫残留量计
硫黄	蜜饯凉果	0.35	只限用于熏蒸，最大使用量以二氧化硫残留量计
硫黄	干制蔬菜	0.2	只限用于熏蒸，最大使用量以二氧化硫残留量计
硫黄	其他(仅限魔芋粉)	0.9	只限用于熏蒸，最大使用量以二氧化硫残留量计
纳他霉素	糕点	0.3	表面使用，混悬液喷雾或浸泡，残留量<10 mg/kg

（续）

防腐剂	食品名称	最大使用量/(g/kg)	备注
溶菌酶	发酵酒	0.5	
肉桂醛	经表面处理的鲜水果	按生产需要适量使用	残留量≤0.3 mg/kg
山梨酸及其钾盐	氢化植物油	1.0	以山梨酸计
山梨酸及其钾盐	面包	1.0	以山梨酸计

5.3 食品抗氧化剂

5.3.1 概述

5.3.1.1 定义

抗氧化剂（antioxidant）是指能延缓食品成分氧化变质的一类物质。通常在食品工业的腌制和浸渍环节中，加入抗氧化剂来延缓或者防止油脂及富脂食品的氧化酸败。食品抗氧化剂是指能阻止或延缓食品氧化变质、提高食品稳定性和延长贮存期的一类食品添加剂，氧化不仅会使食品中的油脂变质，还会使食品褪色、变色和破坏维生素等，从而降低食品的感官质量和营养价值，甚至产生有害物质，危及人体健康。

5.3.1.2 分类

抗氧化剂根据溶剂特点可以分为水溶性、脂溶性和兼容性。根据来源可分为天然抗氧化剂和合成抗氧化剂。天然抗氧化剂包括没食子酸酯类、生育酚类、抗坏血酸及其衍生物类、迷迭香酚及其类似物、茶多酚等；化学合成抗氧化剂包括叔丁基羟基茴香醚（BHA）、二叔丁基羟基甲苯（BHT）、叔丁基对苯二酚（TBHQ）等。根据活性还可分为物理抗氧化剂和活性抗氧化剂。物理抗氧化剂是用于稳定产品基质、抑制基质中一些活性成分氧化的抗氧化剂，包括叔丁基羟基茴香醚（BHA）、二叔丁基羟基甲苯（BHT）、没食子酸等；活性抗氧化剂是指以产品基质作为载体，渗透到皮肤或头发中，抵抗化学氧化、自由基攻击、生物氧化酶反应及紫外线对细胞和细胞间质的生命大分子的破坏的一类活性抗氧化剂，包括 SOD、谷胱甘肽、维生素 C、维生素 E、维生素 A、辅酶 Q_{10} 等。

5.3.1.3 应用范围

食品抗氧化剂通常用于油脂和含油食品，如油炸方便面等油炸食品的抗氧化。因其作用是阻止或延缓食品氧化变质的时间，而不能改变已经氧化的结果，所以使用时必须在油脂氧化前添加。在使用酚型抗氧化剂同时，添加某些酸性物质（如柠檬酸和磷酸等）可显著提高抗氧化作用。这些酸性物质称为增效剂。通常认为它们可与促进氧化的微量金属离子螯合，从而起到抗氧化增效的作用。

人工合成抗氧化剂（如 BHA 和 BHT 等）可以用于食品接触材料、动植物油脂等，但它们毒性较大，国内外对研究和开发天然抗氧化剂十分重视。除了研究提取植酸进行应用外，正在大力研究从米糠油、芝麻渣中提取米糠素、芝麻酚等类抗氧化物质。此外，还对氨基酸类、肽类、香辛料、类黑精和各种复合抗氧化剂进行研究。人工合成的抗氧化剂中，抗坏血酸及其钠盐安全无害、作用显著。异抗坏血酸及其钠盐虽无营养作用，但其抗氧化作用与抗坏血酸及其钠盐相同，且价格较低，有利于进一步发展应用。

天然抗氧化剂对人体有很多益处。在我们的日常食物中，很多都含有天然的抗氧化成分，如蔬菜瓜果中的维生素 A、维生素 C，以及坚果中的维生素 E、蔬菜中的植酸、甘草中的抗氧化物，既可增甜调味、抗氧化，又能抑菌、消炎、解毒、除臭；脑磷脂和迷迭香提取物都是常见和安全天然抗氧化剂；香辛料胡椒、姜、辣椒、桂皮、香紫苏、芝麻、丁香及茴香中含有具较强抗氧化能力的物质；中草药丹参中含有很多抗氧化物质；白果、千金子等中草药中含有不同的抗氧化成分；大豆中的卵磷脂是天然的乳化剂和营养补充品，可以降血脂、抗衰老和益智健脑。大豆中含有的另一种抗氧化剂是我们熟悉的黄酮类物质，也广泛存在于蔬菜、水果、花和谷物中；茶叶中的茶多酚，都可以保护食品中的油脂不被氧化，帮助身体细胞免受氧化应激反应造成的伤害，如暴露于紫外线下、污染或烟雾等。此外，从桉树叶、葵花叶、忍冬叶、油茶果壳、大麦糠、花生壳及一些花卉中，都可提取出抗氧化成分，它们都有可能成为新的食品抗氧化剂。

5.3.2　安全问题

抗氧化剂通常是还原剂，如硫醇、多酚类，常见的还有谷胱甘肽、维生素 C 与维生素 E，过氧化氢酶、超氧化物歧化酶等酶。BHA 等抗氧化剂可抑制和延缓塑料的氧化和降解而添加到食品、药品包装材料中。在与食品、药品的接触过程中，抗氧化剂会以渗透、迁移等形式进入食品、药品中，影响食品的口味和药物的稳定性，过量的抗氧化剂对消费者带来一定的危害。BHT 有抑制人体呼吸酶活性、使肝脏微粒体的酶活性增加等毒性作用，故在美国、欧盟等国家一度被禁用。尽管 TBHQ 对各种油脂和含脂食品的抗氧化效果要优于 BHA 和 BHT，但在动物试验中表现出致突变性。有代谢活性的 L5178Y 小鼠淋巴瘤胸腺嘧啶激酶的试验是阳性。在哺乳动物细胞体内染色体的损伤试验中，小鼠微核试验一个是阳性，一个是阴性，小鼠的骨髓多染红细胞试验也表现出一个阴性、一个阳性。鉴于此原因，FAO/WHO 于 1996 年对 TBHQ 重新评价并暂定其 ADI 值为 0~0.2 mg/kg。目前，TBHQ 在美国等国家仍然是允许使用的，但所有欧洲国家都未批准使用。

因此必须考虑到抗氧化剂对其他化学物质毒性的影响，进一步开展抗氧化剂与相关化学物质的联合毒性研究，才能更全面地了解抗氧化剂对人体的作用，进而正确评价抗氧化剂作为食品添加剂的安全性和制定合理的食品允许含量。

5.3.3　安全控制

5.3.3.1　控制措施

各种抗氧化剂都有其特殊的化学结构和理化结构，不同的食品也具有不同的性质，所以在使用时必须综合进行分析和考虑。

（1）充分了解抗氧化剂的性能

由于不同的抗氧化剂对食品的抗氧化效果不同，当我们确定需要添加抗氧化剂时，应该在充分了解抗氧化剂性能的基础上，选择适宜的抗氧化剂品种，最好是通过试验来确定。

（2）正确掌握抗氧化剂的添加时机

抗氧化剂只能阻碍氧化作用，延缓食品开始氧化酸败的时间，并不能改变已经败坏的后果，因此，在使用抗氧化剂时，应当在食品处于新鲜状态和未发生氧化变质之前使用，才能充分发挥抗氧化剂的作用。这一点对于油脂尤其重要油脂的氧化酸败是一种自发的链式反应，在链式反应的诱发期之前添加抗氧化剂，即能阻断过氧化物的产生，切断反应链，发挥抗氧化剂的功效，达到阻止氧化的目的。否则，抗氧化剂添加过迟，在油脂已经发生氧化反应生成过氧化物后添加，即使添加较多量的抗氧化剂，也不能有效地阻断油脂的氧化链式反应，而且可能发生相反的作用。因为抗氧化剂本身极易被氧化，被氧化了的抗氧化剂反而可能促进油脂的氧化。

（3）抗氧化剂及增效剂的复配使用

在油溶性抗氧化剂使用时，往往是两种或两种以上的抗氧化剂复配使用，或者是抗氧化剂与柠檬酸、抗坏血酸等增效剂复配使用，这样会大大增加抗氧化效果。

在使用酚类抗氧化剂的同时复配使用某酸性物质，能够显著提高抗氧化剂的作用效果，是因为这些酸性物质对金属离子有螯合作用，使促进油脂氧化的金属离子钝化，从而降低了氧化作用。也有一种理论认为，酸性增效剂（SH）能够与抗氧化剂产物基团（A·）发生作用使抗氧化剂（AH）获得再生。一般酚型抗氧化剂，可以使用抗氧化剂用量的 $1/4 \sim 1/2$ 的柠檬酸、抗坏血酸或其他有机酸作为增效剂。

另外，使用抗氧化剂时若能与食品稳定剂同时使用也会取得良好的效果。含脂率低的食品使用油溶性抗氧化剂时，配合使用必要的乳化剂，也是发挥其抗氧化作用的一种措施。国外销售的抗氧化剂多为复配品，不同的复配品对某种食品有特殊的抗氧化效果，使用时应注意说明。

（4）选择合适的添加量

使用抗氧化剂的浓度要适当。虽然抗氧化剂浓度较大时，抗氧化效果较好，但它们之间并不成正比。由于抗氧化剂的溶解度、毒性等问题，油溶性抗氧化剂的使用浓度一般不超过0.02%，如果浓度过大除了造成使用困难外，还会引起不良作用。水溶性抗氧化剂的使用浓度相对较高，一般不超过 0.1%。

（5）控制影响抗氧化剂作用效果的因素

要使抗氧化剂充分发挥作用，就要控制影响抗氧化剂作用效果的因素。影响抗氧化剂作用效果的因素主要有光、热、氧、金属离子及抗氧化剂在食品中的分散性。

光（紫外光）、热能促进抗氧化剂分解挥发而失效。如油溶性抗氧化剂 BHA、BHT 和 PG 经加热，特别是在油炸等高温下很容易分解，它们在大豆油中加热至 170 ℃，其完全分解的时间分别是 BHA 90 min、BHT 60 min、PG 30 min。BHA 在 70 ℃、BHT 在 100 ℃ 以上加热会迅速升华挥发。

氧气是导致食品氧化变质的最主要因素，也是导致抗氧化剂失效的主要因素。在食品内部或食品周围氧浓度大，就会使抗氧化剂迅速氧化而失去作用。因此，在使用抗氧化剂的同时，还应采取充氮或真空密封包装，以降低氧的浓度和隔绝环境中的氧，使抗氧化剂更好地发挥作用。

铜、铁等重金属离子是促进氧化的催化剂，它们的存在会促进抗氧化剂迅速被氧化而失去作用。另外，某些油溶性抗氧化剂（BHA、BHT、PG 等）遇到金属离子，特别是在高温下，颜色会变深。所以，在食品加工中应尽量避免这些金属离子混入食品，或同时使用螯合金属离子的增效剂。抗氧化剂使用的剂量一般都很少，所以在使用时必须使之十分均匀地分散在食品中，才能充分发挥其抗氧化作用。

5.3.3.2　使用标准

现在一些生产厂家一方面是由于生产中疏忽，另一方面是片面追求经济效益置消费者的利益于不顾，超量使用抗氧化剂以延长产品的保质期，坑害广大群众。因此，为了保护消费者的利益，对食品中的抗氧化剂进行限量标准规定（表 5-2）以及对食品中的抗氧化剂的检测方法研究，就有着十分重要的实际意义。

GB 5009.32—2016

表 5-2　抗氧化剂在常见食品中的添加限量

抗氧化剂	食品种类	使用范围/(g/kg)	备注
茶多酚	复合调味料、腌肉等	0.1~0.4	以油脂中儿茶素计
茶多酚棕榈酸酯	油脂	0.6	
丁基羟基茴香醚	杂粮、糖果等	0.2~0.4	以油脂中的含量计
二丁基羟基甲苯	糖果、焙烤食品等	0.2~0.4	以油脂中的含量计
甘草抗氧化物	饼干，坚果等	0.2	以甘草酸计
4-己基间苯二酚	鲜水产等	按生产需要适量使用	残留量≤1 mg/kg
维生素 C	小麦粉，鲜水果等	0.2~5.0	固体饮料按稀释倍数增加使用量
抗坏血酸钙	鲜水果等	1.0	以抗坏血酸钙残留计
抗坏血酸钠	浓缩果蔬汁(浆)等	按生产需要适量使用	固体饮料按稀释倍数增加使用量
抗坏血酸棕榈酸酯	婴幼儿辅助食品等	0.05~0.2	以脂肪中抗坏血酸计
磷脂	婴幼儿辅助食品等	按生产需要适量使用	
硫代二丙酸二月桂酯	新鲜果蔬等	0.2	
没食子酸丙酯	水产品等	0.1	以油脂中的含量计
迷迭香提取物	植物油脂等	0.3~0.7	
羟基硬脂精	油脂	0.5	
特丁基对苯二酚	膨化食品等	0.2	以油脂中的含量计
维生素 E	麦片，茶等	0.085~0.2	固体饮料按稀释倍数增加使用量
乙二胺四乙酸二钠钙	复合调味料等	0.075	

5.4　食品护色剂

5.4.1　概述

5.4.1.1　定义

在食品的加工过程中，为了改善和保护食品的色泽，除了使用食用色素对食品进行着色外，还需要使用某些护色剂。护色剂(colour fixatives)又称发色剂，是指能与肉及肉制品中呈色物质作用，使之在食品加工、贮藏等过程中不致分解、破坏，呈现良好色泽的物质。

5.4.1.2　分类

护色剂是通过化学作用而呈现出稳定的色泽，所以区别于一般的食用色素。我国批准使用的护色剂是硝酸钠(钾)和亚硝酸钠(钾)，硝酸钠(钾)和亚硝酸钠(钾)本身并无着色能力，但当其应用于动物类食品后，其腌制过程中产生的一氧化氮能与肌红蛋白或血红蛋白形成亚硝基肌红蛋白或亚硝基血红蛋白，从而使肉制品保持稳定的鲜红色。

5.4.1.3　应用

按照《食品安全国家标准　食品添加剂使用标准》(GB 2760—2014)规定，硝酸钠和硝酸钾可使用于腌腊肉制品类(如咸肉、腊肉、板鸭、中式火腿、腊肠等)，酱卤肉制品类，熏、烧、烤肉类，油炸肉类，西式火腿(熏烤、烟熏、蒸煮火腿)类，肉灌肠类，发酵肉制品类。

5.4.2　安全问题

亚硝酸钠在众多食品添加剂中是急性且毒性较强的物质之一。当人体大量摄取亚硝酸盐

（一次性摄入 0.3 g 以上）进入血液后，可使正常的血红蛋白（Fe^{2+}）变成正铁血红蛋白（Fe^{3+}），使血红蛋白失去携氧的功能，导致组织缺氧，在 0.5～1 h 内，产生头晕、呕吐、全身乏力、心悸、皮肤发紫，严重时呼吸困难、血压下降，甚至于昏迷、抽搐而衰竭死亡。由于其外观、口味均与食盐相似，所以必须防止误用而引起中毒。在硝酸盐中，硝酸钾的毒性较强，其所含的钾离子对人体心脏有影响。硝酸盐的毒性作用主要是由于它在食物中、水中或在胃肠道内，尤其是在婴幼儿的胃肠道内被还原成亚硝酸盐所致。出生 6 个月内的幼儿对硝酸盐特别敏感，故不宜用于幼儿食品。

5.4.3　安全控制

5.4.3.1　控制措施

（1）添加护色助剂

如抗坏血酸、异抗坏血酸、维生素 E、烟酰胺等，可促进护色，抗坏血酸、α 生育酚与亚硝酸盐有高度亲和力，在体内能防止亚硝化作用，阻断亚硝胺的合成。

（2）添加天然物质以降低亚硝酸盐残留

大蒜含有大蒜素可以降低胃内亚硝酸盐含量；姜汁提取液对亚硝酸盐有清除作用，对 N-二甲基亚硝胺（DNMA）的合成有一定的阻断作用；茶多酚（tea polyphenols，TP）含量高的茶叶（如绿茶），阻断 N-亚硝基化合物合成效果较好；另外富含维生素 C、维生素 E、核黄素的食物，均可抑制胃中亚硝胺的形成。

（3）添加能起到类似亚硝酸盐发色作用的物质

如天然红曲色素、氨基酸与肽，添加一些有防腐作用的物质（如山梨酸钾），以减少亚硝酸盐的用量。

（4）微生物发酵

利用乳酸菌等能降解硝酸盐的微生物发酵，降低亚硝酸盐残留量，减少亚硝胺的生成。

（5）减少亚硝酸盐的摄入量

减少食用咸鱼、咸菜、腊肉、腊肠、火腿、熏肉类等食物。因油煎后可产生亚硝基吡啶烷，致癌性剧增，因此应该避免油煎。

5.4.3.2　使用标准

由于腌肉中的亚硝酸盐能生成强致癌物——亚硝胺，因而使硝酸盐和亚硝酸盐的使用引起争议。目前的普遍观点认为，只要严格控制好它们的使用量，就不会达到中毒的程度，亚硝酸盐类物质还同时具有抑制微生物（尤其是肉毒梭状芽孢杆菌）生长和产生加工产品特有风味的作用。目前世界范围内还没有发现能完全取代传统护色剂的新物质，这也是目前国际包括国内法规、标准认可该类添加剂的主要原因。护色剂在食品中的使用限量以 GB 2760—2014 为主要依据。

GB 5009.33—2016

5.5　食品漂白剂

5.5.1　概述

5.5.1.1　定义

在日常食用的食品中，部分的食品原料具有不良色泽，或者在加工过程中由于化学反应发生了颜色的变化，出现了人们不希望的呈色物质，导致食品色泽不均，降低消费者的购买欲望，影响销量。为了解决这些问题，漂白剂发挥了重要作用。漂白剂（bleaching agents）是破坏、抑制食品发色因素，使其褪色或使食品免于褐变的食品添加剂，广泛应用于食品生产加工中。

5.5.1.2　分类

根据食品漂白剂的作用机理不同，可以分为还原性漂白剂和氧化性漂白剂两类。能将着色物质氧化分解，从而达到漂白效果的物质为氧化性漂白剂；能将着色物质还原，从而达到漂白效果的物质为还原性漂白剂。

氧化性漂白剂作用较强，但是会对食品中的营养物质造成破坏，影响食品品质，且残留量较大。氧化性漂白剂包括漂白粉、过氧化氢、过氧化丙酮、二氧化氮、过氧化苯甲酰等。

还原性漂白剂都属于亚硫酸类化合物。对于亚硫酸类化合物在食品中的应用，从古代开始，我国人民就使用其来保藏和漂白食品。对于含硫的漂白剂，在使用过程中都是利用了其释放的二氧化硫对食品发挥的作用。

无论是还原性漂白剂还是氧化性漂白剂都具有多种作用，除了能改善食品色泽外，有些漂白剂还有钝化生物酶活性和抑制微生物繁殖的作用，可以作为防腐剂使用。

5.5.1.3　应用

亚硫酸类物质在食品加工中的应用已有很长的历史。最早可追溯到古代人民利用浸硫、熏硫来保藏与漂白食品。其本质就是利用这类物质的防腐功能和漂白功能。

GB 2760—2014 中最新规定二氧化硫、焦亚硫酸钾、焦亚硫酸钠、亚硫酸钠、亚硫酸氢钠、低亚硫酸钠等漂白剂可用于果酱、蜜饯、饼干、酒类等食品加工领域。应用条件如下：①保持或提高食品本身的营养价值；②作为某些特殊膳用食品的必要配料或成分；③提高食品的质量和稳定性，改进其感官特性；④便于食品的生产、加工、包装、运输或者贮藏。

5.5.2　安全问题

（1）使用未经国家批准或禁用的添加剂

例如，违规使用吊白块作为食品漂白剂。吊白块又称雕白粉，以福尔马林结合亚硫酸氢钠再还原制得，化学名称为甲醛次硫酸氢钠，化学式为 $CH_2(OH)SO_2Na$，呈白色块状或结晶性粉状，无嗅或略有韭菜气味；易溶于水，微溶于乙醇。常温时较为稳定，高温下具有极强的还原性，有漂白作用。遇酸分解放出硫化氢，在 pH>3 时稳定，对碱稳定。常被印染工业用作拔染剂和还原剂，生产靛蓝染料、还原染料等。但有些商家为了降低成本，获得更大经济效益，贸然使用吊白块对食品进行漂白，对食用者健康造成严重损害。

（2）添加剂的使用超出规定用量

例如，过氧化苯甲酰作为面粉漂白剂，亚硝酸钠作为肉制品的发色剂，按规定用量使用不会带来安全问题，但有的商家为了追求产品的外观效果而严重超量使用，因而引发不同程度的食品安全问题。2011 年 2 月 11 日我国卫生部等六部委发布通告，自 2011 年 5 月 1 日起，禁止在面粉生产中添加过氧化苯甲酰、过氧化钙，食品添加剂生产企业不得生产、销售过氧化钙和过氧化苯甲酰。

（3）添加剂的使用超出规定范围

根据被加工食品的不同感官需求，理化指标和营养成分以及食品添加剂可能与之发生的反应等，相关部门明确规定了不同添加剂的适用范围。但是在利益的驱使下，总有不法商家触碰食品安全的底线，如几年前新闻报道的在馒头制作过程中滥用硫黄熏蒸，虽然让馒头看起来更白，但是残留的物质会对营养成分和人体带来不同程度的损害。这种行为在食品生产加工中是明令禁止的。

(4)使用工业级添加剂代替食品添加剂

食品级硫黄可用于食品生产中漂白、防腐，是对玉米淀粉加工必需材料，对干果类加工也有很重要的作用。但工业级硫黄不可用于食品生产加工。使用超标可致重金属中毒。

全精炼石蜡和半精炼石蜡主要用作食品、口服药品及某些商品(如蜡纸、蜡笔、蜡烛、复写纸)的组分及包装材料，烘烤容器的涂敷料，用于水果保鲜，也可用于氧化生成合成脂肪酸。而工业石蜡一般从石油当中直接提取，在工业提取过程中会含有多环芳烃和稠环芳烃，这两种物质是非常强的致癌物。人体摄入石蜡后，还会造成腹泻等肠胃疾病。目前部分火锅底料、油料、方便粉丝和一些劣质桶装方便面(桶壁)中含有此类物质，甚至一些方便筷和纸杯中也能发现工业石蜡的存在。

5.5.3 安全控制

5.5.3.1 安全准则

鉴于漂白剂和食品的种类及理化性质差异，在实际加工应用中会有较多的组合。一般来说指定食品的漂白剂种类和用量是固定的，一旦超范围或者超量使用，轻者破坏食品的营养、色泽等，严重会对食用者健康造成重大损害。为了保证食品质量和人体健康，食品用漂白剂的添加及用量需参照以下准则：

SN/T 2360.6—2009

(1)需使用经国家批准使用的漂白剂

现行国家标准中批准使用的漂白剂主要有二氧化硫、亚硫酸钠、亚硫酸氢钠，除此之外的漂白剂不可用于食品的加工漂白中。

(2)漂白剂的使用不超过国家规定值

添加低于限定值的漂白剂，不仅能够改善食品色泽，还具有一定的防氧化作用，达到提高食品可接受度的目的，同时其残留量不会对人体健康造成损害。如果高于限定值，一方面对食品的理化指标和营养成分带来不利变化；另一方面过高的残留量对人体的不利影响不可忽视。

(3)特定漂白剂不得用于其他食品中

目前的特定漂白剂应用范围都是基于食品添加剂与食品之间的理化特性和作用机制，能够在改进食品色泽的同时，最大限度地保留其营养。若随便使用漂白剂则可能很难达到预期效果。

(4)绝不可使用工业漂白剂于食品中

既然有工业和食品的领域划分，说明这两类漂白剂的作用对象和副作用有很大差异。工业漂白剂虽也可达到漂白改色的目的，但其本身对人体危害巨大，会有不同程度的机体或者不可逆的神经损伤。前面已经列举了部分例子，所以严禁工业漂白剂用于食品漂白，保障食品的安全与食客的身体健康。

5.5.3.2 现行标准

为了确保食品安全和人民的身体健康，同时为了指导相关食品企业合理合规地使用食品添加剂。国家有关部门和地方部门都制定了相应的食品添加剂使用规范。食品漂白剂的种类、使用范围和最大使用量详见 GB 2760—2014。

5.6　食品膨松剂

5.6.1　概述

5.6.1.1　定义

膨松剂(bulking agents)又称为膨胀剂或疏松剂，是在糕点、饼干、面包、馒头等以小麦粉为主要材料的烘烤食品制作过程中，使其体积膨胀与结构疏松的食品添加剂。膨松剂使面粉食品在加工过程中形成膨松多孔的结构，质地柔软而松脆，易咀嚼，增加营养，容易消化吸收，并呈现特殊风味，从而改善食品的品质。

5.6.1.2　分类及使用范围

根据其发酵产气的方式不同，膨松剂主要可以分为两类：化学膨松剂与生物膨松剂。生物膨松剂(酵母)是面制品中很重要的膨松剂，是一种繁殖方式为出芽繁殖的兼性厌氧的单细胞菌体，同其他的微生物一样，酵母的生长与繁殖需要充足的营养物，而且需要合适的温度、湿度。酵母用作营养物质的单糖在面团中有两个来源：一是加入面制品的辅料中的蔗糖经转化成单糖；二是淀粉经淀粉酶分解后最后成为葡萄糖。在馒头坯醒发过程中，首先是己糖在糖酵解中产生丙酮酸，丙酮酸继而进行有氧呼吸和无氧呼吸。在无氧呼吸时，反应较为复杂，酵母经无氧呼吸会生成大量的风味物质，如酯类、醇类、醛酮类等多种化合物，使制品风味独特、营养丰富。酵母主要用于面包和苏打饼干等焙烤食品的生产。

化学膨松剂，根据组分不同可以分为单一膨松剂与复合膨松剂。单一膨松剂通常是指只使用碳酸氢钠与碳酸氢铵在加热条件下分解产生气体，碳酸氢铵通常只用于制品中水分含量较少产品，如饼干等。碳酸氢钠不适合油脂含量丰富的食品，产气后的反应产物碳酸钠易与油脂发生皂化反应，在食品内部及表面产生令人不悦的黄褐色。复合膨松剂一般由 3 部分组成：碱性剂、酸性剂和填充剂。碱性剂也称膨松盐，主要是碳酸盐和碳酸氢盐，常用的是碳酸氢钠，其作用是产生 CO_2 气体。酸性剂也称膨松酸，主要是硫酸铝钾、酒石酸氢钾等，常用的是硫酸铝钾(明矾)，其作用是与碳酸盐发生反应产生 CO_2 气体，能降低制品的碱性，调整食品酸碱度，去除异味，并控制反应速度，充分提高膨松剂的效能。填充剂主要有淀粉、食盐等，其作用是用来控制和调节 CO_2 气体产生的速度，使气泡产生均匀，延长膨松剂的保存性，防止吸潮、失效，还能改善面团的工艺性能，增强面筋的强韧性和延伸性，也能防止面团因失水而干燥。化学膨松剂不需要活化和严格环境要求就可以产气；但是它们不能像酵母一样产生风味物质赋予食品特有风味，且使用不当会造成组织疏松、口感风味较差。

5.6.2　安全问题

膨松剂的安全问题主要是复合膨松剂中的铝导致的，一些商家为了减小成本，获得最大利益，大量使用含铝的化学膨松剂，从而导致面制品中铝含量严重超标，一般面制品的膨松剂使用量在 1%~3%，如果用铝含量为 2% 的复合膨松剂，按 1% 添加量添加，加工后食品的铝残留率超过 200 mg/kg，远超国家标准规定的铝残留量(≤100 mg/kg)，最具典型代表的就是油条，油条中的铝含量平均超标 3~4 倍。铝为人体非必需微量元素，其虽然不会导致急性中毒，但容易在体内蓄积。铝对人体健康影响的致毒机理主要是：铝可与磷、钙、镁等元素产生生物化学作用，从而对人体造成毒害。长期摄入铝，会逐渐沉积在人的大脑、骨骼、肺部、部分淋巴腺体和皮肤等部位而产生铝性脑病、骨病及铝性贫血，研究表明阿尔茨海默病、帕金森症、肾衰竭和尿毒症等疾病的病变部位的铝含量超过正常值的几十倍甚至上百倍。

为了解决这一问题，无铝膨松剂的研发已经引起广大学者的关注。目前，无铝膨松剂并未得到广泛使用，一方面制作出的食品与使用传统膨松剂制作出的食品品质仍有差距；另一方面，无铝膨松剂的成本过高。

GB 1886.25—2016

5.6.3　安全控制

5.6.3.1　控制措施

（1）生物膨松剂使用注意事项

①注意控制温度。纯酵母加入面团内，在 25~30 ℃，会利用面团中的糖类和其他一些物质进行生长繁殖，并且利用酵母自身分泌出来的酶将糖类逐步分解。在一系列生化反应后，产生出大量的 CO_2 气体和少量乙醇等。温度过高（>35 ℃），面粉中的乙酸菌和乳酸菌就会产生大量乙酸和乳酸导致面团酸度过高。

②含有较多油脂的面团不能用酵母发制。在酵母面团中如果油脂过多，油脂在淀粉颗粒周围形成油膜，使淀粉很难分解成糖，酵母繁殖受到限制，影响面团发酵速度。

③宜添加少量食糖。要使酵母菌充分发挥作用，就需要为其提供充足的营养。在使用酵母发面时，可加入少量食糖，作为酵母活化时的营养。但加糖不能过量，超过一定浓度，反而抑制酵母菌生长繁殖，不利于面团涨发。

（2）化学膨松剂使用注意事项

①化学膨松剂中的钾、明矾过量食用会对人体有一定毒害作用，被医学证明不宜长期大量食用，否则会导致骨质疏松、贫血，甚至影响神经细胞的发育，引发老年性痴呆症。因此要严格控制明矾和泡打粉的使用量，并尽量少食用含铝的食品。

②化学膨松剂在防潮、阴凉、密封的条件下保存，其保质期一般为 12 个月，有的可能是 3~5 个月。

5.6.3.2　使用标准

膨松剂在常见食品中的添加限量见表 5-3 所列。

表 5-3　膨松剂在常见食品中的添加限量

膨松剂	食品种类	最大使用量/(g/kg)	备注
硫酸铝钾	豆类制品	按生产需要适量使用	铝的残留量≤100 mg/kg（干样品，以 Al 计）
硫酸铝钾	面糊	按生产需要适量使用	铝的残留量≤100 mg/kg（干样品，以 Al 计）
硫酸铝钾	油炸面制品	按生产需要适量使用	铝的残留量≤100 mg/kg（干样品，以 Al 计）
硫酸铝钾	焙烤食品	按生产需要适量使用	铝的残留量≤100 mg/kg（干样品，以 Al 计）
碳酸氢铵	婴幼儿谷类辅助食品	按生产需要适量使用	
碳酸氢钠	大米制品(仅限发酵大米制品)	按生产需要适量使用	
碳酸氢钠	婴幼儿谷类辅助食品	按生产需要适量使用	
酒石酸氢钾	小麦粉及其制品	按生产需要适量使用	
酒石酸氢钾	焙烤食品	按生产需要适量使用	

5.7　食品着色剂

5.7.1　概述

5.7.1.1　定义

食品中的色、香、味、形是构成食品质量的重要组成部分，食品色泽作为人们对食物的第一印象，是人们辨别食品优劣的基础，也是食品质量的重要指标。着色剂(coloring material)又称食品色素，是赋予食品色泽和改善食品色泽的物质，属于食品添加剂中的一类。

5.7.1.2　分类

目前，世界上常用的食品着色剂有 60 余种，按其来源和性质可分为天然着色剂和合成着色剂两大类。

天然着色剂是由天然资源中获取的，从动、植物组织及微生物培养中提取的色素。按其来源不同，主要有三类：一是植物色素，如甜菜红、姜黄、β-胡萝卜素、叶绿素等；二是动物色素，如紫胶红、胭脂虫红等；三是微生物类，如红曲红等。按照溶解性质不同可分为两类：一是水溶性色素，如花青素、儿茶素等；二是脂溶性色素，如叶绿素、叶黄素与胡萝卜素等。天然着色剂按照化学结构可以分为 5 类：一是四吡咯衍生物(或卟啉衍生物)，如叶绿素、血红素、肌红素等；二是异戊二烯衍生物，如类胡萝卜素；三是多酚类衍生物，如花青素、花黄素等；四是酮类衍生物，如红曲色素、姜黄素等；五是醌类衍生物，如虫胶色素、胭脂红素等。

合成着色剂即人工合成的色素，主要是依据某些特殊的化学基团或生色基团进行合成的。按其化学结构可分为两类：一是偶氮色素类，如苋菜红、胭脂红、日落黄、柠檬黄、新红、诱惑红、酸性红等；二是非偶氮色素类，如赤藓红、亮蓝等。

5.7.1.3　应用范围

天然食品具有本身的色泽，能促进人的食欲，增加消化液的分泌，因而有利于消化和吸收，是食品的重要感官指标。但是，天然食品在加工保存过程中容易褪色或变色，为了改善食品的色泽，人们常常在加工食品的过程中添加食用色素，以改善感官性质。在食品中添加色素并不是现代人的专利，其实，在古代，人们就知道利用红曲色素来制作红酒。自从 1856 年英国人帕金合成出第一种人工色素——苯胺紫之后，合成色素也登台上场，扮演着改善食品色泽的角色。

食用合成色素一般色泽鲜艳，着色力强，稳定性好，无臭无味，品质均一，易于溶解和拼色，并且成本低廉，广泛用于糖果、糕点和软饮料等的着色。食用天然色素虽可广泛用于多种食品着色，但一般着色力和稳定性等均不如食用合成色素，而且成本较高。无机色素应用很少，多限于食品表面着色。

5.7.2　安全问题

从安全角度来说，着色剂只要在国家许可范围和标准内使用，就不会对健康造成危害。但目前的问题是，食品中添加着色剂的行为过于普遍，即使某一种食品中着色剂含量是合格的，但消费者在生活中大量食用多种含有同样着色剂的食品，仍然有可能导致摄入的着色剂总量超标，从而给消费者的健康带来危害。天然着色剂的生产成本虽然较高，但是从安全性方面考虑，在食品加工中选择使用天然着色剂是比较理想的，但天然着色剂不等于无毒，我国 GB 2760—2014 中批准使用的天然着色剂包括番茄红、栀子黄等 50 余种。与食用天然着色剂相比，合成着色剂不仅种类多，而且应用范围比较广泛。

合成着色剂即人工合成的色素，其优点有色泽鲜艳、着色力强、色调多样等，但合成着色剂的最大缺点是它的毒性(包括致泻性和致癌性)。这些毒性源于合成着色剂中的铅、铜、砷、苯胺、苯酚、乙醚、硫酸盐和氯化物等，它们均可对人体造成不同程度的危害。根据最新颁布执行的 GB 2760—2014，允许在食品中使用的合成着色剂有：化学合成的胭脂红、苋菜红、柠檬黄、日落黄、靛蓝、亮蓝、赤藓红、新红、诱惑红、酸性红、喹啉黄 11 种及其相应的色淀；经化学处理和转化而制得的番茄红素、叶绿素铜、叶绿素铜钠盐及钾盐；无机的着色剂包括二氧化钛、氧化铁黑和氧化铁红。油溶性着色剂毒性较大，现在各国基本不再将其用于食品着色，允许在食品中使用的合成着色剂几乎都是水溶性着色剂。

5.7.3　安全控制

5.7.3.1　控制措施

从安全性考虑，使用食品天然着色剂，特别是那些来自动、植物组织的天然着色剂比较好。但天然着色剂也并非绝对安全，有的天然色素也具有毒性，天然着色剂成分较复杂，提取过程中其化学结构也可能变化，还有污染的危险，如溶剂残留等。

从着色剂溶液的配制来看，·着色剂粉末直接使用时不方便，在食品中分布不均匀，可能形成色素斑点，经常需要配置成溶液使用。配制着色剂水溶液所用的水，通常先将其煮沸，冷却后再用，或者应用蒸馏水、离子交换树脂处理过的水。配制溶液时应尽可能避免使用金属器具，剩余溶液保存时应避免日光直射，最好在冷暗处密封保存。配制时，着色剂的称量必须准确。溶液应该按每次的用量配制，因为配制好的溶液久置后易析出沉淀。

5.7.3.2　限量标准

食品着色剂在食品行业的普及赋予了食品良好的感官品质，但是过量使用或者滥用着色剂会对人们的身体带来损害。要合理使用食品着色剂，首先，要保证食品着色剂的安全性，不会对人体造成危害；其次，在使用时要按照要求严格控制用量，深入了解每一种食品着色剂的毒性。常见食品着色剂的限量可查看 GB 2760—2014。

GB 5009.35—2016

5.8　其他食品添加剂

我国颁布的 GB 2760—2014 中的附录按照食品添加剂的功能将食品添加剂分为 23 类，本部分内容就本书前面章节未涉及的增白剂、抗结剂、营养强化剂等几类添加剂进行介绍。

5.8.1　增白剂

增白剂是一类能提高纤维织物和纸张等白度的有机化合物，又称光学增白剂、荧光增白剂。增白剂的作用是把制品吸收的不可见的紫外线辐射转变成紫蓝色的荧光辐射，与原有的黄光辐射互为补色成为白光，提高产品在日光下的白度。食品增白剂有过氧化苯甲酰、过氧化钙等，主要应用在如玉米、小麦、豆类等胚乳中含有胡萝卜素等不饱和脂溶性天然色素的食品原料中，这些原料加工的产品都略带颜色，过氧化苯甲酰、过氧化钙等可以有效地对这些原料进行漂白。但在 2011 年，我国粮食主管部门经过调查研究提出，我国面粉加工业已无使用过氧化苯甲酰的必要性，同时响应消费者对于小麦粉保持其原有的色、香、味和营养成分的要求，追求自然健康，减少化学物质的摄入。在 2011 年 3 月 1 日由卫生部等多部门发公告，自 2011

年 5 月 1 日起，禁止在面粉中添加食品添加剂过氧化苯甲酰、过氧化钙。

5.8.2　抗结剂

阻止粉状颗粒彼此黏结成块的物质称为抗结剂。抗结剂的原理通常是吸收多余水分或者附着在颗粒表面使其具有憎水性。有些抗结剂是水溶性的，另有一些是溶于乙醇或其他有机溶剂。国外常用的硅酸钙溶于水和油。抗结剂添加于颗粒、粉末状食品中，防止颗粒或粉状食品聚集结块，保持其松散或自由流动。我国允许使用的抗结剂有亚铁氰化钾、磷酸三钙、二氧化硅、微晶纤维素 4 种。二氧化硅主要应用于蛋粉、奶粉、可可粉、可可脂、糖粉、植脂性粉末、速溶咖啡、粉状汤料等食品，磷酸三钙主要用于葡萄糖粉、奶粉等食品，亚铁氰化钾主要用于盐，微晶纤维素的应用则较为广泛，没有局限性。

5.8.3　营养强化剂

食品营养强化剂是指为增强营养成分而加入食品中的天然的或者人工合成的属于天然营养素范围的食品添加剂。其中，营养素是指食物中具有特定生理作用，能维持机体生长、发育、活动、繁殖以及正常代谢所需的物质，包括蛋白质、脂肪、碳水化合物、矿物质、维生素等。而其他营养成分是指除营养素以外的具有营养、生理功能的其他食物成分，如左旋肉碱、叶黄素、低聚糖、酪蛋白肽等。食品营养强化剂可以弥补天然食物的营养缺陷，补充食品在加工、贮存及运输过程中营养素的损失。在使用时，要注意生产、经营和使用必须遵从国家颁发的有关标准、卫生、标志等法规；强化的营养素应是大多数人膳食中含量低于需要量的营养素；强化的食品应是人们大量消费或消费量较大的食品；应用工艺合理，在食品加工、保存等过程中不易分解、破坏或转变成其他物质；不破坏机体营养平衡，更不应因摄食过量而中毒。随着社会的发展和人们营养健康意识的提高，为了满足各类人群对营养素的需要，添加营养强化剂的食品也越来越多。

本章小结

本章重点介绍了食品添加剂的概念、分类、使用原则以及目前存在的问题、安全性评价等，并对安全性较低的食品添加剂和禁用添加物对食品安全的影响作了详细介绍。在学习本章过程中，要能够清楚辨别，食品添加剂≠非法添加物。

在过去的一段时间大量非法添加物造成的食品安全事件时有发生，如豆制品中的吊白块，乳制品中的三聚氰胺，红鸭蛋总中的苏丹红等。这类化学物的使用已经触碰法律层面对食品安全的保护，同时也极大损害了消费者对食品添加剂的有效接受性，上述化学物质在全球范围内是明令禁止在食品中添加使用的。

思考题

1. 依据《食品安全法》，食品添加剂在使用过程中要遵循哪些原则？
2. 根据一种加工食品，简述其中的食品添加剂种类及作用。

第6章 生物毒素与食品安全

民以食为天，食以安为先。"餐桌上的污染"是全球性的问题。近年来，国内外由有毒食品引发的食品安全事件层出不穷，食物中毒已成为世界范围内的重大公共卫生问题。在我国，食物中毒是突发公共卫生事件中主要的事件类型之一，也是食源性疾病暴发的主要表现形式。概括来说，食物中毒指患者所进食物被细菌或细菌毒素污染，或食物含有毒素而引起的急性中毒性疾病。根据食物的来源可分为有毒动物、有毒植物以及本身不携带毒素而受到微生物等毒素污染的食物。

2017年，我国26个省级行政区域通过突发公共卫生事件报告管理信息系统报告食物中毒事件348起，中毒7389例，死亡140例，病死率为1.89%，其中植物性食物中毒事件41起，中毒人数为641人，动物性食物中毒事件2起，中毒人数为62人。与2016年相比，食物中毒事件起数增加了7.74%，中毒人数和死亡人数分别减少了17.49%和10.83%。

6.1 食物中毒概述

6.1.1 食物中毒定义

WHO认为："凡是由通过摄食而进入人体的病原体所引发的人体感染性或中毒性疾病，统称为食源性疾病。"其中的中毒性疾病就是我们常说的食物中毒。

我国对食物中毒做了更详细的解释，即"摄入了含有生物性、化学性有毒有害物质的食品或把有毒有害物质当作食品摄入后出现的非传染性（不属于传染病）的急性、亚急性疾病"。因暴饮暴食而引起的急性胃肠炎、食源性肠道传染病（如甲肝）、寄生虫病（如旋毛虫病）以及摄入某些有毒有害物质引起的以慢性毒害为主要特征（如致癌）的疾病则不属于食物中毒的范畴。

食物中毒概念
演变过程

6.1.2 常见食物中毒情况

近年来，我国食品安全事件频发，久泡的木耳、四季豆、河豚、海鱼、福寿螺、有毒蘑菇、新鲜的黄花菜、发红的蔗糖、腐烂的生姜、"假沸"豆浆、有黑斑的红薯、发苦的丝瓜和瓠子、未熟的肉、毛发酱油、肯德基速成鸡、镉大米、孔雀石绿、劣质奶粉、苏丹红鸭蛋、三聚氰胺奶粉、染色馒头、瘦肉精、地沟油等食品安全问题层出不穷，其中化学性危害为主，生物性危害为辅。

6.1.3 有毒食物经典案例

（1）"地沟油"事件

"地沟油"主要指在生活中存在的各类劣质油，如回收的食用油、反复使用的炸油等。"地沟油"最大的来源为城市大型饭店下水道的隔油池。长期食用可能会引发癌症，对人体的危害极大。

2010 年 3 月 17 日何东平教授调查指出，我国每年有 200 万~300 万 t"地沟油"流回餐桌，这意味着当时全国 15% 左右的餐馆都在使用"地沟油"，而"地沟油"中有害物质黄曲霉素的毒性是砒霜的 100 倍。2020 年 7 月 16 日，火锅品牌小龙坎一门店两年制售 2 t"地沟油"事件登上热搜，将"地沟油"再次带回到我们的视线之中。

(2)"苏丹红"事件

苏丹红为化工染色剂，主要用于石油、机油和其他的一些工业溶剂中，目的是使其增色，也用于鞋、地板等的增光。

2005 年 3 月 4 日，亨氏辣椒酱在北京首次被检出含有苏丹红一号。不到 1 个月内，在包括肯德基等多家餐饮、食品公司的产品中相继被检出含有苏丹红一号，"苏丹红"事件开始席卷中国。苏丹红不仅在辣椒制品中出现，也非法添加在饲料、化妆品中。2006 年全国蛋制品专项检查再次曝出 7 家企业的 8 个批次产品有苏丹红。一些企业为了让鸡、鸭生出"红心蛋""柴鸡蛋"，非法将含有苏丹红四号的"红药"添加到饲料中。

(3)三聚氰胺事件

三聚氰胺俗称密胺、蛋白精，是一种三嗪类含氮杂环有机化合物，被用作化工原料，因为其颜色、形状酷似奶粉，因此被黑心奶粉商家用来偷工减料。

2008 年 9 月，中国暴发三鹿婴幼儿奶粉导致食用的婴幼儿患上肾结石病症，3 万多名儿童住院，死亡 4 人。经过调查发现，这是由不法分子为了高额利润，在原奶采购过程中添加化工原料三聚氰胺所致。

(4)"瘦肉精"事件

"瘦肉精"是一类药物的统称，能够抑制动物脂肪生成，促进瘦肉生长，功能成分是 β-受体激动剂。

2011 年 3 月 15 日播出的"健美猪"真相的节目揭露了当时河南孟州等地添加"瘦肉精"养殖的有毒生猪流入著名食品品牌双汇的生产线中的事件。经调查发现河南省孟州市、沁阳市、温县和获嘉县的养猪场几乎都在使用"瘦肉精"，只是添加量不同。

(5)野生菌事件

2020 年，云南屡发误采误食野生菌的中毒事件。从 5 月至 7 月 20 日，已发生野生菌中毒事件 273 起、12 人死亡，但与去年同期相比，中毒起数下降了 33.90%，发病人数下降了 35.64%，死亡人数减少了 17 人。

(6)"酸汤子"事件

2020 年 10 月 5 日黑龙江省鸡西市一家 9 口在家聚餐共同食用自制酸汤子(一种用发酵面碴子做的面条状的食物，是酵米面的一种，吃起来会有酸味的香气)后出现食物中毒，送医治疗后，9 人经救治无效死亡。初步检测该事件是由椰毒假单胞菌产生米酵菌酸引起的食物中毒。

6.2　有毒动物

有毒动物是指有机体本身或者其代谢产物能够导致人或其他有机体生理机能异常而影响其正常生理活动的有机体。

动物性食物中毒，指的是人们食用了含有有毒成分的动物性食物后发生的中毒。动物性食物中的有毒成分可能来自两个方面：一是其本身含有的毒素；二是动物摄入了有毒物质，导致其体内含有了有毒成分。常见的动物毒素包括以下几种。

6.2.1　河豚毒素

鲀泛指硬骨鱼纲鲀形目鲀科的各属鱼类。因其外形似"豚"，又常在河口一带活动，江、浙一带俗称河豚。河豚冬居近海，春夏之间入江河产卵索食，秋末返海，是我国沿海、江河常见的可捕获鱼类。河豚鱼肉质细嫩、鲜美，但含有剧毒。

（1）毒素来源

长期以来，国内外学者对河豚毒素的起源进行了一系列研究，目前主要形成"内源说"和"外源说"两种学说。

主张内源说的学者认为，河豚毒素不是由外界摄入，而是由其自身产生。河豚毒素可能并非直接来源于外界环境，但是河豚等生物能否完全靠自身产生毒素以及毒素在各器官间的传递机制，还需进一步深入研究。

多数专家学者认为，河豚毒素的真正来源不是动物本身，而是通过食物链聚集或与其共生的微生物。河豚毒素不仅分布于河豚体内，还广泛分布于甲藻类、蠕虫类、腹足类、甲壳类、软体类、两栖类等生物体内。研究发现，这些生物体内均含多种能产生河豚毒素及其类似物的细菌，这些产毒菌可能是通过食物链进入生物体内，并与其建立共生关系。

（2）结构与性质

河豚毒素（tetrodotoxin，TTX）属于氨基全氢喹唑啉化合物，是一种笼形原酸酯类生物碱，分子式为 $C_{11}H_{17}N_3O_8$，相对分子质量为 319.27，其结构复杂（图 6-1），带有复氧环己烷，碳环中的每个碳原子都存在不对称取代，TTX 同时拥有胍基和邻位酸官能团，能以两性离子的形式存在，极性很强，能以两性离子的形式存在，故其在强酸和强碱下都不稳定。

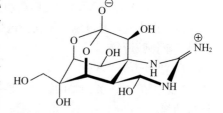

图 6-1　河豚毒素结构式

河豚毒素是自然界毒性最大的非蛋白质神经毒素之一，毒性约为剧毒氰化钠的 1 250 倍，该毒素理化性质稳定，煮沸、盐腌、日晒等均不能将其破坏，甚至 100 ℃加热 5 h 仍不能将毒素完全破坏。

河豚毒素在河豚体内的分布是不均衡的。毒素在河豚鱼的卵巢和肝脏中比较集中，在胃肠道、肌肉和皮肤较少，而且河豚内脏含毒量也会随着季节的不同而有明显的变化，在产卵期（12月至翌年6月）毒性最强。

（3）中毒原因与毒性作用机制

常见的河豚中毒原因有：部分消费者抱有侥幸心理，盲目尝鲜极易引发中毒；含河豚毒素的食品同其他食品混在一起被捕捞或捡拾，误食导致中毒；个别生产经营者未对食品原料进行严格筛选，导致含河豚毒素的食品混入。

河豚毒素是钠离子通道中的一种典型阻断剂，对钠离子通道的选择性很高，其致毒作用主要是选择性地与肌肉、神经细胞的细胞膜表面钠离子通道受体进行结合，使电压依赖性钠离子通道被阻断，进而使动物的神经兴奋与传导、中枢神经系统的调控功能以及心脏搏动、平滑肌蠕动、骨骼肌收缩、激素分泌等一系列的生理功能受到影响，导致肌肉和神经的麻痹。

（4）中毒表现与预防措施

河豚毒素中毒潜伏期一般在 10 min 至 3 h，患者首先感觉面部或手脚感觉异常，随后可能出现眩晕或麻痹，也可能出现恶心、呕吐、腹泻等胃肠症状，继而可能会呼吸急促，并可能出现低血压、抽搐和心律不齐，重者可致死亡。

为了预防河豚毒素中毒，需要进一步加强宣传河豚有关的科学知识，重点是宣传识别河豚的方法以及食用河豚的危险性。另外，对私自贩卖河豚的个人加强监督，市场监督管理等部门应加强联合执法，对城乡集市、渔港、饮食单位等进行监督，预防河豚中毒事件的发生。制定和完善河豚相关的管理政策和操作规范，有效控制河豚的养殖、加工、销售和餐饮等关键环节，逐步安全、规范、稳妥地开放养殖河豚市场，满足民众饮食需求。

河豚毒素知识
拓展

6.2.2 贝类毒素

贝类生物体通过滤食有毒微藻，经过生物体内的积累和放大转化为有机毒素，这些毒素统称为贝类毒素（shellfish toxins）。贝类毒素也称赤潮生物毒素，是由有害赤潮生物产生的天然活性物质。赤潮是在特定的环境下，海水中原生生物、浮游生物或细菌暴发性增殖造成水体变色的生态现象。因研究人员最早从贝类体内发现赤潮毒素，故称此类毒素为贝类毒素。赤潮毒素随着滤食性鱼、虾、贝类的滤食活动被富集在体内，造成海产品毒化，毒化的海产品通过食物链的传递最终导致人体中毒。

根据贝类毒素引发的中毒症状，可将其分为四大种类：麻痹性贝类毒素（paralytic shellfish poisoning，PSP）、腹泻性贝类毒素（diarrhetic shellfish poisoning，DSP）、神经性贝类毒素（neurotoxic shellfish poisoning，NSP）和失忆性贝类毒素（amnescie shellfish poisoning，ASP）。

6.2.2.1 麻痹性贝类毒素

麻痹性贝类毒素（PSP）是目前分布最广、毒性最强、对人类威胁最为严重的贝类毒素之一。麻痹性贝类毒素在我国近海污染问题已十分突出，基本呈现逐年加剧的趋势。20 世纪 90 年代，南海麻痹性贝类毒素污染较重；21 世纪初，北黄海麻痹性贝类毒素污染较重；近几年，渤海和福建近海麻痹性贝类毒素污染较重。

（1）结构与性质

麻痹性贝类毒素是一类以石房蛤毒素（saxitoxin，STX）为骨架的四氢嘌呤类衍生物（图 6-2），在其骨架结构上有 4 个取代基位点（表示为 $R_1 \sim R_4$），该位点在生物体内可通过酶促反应，或者在一定的化学条件下发生甲酰化、磺酰化、羟基化、乙酰化等取代反应，产生较多衍生物。

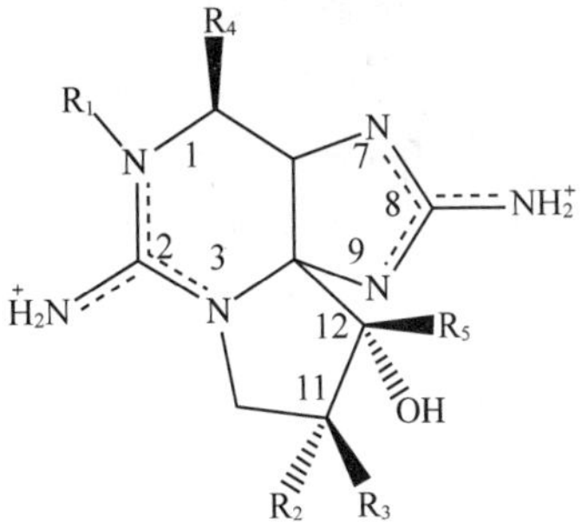

目前已知结构的麻痹性贝类毒素约 57 种。根据 $R_1 \sim R_4$ 取代基的差异，麻痹性贝类毒素可分为以下类型：氨基甲酸酯类毒素（carbamate toxins）；脱氨甲酰基类毒素（decarbamoly toxins）；N-磺酰氨甲酰基类毒素（N-sulo-carbamoyl toxins）；脱氧脱氨甲酰基类毒素（deoxydecarbamoyl toxins）。

图 6-2 PSP 毒物衍生物骨架结构

麻痹性贝类毒素作为一类低分子量毒素，具有易溶于水、耐热、胃肠道易吸收、不易被消化酶破坏的性质，即使在高温和酸性条件下都不易发生变化，经过紫外、臭氧、高温加热等处理方式均未得到理想的控制降解效果。

（2）毒素来源

海洋中能产生 PSP 的海藻主要为有毒的甲藻蓝藻，该毒藻广泛分布于全球的近岸海域，目前已知有 13 种单细胞的甲藻可产生 PSP，分别为亚历山大藻属（*Alexandrium*）、膝沟藻属（*Gonyaulax*）、链状裸甲藻属（*Gymnodinium*）及生活在淡水区中的蓝绿藻属（*Blue-green algae*）等。此外，一些细菌、红藻也可产生 PSP 毒素。PSP 可沿食物链进行传递、积累，不仅能使滤食性贝类、草食性鱼类等染毒，还能致使许多的高等生物中毒。PSP 易在贻贝、扇贝、珍珠贝、蛤类等可食性贝类中积累，当人体一旦摄入染毒贝类后，毒素在人体内会迅速释放并随摄入剂量而呈现一定的毒性作用,严重危害人体健康。

（3）中毒原因与毒性作用机制

PSP 是典型的膜神经性毒素,其活性部位为 7、8、9 位点的胍基,它可与兴奋细胞膜上电压门控制 Na⁺ 通道上的位点氨基酸残基高度亲和,从而选择性阻断 Na⁺ 进入细胞,阻碍动作电位的形成,从而阻断神经肌肉的传导而产生麻痹的中毒现象。

（4）中毒表现

PSP 遇热稳定,易被胃肠道吸收,且难以被人的消化酶破坏,所以一旦被食用,将很快呈现毒性作用。由于进食时口腔最先接触到 PSP,因此麻痹性贝毒中毒的最初症状为口唇舌感觉异常和麻木,随后波及靠近脸和脖子的部分,最终指尖和脚趾出现针刺般痛的感觉,并伴有轻微的头痛和头晕,在中毒早期会出现恶心、呕吐。中毒稍微严重,出现胳膊和腿麻痹,出现运动障碍,并有眩晕感,中毒严重时,出现呼吸困难,咽喉紧张;随着肌肉麻痹不断扩展加重,最终导致死亡,麻痹性贝毒中毒的严重程度由摄入的 PSP 的特异毒性、摄入数量和排出速率决定。

目前 PSP 中毒尚无特效解毒方法,主要还是依靠病人自身的解毒、排毒机能来分解、清除毒物。

6.2.2.2 腹泻性贝类毒素

腹泻性贝类毒素(DSP)覆盖范围广,发病率最高,几乎所有的发达国家在本国海域都发现和检出了 DSP,因此,腹泻类贝毒问题已经成为全球性的问题。我国腹泻类贝毒问题也比较严重,从辽东湾、胶州湾、天津到连云港,从舟山、福建沿海再到广州,均发现了 DSP 污染问题。腹泻性贝毒会导致人类产生恶心、呕吐、腹泻和腹痛等症状,但与其他毒素相比,腹泻性贝毒的毒性相对较低,至今没有人因腹泻性贝毒中毒死亡。

（1）结构与性质

DSP 是海洋中某些藻类或微生物产生的一类脂溶性次生代谢产物,其化学结构为聚醚或大环内酯化合物(图 6-3)。已发现的 DSP 至少有 23 种,其中 21 种结构已确定。根据其成分的碳骨架结构,可分为 3 组:①酸性成分,大田软海绵酸(Okadaic Acid,OA)及其天然衍生物——鳍藻毒素(dinophysistoxin Ⅰ～Ⅲ,DTX Ⅰ～Ⅲ);②聚醚内酯-蛤毒素(pectendotoxins,PTXs);③其他成分,硫酸盐化合物即扇贝毒素(yessotoxin,YTX)及其衍生物 45-OH 扇贝毒素。

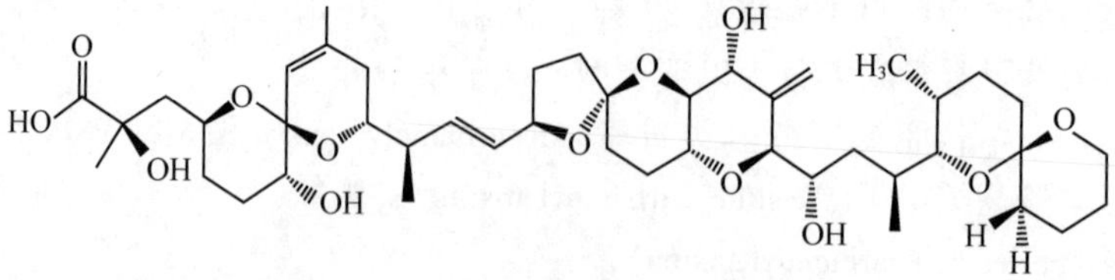

图 6-3 大田软海绵酸(OA)结构式

DSP 为不溶于水,但能溶于甲醇、乙醇、丙酮、氯仿等有机溶剂的脂溶性物质,热稳定性好,通常的加热处理不易破坏其化学结构和毒性,因此在平常的烹饪过程中不能通过高温加热来降低 DSP 的毒性。但由于该毒素仅限于贝类的中肠腺或消化腺,因此人们在食用该有毒贝类时可通过剔除该有毒部分来避免中毒。

（2）毒素来源

产生腹泻性贝毒的藻类较多,主要是鳍藻属和原甲藻属。我国引发腹泻性贝毒中毒的潜在产毒藻种有:倒卵形鳍藻、渐尖鳍藻、尖锐鳍藻、具尾鳍藻 *Dinophysis caudata*、帽状鳍藻 *D. mitra*、*D. norvegica*、*D. sacculus*、*D. tripos* 和利玛原甲藻。

（3）中毒原因与毒性作用机制

腹泻性贝类毒素的毒性机制主要在于其活性成分 OA 能够抑制细胞质中磷酸酶的活性，导致蛋白质过磷酸化，从而对生物的多种生理功能造成影响，OA 呈脂溶性，不溶于水，对热稳定，通常的加热处理不易破坏其结构。OA 是蛋白磷酸酶 1（PP1）和蛋白磷酸酶 2A（PP2A）的强烈抑制剂，靠激发磷酸化控制大肠细胞 Na^+ 的分泌而引起腹泻。OA 不仅是肿瘤的强烈促生剂，通过抑制蛋白磷酸酶 PP1 和 PP2A 使蛋白激酶 C 激活，导致细胞增殖，而且也可以逆转由癌基因介导的细胞转化，根据转化作用物或细胞型的不同，可起促癌或抑癌的作用。

（4）中毒表现

DSP 为一种非致命毒素，没有非常强烈的毒性，只会在患病后引起轻微的肠胃疾病，病人在 2~3 d 后即可恢复健康。DSP 中毒的主要特征为：病原的潜伏期短（30 min 到几小时），患者常会出现腹泻、恶心、呕吐、腹部疼痛等症状，但不会发热，一般泻药不能医治。

6.2.2.3　神经性贝类毒素

神经性贝类毒素（NSP）危害相对较小，早先分布主要局限于美国的墨西哥湾沿岸，1993 年新西兰大规模 NSP 中毒事件的发生说明其产毒藻的分布范围广于预料。

（1）结构与性质

NSP 属于高度脂溶性毒素，结构为多环聚醚化合物，主要为短裸甲藻毒素。从短裸甲藻中分离出约 13 种 NSP 成分，其中 11 种成分的化学结构已确定，按各成分的碳骨架结构划分为 3 种类型：由 11 个稠醚环组成的梯形结构；由 10 个稠醚环成分组成；其他成分。

短裸甲藻毒素（brevetoxin，BTX）是 NSP 中主要的一类毒素成分，主要由裸甲藻、海洋卡盾藻和赤潮异弯藻产生，其基本结构分为 A 型（BTX-A，即 PbTx-A）和 B 型（BTX-B，即 PbTx-B）（图 6-4），包含数十种衍生物，以 BTX-2（即 PbTX-2）最为常见。短裸甲藻毒素是醚环形成的长链梯形结构，不含氯，低熔点，耐热性好，高度脂溶性，难溶于中性和酸性水溶液，能溶于甲醇、乙醇、丙酮、氯仿、乙醚、苯、二硫化碳等有机溶剂和 1% 氢氧化钠溶液。研究表明，这些聚醚类化合物在贝类体内的化学结构会发生转化。

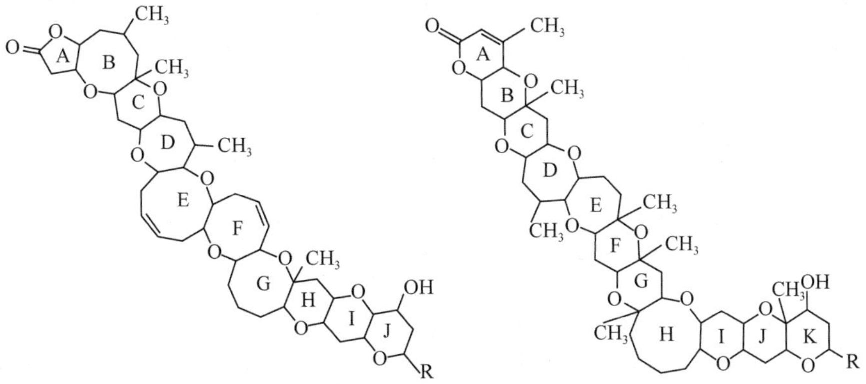

A 型　　　　B 型

图 6-4　短裸甲藻毒素结构式

（2）毒素来源

NSP 是由短裸甲藻（*Ptychodiscus brevis*）、剧毒冈比甲藻（*Gambierdiscums toxicus*）等藻类产生的，贝类通过滤食这些有毒藻类后将毒素富集在体内，人误食这些贝类或人在赤潮区吸入含有有毒藻类的气雾而中毒。

（3）中毒原因与毒性作用机制

NSP 的毒性相对较小，这类毒素属于含有脂溶性的多醚化合物，不含氮，是一种去极化物质。它可以打开细胞膜上电压门控的钠离子通道，尤其在细胞膜内电位处于超极化状态时，使钠离子不可控地大量内流，从而使细胞膜持续处于去极化状态，进而引起平滑肌的持续收缩。

NSP 对人类的毒害作用途径分为两种，一种是通过呼吸或接触到海水或水雾中毒藻细胞破裂所释放出来的毒素，造成一些刺激性症状，如结膜刺激征、大量流涕以及干咳等；另一种是通过贝类累积，通过食物链传递至人造成神经性中毒症状，如感觉异常，冷热颠倒，以及消化系统症状（如恶心呕吐腹泻等），严重者有感觉窒息且伴有心律不齐现象，但至今尚无死亡发生。除对人的影响之外，NSP 还可导致大量的鱼类死亡。相反，牡蛎、蛤类和贻贝对该毒素不敏感，外表上完全呈现出健康状态。

（4）中毒表现

NSP 是唯一一类可以通过吸入导致中毒的贝类毒素。人误食含有 NSP 食物后的主要症状是神经麻痹。其潜伏期较短，一般为数分钟至数小时，中毒者主要表现为唇、舌头、喉头及面部有麻木感与刺痛感、肌肉疼痛、头晕等神经性症状及某些消化道症状。疾病持续的时间一般为几天，很少出现死亡情况。目前，对新鲜的、冷冻的或罐装制品的牡蛎、蛤类和贻贝的 NSP 最大允许限量为 20 MU/100 g。

目前美国、澳大利亚和新西兰等国家规定小鼠生物法安全标准为 20MU/100g，相当于 800μg PBTX-2/kg 贝肉组织，而中国尚无针对此类毒素的限量标准，一般针对此类毒素的限量值是参考欧美限量。

6.2.2.4 失忆性贝类毒素

失忆性贝类毒素（ASP）主要含有软骨藻酸（domoic acid，DA）以及其自然化学衍生物。目前我国检出软骨藻酸的报道还很罕见，但在我国海区，已经检测到了多种能产生软骨藻酸毒素的拟菱形藻，广泛分布在我国沿海，其中有 9 种拟菱形藻是潜在产毒种，在非中国海区均有产毒报道。

（1）结构与性质

软骨藻酸分子式为 $C_{15}H_{21}NO_6$，相对分子质量为 311.33，其分子结构如图 6-5 所示。软骨藻酸纯品为白色固体粉末，溶于水，微溶于甲醇，熔点 223~224 ℃，在紫外光谱区最大吸收波长为 242 nm，在体积比为 1∶9 的乙腈/水溶液和 -12 ℃黑暗条件下可保持稳定 1 年左右。软骨藻酸在常温或光照下在碱性溶液中不会降解，但它在酸性溶液（pH 3）中 1 周可降解 50%。软骨藻酸具有热稳定性，一般的烹饪过程并不能够破坏软骨藻酸的毒性。虽然一般家庭的蒸和煮的过程会减少贝类组织中的软骨藻酸含量，但是软骨藻酸仍会随烹饪过程进入到烹饪油中，进而通过消化道进入人体。

（2）毒素来源

软骨藻酸是由硅藻门（Baciilariophyta）羽纹硅藻纲（Pennata）管壳缝目（Aulonoraphidinals）菱形藻科（Nitzschiaceae）中的拟菱形藻属（Pseudo-nitzschia）和菱形藻属（Nitzschia）中硅藻的某些种产生的。

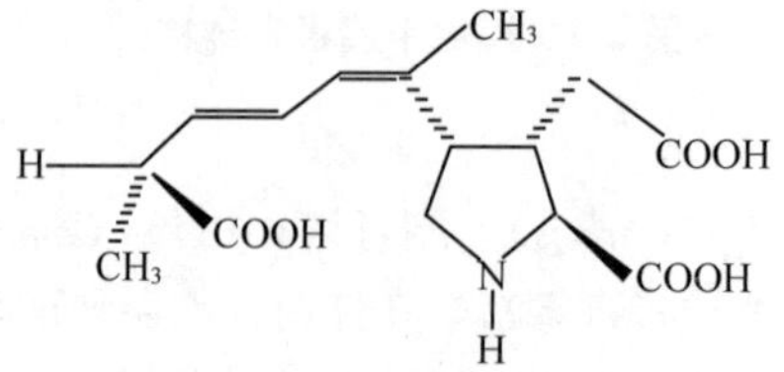

图 6-5 软骨藻酸结构式

（3）中毒原因与毒性作用机制

人体多通过食用贝类、鱼类的途径摄入软骨藻酸。软骨藻酸是一种兴奋性神经毒素，在结构上与兴奋性氨基酸谷氨酸及红藻氨酸相似，在体内可直接与谷氨酸受体结合，促进内源谷氨酸释放，从而导致神经组织损伤。

（4）中毒表现

人体在摄入受软骨藻酸污染的贝类后，胃肠黏膜会吸收软骨藻酸。贝类中的软骨藻酸一旦被人体的胃肠黏膜吸收，纯品软骨藻酸也可通过呼吸道、角膜和皮肤直接进入体内，以带电亲水分子形式分布于血管周围组织中。软骨藻酸还可通过与谷氨酸机制相同的脑部通路进入脑，即通过血脑屏障的高亲和性转运系统进入脑。中毒后，人体会出现恶心、呕吐、胃炎，严重时可以导致头晕眼花、视觉障碍、记忆丧失、昏迷等。

6.2.2.5 贝类毒素预防措施

贝类毒素不会使贝体发生肉眼可见的变化，通过颜色和气味并不能判断其是否已染毒。煎炒、水煮、高温、高压等常用的烹饪方法也不能完全破坏贝类毒素。所以，预防和及时对症治疗是减轻贝类毒素危害的主要方法。同时，记住以下要点：一是通过正规渠道采购水产品。建议消费者在购买贝类时，尽量去正规的超市或市场。沿海地区的居民不要在有毒赤潮预警期间"赶海"打捞或采食海产品，平时也不要在排水口（如电厂冷凝水、生活污水）附近海域采集、捕捞海产品。二是食用要留心，有症状及时就医。食用贝类时要去除消化腺等内脏，每次食用量不宜过多。食用后如出现恶心、呕吐、腹泻、四肢肌肉麻痹等症状，要立即赶往医院治疗。

6.2.3 组胺

组胺（histamine）是食品在贮藏或加工过程中，体内自由组氨酸经过外源污染性或肠道微生物（水产鱼类中）产生的脱羧酶降解后产生的可劣化产品品质（感官指标）并对人体有一定毒害作用的化学物质。组胺中毒是水产食品存在的主要安全问题之一。世界各地，尤其是沿海地区组胺中毒事件时有发生。我国近年来关于食品中组胺超标及其引起的食品安全事故也常有报道。

6.2.3.1 组胺的来源

组胺主要是由微生物产生，其产生的 3 个条件是：存在组胺的前体物质——自由组氨酸；存在催化酶——组氨酸脱羧酶（主要由微生物产生）；存在发生组氨酸脱羧反应的条件（如适宜的温度、pH 值等）。

水产品中组胺来源，一是水产品被捕捞死亡后，体内正常菌群被打破，导致产组氨酸脱羧酶微生物的滋生，继而产生组胺；二是在加工或贮藏中污染外源性微生物而产生组胺。其他产品如葡萄酒类、豆制品、泡菜、香肠以及奶制品中组胺的积累，主要是由贮藏、加工过程中污染的外源性微生物引起。组胺形成过程，如图 6-6 所示。

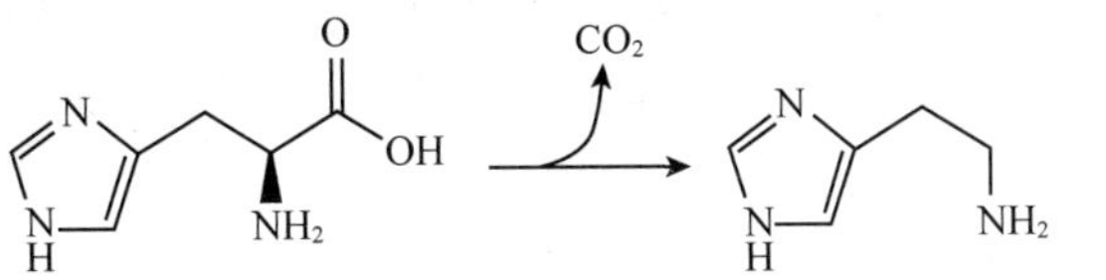

图 6-6　组胺形成过程 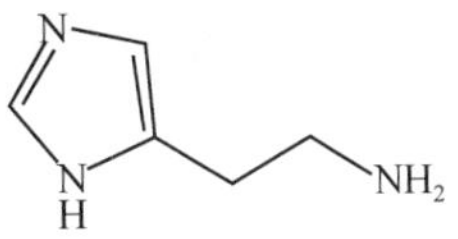　　　　　图 6-7　组胺结构式

6.2.3.2 结构与性质

组胺（2-咪唑基乙胺），化学式是 $C_5H_9N_3$，相对分子质量是 111，结构式如图 6-7 所示。组胺是广泛存在于动植物体内的一种生物胺，是由组氨酸脱羧而形成的，通常贮存于组织的肥大细胞中。组胺是人体重要的活性成分，适量的组胺对调解机体正常生理功能具有重要作用，如

控制胃酸分泌，调解细胞因子，参与炎症反应及促甲肾上腺素和肾上腺素的释放。

6.2.3.3　中毒原因与毒性作用机制

人体摄入组胺含量超标的食品，极易引起组胺中毒。组胺通过与细胞膜上的两类受体(H1和H2)作用而发挥毒性。当机体摄入组胺超过 100 mg 时，即可引起过敏性食物中毒。

在体内，组胺是一种重要的化学递质，当机体受到某种刺激引发抗原-抗体反应时，引起肥大细胞的细胞膜通透性改变，释放出组胺，与组胺受体作用产生病理生理效应。

6.2.3.4　中毒表现与预防措施

组胺中毒的潜伏期较短，一般为 0.5~1 h，最短仅为 5 min，最长达 4 h。

中毒病人呈现组胺反应，主要表现为颜面潮红似酩酊样，眼结膜充血、头昏、头剧痛、心悸、胸闷、口干、咽部烧灼感、恶心、全身出现荨麻疹，急重患者出现晕厥、血压降低，重症可致死亡。

预防措施如下：

①鱼肉应当低温贮藏或冻藏。在 5 ℃以下冷藏或者冷冻时，鱼体本身的酶类和鱼体上污染的具有组胺脱羧酶的微生物均可受到抑制，从而可防止组胺的大量生成，避免组胺中毒的发生。

②防止鱼类在装箱、运输、销售和加工各个环节被细菌污染，要特别注意鱼类在处理过程中的清洁卫生。

③用食盐腌制可以升高鱼组织液的渗透压，避免摩尔根氏变形杆菌、组胺无色菌等微生物的污染，可基本阻止鱼中组胺的生成。

6.2.4　鱼胆毒素

某些鱼类的胆汁含有鱼胆毒素(chthyogalltoxin)，人们吞食后大多会引起中毒，严重者危及生命，并造成死亡。这些胆汁有毒的鱼类称为胆毒鱼类(gall-bladder poisonous fishes)。一般认为，鱼胆能清肝、明目祛火，但也有一定毒性。临床上，因服用鱼胆所致的鱼胆中毒时有发生，最早多见于我国南方及沿海地区。随着经济水平的提高，淡水养殖产业的发展，鱼胆中毒在我国各地屡见不鲜。

6.2.4.1　鱼胆毒素来源

日常生活中，经常食用的主要是淡水鱼类，包括鲫鱼、草鱼、青鱼、鲢鱼、鲤鱼等，以上均属于胆毒鱼类，尤其后 4 种的鱼胆毒性更强。由于草鱼、鲢鱼、鲤鱼市场多见、经济实惠、民众最易购得，因此这 3 种鱼的鱼胆中毒最多见。

6.2.4.2　结构与性质

鱼胆汁的主要成分是胆酸、氰化物和组胺。有研究进一步证实，胆汁中水溶性鲤醇硫酸酯钠是鲤科鱼类胆汁中毒的主要毒性成分，其 LD_{50} 为 668.7 mg/kg(小白鼠灌胃)，和 115.15 mg/kg(腹腔注射)，相对分子质量为 554，分子式为 $C_{27}H_{47}O_8SNa$，结构式如图 6-8 所示。鲤醇硫酸酯钠对热稳定，且不易被乙醇所破坏，不论生吞、熟食或用酒泡过吞服，均会引起中毒。

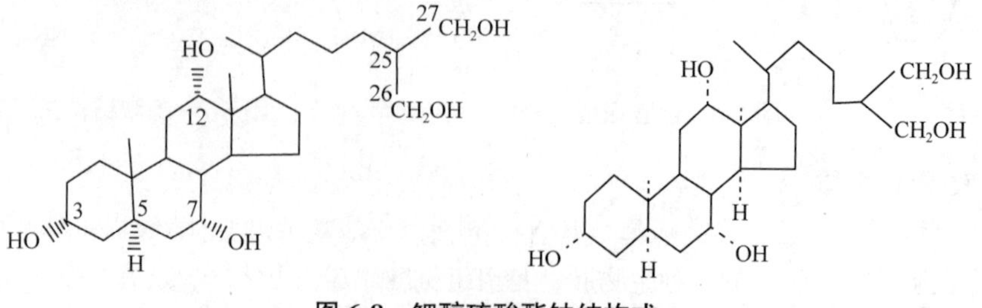

图 6-8　鲤醇硫酸酯钠结构式

鱼胆毒性强弱与鱼胆大小呈正相关，一般吞食鱼重约 500 g 的鱼胆 4~5 枚或鱼重约 2 000 g 的鱼胆 1 枚则可引起中毒；吞食鱼重 2 500 g 的鱼胆 2 枚或者鱼重 5 000 g 的鱼胆 1 枚可引起死亡。同时，食用鱼胆后中毒与否也受鱼种、大小和食用者的个人体质等因素影响。

6.2.4.3 中毒原因与毒性作用机制

临床鱼胆中毒者多为经口中毒，包括生食、蒸/煮后吞服、伴糖服、酒浸泡后服用或直接酒水送服。曾有报道 2 例鱼胆致盲的病例，为清理鱼内脏时胆汁溅入眼中所致。胆汁毒素具有耐热特性，其毒性不易被加热或乙醇所破坏。临床上，不论何种进食鱼胆方式，都可导致不同程度的中毒症状。

目前，鱼胆中毒相关致病机制尚未完全明确。一般认为其致病机制主要与鱼胆汁毒素直接损伤线粒体、溶酶体，影响机体细胞能量代谢，组胺类物质导致机体过敏和抗氧化物质减少、氧自由基增多相关。

具体作用如下：

①胆盐作用 鱼胆中含有胆酸、鹅去氧胆酸、鹅牛黄胆酸，它们与钾离子结合形成胆盐，可破坏细胞膜。

②组胺类物质致敏作用 鱼胆汁具有组胺的致敏作用，使毛细血管通透性增加，造成器官的出血、水肿、炎性改变。

③氢氰酸物质的毒性作用 鱼胆汁中含有氢氰酸物质，能抑制细胞色素氧化酶的活性，阻断生物氧化过程中的电子传送，使组织细胞不能利用氧，形成"细胞内窒息"。

6.2.4.4 中毒表现与预防措施

进食鱼胆后其中毒的潜伏期一般为进食鱼胆后 0.25~14 h，起病、发病急，多在 0.5~3 h 内发病，常以消化道症状为首发表现，进展快，短期内即可造成肝、肾功能衰竭，严重者可死亡。

鱼胆中毒无特效解毒药，其治疗手段主要包括：尽快彻底洗胃或催吐，清除毒物；保护胃黏膜、延缓胆汁吸收；促进毒素排出；及早短程应用糖皮质激素；保护脏器功能，尤其是肝、肾功能；对症支持，纠正酸碱失衡和电解质紊乱。

我国口岸首例雪卡毒素中毒处理

鱼胆中毒发病急，进展快，病情重，常见的如青鱼、草鱼、鲢鱼、鳙鱼、鲫鱼等的鱼胆均有毒性，无论进食数目多少及哪种进食方式均可引起中毒，应加强对民众的宣传教育，严禁滥用生鱼胆治病。同时加强家长安全意识，避免儿童误服鱼胆中毒，一旦服用，尽快就医，防止延误治疗。

6.3 有毒植物

植物是人类粮食、蔬菜、水果的来源。植物种类有 30 多万种，但用作食品的不过数百种，用作饲料的也不过数千种，这是由于一些植物体内天然含有的毒素限制了其成为食物。即使是可食用的植物，有些也含有天然的有毒物质，如果烹饪方法或食用方法不正确，就有可能引发人类食物中毒。

6.3.1 豆类毒素

6.3.1.1 豆类毒素来源

豆类毒素中毒是有毒植物食物中毒中较常见的类型。日常食用豆类中存在的毒素主要有植物红细胞凝集素、胰蛋白酶抑制剂、皂素苷、植酸等。不同豆类中毒素的种类和含量均有较大差异，如大豆中主要含有胰蛋白酶抑制物、植物红细胞凝集素、皂素苷；菜豆中主要含有皂素苷、植物红细胞凝集素、胰蛋白酶抑制剂、亚硝酸盐等；蚕豆中则含有巢菜碱苷。

6.3.1.2　毒性作用机制及中毒症状

（1）植物红细胞凝集素

植物红细胞凝集素是一种能使红细胞凝集的蛋白质，在大豆、豌豆、蚕豆、绿豆、菜豆、扁豆、刀豆等豆类中都存在，简称凝集素或凝血素，尤其以大豆和菜豆中该物质的含量最高。

大多数植物红细胞凝集素的相对分子质量为 100 000~150 000，其中多数是含有 4 个亚基的蛋白质分子，少数仅含有 2 个亚基，每个亚基都有一个与糖结合的部位，这种多价性是其能凝集细胞或使糖蛋白沉淀的原因。当蛋白质分解成亚基，凝集细胞作用消失。植物红细胞凝集素一般比较耐热，80 ℃加热数小时不能使之失活，但 100 ℃加热 1 h 可完全破坏其活性。经过动物试验结果表明，大豆凝集素的毒性相对较强，以 1%的含量喂饲小鼠可以引起其生长迟缓，其 LD_{50} 约为 50 mg/kg。红细胞凝集素进入消化道可刺激消化道黏膜，破坏消化道细胞，引起胃肠道出血性炎症。同时当外源凝集素结合人肠道内的碳水化合物时，可造成消化道对营养物质吸收能力下降，从而造成营养缺乏和生长迟缓。如果凝集素进入血液，与红细胞发生凝集作用，破坏红细胞输氧能力，可造成人体中毒。

植物红细胞凝集素引起的食物中毒潜伏期为几十分钟至几十小时，儿童对大豆红细胞凝集素比较敏感，中毒后会出现头痛、腹泻、恶心、呕吐等症状，严重时则会导致死亡。

（2）胰蛋白酶抑制剂

胰蛋白酶抑制剂是蛋白质或蛋白质的结合体，主要存在于大豆和菜豆中。其在大豆中的各部位均有分布，但主要存在于大豆的种子中。在大豆的种子内，胰蛋白酶抑制剂主要分布于蛋白质含量丰富的组织或器官中，定位于蛋白体、液泡或细胞液中，大豆种子中胰蛋白酶抑制剂的含量可达总蛋白质的 6%~8%。大豆胰蛋白酶抑制剂主要抑制胰蛋白酶和胰凝乳酶对蛋白质的分解作用，并对胃肠道产生直接的刺激作用，从而导致食用者出现中毒反应。中毒的表现为在食用没有完全煮熟的豆类后 5~60 min 内出现恶心、呕吐、腹痛的症状。

（3）皂素苷

皂素苷是类固醇或三萜类化合物的低聚配糖体的总称，是能形成水溶液或胶体溶液，并能形成肥皂状泡沫的植物糖苷的统称，又称为皂苷、皂素。大豆皂苷是一种常见的皂苷，它主要存在于豆科植物中，如菜豆和大豆，一般存在于豆荚外皮。豆类植物种子中大豆皂苷的含量一般在 0.62%~6.16%。皂苷大多为白色无定形粉末，味苦而辛辣，可溶于水、甲醇和稀乙醇，易溶于热水、热甲醇及热乙醇，不溶于乙醚、氯仿及苯等有机溶剂，对热稳定，酸性条件下遇热分解。

皂苷的毒性主要体现在溶血性及其水解产物皂苷元的毒性。皂苷元可强烈刺激胃肠道黏膜，引起局部黏膜细胞充血、肿胀及出血性胃肠道炎症，以致造成恶心、呕吐、腹痛、腹泻的症状。此外，皂苷还可破坏红细胞，与红细胞膜的胆固醇结合形成不溶性化合物，引起一系列溶血的症状。

豆浆中毒事件

（4）植酸

植酸又称肌醇六磷酸，是一种由肌醇和 6 个磷酸离子构成的化合物。主要存在于米、燕麦、玉米、小麦以及青豆植物中。植酸具有强酸性，易溶解于水和含水乙醇中，难溶于无水乙醇、甲醇中，有一定的抗氧化性。

植酸对绝大多数金属离子有极强络合能力，络合力与 EDTA 相似，且遇二价以上金属盐均可沉淀。植酸通过磷酸基团能牢固地黏合许多二价或三价金属阳离子及蛋白质分子，从而大大降低了 Zn、Mg、Fe、Mn、Cu、Ca 等元素的溶解度及蛋白质分子的消化利用率。另外，植酸及其不完全水解产物还能抑制蛋白质、淀粉水解酶和脂肪酶的活性，严重影响人体的正常代谢。植酸本身的毒性很小，小鼠口服 LD_{50} 为 4 192 mg/kg，毒性比食盐更低(食盐 LD_{50} 为 4 000 mg/kg)，进行三致试验，发现植酸对小鼠骨髓嗜多染细胞微核实验无致突变作用，因此植酸属于低毒的化学物质。

6.3.1.3 预防措施

豆类毒素大多对热敏感，如去除豆类中植物红细胞凝集素最简单有效的办法就是湿热处理，一般加热 30 min 可去除。有研究表明在不影响大豆蛋白质品质的条件下，采用 95 ℃ 30 min，100 ℃ 20 min 或 105 ℃ 10 min 的湿热处理，可使大豆凝集素的活力完全丧失(干热处理无效)。而大豆中胰蛋白酶抑制剂对热稳定性较高，充分加热可使之变性失活，从而消除其有害作用。所以，去除蛋白酶抑制剂有效、简单的方法就是高温加热钝化，通常采用常压蒸汽加热 30 min 或 98 kPa 压力的蒸汽处理 15~20 min，可使胰蛋白酶抑制剂失活。

因此，日常加工大豆、菜豆、蚕豆等豆类时，除去豆类毒素最有效的办法是将其充分加热煮熟。另外，在煮豆浆时要防止皂素苷引起的"假沸"现象，"假沸"后要继续加热至 100 ℃，并持续 10 min 以上，以保证食用安全。

6.3.2 生物碱糖苷

6.3.2.1 分布、结构与性质

生物碱糖苷是植物体内的一类次生代谢产物，通常指具有特殊甾体结构的一类生物碱，也被称作甾体糖苷生物碱或茄属糖苷生物碱。生物碱糖苷主要分布于茄科和百合科植物中，而百合科和茄科的植物在自然界中广泛存在，如番茄、茄子、马铃薯、龙葵、藜芦、白英等植物。可以引起食物中毒的生物碱糖苷主要是茄碱、番茄碱、卡茄碱等。在发芽或有黑绿斑的马铃薯中存在大量 α-查茄碱和 α-茄碱；在番茄中主要存在番茄碱。

生物碱糖苷由疏水性的糖苷配基(苷元)和亲水性的寡糖链两部分组成。生物碱糖苷是一种甾体皂苷，甾体骨架(苷元)由一个非极性的甾体单元(环戊烷多氢菲)连接一个含氮原子的杂环结构构成，糖链连接于甾体骨架(苷元)的"3-"位，通常由 3~4 个糖残基组成。

生物碱糖苷配基的结构大致分为茄次碱烷(solanidanes)类、螺旋甾碱烷(spiroslanes)类和其他甾体衍生物 3 类，结构如图 6-9 所示。

以茄次碱烷为配基的糖苷生物碱有垂茄碱、α-查茄碱、勒帕茄碱Ⅰ、α-茄碱、异红介藜芦碱、次勒帕茄碱Ⅰ等；以螺旋甾碱烷为配基的糖苷生物碱有 α-边缘茄碱、α-澳洲茄碱、茄狄星和番茄碱等；其他甾体衍生物一般有 3 种：α-表氨基环半缩酮、3-氨基螺甾烷、22,26-缩亚胺胆甾烷。

通常，在糖苷生物碱糖苷配基的"3-"位连接有一个 3~4 个糖残基的糖链，组成糖链的单糖一般是葡萄糖、半乳糖、鼠李糖、阿拉伯糖和木糖。图 6-10 所示的茄三糖(solatriose)、卡茄三糖(chacotriose)和番茄四糖(lycotetraose)是 3 种最常见的糖链。

大多数的生物碱糖苷为无色苦味的结晶形固体，少数为有色或为液体。游离的生物碱难溶于水，而易溶于乙醇、乙醚、氯仿等有机溶剂中。生物碱糖苷本身具有弱碱性，可以发生"酸溶碱沉"，即在酸性条件下成盐溶解，在碱性条件下被沉淀析出。由于生物碱糖苷遇高温不易分解，所以其结构不易被高温、烘烤、干燥和煎炸等加工处理破坏。

6.3.2.2 毒性作用机制及中毒症状

生物碱糖苷对哺乳动物的毒性作用机制主要有两方面：一是生物碱糖苷对胆碱酯酶的活性有抑制作用。胆碱酯酶能催化神经递质乙酰胆碱水解为胆碱和乙酸盐，如果该酶活性被抑制，就会造成乙酰胆碱的大量积累，从而使神经兴奋增强，引起一系列的中毒症状，如恶心、呕

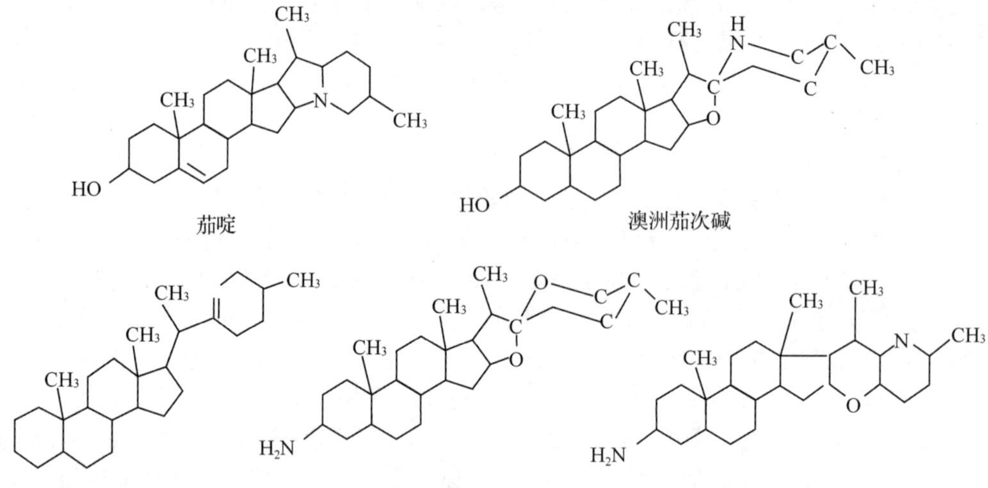

茄啶　澳洲茄次碱

22,26-缩亚胺胆甾烷　3-氨基螺甾烷　表氨基环半缩酮

图 6-9　生物碱糖苷配基的基本结构

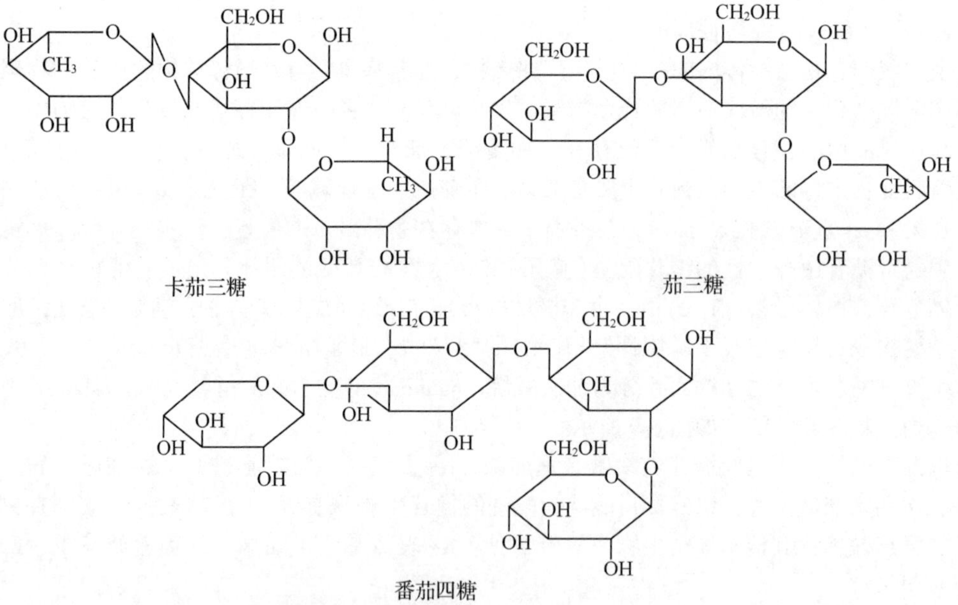

卡茄三糖　茄三糖

番茄四糖

图 6-10　生物碱糖苷 3 种常见的糖链类型

吐、呼吸困难。二是生物碱糖苷对生物膜有溶解和破坏的作用。生物碱糖苷可以与生物膜上的甾醇类成分连接形成复合物，最后形成凝聚物，导致生物膜上孔洞的形成，还可能将甾醇类从生物膜中拉出形成管状或球形的复合物，引起膜的破裂。

马铃薯的块茎含有的生物碱糖苷称为龙葵碱，又称茄碱或龙葵素。龙葵碱主要集中在马铃薯芽眼、表皮和呈绿色的部分，其中芽眼部位所具有的龙葵碱约占龙葵碱总量的 40%。在新鲜的马铃薯中，龙葵碱含量通常在 20～100 mg/kg，含量与品种和季节有关。发芽、表皮变青时马铃薯中的龙葵碱含量会急剧上升，最高可达 5 000 mg/kg。口服 1～5 mg/kg 能引起人严重中毒反应，而口服 3～6 mg/kg 就能致人死亡，其中毒剂量和致死量非常接近。中毒症状为咽喉、上腹部灼烧感、疼痛，胃痛、腹泻，恶心、呕吐，呼吸困难、急促，伴随全身虚弱和衰竭等，严重的可导致死亡。

6.3.2.3　预防措施

预防马铃薯块茎生物碱糖苷积累的有效办法是将马铃薯贮存于低温、无阳光直射的地方。马铃薯加工时应彻底挖去芽和芽眼，削皮后用清水漂洗，使水溶性生物碱糖苷洗脱。生物碱糖苷具有弱碱性，在烹调马铃薯时加入适量的食用醋来分解生物碱糖苷可以有效地避免中毒。另外，要加大宣传教育，不吃生芽过多、表皮大部分变为黑绿色的马铃薯。

6.3.3　生氰糖苷

6.3.3.1　分布、结构与性质

生氰糖苷是由氰醇衍生物的羟基和 D-葡萄糖缩合形成的糖苷，也称为氰苷、氰醇苷，广泛存在于豆科、蔷薇科、稻科的 10 000 余种植物中。含有生氰糖苷的食源性植物主要有木薯、杏仁、枇杷、豆类等，引起人类食物中毒的主要成分是苦杏仁苷和亚麻仁苦苷。苦杏仁苷在植物体中是一种生氰化合物，一般存在于杏、李子、油桃、苹果等蔷薇科植物的种子和叶片中，其在植物中的含量较少，通常只有 2%~3% 的含量。亚麻仁苦苷主要存在于木薯、亚麻籽及其幼苗中。

根据取代基的不同，可以将生氰糖苷分为脂肪族生氰苷和芳香族生氰苷。该类化合物主要由 3 种脂肪族蛋白质氨基酸、2 种芳香族氨基酸以及 1 种脂肪族非蛋白质氨基酸衍生而来，生氰糖苷基本结构如图 6-11 所示。

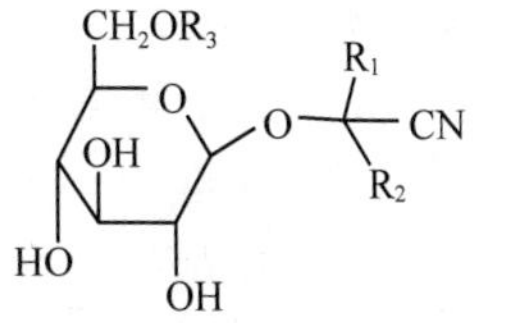

苦杏仁苷由 1 个单位的氢氰酸、1 个单位的苯甲醛和 2 个单位的 $C_6H_{12}O_6$ 组成，属于糖苷类化合物，分子式为 $C_{20}H_{27}O_{11}N$，相对分子质量为 457，可溶于水和乙醇，易溶于沸水和沸腾的乙醇，几乎不溶于乙醚。亚麻籽中的生氰糖苷主要有二糖苷和单糖苷，二糖苷含量较多。二糖苷为 β-龙胆二糖丙酮氰醇（linustatin，LN）和 β-龙胆二糖甲乙酮氰醇（neolinustatin，NN），其中，LN 的熔点为 123~125.5 ℃，NN 的熔点为 190~192 ℃；单糖苷为亚麻仁苦苷（linamarin）和百脉根苷（lotaustralin），从木薯中分离出的亚麻苦苷为无色晶体，熔点为 139~141 ℃。

图 6-11　生氰糖苷的基本结构式

6.3.3.2　毒性作用机制及中毒症状

生氰糖苷本身不呈现毒性。当含有生氰糖苷的植物被摄食后，咀嚼消化作用可使植物细胞破碎，生氰糖苷与 β-葡萄糖苷酶和 α-羟腈酶接触而被降解，释放出有毒的氢氰酸（HCN）以及酮或醛类化合物。

因此，生氰糖苷的毒性主要是 HCN 和醛类化合物的毒性。HCN 被吸收后，随血液循环进入组织细胞，并透过细胞膜进入线粒体，氰化物通过与线粒体中细胞色素氧化酶的 Fe^{3+} 结合，生成非常稳定的高铁细胞色素氧化酶，使其不能转变为具有 Fe^{2+} 的还原型细胞色素氧化酶，致使细胞色素氧化酶失去传递电子、激活分子氧的功能，使组织细胞不能利用氧，形成"细胞内窒息"，导致细胞的呼吸链中断，出现细胞中毒性缺氧症。

HCN 属于剧毒化合物，人的最小致死口服剂量为 0.5~3.5 mg/kg。急性氰化氢中毒的临床表现为患者呼出气中有明显的苦杏仁味，轻度中毒主要表现为胸闷、心悸、心率加快、头痛、恶心、呕吐、视线模糊、四肢乏力。重度中毒主要表现呈深度昏迷状态，呼吸浅快，阵发性抽搐，甚至强直性痉挛，最后因呼吸麻痹或心跳停止而死亡。关于长期少量摄入生氰糖苷而引起的慢性中毒问题也引起了研究者的关注，在一些以木薯为主食的非洲和南美地区，流行的热带神经性共济失调症和热带性弱视两种疾病均与生氰糖苷有关。

6.3.3.3　预防措施

生氰糖苷有较好的水溶性，水浸可去除含氰苷类食物的大部分毒性。类似杏仁的核仁类食物及豆类在食用前大多需要较长时间的浸泡和晾晒，然后使其充分加热从而使毒性消失，故不能生食各种核果仁。另外，不宜生食木薯，食用前需将其去皮，因为木薯中含有的90%氰苷都存在于皮内，切片、水浸、加热、同时敞开锅盖煮等形式均可使氢氰酸溶解流失或挥发。虽然加热可以灭活糖苷酶，使之不能将生氰糖苷转化为有毒的 HCN，但事实上，经高温处理过的木薯粉食物对人和动物仍有不同程度的毒性。故不能一次性吃太多的木薯，也不可以空腹食用，老幼、孕妇及体弱者均不宜食用。

6.3.4　蘑菇毒素

6.3.4.1　来源与种类

毒蘑菇又称毒蕈、毒菌，某些大型真菌的子实体被食用后会让人或畜禽产生中毒反应。据统计，全世界毒蘑菇的种类已经超过 1 000 种，其中1/2 以上的毒蘑菇在我国均有发现。在这些毒蘑菇中，约421 种含毒素比较少或处理之后可以食用，也有30 余种强毒性毒蘑菇和至少16 种极毒性毒蘑菇，误食后将很快导致人死亡。

毒蘑菇分布比较广，种类多，生长环境多变，在气温高而多雨的夏秋季节，可食用蘑菇大量生产时，也是野生毒蘑菇大量茂盛的季节，人类常因误食而中毒。从外观来看，很多毒蘑菇与可食用的野生蘑菇十分类似，在山区和乡镇由于混淆误食毒蘑菇而发生中毒的事例比较多。毒蘑菇所含毒素随品种各异，有毒成分复杂，往往一种毒素可存在于几种毒蘑菇中，或一种毒蘑菇含有多种毒素。按临床表现通常将毒蕈中毒分为：胃肠型、神经精神型、溶血型、肝肾损害型、类光过敏型。蘑菇毒素种类复杂，包括鹅膏肽类毒素(毒肽、毒伞肽)、毒蝇碱、鹿花菌素、光盖伞素、鬼伞毒素以及奥来毒素、色胺类化合物、异噁唑衍生物，还包括类树脂、苯酚和蘑菇酸等。目前性质和毒性机制较清楚的有鹅膏肽类毒素、毒蝇碱、光盖伞素、鹿花菌素、奥来毒素等。

6.3.4.2　毒性作用机制及中毒症状

(1)鹅膏肽类毒素

鹅膏菌产生的毒素大多属于环型多肽类毒素，统称鹅膏肽类毒素。根据氨基酸的组成和结构分为鹅膏毒肽、鬼笔毒肽和毒伞素 3 类，这 3 类毒肽都是环化小分子。据统计，误食野生毒菌导致的中毒事件中，95%以上都是由鹅膏菌所致。鹅膏肽类毒素化学性质稳定，耐高温、酸碱、冷藏，易溶于水、乙醇，一般烹调不能使其分子破坏，饮食菌汤也会发生中毒。

鹅膏毒肽和鬼笔毒肽均属极毒，其化学结构相近，但两类毒的作用机制不同。其中，鹅膏毒肽属于慢性毒素，进入人体后，通过肠道的上皮细胞进入人体循环，以损伤肝细胞为主，食用后至少15 h 后才出现中毒症状，鹅膏毒肽可作用于肝细胞的 RNA 聚合酶Ⅱ，形成稳定的四元络合物(由鹅膏毒肽、RNA 聚合酶Ⅱ、DNA 模板和新生的 RNA 组成)，阻止 RNA 转录和蛋白质合成，最终导致细胞死亡。鬼笔毒肽属于速效毒素，静脉或腹腔注射实验动物，一般 2～5 h 内死亡。由于鬼笔毒肽在胃肠道中不能被吸收，因此只有在非肠道给药的情况下才会对哺乳动物产生毒性。鬼笔毒肽能够与丝状肌动蛋白专一性地结合，破坏丝状肌动蛋白和球状肌动蛋白聚合与解聚的动态平衡，形成大量丝状肌动蛋白毒肽复合体来破坏细胞骨架，导致在维持细胞形态、胞内运输、变形运动等方面发挥着重要作用的细胞骨架功能被破坏，进而诱导细胞凋亡。毒伞素的结构和生物活性与鬼笔毒肽类似，毒伞素可能来源于鬼笔毒素或者来源于同一个前体。

鹅膏肽类毒素的中毒症状为肝脏损害型。毒肽类中毒时引发腹痛、恶心、呕吐等症状，还会导致肝肿大、黄疸、肝功能异常、内出血以及内脏损伤，最终导致心、脑、肺、肝、肾等器官功能衰竭，甚至死亡。由鹅膏肽类毒素引起的中毒，症状表现出以下几个阶段：潜伏期、胃肠炎期、假愈期、内脏损害期、精神症状期、恢复期或死亡。

（2）毒蝇碱

毒蝇碱是一类具有神经致幻作用的神经毒素，常见于毒蝇伞蕈、丝盖伞属及杯伞属蕈、豹斑毒伞蕈等毒蕈中。毒蝇碱是一类无色、无臭、无味的生物碱，学名氧代杂环季盐，易溶于水和乙醇，化学性质与胆碱相似。毒蝇碱导致麻醉、致幻效果的主要成分为羟色胺类化合物，如毒蝇蕈碱、毒蝇母和鹅膏氨酸。

一般认为毒蝇碱毒性机理是：毒蝇碱作用于副交感神经后引起心跳减慢，加强腺体分泌，使血压降低、瞳孔收缩、中枢神经也异常兴奋，因此食后常表现为兴奋、产生幻觉、流汗、流涎、流泪，严重者因肺部水肿而呼吸困难、昏迷甚至死亡。因为食用毒蝇伞蕈可带来的神经兴奋和致幻作用，还曾被人类作为致幻剂和麻醉药使用。

（3）光盖伞素

光盖伞素是吲哚类似物、胺类物质，学名为 4-磷酸-N,N-二甲基色胺，是具有致幻作用的蘑菇毒素。在光盖伞属和斑褶伞属、球盖菇属的毒蘑菇中含有光盖伞素。纯光盖伞素无色，呈晶体状，能溶解于甲醇、稀硫酸、碳酸氢钠，对温度敏感。

光盖伞素在消化道内迅速水解，在胃的酸性环境下脱磷酸，或是在肠道的碱性磷酸酶的作用下形成脱磷酸光盖伞素，而脱磷酸光盖伞素是一种类似于血清素分子结构的生物碱，能够结合和激活 5-羟色胺受体，这导致了光盖伞素和脱磷酸光盖伞素引起的生理和神经中毒。口服光盖伞素 8~10 mg 的剂量（0.1~0.2 mg/kg）仅导致生理上的症状（瞳孔放大），很少伴有恶心和呕吐的低渗反应，并有轻微的血压升高，心跳加快和感觉异常。当口服光盖伞素的剂量超过 15 mg 即可产生明显的视觉、听觉和味觉的错觉，还可以出现情绪的交替变化。

（4）鹿花菌素

含有鹿花菌素的蕈菌种类主要有褐鹿花菌、赭鹿花菌、大鹿花菌等。鹿花菌素的水解产物甲基联胺（mnmomethy hydrazine，MMH）化合物为主要的毒性物质，熔点 5 ℃，对黏膜的刺激性大，也能通过皮肤吸收。鹿花菌素的 LD_{50} 为 1.24 mg/kg，它有极强的溶血作用，使红细胞大量破坏，对小鼠的肝、胃、肠、膀胱有损害作用。但鹿花菌素为水溶性物质，在 60 ℃以上可以分解。

食用含鹿花菌素的菌后，潜伏期一般 6~12 h，发病后有恶心、呕吐、头痛、疲倦、痉挛等症状，在 1~2 d 内很快出现溶血性中毒症状，引起贫血、黄疸、血红蛋白尿，肝、脾肿大，心、肾受累，重者死亡，死亡率一般为 2%~4%。

（5）奥来毒素

奥来丝膜菌和细鳞丝膜菌中的主要毒性物质是奥来毒素。奥来毒素的分子式为 $C_{10}H_{10}O_6N_2$，结构式为 3,3′,4,4′-四羟基-2,2′联吡啶-N,N-9-二氧化物，含有一个联吡啶结构。纯奥来毒素是晶体状、无色化合物。当它被加热到 270 ℃以上或者在紫外光条件下脱氧后，会降解为一种黄色、稳定、无毒性、可升华的奥林素。奥来毒素在蘑菇体内非常稳定。奥来毒素和奥林素都难溶于有机溶剂和水。

奥来毒素被人体吸收后，会选择性地累积在肾小管上皮细胞，并在数天后出现肾功能衰竭。研究发现奥来毒素的肾毒性是由氧化应激导致的，同时奥来毒素可以下调细胞防御能力，降低蛋白质合成，破坏细胞代谢和诱导细胞凋亡。

奥来毒素中毒的特征之一是有很长的潜伏期。典型的中毒进展过程分为 4 个阶段：①潜伏期，潜伏期的长短与中毒的症状有关，潜伏期越短，中毒越严重；②未进肾阶段，肠胃、神经和一般症状通常持续一周,症状表现为厌食、恶心、呕吐、腹疼、便秘、腹泻、突然发冷、打寒战、发抖、嗜睡、痉挛;③进肾阶段,在未发生肾衰竭之前,出现多尿症状,其中有的出现蛋白尿、血尿、白血球尿,随后发展为急性肾亏或肾衰竭,出现少尿或无尿症状;④恢复或后遗症阶段,康复很慢,一般需几周或几个月。

6.3.4.3　预防措施

我国野生大型真菌品种繁多,由于个体差异中毒情况也千变万化,再加上部分有毒蘑菇与可食用蘑菇外观相似,仅凭民间经验方法很难正确区分。因此,最好不要采摘并食用不认识、不熟悉的蘑菇,尽可能避免误食中毒事件的发生。

2019 年我国野生菌中毒事件

6.4　毒素污染防控措施

除了天然含有动物毒素和植物毒素的食品,还有一些食品本身并不含有导致食物中毒的物质,但是由于保藏不当以及微生物污染等原因造成了细菌、真菌毒素的污染,携带上外源毒素,使原本安全的食品变成有毒食品。针对这一类有毒食品,首先应该预防毒素污染,防患于未然。当毒素污染已经发生,则可以根据实际情况选择合适的脱毒方法,以去除毒素或尽量降低毒素含量在限量范围内,避免对人体健康造成危害。

6.4.1　预防毒素污染的措施

(1)预防和控制微生物的污染

在食品原料的种植(养殖)、收获(屠宰)、加工、运输、贮藏、销售的各个环节要尽量避免食品受到微生物的污染。要对食品全过程进行危害分析,对容易受到微生物污染的关键控制点(CCP)进行严格管理。一些能够使人类中毒的霉菌也能使禾谷类作物得病,如某些曲霉菌、镰刀菌、赤霉菌、青霉菌、麦角菌等,它们不仅引起作物病害,而且使之减产,造成严重的经济损失,因此在作物的种植时要尽量选用抗病的品种。

(2)采用合适的贮藏和加工方法控制微生物的繁殖

为了控制食品上的微生物繁殖进而产生毒素,需要采用合适的贮藏和加工方法,如冷藏、热加工、干燥、辐照、化学保藏、腌制和发酵。预防霉菌生长的重要手段之一是控制原料的水分含量。原料中的水分含量超过15%时就会导致霉菌大量的生长繁殖;水分含量为17%~18%时是真菌繁殖产毒的最适水含量。例如,玉米的水分含量不应该超过14%,收获后的农作物要迅速地进行干燥和贮藏,把水分减到霉菌生长极限以下。为防止其再吸湿,有条件的地方可以考虑低温(15 ℃以下)或低湿贮藏;进行脱氧包装,充入CO_2气体之后封口等。

(3)认真贯彻食品卫生安全法规和管理条例

食品各行业严格遵守《食品安全法》,严格执行致病微生物及其毒素的安全限量标准;加强食品安全质量检查和监督工作,严格执行《食品卫生管理条例》;对食品进行严格的管理和要求。

(4)普及食品安全知识,增强民众的食品安全意识

让民众认识变质食品的危害,不吃发霉变质的食品,同时摒弃家庭中不科学的食品加工、贮藏方式,避免家庭这一环节的毒素污染。有较高中毒风险的家庭自制食品有臭米面、酸汤子、米送乎乎(面酱)等。

6.4.2　脱除毒素的措施

由于农产品在生长、收获、晾干、加工和贮藏过程中容易发生霉变(真菌污染)，所以真菌毒素污染已经成为农业经济损失的一大原因，同时也威胁着人类和动物的健康。因此，人们一直探索能够有效脱除毒素的方法，目前脱毒的方法主要有机械脱除法、物理脱除法、化学脱除法、生物脱除法。

(1)机械脱除法

机械脱毒是一种传统的去毒方式，通常指用人工或机械的方法将发霉粒剔除，如采用碾轧的方式将毒素含量高的外皮去除，以减少真菌毒素含量。另外，霉变后种粒比重变小，且毒素多集中在霉粒的外表皮，所以在挑选了霉变的籽粒后，再进行水选、搓洗、碾压加工处理等简便方法就可以去除大部分的真菌毒素。

(2)物理脱除法

物理脱除法主要包括吸附法、水洗法、溶剂提取法、辐射法、脱胚去毒法、剔除法等。对于霉变明显的颗粒可利用剔除法从原料中剔除筛选出来；对于易溶于水的霉菌毒素(如串珠镰刀菌素、脱雪腐镰菌醇、丁烯酸内酯等)往往采取温热盐水浸泡水洗法；对于不溶或难溶于水且对热稳定的霉菌毒素常采用反复搓洗或粉碎水洗法。吸附法中常采用的吸附剂有活性炭、甘露聚糖类及沸石、蒙脱石等铝硅酸盐类。紫外线照射花生油，可有效降低花生油中黄曲霉毒素的含量。

(3)化学脱除法

化学方法消除霉菌毒素是指在强酸、强碱或氧化剂作用下，使真菌毒素转化为无毒的物质。常用的有酸、碱处理法、氨处理法及有机溶剂处理法。碱处理法主要是利用氢氧化钠、次氯酸钠等对毒素结构的破坏。绝大多数真菌毒素对碱液较为敏感，在碱液中不稳定易分解。氨化作用对黄曲霉毒素的降解作用明显，但是这种方法对其他毒素的作用效果不好，同时也可能会因为氨在谷物中的残留而影响人体健康。

(4)生物脱除法

霉菌毒素的生物脱毒主要是采用微生物或其产生的酶来进行脱毒，现已研究发现许多微生物能不同程度地转化真菌毒素，降低真菌毒素的毒性。例如，黏膜乳酸杆菌对霉菌毒素的清除率为51%~60%；乳酸菌对黄曲霉毒素的去除能力在20%~50%，用蒸馏水洗涤吸附黄曲霉毒素的乳酸菌后，仍有10%~40%黄曲霉吸附在乳酸菌上。磷脂酶 A1 的加入也可以将黄曲霉去除高达81%。筛选出既能脱毒又能保证食品品质的微生物或酶，是未来研究脱毒技术的一个发展方向。

本章小结

动植物天然有毒物质是指有些动植物中存在的某种对人体健康有害的非营养性天然物质成分，或者因贮存方法不当，在一定条件下产生的某种有害成分。本章系统介绍了常见的动物毒素(河豚毒素、贝类毒素、组胺、鱼胆毒素)和常见的植物毒素(豆类毒素、生物碱糖苷、生氰糖苷、蘑菇毒素)的来源、种类、结构、性质、中毒原因、毒性作用机制、中毒表现及预防措施。了解动植物天然有毒物质，对预防食物中毒、保护消费者健康具有重要的意义。

思考题

1. 简述长芽或皮色发青的马铃薯引起食物中毒的机制。

2. 为何加热豆浆时会出现"假沸"现象？如何保证豆浆的安全性？

3. 毒蕈中毒有哪几种类型？应如何避免使用野生蕈中毒？

4. 如何避免毒素污染食品？

第7章 生物技术食品安全

生物技术最早得以应用的领域应该就是食品工业，可以追溯至史前时期。当时，我国的酿酒、制醋、制酱等发酵技艺已经发展到世界一流水平。后来，生物技术的不断发展给食品工业带来了革命性的变化，并诞生了一门新的学科——食品生物技术。本章通过转基因食品、基因编辑食品、合成生物学食品、食品酶制剂4个方面介绍生物技术食品。

7.1 生物技术食品概述

7.1.1 生物技术定义

生物技术的定义是随着科技、经济及社会的发展而不断变化的，直到20世纪80年代才有了基本公认的概念，但目前仍有争议，尤其对生物技术的范畴观点不一，这也给生物技术相关科学研究和产业发展带来了诸多不便。

1919年匈牙利农业经济学家Karl Ereky首创了"生物技术"一词，用来表明生物学与技术之间的内在联系。1938年科学家Julian Huxley将生物技术提升到比力学工程和化学工程更具意义的高度。这使得"生物技术"一词的使用出现第一个高潮。1947年和1962年，"生物技术"一词的含义经过了两次范畴上的变化。之后，生物技术的含义更加充实，这一名词也进入学术界，为其被广泛接受提供了广阔的前景。20世纪70年代之后，实现了基因工程技术或DNA重组技术，逐渐形成了以基因工程为核心，包含细胞工程、酶工程、发酵工程、蛋白质工程四大先进技术的生物技术。目前，生物技术的定义仍没有统一定论，但综合最新的表述，生物技术是指应用生命科学的研究成果，以人们的意志对生物或生物的成分进行改造和利用的技术。它具有多学科、综合性、应用性的特点，可广泛应用于食品、医药、化工、农业、能源、环保乃至国防等各个领域和部门。随着生物技术的发展，其巨大的能力和潜力日益凸显，为解决世界面临的重大疾病、能源、环保等问题提供了新路径。

这一技术位列于五大国际公认的科技领域(生物技术、信息技术、新材料技术、海洋技术、空天技术)之首。它是国家总体实力的标志，对促进国民经济发展、增进人类健康具有深远意义。

7.1.2 生物技术食品定义

生物技术食品主要是指将生物技术应用于食品原料生产、加工制造和质量控制等各个生产环节而生产出的食品。它既包括食品酿造、食品发酵等古老的生物技术加工而成的食品，也包括应用现代生物技术(如基因工程、酶工程、蛋白质工程等)加工改造而生产的食品。

以基因工程为核心的现代生物技术加速了生物技术食品的发展。同时，在世界人口激增、粮食短缺、资源有限、环境污染、气候持续变化的时代背景下，生物技术食品既是时代的产物，也是历史的必然。

7.1.3　生物技术食品简介

　　早在古代，生物技术食品就已经存在。酒是利用发酵技术的产物，微生物发酵谷类或水果产生乙醇。不同国家和民族的酒文化有着各自特点，但是发酵技术无疑为这一传统食品的发展做出了巨大贡献。发酵乳制品通过乳酸菌对奶的发酵制得，从营养、质地、风味等很多方面改善了奶的品质，成为人们所需的食品。另外，谷类发酵的面包、蔬菜发酵的泡菜、水果发酵的醋、豆类发酵的酱油，都是古代人民智慧的成果。

　　近代，基因工程技术不断发展，并于20世纪90年代应用于食品工业，推动了生物技术食品的发展。第一例重组DNA基因工程菌生产的凝乳酶应用于奶酪生产，标志着基因工程技术在食品工业中应用的开端。随后，转基因植物、转基因动物及转基因微生物的种类和数量不断增多。近几年基因编辑技术发展迅速，美国是最早对食品进行基因编辑的国家，于2015年批准了基因编辑的蘑菇。随后，美国和各国科学家实现了各类食物的基因编辑，如基因编辑的水稻、蘑菇、鱼类等。合成生物学作为跨学科的新兴领域，于21世纪初兴起，近年来蓬勃发展。利用合成生物学策略生产低热量甜味剂替代传统糖，构建工程酵母菌生产天然色素等，都是合成生物学食品。

　　生物技术作为一项富有巨大潜力和无限发展空间的新技术，应用于食品工业，创造出各种生物技术食品。这些生物技术食品的出现，有助于增加粮食总量，解决粮食短缺等问题；有助于实现食物多样化，满足各种层次消费者的需要；有助于生产具有特定营养保健功能的食品，保障人体健康。

7.2　转基因食品

7.2.1　转基因食品概况

7.2.1.1　转基因食品的概念

　　20世纪70年代以来，随着以基因工程为特征的现代生物技术的飞速发展，一类新型的生物技术食品——基因改良食品或称转基因食品开始出现在人们的生活中。

　　转基因技术是利用现代生物技术，将人们期望的目标基因，经过人工分离、重组后，导入并整合到生物体的基因组中，从而改善生物原有的性状或赋予其新的优良性状。除了转入新的外源基因外，还可以通过转基因技术对生物体基因施以加工、敲除、屏蔽等方法改变生物体的遗传特性，获得人们预期的性状。这一技术的主要过程包括外源基因的克隆、表达载体构建、遗传转化体系的建立、遗传转化体的筛选、遗传稳定性分析和回交转育等。

　　由此导出转基因食品的概念，转基因食品指利用基因工程技术改变基因组构成的动物、植物和微生物生产的食品和食品添加剂，包括转基因动植物、微生物本身，转基因动植物、微生物直接加工品，以转基因动植物、微生物或者其直接加工品为原料生产的食品和食品添加剂。一般认为转基因食品主要涉及农业基因工程和食品基因工程，前者强调提高农作物产量和改善农作物的抗虫、抗病、耐受除草剂和抗旱的能力；而后者则强调改善食品的营养学价值和食用风味，如营养素含量、风味品质、贮藏、保存性质，以及用食品工程菌生产食品添加剂、酶制剂和功能因子等。

7.2.1.2　转基因食品的分类

　　按照受体生物的种类，转基因食品一般分为：转基因植物、转基因动物和转基因微生物食品。

(1)转基因植物食品

转基因植物食品是指转基因植物产生的食物或利用转基因植物为原料生产的食品或食品添加剂。目前，在所有转基因生物中，转基因植物占到了95%以上，而且被批准上市的基本为转基因植物产品。因此，现阶段所说的转基因食品主要是指转基因植物食品。国内外已研究开发并商品化生产的转基因植物品种主要有：大豆、玉米、油菜、棉籽(棉花)、马铃薯、番茄、番木瓜、甜瓜、西葫芦、向日葵、胡萝卜、甜菜、甜椒、辣椒、芹菜、黄瓜、莴苣、豇豆、苹果等，其中，大豆、玉米、棉花和油菜是主要商业化种植的转基因植物。

(2)转基因动物食品

转基因动物食品是指由转基因动物产生的食物或利用转基因动物为原料生产的食品或食品添加剂。目前已开发的转基因动物包括含高不饱和脂肪酸猪、快速生长的转基因鱼、高乳铁蛋白奶牛等，但转基因动物食品的产业化应用还有待时日。2015年，美国 FDA 批准了 AquaBounty 公司的快速生长的转基因大西洋三文鱼的市场化运作，这是全球首例上市的转基因动物食品。2017年8月，美国 AquaBounty 公司宣布，已向加拿大客户出售了 10 000 磅(4.53 t)转基因三文鱼。这意味着在公开市场上，转基因动物食品完成了首次销售。

(3)转基因微生物食品

转基因微生物食品是指由转基因微生物产生的食物或利用转基因微生物为原料生产的食品或食品添加剂。目前国内外已研究开发并商品化生产的转基因微生物品种主要是基因改造的食用菌和食品工程菌及用其生产的酶制剂、人乳寡糖等食品添加剂。

7.2.1.3　转基因食品的优点

(1)提高农作物产量，增加生产产值

通过转移或修饰等生物技术手段改良基因达到增产效果，提高生产效率，节约成本，解决粮食短缺问题，带动农业产业的快速发展。

(2)增强食品特殊性能，强化食品功能

通过转基因技术延缓番茄果实成熟，降低马铃薯和苹果切片后的褐变反应，对果蔬产品的运输、保存起到了重要作用。转基因食品的特殊性能，在一定程度上拓展了食品行业的发展前景。

(3)节约能源，保护环境，防治病虫害

传统农业的耕种主要施用化肥、农药来防治病虫害，不仅耗用过多的水资源，也造成了环境污染。而转基因技术的出现，将抗病虫害基因导入农作物，使其具有相应的杀死病虫或抑制病虫害的能力，可减少或不喷洒农药，保护环境，降低成本。这既减轻了使用大量化学物质对农业工人与害虫天敌的毒害，又维护了农田生态环境平衡，产生了巨大的经济、社会和生态效益，表现出显著的优越性和不可逆转的趋势。

(4)提高食品的营养价值，合理补充所需营养

通过转基因技术可以改良食品品质，提高附加价值。例如，利用改善玉米中氨基酸的比例，提高油菜中不饱和脂肪酸的含量，增加大米中 β-胡萝卜素的含量等。

(5)具有保健功能，提升食品内在价值

通过转移乙肝病毒等病原体抗原基因到粮食作物或果蔬中，人们食用这些粮食和水果，相当于在补充营养的同时服用了疫苗，起到预防疾病的作用。

7.2.2　全球转基因食品发展现状

7.2.2.1　全球植物性转基因食品发展现状

2019年是转基因作物商业化的第24年，29个国家种植了 1.904×10^8 hm² 的转基因作物，

其中 24 个为发展中国家, 5 个为发达国家。转基因作物种植面积比 1996 年增加了约 112 倍, 使生物技术成为世界上应用速度最快的作物技术。发展中国家的转基因作物种植面积占全球种植面积的 56%, 而发达国家占 44%。42 个国家/地区(16 个国家/地区+欧盟 26 国)进口转基因作物用于粮食、饲料和加工。因此, 共有 71 个国家/地区应用了转基因作物。

2019 年全球生物技术/转基因作物商业化发展态势

转基因作物已经扩展到四大作物(玉米、大豆、棉花和油菜)之外, 为世界上许多消费者和食品生产商提供了更多的选择。这些转基因作物包括苜蓿(130 万 hm²)、甜菜(47.3 万 hm²)、甘蔗(2 万 hm²)、木瓜(1.2 万 hm²)、红花(3 500 hm²)、土豆(2 265 hm²)、茄子(1 931 hm²), 以及不到 1 000 hm² 的南瓜、苹果和菠萝。此外, 公共部门进行的转基因作物研究涉及水稻、香蕉、马铃薯、小麦、鹰嘴豆、木豆和芥菜, 这些作物具有对发展中国家的食品生产者和消费者有益的各种经济和营养品质性状。

7.2.2.2 全球转基因微生物食品发展现状

转基因技术在改造食品资源中应用很广泛, 在微生物方面取得了很大的实效, 现能将产生的许多种酶、蛋白质、氨基酸、香精以及其他物质的相关基因转入到合适的微生物宿主细胞中, 利用细菌的快速繁殖来实现大量生产目的。经美国 EPA、USDA 批准环境释放的微生物遗传工程体涉及十几种微生物, 约 50 例, 主要为转 Bt 遗传工程菌以及提高苜蓿共生固氮和产量的转基因根瘤菌等商品化活体产品。九十年代以来, 以苏云金芽孢杆菌为主的转基因微生物杀虫剂在农业生产上得到了广泛的应用。美国研制和生产的重组苜蓿根瘤菌也是世界上首例通过了遗传工程菌安全性评价并进入有限商品化生产的工程根瘤菌。

直接用作食品的转基因微生物(如食品发酵菌等), 目前尚未在市场上出现。在国外, 将转基因细菌和真菌生产的酶用于食品生产和加工的现象已经比较普遍, 如奶酪生产中使用的凝乳酶、啤酒和饮料生产中的淀粉酶, 以及面包等食品生产中的蛋白酶等。在食品工业中, 微生物可用于生产酶制剂、氨基酸、有机酸、维生素、色素、香料等添加剂。

7.2.3 转基因食品安全性分析

生物技术同所有技术一样是一个中性的技术, 既具有为人类文明发展有利的一面, 同时也具有其潜在危害的一面, 这一点也为国际上所共识。早在第一例转基因生物问世, 人们就认识到了这一点。1971 年, 在冷泉港举行的生物学会议上, 重组 DNA 安全性问题作为引出的话题, 受到与会者的关注。1972 年, EMBO 工作会议首次专门讨论了 DNA 重组体可能带来的潜在危害。1975 年的 Asilomar 会议专门讨论了转基因生物安全性问题, 这次会议是世界上第一次正式关于基因工程技术即转基因生物安全性会议, 成为人类社会对转基因生物安全关注的历史性里程碑。1990 年召开的第一届 FAO/WHO 专家咨询会议在安全性评价方面迈出了第一步。1993 年经济发展合作组织召开了转基因食品安全会议, 会议提出了《现代生物技术食品安全性评价: 概念与原则》的报告, 报告中 "实质等同性原则" 得到世界各国的认同。2003 年 7 月 1 日, 在罗马召开的联合国食品标准署会议上, 国际食品法典委员会(CAC)通过了 3 项有关转基因食品安全问题的标准性文件。自此, 国际上对转基因生物安全评价的工作逐渐走向了规范化、科学化的道路。

7.2.3.1 转基因食品安全问题的由来与发展

(1)重组 DNA 技术的安全问题

在医学中, 南亚地区的恒河猴常被用来调配小儿麻痹疫苗。到 20 世纪 60 年代初, 科学家们发现恒河猴在癌症及 DNA 研究中也有重要意义。1961 年, 科学家从恒河猴身上分离出一种名为"SV40"的病毒, 经过试验后科学家发现, "SV40 病毒"虽然对其宿主恒河猴无害, 但这种

质量和配方比例、饲料和转基因玉米中的菌毒素增加值、所使用的牧草质量、短时间内奶牛饲料变换等等各种情况。为此，2002 年 4 月，罗伯特·科赫研究所的专家对其 2000 年和 2001 年的奶牛饲料，包括奶牛发病前所使用的饲料及正在使用的饲料进行了取样分析，并对死亡奶牛进行了检验。从各种检验结果看，尚无证据显示是转基因玉米导致这 12 头奶牛死亡。罗伯特·科赫研究所还在死亡的两只奶牛的肠中发现了肉毒杆菌（*Clostridium botulinum*），存活的 5 只牛中的 3 只也发现有感染迹象。这种疾病在牛群中传播时可造成牛在数周内陆续死亡。最后罗伯特·科赫研究所综合各种因素后，认为没有证据表明奶牛健康受转基因玉米影响，牛死亡应另有他因。尤其是停用转基因玉米饲料数月后，牛依然死亡，更是削弱了转基因玉米是致死原因这种可能性。目前，全世界范围内转基因玉米的种植面积约 $1 \times 10^7 \ hm^2$，类似饲料致死现象在世界其他地方还没有出现过。就欧洲而言，作为动物饲料并未发生过因动物食用转基因玉米 Bt176 而致病和导致死亡的事件。1999 年，德国联邦农业研究机构（FAL）曾进行过一项试验，研究人员给小牛喂食转基因玉米 Bt176，246 d 后未发现与普通玉米作饲料有任何差异，宰杀过程中，肉质也没有发现有何异常。这说明转基因玉米 Bt176 不会对动物健康造成伤害。

(7)2003 年中国抗虫棉环境影响事件

2003 年，国家环境保护总局下属南京环境科学研究所与绿色和平组织在北京召开会议，绿色和平组织顾问薛达元教授在会上发表了"转 Bt 基因抗虫棉环境影响研究综合报告"。该报告称，Bt 棉使中国的昆虫生态平衡遭到破坏，使农民长期依赖有害的杀虫剂。绿色和平组织当天在其网站上刊登了薛达元长达 26 页的英文报告后，立即在欧美产生巨大反响，成为国际上争论转基因作物安全性的重大事件之一。就此事，中国农业科学院生物技术研究所的贾士荣教授接受了《财经时报》的采访。他认为，薛达元教授报告中集中了其他报告中关于转基因 Bt 棉负面影响的内容，但许多说法并不正确。转基因 Bt 棉在中国的发展卓有成效，迄今尚未发现有负面作用，而且广受农民的欢迎。转基因 Bt 棉的推广使农药的使用量减少了 70%～80%。山东省 2000 年统计，由于推广转基因 Bt 棉，该省农药使用量减少了 1 500 t。谈到转基因产品可能存在的负面作用时，贾士荣教授说正像青霉素虽然令一些人过敏但仍然可以造福人类一样，转基因产品的问题也应该在发展中逐步解决。薛达元教授也承认转基因 Bt 棉在中国发展很好，深受农民欢迎，但他说："他们是从科研、产业角度来谈转基因问题，我是从环保角度来谈转基因问题"。薛达元教授并不反对发展转基因产业，但他认为，为保护生物安全，发展转基因产业必须坚持预防原则，这是联合国以及世界上许多国家包括中国都遵循的，所以对转基因产品的负面作用进行研究是必要的。据称，薛达元教授只是偶尔担任绿色和平组织的科学顾问，他与绿色和平组织的关系是松散的。为了保护生物安全，对转基因产品的负面作用进行研究是必要的，但应该客观公正，而不是过分宣传夸大其负面效应，对其带来的益处只字不提。

(8)2005 年孟山都公司玉米事件

2005 年 5 月 22 日，英国《独立报》披露了转基因研发巨头孟山都公司的一份秘密报告。据报告显示，吃了转基因玉米 MON863 的老鼠，血液和肾脏中会出现异常。孟山都公司就此事发表了声明和提供了相关资料，所谓"血液变化"和"肾脏异常"其实指的是血液成分和肾脏大小的差异，而它们都在正常范围内，并非病变。孟山都公司虽然声称由于商业秘密问题，无法公布试验结果全文，但是在申请上市时，全文已提交政府有关部门审核，并获得通过。在转基因食品安全问题上，并不存在别人无法重复的秘密试验。不管孟山都愿不愿公布结果，其他实验室都完全可以重复、验证孟山都的试验结果。对这种转基因玉米 MON863，澳大利亚新西兰食品标准局（FSANZ）在 2003 年做过安全性评估，结论是："在评估 MON863 玉米时，未发现潜在的公共健康和安全问题。根据现有申请所提供的数据以及其他途径得到的信息，源于 MON863 的食品可被视为与源于其他玉米品种的食品同样安全和有益健康"。该评估报告特别指出，这类抗虫害转基因作物 1995 年起就已在美国种植、食用。

7.2.3.2　转基因食品的食用安全评价

（1）转基因食品的安全问题

转基因生物安全性是指转基因生物可能对人类、动植物、微生物和生态环境构成的危险或者潜在风险。转基因生物安全主要包括 3 个方面内容：转基因生物体本身、环境安全、食用与饲用安全。

第一，转基因生物体本身的安全性问题主要包括以下几个方面：①受体生物的安全性，包括受体生物是否有安全食用或饲用的历史，是否曾经造成过环境生态方面的安全；②基因操作的安全性，插入或者融合的基因是否能够稳定遗传，是否会响到其他基因的稳定和表达等。

第二，环境安全问题主要是转基因生物对农业和生态环境的影响：①是否会成为超级杂草，或诱导产生超级害虫；②是否会破坏生物多样性，造成自然环境生物多样性的丧失；③是否会对其他昆虫和鸟类产生不好的影响等。

第三，是食用与饲用安全方面的问题，主要是转基因食品（饲料）经人体摄入或者动物食用后，是否会对人体（动物）健康有害，主要体现以下 3 个方面：①转基因食品（饲料）是否与传统食品一样可以满足人体（动物）对营养的基本要求；②转基因食品是否增加了毒性成分，造成对人体（动物）健康的影响；③转基因是否增加了过敏原成分。

在我国正式成为 WTO 成员之后，面对进口转基因食品的大量涌现，如何合理地利用 WTO 规则，保护我国人民健康，发展我国转基因产业，在国际商贸中争得主动，是摆在我国科技界和政府有关主管部门面前的一项十分重要而又紧迫的任务。加强对转基因食品安全管理的核心和基础是安全性评价。安全性评价的主要内容包括毒性、过敏性、营养成分、抗营养因子、标记基因转移和非期望效应等。

（2）转基因食品的评价原则

自生物技术食品出现以来，国际上许多组织就如何开展现代生物技术食品安全性评价展开了广泛的讨论。在食用安全方面，主要以国际食品法典委员会政府间特别工作组、FAO/WHO、经济合作与发展组织（OECD）为代表的政府组织和非政府组织召集各国的政府代表和科学家就如何评价现代生物技术食品的安全性进行了筹商。对于转基因食品的开发与应用，各国与国际组织已经建立了一套经典的评价指导原则，用于从转基因研发阶段到商业化对整个过程进行严格的监控。转基因食品安全性评价一般按规范程序和标准，并遵循实质等同性原则、预先防范原则、个案评估原则、逐步评估原则、熟悉性原则和风险效益平衡原则，对所有与转基因食品安全性相关科学数据进行系统统计、分析、评价。

①实质等同性原则　也称为比较性原则，是 1993 年由经济合作与发展组织提出的食品安全性评价的原则，即如果一种转基因食品与现存的传统同类食品相比较，其特性、化学成分、营养成分、所含毒素以及人和动物食用和饲用情况是类似的，那么它们就具有实质等同性。若某一转基因食品或成分与某一现有食品具有实质等同性，就不用考虑毒理和营养方面的安全性，两者应等同对待。实际上多数的转基因食品与现有食品及成分具有实质等同性，但存在某些特定差异。在这种情况下，主要针对一些可能存在的差异和主要营养成分进行比较分析。目前，经过比较的转基因食品大多属于这种情况。若某种转基因食品或食品成分与现有食品和成分无实质等同性，并不意味着它一定不安全，但必须考虑这种食品的安全性和营养性，应分析受体生物、遗传操作和插入 DNA、遗传工程体及其产物（如表型、化学和营养成分）等。

②预先防范原则　转基因技术是特殊的，必须对转基因食品采取预先防范作为风险性评估的原则，采取以科学为依据，对公众透明，结合其他的评价原则，对转基因食品进行评估，防患于未然。

③个案评估原则　具体为针对每一个转基因食品个体，根据其生产原料、工艺、用途等特点，借鉴现有的已通过评价的相应案例，通过科学的分析，发现其可能发生的特殊效应，以确定其潜在的安全性，为安全性评价工作提供目标和线索。目前已有多个基因被克隆，用于转基因食品研发的研究，这些基因来源和功能各不相同，受体生物和基因操作也不相同。因此，必须采取针对不同转基因食品逐个地进行评估的评价方式，该原则也是世界许多国家采取的方式。

④逐步评估原则　转基因生物及其食品的研发要经过实验室研究、中间试验、环境释放、生产性试验和商业化生产等几个环节，每个环节对人类健康和环境所造成的风险是不相同的。试验规模既影响所采集的数据种类，又影响检测某一个事件的概率。一些小规模的试验有时很难评估大多数转基因生物及其产品的性状或行为特征，也很难评价其潜在的效应和对环境的影响。逐步评估的原则就是要求在每个环节上对转基因生物及其食品进行风险评估，并且以前一步的试验结果作为依据来判定是否进行下一阶段的开发研究。一般来说，有 3 种可能：第一，转基因生物及其食品可以进入下一阶段试验；第二，暂时不能进入下一阶段试验，需要在本阶段补充必要的数据和信息；第三，转基因生物及其食品不能进入下一阶段试验。

⑤熟悉性原则　目的是了解转基因食品的有关性状、与其他生物或环境的相互作用、预期效果等背景知识。转基因食品的风险评估既可以在短期内完成，也可能需要长期的监控。这主要取决于人们对转基因食品有关背景的了解和熟悉程度。在风险评估时，应该掌握这样的概念：熟悉并不意味着转基因食品安全，而仅仅意味着可以采用已知的管理程序；不熟悉也并不能表示所评估的转基因食品不安全，也仅意味着对此转基因食品熟悉之前，需要逐步地对可能存在的潜在风险进行评估。因此，"熟悉"是一个动态的过程，不是绝对的，而是随着人们对转基因食品的认知和经验的积累而逐步加深的过程。

⑥风险效益平衡原则　发展转基因技术就是因为该技术可以带来巨大的经济和社会效益。但作为一项新技术，该技术可能带来的风险也是不容忽视的。因此，在对转基因食品进行评估时，应该采用风险效益平衡的原则，综合进行评估，以获得最大利益的同时，将风险降到最低。

（3）评价内容

转基因食品安全性评价内容主要包括营养学评价、毒理学评价、致敏性评价、抗生素抗性标记基因、基因水平转移和非预期效应的监测 6 个方面。

①营养学评价　对转基因植物的安全性评价主要进行的实质等同性评价。实质等同性分析实际上是一个比较的原则，即将转基因食品与有长期安全食用史的对照物进行比较，分析它们的差别，在此基础上再决定是否进行进一步的评价分析。因此，它是转基因作物安全性评价的起点而不是终点，在此基础上，进一步进行逐步的、个案分析。实质等同性评价在营养学上需要比较的主要内容有：主要营养因子、抗营养因子、毒素、过敏原等。主要营养因子包括脂肪、蛋白质、碳水化合物、矿物质、维生素等；抗营养因子主要是指一些能影响人对食物中营养物质吸收和对食物消化的物质，如豆科作物中的一些蛋白酶抑制剂、脂肪氧化酶、植酸等；毒素是对人有毒害作用的物质，如马铃薯茄碱、番茄碱等；过敏原是指能造成某些人群食用后产生过敏反应的一类物质。

②毒理学评价　对于转基因操作引入植物体的新表达蛋白质的毒理学评价包括新表达蛋白质与已知毒蛋白质和抗营养因子氨基酸序列相似性的比较、新表达蛋白质热稳定性试验、体外

模拟胃液蛋白消化稳定性试验。当新表达蛋白质无安全食用历史，安全性资料不足时，必须进行急性经口毒性试验；28 d 喂养试验(亚慢性毒性)取决于该蛋白质在植物中的表达水平和人群可能摄入水平；必要时应进行免疫毒性检测评价。新表达的物质为非蛋白质，如脂肪、碳水化合物、核酸、维生素及其他成分等，其毒理学评价可能包括毒物代谢动力学、遗传毒性、亚慢性毒性、慢性毒性/致癌性、生殖发育毒性等方面。具体需进行哪些毒理学试验，采取个案分析的原则。

③致敏性评价　目前，国际上公认的转基因食品中外源基因表达产物的过敏评价是 CAC 于 2003 年颁布的《重组 DNA 植物及其食品安全性评价指南》(CAC/GL 45-2003)中的附件 1 中所述的程序和方法，该方法是等同采用了 2001 年由 FAO/WHO 颁布的过敏评价程序和方法。主要评价方法包括基因来源、与已知过敏原的序列相似性比较、过敏患者的血清进行特异 IgE 抗体结合试验、定向筛选血清学试验、模拟胃肠液消化试验和动物模型试验等。最后综合判断该外源蛋白的潜在致敏性的高低。

④其他评价内容　目前国际上普遍认为非预期效应，尤其是潜在的、非预见性非预期效应可能是影响包括转基因植物在内的所有现代生物技术产品食用安全的最重要的因素。在其颁发的管理法规、安全性评价原则及技术方案中，非预期效应的检验和评价都被列为重要内容。随着转基因技术的发展，转基因植物的食用安全性评价也在进行更加深入的研究，如长期食用转基因植物对人体肠道菌群的影响以及转基因操作可能造成的非期望效应的检测方法等，都是目前国际上转基因植物食用安全评价的热点。

7.2.3.3　转基因食品的环境安全评价

转基因植物的大规模环境释放可能会带来的环境安全问题，已经成为全球最受关注和备受争议的领域之一。目前，全球已经形成共识的转基因植物环境安全问题主要包括以下 5 个方面：

(1)转基因向非转基因植物品种及其野生近缘种逃逸并由此产生的生态风险

基因漂移(也称为基因流、基因流散或基因漂流)是指某一个生物群体的遗传物质(一个或多个基因)通过媒介转移到另一个生物群体中的过程。而转基因逃逸则是指转基因植物中的外源基因通过基因漂移(或天然杂交)转移到栽培植物的非转基因品种或其野生近缘种(包括栽培植物的同种杂草)的现象。依据传播媒介的不同，基因漂移可以分为花粉介导、种子介导和无性繁殖器官介导的基因漂移，其中花粉介导的基因漂移是通过天然杂交的方式使同一群体或不同群体中个体之间的遗传物质产生交换的过程，带来的环境安全问题较大，因此最受关注。另外，根据花粉介导的转基因漂移对象不同，可以将其划分为转基因作物的外源基因向其非转基因作物(作物—作物)的漂移，外源转基因向其野生近缘种(作物—野生种)的漂移，以及外源转基因向其杂草类型(作物—杂草)的漂移 3 种类型。

目前，国际上对转基因漂移及其生态影响的环境生物安全问题已经建立一整套规范性的评价体系，主要包含 3 个层次的研究：①对转基因漂移频率的研究；②对转基因逃逸后在野生近缘种的表达水平和遗传规律的研究；③转基因逃逸后对野生近缘种群体适合度、生存竞争和入侵能力影响的研究。依次进行上述 3 个环节的研究，可以科学地评价由转基因逃逸带来的生态风险。

(2)抗虫或抗病转基因对环境中非靶标生物的影响

抗虫或抗病转基因可能会对环境中的非靶标生物造成影响，其主要原因包括：①转基因的直接表达产物对非靶标生物有毒害作用；②转基因的间接作用，如转基因的表达改变了转基因植物的化学和营养组成，影响非靶标生物的取食行为。国际上对该领域的研究开展较早，1998 年有学者报道 Bt 转基因玉米的花粉可能会影响美国大斑蝶的存活，而后者是一种极其稀有的物种。虽然很快就有学者通过研究表明这一结果并不准确，但掀起了关于抗虫或抗病转基因对环境中非靶标生物的影响研究的热潮，之后有大量相关研究跟进，研究了转基因对环境中非靶标生物的影响，其中绝大多数研究都表明抗虫转基因或抗病转基因对非靶标生物影响很小，当然也有部分研究报道了抗虫转基因对非靶标生物的负面影响。

(3)转基因植物长期和大规模种植对土壤生物(包括微生物)群落的影响

转基因植物长期和大规模种植对土壤生物(包括微生物)群落的影响基于两种机制：①抗虫或抗病转基因的表达产物能通过植物根系分泌到土壤中，并在土壤中富集，这就可能改变土壤的微环境，影响土壤生物群落。在 1999 年 Saxena 等就发现转基因玉米根系分泌的 Bt 蛋白能在土壤中存在 350 d，后继的众多研究也表明 Bt 蛋白在土壤中的半衰期较长，这引起了种植 Bt 转基因作物可能影响土壤生物群落的担心。不过通过大量研究发现土壤中的 Bt 蛋白并不会对土壤原生动物、线虫、弹尾目昆虫等造成显著影响；Bt 蛋白同样不会对放线菌、好气固氮菌和钾细菌产生显著影响，而对一些细菌和真菌则起到促进生长的作用。②种植抗除草剂转基因作物后，大量使用的除草剂残留可能影响土壤生物群落。目前研究表明，大量使用草甘膦等除草剂可能会促进土壤中的真菌、放线菌、假单胞菌的生长，但会抑制细菌的数量；不过尚未了解到这些影响对土壤生态的长期效应。同时为了研究转基因可能对土壤生物，尤其对微生物群落的影响，除了传统的平板培养技术方法外，许多检测方法也被陆续开发出来，如 Biology 微孔板鉴定系统、脂肪酸甲脂分析、变性梯度凝胶电泳技术、扩增性核糖体 DNA 限制酶切片段分析法等，极大丰富了对微生物群落的研究手段。

(4)抗虫和抗病转基因植物的长期种植导致靶标生物对转基因的抗性进化

抗虫和抗病转基因植物的长期种植导致靶标生物对转基因的抗性进化并不是一个新问题，在大量使用单一化学农药的情况下，靶标生物也同样会对化学农药产生抗性进化，靶标生物对转基因的抗性进化影响到该转基因可持续性利用，因此也是环境生物安全评估的重要内容之一。

目前国际上对这一领域的研究十分重视，早在 1996 年转基因植物诞生之初，就有学者开始研究靶标昆虫的抗性进化。目前唯一在世界上广泛种植的抗虫或抗病转基因作物是 Bt 基因家族，因此对于这一基因家族的研究最为深入，研究的对象主要包括棉铃虫和水稻二化螟。这一领域的研究包括 3 部分内容：研究不同地理种群对 Bt 蛋白的敏感性或耐受性，饲养室喂养试验和抗性位点的发现和频率变化研究。目前已有的研究结果表明，不同地理种群的棉铃虫或二化螟对 Bt 蛋白的敏感性不同，揭示了抗性位点在自然种群中的存在；通过连续多代的喂养和筛选，能提高靶标害虫对 Bt 蛋白的耐受性；大量的分子试验已经检测到多个与抗性进化相关的基因位点，并已经揭示出多个靶标害虫针对 Bt 毒蛋白的抗性分子机制。根据已有的资料，通过抗性治理模型分析，表明如果单一种植转基因棉花，则棉铃虫很有可能在 3~4 年内进化出抗性。为了应对抗虫和抗病转基因植物的长期种植导致靶标生物对转基因的抗性进化，抗性治理也是这一研究领域的重要内容之一，目前已经提出多种措施和策略，包括高剂量与庇护所策略、多转基因堆砌策略等。研究表明，采取避难所策略在内的抗性延缓技术，可将转基因棉花的有效种植时间从 3~4 年提高到 10 年。

(5)转基因植物对农业生态系统以及系统外生物多样性的直接和间接影响

关于转基因植物对农业生态系统以及系统外生物多样性的直接和间接影响的研究还比较少，Watkinson 等人 2000 年发现在英国长期种植抗除草剂转基因作物的地区，云雀的种群动态受到影响，其原因可能是除草剂的使用改变了杂草种群，减少了云雀的食物来源。其后关于种植抗除草剂影响生态系统内节肢动物种群的报道越来越多。除了抗除草剂转基因作物外，最近又有学者发现，抗病毒的作物会对蜜蜂的采粉行为造成影响，蜜蜂更偏爱转基因作物的花粉。

但是究竟会对农业生态系统产生怎样的影响，则需要进一步观察。

7.2.4 转基因食品安全管理

7.2.4.1 国际组织转基因食品安全管理工作介绍

（1）国际食品法典委员会

国际食品法典委员会（Codex Alimentarius Commission，CAC）是由 FAO 和 WHO 共同建立，以保障消费者的健康和确保食品贸易公平为宗旨的一个制定国际食品标准的政府间组织。自 1961 年第 11 届粮农组织大会和 1963 年第 16 届世界卫生大会分别通过了创建 CAC 的决议以来，已有 173 个成员国和 1 个成员国组织（欧盟）加入该组织，覆盖全球 99% 的人口。CAC 从 20 世纪初就开始关注转基因食品安全性问题及对消费者的影响，并致力于转基因食品国际标准的制定，出台的系列文件涉及转基因食品标签制度、风险评估和检测识别。

①生物技术食品风险评估指南　在 FAO/WHO 开展的系列生物技术食品安全专家咨询会议的基础上，CAC 于 2000 年成立了生物技术食品政府间特别工作组（cx-802），组织制定生物技术食品安全评价标准。于 2000—2003 年每年召开一次会议，并于 2003 年颁布了生物技术食品安全性评价的 3 项指南。2005—2008 年又不断修改和完善，目前已经颁布了 4 项指南（CAC，2009）：Principles for the Risk Analysis of Foods Derived from Modern Biotechnology（CAC/GL 44-2003）；Guideline for the Conduct of Food Safety Assessment of Foods Derived from Recombinant DNA Plants（CAC/GL 45-2003）；Guideline for the Conduct of Food Safety Assessment of Foods Produced Using Recombinant-DNA Microorganisms（CAC/GL 46-2003）；Guideline for the Conduct of Food Safety Assessment of Foods Produced Using Recombinant-DNA Animals（CAC/GL 68-2008）。

②转基因食品及衍生品的检测和验证标准　CAC 还致力于生物技术食品及衍生品检测识别标准的制定，为了更好地检测转基因食品和含有转基因原料食品的安全性，2000 年 CAC 特别工作小组专门成立了生物技术临时政府间工作组（Ad Hoc Intergovernmental Task Force on Food Derived from Biotechnology）负责展开相关工作。2000 年首次生物技术临时政府间工作组会议就决定着手制定转基因食品检测方法。在分析和抽样方法委员会（Codex Committee on Methods of Analysis and Sampling）第 24 次大会上，生物技术临时政府间工作组专门搜集了相关资料并针对转基因食品检测识别问题进行讨论，在会议最终文件附件中规定了转基因食品检测的指导原则、一般方法和具体建议。

2010 年，CAC 针对不同地区、机构出现的多种多样的 PCR 和蛋白检测方法情况，制定了《食品中特定 DNA 序列和特定蛋白质的检测、鉴定和定量方法的性能标准和验证指南》（CAC/GL 74-2010），以求不同的检测结果能够获得更广泛的认可。

③转基因食品标识制度　2003 年出台的《含有转基因成分食品和添加剂标签指导原则草案》规定了其目的是为了向消费者提供真实、可证实、容易理解和不会造成误解的转基因食品及添加剂信息，并保证公平国际贸易。规定"当含有转基因成分和添加剂的食品在组成、营养价值或用途上与传统食品不一致，或含有过敏原时都应标识。在标识的具体内容上首先要符合国际食品法典委员会有关一般食品标签和包装的基本规定，在此基础上如转基因食品在成分、营养价值或用途上较传统食品不同，标签应注明食品名称、成分、含量以及提醒消费者注意的其他情形。如果食品贮存和烹饪方式也与传统食品不同，标签同样需要做出特别提醒和说明"。并于 2011 年发布了《与现代生物技术食品标识有关的法典文本汇编》（CAC/GL 76-2011）。

（2）经济合作与发展组织

成立于 20 世纪 60 年代的经济合作与发展组织（OECD）主要研究和预测世界经济的发展走向，协调成员国关系，促进成员国合作。主要关心工业化国家的公共问题，也经常为成员国制定国内政策和确定在区域性、国际性组织中的立场提供帮助。虽然成员国只有 38 个，但是其经济总量已占到世界总量的 2/3。而 OECD 也是对生物技术和转基因食品关注较早的国际组织之一，从 1982 年起该组织就开始讨论转基因生物技术问题，其出台了系列有关生物技术研究报告并试图整合其成员国的立场和行动。于 1986 年采用蓝皮书《重组 DNA 安全性考虑》，作为转基因生物总体指南；1992 年，根据《生物技术安全性考虑》，明确生物安全的概念和原则，根据《生物技术作物田间试验安全考虑》确定了分阶段原则和个案原则对转基因生物进行管理；1993 年，根据《现代生物技术加工食品风险评估概念和原理》，采用实质等同性原则作为转基因生物安全评估的原则。

①转基因食品安全评估和风险控制机构设置　OECD 负责转基因食品安全评估和风险控制的主要机构有两个：生物技术监管体系协调小组（Working Group on Harmonization of Regulatory Oversight in Biotechnology）和新食品和饲料安全特别小组（Task Force for the Safety of Novel Foods and Feeds）。上述工作组由化学委员会联席会议和化学、农药和生物技术工作会议联合管理。生物技术监管体系协调小组成立于 1995 年，侧重转基因食品环境监测；新食品和饲料安全特别小组成立于 1999 年，侧重转基因食品本身安全性。

②转基因信息搜集和共享　除了商讨转基因食品安全性和风险评估等具体事项外，OECD 重要工作之一是搜集成员国和部分非成员国转基因技术和食品信息建立数据库。一方面可以及时掌握成员国国内转基因发展规模和水平，为科学决策提供合理依据；另一方面通过数据共享节约了成本，成员国可以根据其提供的数据及时调整和制定本国转基因技术政策。

③出版系列共识文件　OECD 新食品和饲料安全特别小组于 1999 年召开了第一届大会，开始讨论在科学原则基础上制定一项让成员国都能接受的安全标准。1995 年以来，已出版超过 70 个生物安全共识文件。其中，2001—2020 年共出台了 22 份新资源食品和饲料的营养成分共识文件，包括甜菜、马铃薯、玉米、小麦、水稻、棉花、大麦、苜蓿与其他饲料作物、双孢蘑菇、向日葵、番茄、木薯、高粱、甘薯、木瓜、甘蔗、油菜籽、大豆、平菇、菜豆、豇豆、苹果，主要介绍了各类作物作为食品和饲料需要检测的主要营养成分及抗营养因子、天然毒素、次级代谢产物及过敏原等，为转基因食品及饲料的安全检测提供参考数据。

7.2.4.2　世界主要国家转基因生物安全管理模式

国际上农业转基因生物安全管理没有统一的模式，法律法规的制定及管理的具体细节上各国间也存在明显的差异。目前，世界各国对农业转基因生物及其产品的安全管理大体分为 3 种类型。其一，以产品为基础的美国模式。对转基因生物的管理依据产品的用途和特性来进行。其二，以过程为基础的欧盟模式。对转基因生物的管理着眼于研制过程中是否采用了转基因技术。其三，中间模式。其中，加拿大较接近美国模式，澳大利亚接近欧盟模式，但都有自己的特点。

（1）美国和加拿大转基因食品的安全管理

美国食品和药物管理局（FDA）在 20 世纪 80 年代颁布了《联邦食品、药品和化妆品条例》，对转基因食品实行安全管理。1986 年，美国总统办公厅科技政策办公室发布《生物技术协调框架》，并于 1992 年对此做了修订，该协调框架阐明了美国生物安全管理的基本原则，即美国环境保护署（EPA）、农业部（USDA）、FDA 根据规章行使生物安全监督职责应基于食品本身的特征和风险，而不应根据所采用的技术，而且生物技术食品的安全应根据各个食品的情况个案评估。其中，USDA 负责植物、兽用生物制品以及一切涉及植物病虫害等有害生物的产品的管理；EPA 负责植物性农药、微生物农药、农药新用途及新型重组微生物的管理；FDA 负责食品及食品添加剂、饲料、兽药、人药及医用设备的管理。

加拿大对转基因食品的态度与美国相近。加拿大于 1985 年颁布了《食品和药品法》；1993

年，制定了对生物技术产业的管理政策，规定政府要利用《食品和药品法》和管理机构对转基因农产品进行管理，具体的管理机构为卫生部产品安全局、农业部食品检验局、加拿大环境部；1994 年，发布新食品安全性评估标准；1995 年，《食品和药品法》中又增加了《新型食品规定》，从而进一步加强了对转基因食品的管理。

（2）欧盟转基因食品的安全管理

由于欧盟对转基因食品的安全性一直持谨慎态度，欧盟的转基因法规体系也比较系统和全面。其实施转基因生物安全管理基于研发过程中是否采用了转基因技术。

2004 年开始，欧洲食品安全局（EFSA）以及欧洲委员会负责评估所有新推出的生物技术产品的安全性评价，决定是否允许该产品进入欧盟市场。现行的转基因生物安全管理法规依然有水平系列和产品系列两类法规，主要包括：《关于转基因生物有益环境释放的指令》（2001/18/EC）、《关于转基因微生物封闭使用的指令》（98/81/EC）、《关于转基因食品和饲料条例》（1829/2003 号）及其实施细则条例（641/2004 号）和《关于转基因生物的可追踪性和标识及由转基因生物制成的食品和饲料产品的可追踪性条例》（1830/2003 号）。

此外，欧盟允许各成员国通过各国卫生部或农业部所属的国家食品安全相关机构制定本国的农业转基因生物安全管理法规体系。因此，比较而言，欧盟及其成员国转基因生物安全管理法规体系比较复杂，意见难以统一，决策时间长。

（3）其他国家转基因食品的安全管理

日本采取基于生产过程的管理措施，即对生物技术本身进行安全管理。1979 年初，日本厚生省颁布了《重组 DNA 实验管理条例》。其中规定，转基因作物田间种植后用作食品或饲料，必须在田间种植和上市流通之前，逐一地对其环境安全性、食品安全性和饲料安全性进行认证。1989 年日本农林水产省颁布了《农、林、渔及食品工业应用重组 DNA 准则》。2000 年 5 月 1 日起，食品安全性必须遵守由厚生劳动省制定的《食品和食品添加剂指南》；饲料安全性必须遵守由农林水产省制定的《在饲料中应用重组 DNA 生物体的安全评估指南》。根据以上 3 点由开发者先进行安全性评价，再由政府组织专家进行审查，确认其安全性。

澳大利亚和新西兰自 1999 年 5 月起开始实施《转基因食品标准》。所有在澳大利亚和新西兰出售的转基因食品必须经过澳大利亚和新西兰食品管理局的安全评价。2000 年，澳大利亚制定了《基因法》。澳大利亚卫生主管当局认为转基因食品的风险分析数据可以有很多来源，安全性评估主要是以同类非转基因食品为基准。新西兰于 1993 年制定了《生物安全法》，1996 年制定了《危险物质和新型生物体法案》，这两部法规是新西兰在转基因食品管理方面的主要法规。

近年来，韩国、印度等亚洲国家均大力投资生物技术的研发，并强化了对转基因食品的安全管理措施。韩国食品与药品管理局发布的《转基因食品安全评价办法》从 1999 年 8 月起开始实施。该办法对转基因食品的安全评价建立在科学的数据基础之上，充分考虑到了对人体安全的影响。1990—2008 年，印度其他国家的相关管理部门先后又发布了《重组 DNA 安全指南》《转基因食品安全评价指南》和《转基因食品和饲料安全性评价程序》等 8 项指南，进一步加强了对转基因生物和食品安全的管理和监督。

7.2.4.3　我国转基因生物安全管理情况

我国参照国际通行指南，借鉴美国、欧盟等管理经验，立足国情，建立了严格规范的农业转基因生物安全管理制度，以确保安全和国家利益。

一是建立健全了一整套适合我国国情并与国际接轨的法律法规、技术规程和管理体系，涵盖转基因研究、试验、生产、加工、经营、进口许可审批和产品强制标识等各环节。2001 年，国务院颁布了《农业转基因生物安全管理条例》，原农业部制定并实施了《农业转基因生物安全评价管理办法》《农业转基因生物进口安全管理办法》《农业转基因生物标识管理办法》《农业转基因生物加工审批办法》4 个配套规章，原国家质量监督检验检疫总局施行了《进出境转基因产品检验检疫管理办法》。

二是加强技术支撑体系建设。遴选专家组建国家农业转基因生物安全委员会(简称"安委会")，负责转基因生物安全评价和开展转基因安全咨询工作。组建了全国农业转基因生物安全管理标准化技术委员会，已发布 200 余项转基因生物安全标准。认定了 40 余个国家级的第三方监督检验测试机构。

三是建立了转基因生物安全监管体系，国务院建立由农业、科技、环保、卫生、食药、检验检疫等 12 个部门组成的农业转基因生物安全管理部际联席会议制度。农业农村部设立了农业转基因生物安全管理办公室，负责全国农业转基因生物安全的日常协调管理工作。县级以上地方各级人民政府农业行政主管部门负责本行政区域内的农业转基因生物安全的监督管理工作。

四是加强了转基因标识的管理，发布了农业转基因生物标识目录和《农业转基因生物标签的标识》，对转基因大豆、玉米、油菜、棉花、番茄 5 类作物 17 种产品实行按目录强制标识。

根据《农业转基因生物安全管理条例》及配套规章规定，我国对农业转基因生物实行分阶段安全评价管理制度，按过程分 5 个阶段进行评价，即实验研究、中间试验、环境释放、生产性试验和申请安全证书。任何一阶段发现食用或环境安全性问题则立即终止研发。同时实行分类别评价，按照农业转基因生物用途，分为生产应用和进口用作加工原料两个主要类别进行安全评价。用于生产应用的农业转基因生物，需要通过 5 个阶段评价，才能获得生产应用的农业转基因生物安全证书。进口用作加工原料的农业转基因生物，需要在输出国或者地区获得安全证书，由农业农村部委托的技术检测机构进行安全性检测，经安委会安全性评价合格并批准后，才能获得安全证书。

截至 2017 年年底，经过严格安全评价，我国批准了两类安全证书。一是批准了自主研发的抗虫棉、抗病毒番木瓜、抗虫水稻、高植酸酶玉米、改变花色矮牵牛、抗病甜椒、延熟抗病番茄 7 种生产应用安全证书。目前商业化种植的只有转基因棉花和番木瓜；转基因水稻、玉米尚未通过品种审定，没有批准种植；转基因番茄、甜椒和矮牵牛安全证书已过有效期，实际也没有种植。批准了 305 个基因工程疫苗和饲料用酶制剂等动物用转基因微生物的生产应用安全证书，没有发放转基因动物的生产应用安全证书。二是批准了国外公司研发的大豆、玉米、油菜、棉花、甜菜 5 种作物的进口安全证书，主要是抗虫和抗除草剂两类性状。进口的农业转基因生物仅批准用作加工原料，不允许在国内种植。

转基因权威关注生产应用安全证书

2019 年 12 月之后，又新批准了耐除草剂大豆 SHZD3201、中黄 6106、DBN9004；抗虫耐除草剂玉米瑞丰 12-5 、DBN9936、DBN9501；耐除草剂玉米 DBN9858 等多种国内自主研发的转基因新品种的生产应用安全证书。

7.3 基因编辑食品

随着分子生物学技术的快速发展，传统育种已经步入以数量遗传学、分子遗传学等多学科理论指导的分子育种时代。生物技术可以用于开发抗逆或更有营养的作物品种，从而保护自然资源与人类健康。转基因作物的应用提高了食品安全水平、改善了营养水平，使 1 700 万多农民受益。转基因作物种植面积持续增加，这可能有助于减轻全球饥饿和营养不良问题（ISAAA，

2019)。而近些年兴起的基因组编辑(genome editing, GE)技术，作为新型育种技术（new breeding techniques，NBT）又为生物育种带来了新的机遇。

7.3.1 基因编辑食品的概况

传统的转基因技术是将外源 DNA 片段插入受体的基因组中，改善基因功能，进而使受体表达优良的性状，获得人类需要的品种。随着分子生物学的迅速发展，能够实现对生物体基因组精确编辑的多种基因编辑技术相继出现。基因编辑技术利用核酸酶对生物体内的 DNA 双链进行断裂，并以非同源末端连接或同源重组的方式对基因组 DNA 特定位点进行突变、缺失或者基因的插入与替换。基因编辑技术主要包括：锌指核酸酶(zinc finger nucleases, ZFN)、类转录激活因子效应物核酸酶（transcription activator-like effector nucleases，TALEN）、成簇规律间隔短回文重复与 Cas9 蛋白（clustered regularly interspaced short palindromic repeats，CRISPR/Cas9）、寡核苷酸定点诱变（oligonucleotide-directed mutagenesis，ODM）等技术。基因编辑技术已在动植物基因功能、育种等领域广泛应用，特别是基于成簇规律间隔短回文重复序列的基因编辑技术 CRISPR/Cas9 近几年发展尤为迅速。

7.3.1.1 锌指核酸酶技术

锌指核酸酶(ZFN)是一种人工嵌合酶，1996 年由 Kim 等第一次提出，其由锌指蛋白(zincfingerprotein，ZFP)和非特异性的核酸酶结构域(如 FokI)两部分融合而成。其中，ZFP 是 DNA 结合结构域，负责特定核苷酸序列的识别与结合，通常由 3~4 个 Cys2-His2 锌指蛋白串联而成，每个锌指蛋白识别并结合一个特异的碱基三联体，因此每个 ZFP 结合域能识别一段 9~12 bp 的碱基序列。FokI 是一种非特异性的核酸内切酶，对切割位点不具识别特异性，并且仅在二聚体状态下才具备核酸酶活性。所以，针对每一个靶位点需要设计一对 ZFN，这对 ZFN 的结合序列的间隔区域通常保持在 5~7 bp 以确保 FokI 二聚体的形成，这样一对 ZFNs 可对靶序列进行特异切割并产生 DNA 双链断裂。

7.3.1.2 类转录激活因子效应物核酸酶(TALEN)

TALEN 也是一种核酸酶介导的基因编辑技术。其是由来源于 TALE 的 DNA 结合域与非特异性核酸内切酶 FokI 融合而成。DNA 结合域由 15~20 个由 33~35 个氨基酸的重复序列组成的多肽串联组成，每个重复序列识别一个碱基。与 ZFN 技术相似，根据靶位点两侧的序列设计一对 TALEN，结合到对应的识别位点后，两个 FokI 单体相互作用形成二聚体，对靶基因检测切合，实现基因编辑的目的。

7.3.1.3 CRISPR/Cas9 系统

CRISPR/Cas9 系统是继 ZFN 和 TALEN 技术之后出现的基因组定点编辑新技术。CRISPR 是一种 RNA 诱导的获得性免疫系统，发现于细菌和古生菌中，用来抵抗外源 DNA 的入侵。根据 Cas 基因核心元件序列的不同，CRISPR/Cas 免疫系统被分为 3 种类型，其中Ⅱ型系统最简单。人们改造了Ⅱ型 CRISPR/Cas 系统成为序列特异性核酸酶，使其能够像 ZFN 和 TALEN 那样对 DNA 进行靶向切割，称为 CRISPR/Cas9 系统。CRISPR/Cas9 系统首先产生与靶标序列对应的 RNA 序列，与病毒或质粒的 DNA 进行互补作用，然后引导 Cas9 内切酶对互补的序列进行双链切割。相比 ZFN 和 TALEN 技术的操作复杂性，CRISPR/Cas9 技术只需要依靠人工合成的 sgRNA 即可发挥作用，因此 CRISPR/Cas9 技术正快速成为定向基因编辑的主要方法。

3 种技术相比较，其效率、特异性及设计上各有不同(表 7-1)。ZFN 是最早被利用的工程核酸酶，特异性较低，效率不高，脱靶率较大，并且操作相对烦琐，价格昂贵，这大大限制了该方法的广泛应用。TALEN 和 CRISPR/Cas9 是后来发展起来的基因编辑技术，相比 ZFN 技术而言，各方面都表现出较大的优势，目前 ZFN 技术已完全被这两种技术所替代。TALEN 的优势主要是特异性高，脱靶效率低，但 TALEN 蛋白较大，并且序列重复性强，表达载体构建较为烦琐。CRISPR/Cas9 的优势主要表现在载体构建简单易行，成本更低，多靶点的同时定点修饰，突变不同的靶位点时仅需重新设计合成与靶序列互补的 sgRNA，而不需要更换 Cas9 核酸酶，为 CRISPR/Cas9 系统应用提供了极大便利。由于 sgRNA 与靶位点通过核苷酸配对相互识别，个别核苷酸位点改变并不会对该系统的特异性造成显著影响。因此，CRISPR/Cas9 系统的特异性较 TALEN 稍差。虽然 CRISPR/Cas9 技术的特异性较 TALEN 技术稍差，但是鉴于其强大优势，同时报道称 CRISPR/Cas9 技术在植物中没有严重的脱靶效应，因此目前 CRISPR/Cas9 技术被认为是最有前景的基因编辑技术。

表 7-1　3 种基因编辑技术的比较

比较项目	ZFN	TALEN	CRISPR/Cas9
结合原则	蛋白-DNA	蛋白-DNA	RNA-DNA
核心元件	ZFA-Fokl	TALE-Fokl	sgRNA, Cas9
成本	高	中	低
构建载体时间/d	>7	5~7	3
识别靶位点长度/bp	(3~6)×3×2	(12~20)×2	20
对靶位点限制	富含 G 区域	以 T 开始 A 结束	以 NGG 或 NAG 序列结束
靶位点密度	每 100 bp 一个靶位点	很高	每 8 bp 一个靶位点
成功率	低	高	高
脱靶频率	高	低	变异较大
多基因编辑	困难	困难	容易
细胞毒性	高	低	低

7.3.2　基因编辑食品与传统转基因产品的区别

相比于传统育种方法，基因编辑技术的优势非常明显，包括所有序列特异性核酸酶(sequence-specific nucleases，SSNs)都可以通过设计 DNA 结合蛋白（或导向 RNA）使其靶向编辑基因组的任意位点，精确性非常高。此外，基因编辑技术原理简单易懂，而且技术操作简便、成本相对低廉，原则上适用于任意物种。利用 SSNs 定点突变目的基因具有非常高的效率，通常从几个或十几个转化株系中就能筛选到符合要求的基因突变材料，活性高的 SSNs 在 T0 代就可以得到纯合突变体。运用基因编辑技术可以克服物种间生殖隔离，加快传统育种进度。在植物品种改良方面，具有优良性状的基因编辑大豆、玉米等产品已逐步从实验室走向田间，基因编辑作物展现了较传统转基因作物更为优越的应用前景。在动物育种改良方面，与传统的转基因技术相比，基因编辑技术不依赖于胚胎干细胞，能够应用于更多物种，并且具有效率高、定向修饰精确、所需时间短以及得到的突变可以稳定遗传等优点，现已广泛地应用于人类细胞、果蝇、斑马鱼、食蟹猴、猕猴、小鼠、大鼠、犬、牛、羊、猪等多个物种。目前，基因编辑技术已经广泛应用于多种新型动物品种的开发中，性状包括提高动物生长速度，改善肉质性状，增强抗病或抗逆能力，以及提高饲料转化率等，具有重要的科学和研究价值。

传统转基因技术即第一代转基因技术自 20 世纪 80 年代诞生至今已有 30 年时间，很多传统转基因作物如玉米、大豆、油菜和棉花在世界各地都被种植。传统转基因涉及外来重组 DNA 的导入及整合，无论过程还是最终植物，都涉及外来 DNA 的导入。基因编辑技术的出现为生物分子育种应用提供了前所未有的新机遇。由于基因编辑具有精确靶向基因组特定位点的特性，首先将 SSN 导入植物细胞，实现靶标基因进行定点修饰后，再从后代中筛选只有目标基因突变而不含有外源 SSN 表达载体的株系。与传统转基因技术相比，基因编辑技术可能存在脱靶效应，会对受体生物产生非期望的效应，对于人体和动物健康也存在一定的风险性；基因编辑技术对靶标生物的基因组改变较小，这也对现有的分子检测技术提出了严峻挑战；基因编辑动物的遗传稳定性以及其带来的环境安全风险也需要进一步评价。因此，对于基因编辑产品有必要进行风险评估，并依据评估标准进行分级，为后续的管理工作奠定基础。

7.3.3 基因编辑食品国际监管政策

7.3.3.1 国际上对于基因编辑食品的监管情况

目前，国际上对基因修饰生物（genetically modified organism，GMO）的监管态度主要分为两类。一类是过程监管模式，这一类主要以欧盟为代表，认为重组 DNA 技术本身有潜在危险，不论何种基因、哪类生物，只要通过重组 DNA 技术获得转基因生物，都要接受安全性评价与监控；另一类是植物监管模式，主要以美国为代表，认为转基因生物与非转基因生物没有本质上的区别，监控管理的对象是生物技术植物，而不是生物技术本身。其中，过程监管模式比植物监管模式要严格。

由于 ZFN 技术出现的最早，已有一些国家对该类技术编辑的基因编辑作物的监管态度进行报道或意向明确，主要包括美国、欧盟、澳大利亚、阿根廷、新西兰等。基因编辑技术可以对作物基因组进行插入、突变、修饰等操作，从而获得不同类型的基因编辑作物。例如，以 ZFN 为技术手段对某一作物进行编辑主要分为 3 类：点突变或少量碱基突变，而且不引入任何外源基因，这一类基因编辑作物定为 ZFN1；基因突变或修复，而且引入了少量的外源基因，这一类基因编辑作物定为 ZFN2；引入了较多的外源基因，这一类基因编辑作物定为 ZFN3。针对 ZFN1、ZFN2 和 ZFN3 这 3 种类型的基因编辑作物的监管态度也不太一致，国际上对基因组编辑技术创制的新品种是否属于转基因尚无定论，针对 3 种类型的基因编辑作物的监管态度也不太一致。

（1）美国

2015 年 7 月，美国白宫表示，将对 1992 年颁发的《生物科技产品的审核框架》进行修订，重新明确美国 FDA、USDA 和 EPA 在判定转基因动植物安全性中的地位和作用。此外，针对新型技术的审核过程也将进行更新修正。如对基因编辑产品的监管遵循个案分析的原则，以科学为基础开展。USDA 认为某些基因编辑作物与传统育种得到的作物相似，基因编辑作物不需要像转基因产品那样进行审批管理。比如美国在 2010 年宣布，由陶氏益农公司运用 ZFN 技术培育成的一种基因编辑玉米不受法律的监管。2012 年再次批准了一种运用基因编辑技术的抗除草剂转基因油菜。2016 年 4 月，USDA 称，将不会对采用基因编辑技术 CRISPR/Cas9 进行遗传工程改造的一种蘑菇实施管控，这种蘑菇使用 CRISPR/Cas9 技术敲除掉了 6 个多酚氧化酶基因中的 1 个基因，使该种蘑菇具备了抵抗褐变的能力，这是从美国政府那里得到绿色通行证的第一个 CRISPR 编辑生物。

（2）加拿大

加拿大在对基因编辑作物的监管中与美国相似，不基于过程监管，而基于最终植物是否具有新的性状，开发者有责任界定植物是否具有新性状，新型转基因植物和其他植物一样按照个案分析原则进行评价。

（3）欧盟

欧盟对待转基因作物的态度较为谨慎，规定食品中某一成分的转基因含量达到该成分的 0.9% 时须标识。其对基因编辑作物和传统转基因作物的态度一致，需要进行严格的法律程序审批。历来对转基因产品持相对保守态度的欧盟也在审视其针对基因编辑技术的政策。欧盟委员会已启动了对"转基因生物体"定义的法律审查程序，重新定义转基因生物体。欧洲食品安全局转基因生物小组则表示，如果新品种中无外源遗传物质且基因编辑产生改变与自然突变无法区分，不应作为转基因产品对待。欧洲科学院科学咨询委员会认为，需要对新产品进行评估，不对育种技术进行风险评估。2018 年 7 月，欧洲法院裁定包括基因编辑在内的基因诱变技术应被视为转基因技术，原则上应接受欧盟转基因相关法律的监管。但是该政策将面临监管上的挑战：基因编辑产品很难进行检测和鉴别。

(4)澳大利亚和新西兰

澳大利亚和新西兰转基因食品标准工作组在 2012 年宣布 ZFN3 类基因编辑作物应当受到法律的监管，而 ZFN1 和 ZFN2 类的基因编辑作物不受法规的监管。2013 年，新西兰环境保护部门称由 ZFN1 和 TALEN 技术培育而成的作物不应被称为转基因作物，因此也不受转基因法规的监管，但是 2014 年 5 月，新西兰最高法院却驳回了新西兰环境保护部门的这项决议。

(5)日本

日本厚生省于 2020 年 12 月 23 日发布了最终的基因编辑食品和食品添加剂安全处理指南。该指南指出，将基因编辑食品分为两类：第一类是对于基因编辑技术引入外源基因的食品属于转基因食品，必须进行相应的安全性审查并按照现行基因工程生物法规进行监管；第二类是对于通过基因编辑技术使生物失去原有基因功能，且在自然界中也可能发生，则此类基因编辑技术不属于传统转基因技术，视为与利用传统育种技术获得的食品等同安全，只需要向政府提供相关信息即可。此外，厚生省还规定基因编辑品种与常规品种(包括：①常规育种获得的品种；②厚生省已公开信息的基因编辑品种；③已通过安全审查的转基因品种)的杂交后代的衍生食品，上市前无须向厚生省通报。

7.3.3.2　我国安全评价和管理探讨

我国已利用基因组编辑技术研发了一系列的水稻、小麦和动物等新品系，具有良好的商业化生产应用前景。为此，我国农业管理部门十分重视基因组编辑技术产品的安全性及其安全管理，努力为新产品的生产应用保驾护航。

根据我国《农业转基因生物安全管理条例》第三条的定义，"本条例所称的农业转基因生物，是指利用基因工程技术改变基因组构成，用于农业生产或者农产品加工的动植物、微生物及其产品"。基因编辑技术主要是对基因组 DNA 序列进行定向修饰的技术，其属于基因工程技术范畴。根据上述定义，通过基因编辑技术获得的农作物其产品，应该属于农业转基因生物，应依法纳入农业转基因生物安全管理范畴。但由于《条例》主要是针对第一代转基因技术而言，即通过基因工程技术，在受体基因组上插入整合了外源 DNA 序列，从而获得的具有新性状的产品。基因编辑技术主要用来对靶标基因进行精准修饰或将目标基因定点整合到基因组中，对内源基因进行精准修饰时，只在操作过程中涉及外源 DNA 的导入，筛选的后代中只有目标基因被修饰而不含外源 DNA，与传统诱变育种获得的最终产品相似。因此，建议将进行基因精准修饰获得的少量碱基缺失、替换或者敲除的突变体类新产品视为特殊农业转基因产品，可简化这一类产品的安全评价和管理。通过基因编辑技术进行定点整合有外源 DNA 插入的，则按传统的转基因生物进行安全评价和管理。

通过科学专家组探讨，目前提出了基因编辑作物管理框架，包括 5 个关键点，即：①产品在实验室和田间试验阶段，应该严格控制管理，避免向外界逃逸。②如果开发过程中基因编辑的元件以 DNA 载体的形式引入，必须确保基因编辑作物中的外源 DNA 被完全去除。③准确报告记录靶标位点处详尽的 DNA 序列变化。如果通过同源重组引入了新的序列，需确定供体和受体的亲缘关系，以此来表征引入的序列与遗传背景是否有新的相互作用可能性。若通过同源重组引入的外源基因与受体亲缘关系很远，须具体情况具体分析。④确保产品中的主要靶点没有发生非预期的二次编辑事件，并基于现有参考基因组信息和全基因组重测序技术，评价是否发生脱靶效应及其可能的安全性风险。⑤以上4点应在新品种登记资料中详细说明备案。只有在满足上述5个条件的基础上，基因编辑作物产品在进入市场之前才能和常规育种作物同等监管。

随着基因编辑技术的研发应用，原有法规中规定的农业转基因生物概念的范围等已经不完全适合于基因编辑技术产品。因此，中国亟须对已有的法律法规进行修改完善，参考国际上先进做法，相机而行。促进新技术的发展，推进第二代基因工程育种技术创新性革命，创制新农作物种质资源，培育突破性新品种。

7.4 合成生物学食品

合成生物学是一门"汇聚"型新兴学科，它在系统生物学基础上，融会工程科学原理，采用自下而上的策略，重编改造天然的或设计合成新的生物体系，以揭示生命规律和构筑新一代生物工程体系，被喻为认识生命的钥匙、改变未来的颠覆性技术，被国内科学家概括为"建物致知，建物致用"。然而，合成生物学的"新"并不代表它是最近才开始的研究，它是从20世纪初开始，逐渐发展成今天的概念与定义。从1911年Science杂志上"synthetic biology"一词的出现，到首例人造细胞"辛西娅"的诞生，再到新型生物燃料大肠埃希菌的工程化设计，合成生物学正逐渐成为生命科学技术最前沿的技术之一。然而，合成生物学的发展同其他许多高科技技术一样，面临了风险与挑战。合成生物学的技术发展和成果应用始终伴随着两大问题：一是技术本身可能产生的安全风险，二是如何更好地利用该项技术。

合成生物学食品是在传统食品制造技术基础上，采用合成生物学技术，特别是食品微生物基因组设计与组装、食品组分合成途径设计与构建等，创建具有食品工业应用能力的人工细胞、多细胞人工合成系统以及无细胞人工合成系统，将可再生原料转化为重要食品组分、功能性食品添加剂和营养化学品，实现更安全、更营养、更健康和可持续的食品获取方式。

7.4.1 合成生物学的概念

合成生物学是一个新兴的研究领域，它将分子生物学、工程学、数学、化学、信息学等学科知识与实践结合在一起，对生命体进行遗传学设计、改造，使细胞和生物体产生特定生物功能，使其在能源、医学、农业、环境等领域发挥价值的技术与学科。早在1980年，Hobom和Bemer等在描述转基因细菌时就提出了"合成生物学"的概念，而今已被广泛接受和应用。合成生物学可以将生物组件组装集合，以生物电路的形式来产生预测效果。目前，组件主要由DNA、RNA、蛋白质等分子组成，可在电路中互换位置。通过重组、整合与鉴定，创造出全新生物模块、网络、体系和生物体细胞。合成生物学研究逐渐受到重视，各国纷纷将其作为优先发展的学科和技术，我国在"十三五"科技创新战略规划中，合成生物学技术也被列为重点发展方向。合成生物学在大量科研案例中已有重大突破，如药物研发，生产胰岛素挽救糖尿病患者的生命；能源生产，使用枯草芽孢杆菌（*Bacillus subtilis*）有效地捕获植物生物聚合物（如纤维素）中贮存的能量；生物修复，设计微生物来修复一些最危险的环境污染物，包括重金属和沙林等神经毒剂等。然而，目前合成生物学研究主要集中在医药和化学品生产领域，食品领域合成生物学的基础和应用研究起步相对较晚，发展相对薄弱。率先推进食品合成生物学的技术研究并且实现食品合成生物学技术的产业化，将抢占世界的科技前沿和产业高地。

7.4.2　合成生物学食品的概念

合成生物学食品是指将合成生物学技术应用到食品制造的各个环节中得到的可食用的物质。详细来说，合成生物学食品就是在传统食品制造技术基础上，采用合成生物学技术，特别是食品微生物基因组设计与组装、食品组分合成途径设计与构建等，创建具有食品工业应用能力的人工细胞、多细胞人工合成系统以及无细胞人工合成系统，将可再生原料转化成为重要食品组分、功能性食品添加剂和营养化学品。与传统食品制造技术获得的食品相比，合成生物学食品具有更安全、更营养、更健康和可持续的特点。在这一过程中所采取的各种与合成生物学相关的方法和手段，都可以被称为"食品合成生物学"技术。

7.4.3　合成生物学食品的发展

合成生物学技术既是解决现有食品安全与营养问题的重要技术，也是面对未来食品可持续供给挑战的主要方法，能够解决传统食品技术难以解决的问题。主要包括以下 4 个方面：①变革食品生产方式；②开发更多新的食品资源；③提高食品的营养并增加新的功能；④重构、人工组装与调控食品微生物群落。食品合成生物技术主要研究领域包括食品细胞工厂设计与构建、食品生物合成优化与控制和重组食品制造与评价。

合成生物学食品的发展可以划分为 3 个阶段：①通过最优合成途径构建及食品分子修饰，实现重要食品功能组分的有效、定向合成和修饰，为"人造功能产品"细胞的合成做准备；②建立高通量、高灵敏筛选方法，筛选高效的底盘细胞工厂，实现重要食品功能组分的高效生物制造，初步合成具有特殊功能的"人造功能产品"细胞；③实现人工智能辅助的全自动生物合成过程的设计及实施，通过精确靶向调控，大幅提高重要食品功能产品在异源底盘和原底盘细胞中的合成效率，最终实现"人造功能产品"细胞的全细胞利用。

7.4.4　合成生物学在食品工业上的应用

食品行业在开发能生产高质量、安全的食品和饲料，以及高效、环保和可持续的生产系统方面面临巨大挑战。为了应对复杂的发展与挑战，食品行业的工艺、产品和工具需要创新与改革。合成生物学的广泛应用，对食品产业创新和经济快速增长等有重要意义。

（1）改善食品风味

食品之所以能够吸引大众，很大程度上取决于它带给人们的幸福感和满足感，如何在传统食品中改善风味是食品行业逐渐工业化的一个必经之路。传统萜类香料的提取工艺大多为植物提取法、化学合成法，成本较高且产物繁多无法有效分离。Celedon 团队运用合成生物学技术，将檀香完整的香料生物合成途径在酵母中重建，使得香料合成实现产物单一、改善风味，且经济环保，对可持续发展具有重要意义。

颜色是判定食品品质的一个重要指标，色素作为一种食品着色剂广泛运用于食品工业生产中。现如今色素主要分为天然色素和合成色素，而消费者更倾向于听起来"纯天然"，食用更放心的天然色素。但天然色素从植物体内提取过程操作复杂且生产成本高，不能实现大规模生产。而 Xie 等人通过合成生物学技术构建一套启动子强度表征系统，用筛选出的强启动子大量生产类胡萝卜素，这对于生产天然色素来说，无疑是一个可行且高效的方法。将合成生物学微生物运用到食品工业中，通过设计构建完整的表达系统，使食品风味可以按照人们预期结果得到有效提高，这对于食品工业发展变得低廉且简单。美国 Impossible Foods 公司采用酵母发酵生产大豆血红蛋白，作为色素模拟"植物肉"，用于汉堡的生产，是一个很好的合成生物学的应用案例。

（2）促进发酵产业

发酵饮料不仅是文明的副产品，更是文明的核心。事实上，从 9 000 年前开始，人们就开始创造酒精饮料，并将它与语言、艺术乃至宗教紧密联系。运用合成生物学技术，充分了解酵母细胞内部的工作原理及其代谢途径，选择合适的基因启动子，插入调控香气合成的目的基因，可以实现浓厚风味，同时迅速繁殖，缩短酿造时间。而在大肠埃希菌中插入 α-乙酰乳酸脱羧酶基因使其表达 α-乙酰乳酸脱羧酶，这种构建方式使得啤酒酿造工业大幅缩短发酵周期，节约成本并获得创收。

（3）提高食品营养

黄酮类化合物是一种存在于植物中，具有抗自由基、抗氧化作用的化合物，它可以调节身体机能，预防治疗多种疾病。然而黄酮类化合物缺乏有效的工业化生产方式，使其没有广泛运用于医药行业。合成生物学技术在这种时候起到关键作用，吴俊俊等人通过在大肠埃希菌内重构黄酮骨架物质生物合成途径，生产出高附加值黄酮类化合物。这对于食品工业化生产而言，食品营养物质得到有效改善，其生产合成途径变得便捷且可持续化。

GRAS 菌株是已通过美国 FDA 的 GRAS（一般认为是安全的物质）认定的安全性物质，其大多数是具有健康益处的益生菌。许多 GRAS 菌株可以合成一种或多种营养保健品，并在疾病的预防和治疗中发挥重要作用。要想工业化开发 GRAS 菌株的营养保健作用，就需要用到合成生物学技术，如编码链球菌透明质酸合酶的基因在乳酸乳球菌和枯草芽孢杆菌中表达，将外源合成途径引入 GRAS 菌株中，通过微生物发酵生产保健食品。这些方式可以提高微生物细胞对外界的抗干扰力，同时可以降低生产成本，使其大量投入生产。显而易见，合成生物学微生物在食品工业生产中扮演着一个细小却又重要的角色。

（4）处理食物废料

根据 FAO 提供的数据，全球约有 1/3 的粮食被浪费，因此开发高效的食品加工和食品废物处理技术有利于解决粮食浪费问题，提高粮食利用率。食品废物是指在食品生产加工过程中产生的剩余物，主要的处理方法是填埋、焚化和厌氧消化等。在垃圾的收集和运输过程中食品废物容易腐败，降低了其贮存、输送、粉碎和分离的效率。运用合成生物学技术，可以定向设计改造微生物，将食品废物转化为无害物质或可用能源（如甲烷、乙醇和电力等）。

（5）降解食品包装材料

食品包装是食品加工的重要组成部分，其可以延长产品的保质期，保护产品的内在营养特性。食品工业使用保护性涂层和合适的包装已经成为一个热点话题。目前，食品包装主要使用的是一次性难降解高分子材料，主要由聚苯乙烯、聚丙烯和聚氯乙烯等高分子化合物制成。食品包装材料被使用后，通常会被直接丢弃，如果散落在市区、风景区或水体区等，不仅会造成视觉污染，对生态环境也会造成潜在危害。聚乳酸（PLA）是以乳酸为主要原料聚合得到的聚酯类聚合物，是塑料包装最有希望的替代品之一。其具有生物降解、安全等特性，可以像现有的热塑性塑料一样加工成有色或透明的材料，并可以由可再生资源（如玉米和甘蔗）制成。Jung 等人构建工程化大肠埃希菌，敲除 *ackA*、*ppc* 和 *adhE* 基因，用 *trc* 启动子替换 *ldhA* 和 *acs* 基因的启动子，进一步设计大肠埃希菌的代谢途径，直接提高 PLA 的产量。合成生物学的研究为今后其他生物可降解材料的生产提供了基础。

7.4.5 合成生物学食品、转基因食品与基因编辑食品的区别

泛泛来看，合成生物学食品、转基因食品和基因编辑食品都是高新生物技术在食品生产加工上的应用产物。但是从深层来讲，这三者具有显著的差异的同时，也存在着密切的联系。

（1）合成生物学食品、转基因食品和基因编辑食品在定义、分类和未来发展上存在较大差异

首先，从基本定义上来说，合成生物学食品更系统。

不妨来看看 3 种技术食品的定义。转基因技术食品指的是通过转基因技术将分离和改性外源或人工合成的基因引入生物体的基因组中，由于引入基因的表达，导致生物体内可预测和定向的基因变化而获得到的食品；基因编辑食品指的是使用序列特异性核酸酶在基因组中特定基因位点产生 DNA 双链断裂，编辑生物体的基因组，实现特定 DNA 片段的精确（插入、切除、替换、重组等）修改而获得的食品；而合成生物学本身就是一门集大成的科学，具有很强的系统性：合成生物学技术强调把细胞作为复杂系统看待，更侧重模块化、标准化、人工设计和模拟预测，以分层、抽提的解偶方式分析生物系统。换言之，合成生物学代表了一种以高度工程化眼光研究、改造生物系统的思维和方法。回到食品合成生物学的定义上，它是一门以细胞或细胞内部的元件作为研究单位或模块来改变、优化食品原料的特性等的学科，相比较而言，合成生物学食品的研发、生产更具有系统性。从定义来说，合成生物学食品与转基因食品和基因编辑食品，或者说食品转基因技术和食品基因编辑技术存在很大的差异。

其次，从分类上来说，合成生物学食品的范围更广。合成生物学食品不仅包含了转基因食品和基因编辑食品所涵盖的功能增强型食品、新增功能型食品，还涉及其他很多食品，关系到很多食品特性的改变、食品工业的发展等，如合成生物学可以改善食品的风味与色泽，改善和提高食品的营养，甚至可以促进食品微生物发酵工业的发展。合成生物学食品的广泛性是转基因食品和基因编辑食品所不能比拟的。

最后，从未来发展上来说，合成生物学食品更宽广。如前文介绍，仅从合成生物学食品自身的发展来看，其发展过程可以划分为食品分子优化、修饰、构建，建立细胞工厂和实现人工智能辅助的全自动生物合成过程的设计及实施这 3 个大阶段。然而，我们不能仅从自身出发，因为合成生物学食品所依存的合成生物学是一个跨多学科的复合学科，具有转基因技术和基因编辑技术所不涉及的一些学科，如生物信息学、综合化学（生物化学）、物理（生物物理）等。合成生物学食品的未来发展一定是基于这些学科和技术，且能够带动这些学科和技术共同发展的。所以，合成生物学食品从未来发展、发展意义上来讲都与转基因食品、基因编辑食品存在不同。

（2）合成生物学食品、转基因食品和基因编辑食品在技术和方法的应用上又存在很多联系

在对食品原材料基因的研究中，转基因技术通常涉及单个基因的转移，而合成生物学涉及多个基因、基因网络和基因组的系统设计。例如，它将一个生物体的部分（或通过人工修饰）组装成另一个生物体，以产生特定的功能。转基因技术可作为合成生物学的基础工具。再比如，基因编辑其实是合成生物学中的一种有效的技术，特别是 CRISPR/Cas9 基因编辑工具，显著提高了在插入和调节大型基因簇片段方面准确改变细胞基因组的能力。它可以被认为是合成生物学的利剑，广泛应用于有机系统编程、零件和设备组合优化以及代谢通路重建等过程中。

7.4.6　合成生物学食品的安全风险与监管

作为一项颠覆性技术，合成生物学也是一把双刃剑，在给人们带来问题解决方案的同时，也带来了一些安全风险与伦理问题。其中，合成生物学的安全风险可分为生物安全和生物安保两方面。生物安全风险指的是合成生物学在对生命体进行改造、设计以及后续的应用中可能产生的潜在健康和生态风险，从而影响整个生物系统的平衡与稳定。生物安保风险指的是合成生物学技术被不法分子滥用，如利用一些改造后的致病病原体严重侵害他人、社会、国家的安全。合成生物学食品是指大量基因的合成和组装，以建立细胞工厂或体外系统。该过程涉及多

基因、基因网络或基因组的转移和构建，因此与转基因或基因编辑相比，可能导致食品和环境安全方面的严重风险。例如，改变食物营养的质量，产生潜在的过敏原、未知成分或肠道菌群；合成植物和微生物可能破坏生态平衡，导致基因泄露或污染。

合成生物学食品想要得到有效的推广，那么它的伦理问题是必须要得到有效解决的。合成生物学的伦理问题主要有两点：一是挑战了自然界的正常进化，换言之，利用人工手段取代自然法则违背了自然进化的发展规律；二是打破了对生命尊重的理念，通过合成生物学技术改造甚至创建生命很有可能让科学家们有"上帝错觉"。对民众的调查测试的结果表明，民众对于合成生物学的认识较少，很多人并不能理性看待该项技术对于生命的"改造"。

关于合成生物学的安全风险与伦理问题，目前还没有针对合成生物的公开的管理指南和适用于各类合成生物的准则，各国仍然在探索中。就研究内容而言，合成生物学技术与基因工程技术存在着必然的联系。通过在分子水平上对基因进行复杂操作，基因工程技术将外源基因导入受体细胞内后，使其能够在受体细胞内复制、转录、翻译表达，而这也是合成生物学研究的基本方法。因此，目前大多数国家都是以基因工程技术的监管措施为参考，不断摸索一种适用于合成生物学的初步管理框架。

美国通过联邦立法为合成生物学提供一定的制度依据，实行一种各部门基于其职责的多头监管模式；欧盟在转基因生物监管框架基础上建立了合成生物学的监管规则，采取统一法律框架下的国家分散监管方式；新加坡则采用权力相对集中的多主体协作机制，通过"软约束"实现对合成生物学的管理。目前，我国已经建立了转基因生物的分子特征精准解析和检测技术体系、食品安全评价和环境安全评价，为基于转基因生物风险评估和监管框架来管理合成生物学产品提供了技术保障。然而，对于合成生物学食品的监管措施，尚未在各国得到充分定义，特别是与基因编辑相关的食品和环境安全风险方面的管理措施。

7.4.7　合成生物学食品的发展趋势

鉴于合成生物学从设计到应用全链条的各个环节都存在诸多不确定性与复杂性，以及其本身伴随的安全风险、伦理等方面的问题，对合成生物学食品的发展提出有效建议十分重要。

（1）推动标准元件与基因线路的标准化

合成生物学的研究对象包括元件工程、线路工程、代谢工程、基因组与细胞工程，其中生物元件的精准描述、基因线路的准确预测等技术需要突破。目前，合成基因线路中最大的一个挑战就是缺乏标准元件和一些标准。在合成生物学中，在不同实验室里创建一个相同的生物系统是非常困难的，其原因就在于缺乏标准的步骤、标准的生物元件以及测量校准。因此，必须推动标准元件与基因线路的标准化，以及测量校准，尤其是荧光校准，这将极大地提高生物实验的重现性。

（2）推动合成生物学连续培养平台的低成本化和灵活化

在合成生物学研究领域中，将实现合成生物学产品制备的整个操作系统称为连续培养平台。连续培养平台的低成本化和灵活化将有利于控制试验的设计和实现。同时，连续培养平台可以很容易地适应不同的试验范围，也可以扩展到更复杂的设置，如需要实现多细胞控制试验。通过对一些已有机械的改善，操作者可更熟练地掌握整个试验设计，减少试验烦琐的步骤以及减少一些试验潜在风险。

（3）引导媒体对合成生物学的描述客观化与合理化

合成生物学作为一种新技术，公众对其的反应可能高度依赖于生活环境。即社会的信息传递系统和反应机制很容易影响公众的行为反应，导致风险的放大或减弱。同时媒体对合成生物学的描述方式也影响公众对其的态度，特别是考虑到公众目前对它知之甚少。通过对合成生物学相关报道中的隐喻进行了研究，研究结果表明，"扮演上帝""创造生命"等隐喻的使用频率低于工程、信息技术相关隐喻的话，公众对于合成生物学会少一些排斥或恐慌。其原因就是这些与工程相关的隐喻会暗示合成生物学技术的可控性，从而降低公众的感知风险。

（4）推动公众感兴趣领域的合成生物学产品发展

合成生物学产品涉及许多领域，如军用、能源、农业以及环境管理等。然而，公众对每个领域的产品的兴趣是有高低的，那么推动公众感兴趣领域的合成生物学产品发展可能会让公众更容易接受合成生物学。研究结果表明，公众对合成生物学在医疗、环境改善方面表现出了更多的接受。虽然释放的合成微生物在繁殖和传播方面的影响更加难以估量，但是公众对应用于污染物检测和生态修复的微生物表现出了更多的兴趣。

7.4.8　合成生物学食品的监管发展趋势

①对参与合成生物学的科研人员及实验室适度监管。
②推动合成生物学食品的生物安全监管与生物安保监管。
③明确风险形成机理与识别风险产生的关键点。
④完善我国合成生物食品商业化相关问题的法律法规。

合成生物学作为一项前沿技术，它的迅速发展，给许多关乎民生的问题带来了解决思路的同时，也伴随着一些安全风险。要想推动合成生物学食品又稳又好的进步，必须做到有效的发展与监管。有效的发展在于始终抱有对自然的敬畏之心、怀有辩证与理性的态度；有效的监管在于制定完善的合成生物学产品从设计到应用的评估和防控体系。最终，两者的有机结合将使得合成生物学技术更好地服务于公众。

7.5　食品酶制剂

7.5.1　酶制剂的定义

酶制剂是指应用化学或物理方法，将酶进行分离、提纯、加工、修饰，制成的具有催化活性的生物制品。酶制剂的取得要有酶，而真正成为酶制剂还要经过一系列加工过程，即酶制剂是酶经过人工合成并使其具有类似酶的催化活性，而酶是生物体内天然存在的。因此，酶和酶制剂有一定区别。酶制剂具有高效性、专一性、作用条件温和、低能耗等特点。

7.5.2　酶制剂的发展历程

20 世纪 60 年代，从世界范围看，酶制剂发展缓慢。进入 70 年代，随着生物科技大发展，对酶的提取方法、作用机理和生长代谢等重大理论研究的突破，酶制剂的研发速度进入快车道。目前，已经报道发现 3 000 多种酶，进入大规模工业化生产的有 60 多种。如今，全世界酶制剂以每年 11% 以上的速度迅速增长。在发达国家，酶制剂在食品工业中的比例占 60%，其他工业占 40%。目前应用酶制剂最广泛的领域是食品工业和轻工业。

我国是酶制剂的生产大国。我国的酶制剂主要种类有：糖化酶、蛋白酶、淀粉酶、纤维素酶、半纤维素酶、植酸酶、果胶酶、啤酒复合酶、饲用复合酶等。其中，淀粉酶、糖化酶、植酸酶每年产量已经突破亿吨。

7.5.3　酶制剂的分类和作用

　　工业上应用的酶制剂大多数为水解酶，按作用底物可分为蛋白酶、淀粉酶、脂肪酶、纤维素酶、果胶酶、植酸酶、葡聚糖酶、木聚糖酶、核糖核酸酶等。实际生产中用量最大的是淀粉酶和蛋白酶，约占酶制剂总量的80%，大多数应用在食品工业领域。随着新的酶类的发现，基因工程及蛋白质工程的发展，酶在食品工业中的应用前景将会更加广阔。

基因工程酶制剂

　　酶制剂在食品行业的作用主要体现在：改善食品色、香、味、形和质地；提高食品营养价值；增加食品种类和方便性；便于食品保藏、运输；便于食品价格操作；保护食品有效成分，去除不利成分，稳定食品体系。

　　随着人们对酶制剂的认识不断加深以及科技的飞速发展，酶制剂必将会在食品工业发挥更大作用。

7.5.4　酶制剂在食品工业的应用

7.5.4.1　酶制剂在烘焙食品中的应用

　　酶制剂多种复合使用可以代替溴酸钾。溴酸钾是一种面粉强筋剂，但同时也是致癌物，大多数国家禁用。利用葡萄糖氧化酶、木聚糖酶、淀粉酶等多种酶共同作用于面团，可以全面提升面制品的品质，其效果甚至优于溴酸钾。

7.5.4.2　酶制剂在蛋白制品加工中的应用

　　酶制剂在几乎所有蛋白质加工行业都有应用，如大豆分离蛋白加工领域，通过不同蛋白酶制剂的选择，工艺条件和水解程度的调整，根据市场需要开发生产具有不同功能特性的产品，而且所需设备简单，企业投入少。大米蛋白是一种优质蛋白，利用酶制剂可以大大提高米糠蛋白和米渣蛋白的利用率，也可以成功解决大米蛋白提取时脱脂稳定过程中热处理使蛋白质溶解度降低的问题。通过蛋白酶制剂的作用，可以改变小麦蛋白的功能特性，解决限制小麦蛋白应用的谷朊粉溶解度低、乳化性差的问题，扩大小麦蛋白的应用范围，提高产品营养和商品价值。除此以外，胶原蛋白的酶解、酶法生产植物水解蛋白、酶法生产动物蛋白方面，以及耐高温蛋白酶等新型蛋白酶的出现，都为蛋白质的深加工带来了机遇。

7.5.4.3　酶制剂在葡萄糖和果糖混合糖浆生产中的应用

　　(1)酶制剂生产葡萄糖

　　原始葡萄糖生产用酸水解淀粉的方法。这种方法糖化率低，所需设备必须耐酸，设备投资费和维护费都很高，而糖化液纯度不高，因此，酸法生产葡萄糖成本很高。现在葡萄糖生产采用酶法，先用α-淀粉酶液化淀粉，再用糖化型淀粉糖化生产葡萄糖，完全避免了酸法生产葡萄糖的缺点。因此，酶法生产葡萄糖可以大大节约粮食，降低成本。

　　(2)酶制剂生产葡萄糖和果糖混合糖浆

　　以淀粉为原料，通过葡萄糖异构酶与淀粉的作用，制成葡萄糖和果糖的混合糖浆，是酶制剂应用于食品工业的重大成果之一。食糖是食品工业的重要原料，如果仅局限于甜菜糖和蔗糖，产品则远远跟不上需求。若以蔗糖的甜度为100，则果糖甜度为173，葡萄的甜度约为74，而以淀粉原料制成的这种异构糖通常由45%的果糖和55%的葡萄糖组成，其甜度相当于蔗糖。因此，用酶法生产异构糖为食品糖源开辟了新的途径。

7.5.4.4　酶制剂在果蔬加工中的应用

　　(1)果胶酶用于澄清果汁

　　在高等植物中，果胶物质分布非常广泛。在苹果、葡萄等植物的果实中果胶物质含量较高。苹果汁置于 4~5 ℃保存 24 h 后，所含果胶就会形成悬浮物沉降出来。如果在果汁制备过程中使用果胶酶制剂，对压榨和榨取汁液都有很大帮助。在沉降、过滤和离心分离时，还能促进凝聚沉淀物质的分离。所得果汁澄清，性质稳定，不会再发生沉降现象。

（2）花青素酶用于水果和果汁脱色

花青素是一种有色的糖苷，是水果色素的主要来源。花青素酶能够切断花青素中的葡萄糖，生成无色化合物，在桃子汁和葡萄汁等脱色加工中有很好的效果。

7.5.4.5　酶制剂在酿酒工业中的应用

（1）啤酒酿造中酶制剂的应用

啤酒酿造本身就是利用麦芽自身酶及外加酶使原料中的高分子不溶性物质分解为低分子可溶性物质再经过酵母发酵得到的含有少量乙醇、二氧化碳及多种营养成分饮料的过程。现代新型酶制剂作为应用外加的酶制剂，主要有蛋白酶和葡聚糖酶。蛋白酶在啤酒酿造中对蛋白质分解起重要作用。β-葡聚糖酶分解大麦中的 β-葡聚糖，降低麦汁黏度，使之易于过滤。蛋白酶制剂的使用对于提高啤酒的非生物稳定性，防止啤酒浑浊，延长啤酒保存期等都有很好的效果。另外，在啤酒酿造中用非发芽谷类原料加酶制剂的组合代替麦芽制造啤酒，可以节约粮食，降低成本，节省投资。

（2）果胶酶分解果胶生成果胶酸和半乳糖醛酸

果胶酶用于葡萄酒酿制中，能够提高葡萄汁利用率和葡萄酒的出酒率，显著加快葡萄酒原酒的过滤速度，提高葡萄酒的澄清效果。而蛋白酶制剂的添加可以防止酒中的蛋白质水解和成品葡萄酒发生蛋白质浑浊，提高葡萄酒稳定性。

7.5.4.6　酶制剂在食品保鲜中的应用

酶制剂用于食品保鲜有其独特优势。酶制剂无毒、无味，不损害产品本身价值；酶对底物有严格专一性，不会引起底物以外的成分发生化学变化，催化效率高、反应速度快、用量少；酶作用条件温和不损害产品质量；用酶进行保鲜，简单加热即可使酶失活，终止反应，反应终点容易控制。酶法保鲜尤其以氧化和微生物方面的保鲜效果最为明显。用于食品保鲜的酶制剂主要有葡萄糖氧化酶和溶菌酶。

7.5.5　转基因微生物生产食品酶制剂

7.5.5.1　转基因微生物生产食品酶制剂概述

食品加工领域，利用转基因微生物生产的酶制剂对降低生产成本、获得更加可口的食品方面，应用前景很广，欧洲和美国等发达国家和地区有很多酶制剂是利用基因工程技术改造的发酵微生物生产获得的。目前市场上没有直接作为食品食用转基因微生物存在，而主要是利用基因工程技术进行的微生物菌种改造。我国卫生部批准用于食品添加剂的酶制剂达 20 余种，广泛用于食品工业（如酒类、酱油、食醋、发酵乳制品中等）。而在非食品工业方面，目前人们利用工程菌生产用于洗涤的酶制剂，如纤维素酶、蛋白酶等。

7.5.5.2　利用基因工程生产凝乳酶

利用基因工程技术改良菌种而生产的第一种食品酶制剂是凝乳酶，是干酪生产中使乳液凝固的关键性酶。它对干酪的质构形成及特有风味的形成有非常重要的作用。研究人员将前体（preprochymosin）和凝乳酶原（prochymosin）基因导入大肠埃希菌、啤酒酵母、黑曲霉和乳酸克鲁维酵母（*Kluyveromyces lactis*）等微生物宿主，从而利用基因工程手段获得重组凝乳酶。1989 年瑞士政府第一个批准了转牛凝乳酶的转基因微生物商业化生产，这种凝乳酶可以用来生产奶酪。由于生产凝乳酶的转基因微生物不会残留在最终产物上，随后美国 FDA 认定它是安全的，符合 GRAS 标准。1990 年批准来自大肠埃希菌 K12 生产的重组凝乳酶可应用于干酪的生产，在产品上也不需标识。目前所有的研究结果均表明黑曲霉、乳酸克鲁维酵母、大肠埃希菌、枯草芽孢杆菌和啤酒酵母等微生物表达的重组凝乳酶用于食品生产的安全有效性，符合 GRAS 标准。目前，已有 17 个国家使用转基因微生物的凝乳酶生产干酪，占美国市场 70%、英国市场 90% 的干酪都是由转基因微生物的凝乳酶生产的。

7.5.5.3 利用基因工程生产乳糖酶

乳制品中的乳糖需经位于小肠黏膜上皮细胞的乳糖酶水解为半乳糖和葡萄糖后才能被机体吸收利用。但人们发现一些人群体内缺乏乳糖酶，造成饮用牛乳或乳制品后不能将乳糖消化吸收，出现乳糖不耐症。乳糖酶，系统名为 β-D-半乳糖苷半乳糖水解酶，或简称 β-半乳糖苷酶。乳糖酶主要功能是使乳糖水解为葡萄糖和半乳糖，可以提供易消化吸收的乳制品。随着我国乳制品消费的快速增长，利用传统的微生物诱变育种等手段获得高产乳糖酶微生物菌株的方法已经不能满足市场对乳糖酶快速增长的需求。研究人员利用基因工程技术将不同来源的乳糖酶基因导入酵母、大肠埃希菌、枯草芽孢杆菌等表达体系中，可获取具有优良特性且更高酶活的乳糖酶以满足快速增长的市场需求。2010 年中国农业科学院生物技术研究所研发的表达乳糖酶基因的重组毕赤酵母 GS115 获得农业部的批准，正式进入商业化生产。

7.5.5.4 利用基因工程生产 α-乙酰乳酸脱羧酶

双乙酰是啤酒生产工艺中重要的风味物质，但如果双乙酰含量超过 0.15 mg/L 时就能产生令人不愉快的馊饭味，严重影响啤酒的品质。目前人们采用基因工程改造技术使编码 α-乙酰乳酸脱羧酶基因在酵母菌中表达或者在啤酒生产中加入 α-乙酰乳酸脱羧酶酶制剂，达到降低双乙酰的目的。

7.5.6 食品酶制剂常见安全性问题

随着酶制剂在食品工业应用日益广泛，极大促进了食品工业的发展，而在酶制剂使用时，其自身安全问题也影响食品的安全性。常见的安全问题如下：

(1)食品酶制剂生产菌株溯源

用来生产食品酶制剂的动植物和微生物的安全是确保酶制剂在食品加工过程中安全使用的前提。尤其是微生物来源的酶制剂，其安全隐患远大于动植物来源的酶制剂。因此，就要求酶制剂的生产菌株必须为食品级的微生物。目前食品行业使用的大部分酶制剂都来自食品级微生物。但是有些企业提供的酶制剂来源不明确。我国行业批准使用的酶制剂中有近 40% 没有明确生产来源。所以，急需建立食品酶制剂生产菌株溯源安全评价体系，解决菌种来源安全性这一关键敏感问题。

(2)食品酶制剂安全生产过程控制

我国目前的酶制剂生产从原料、生产设备、生产工艺等环节都十分落后。这使酶制剂产品质量和安全性都难以保证，更难达到食品加工的要求。因此，要建立原材料采购标准体系，选用精细、符合食品加工要求和相关资质许可的原料，从原料的源头控制有害因素(重金属、致病菌等)进入酶制剂生产过程中。

(3)食品酶制剂的安全制备

使用酶制剂进行食品加工时，减少粉尘对职工人身和环境的不利影响是未来非液体酶制剂产品必须考虑的问题。采用低温微胶囊化技术使酶制剂产品安全、无粉尘，同时具有高稳定性、流动性和使用配伍性，控制酶制剂产品理化性质使之符合食品卫生标准要求。

7.5.7 食品酶制剂安全性评价概要

食品酶制剂在食品生产加工过程中大多发挥催化剂的作用，促进食品生产加工过程顺利进行，不会在最终食品中发挥功能作用，属于食品加工助剂范畴。

为了促进食品工业用酶制剂安全使用，各国都制定了酶制剂管理的法规标准。我国和很多国家、地区和组织都对食品工业所用酶制剂质量规格要求有明确规定。在使用规定方面，也都有比较明确的使用原则，有的制定了允许使用的酶制剂名单，有的则正在制定允许使用的酶制剂名单。对于制定允许使用酶制剂名单的国家和地区，未列入名单的酶制剂也都制定了新的酶制剂品种审批与安全性评价的流程和资料要求。以下对不同国家、组织的食品酶制剂规定分别介绍。

7.5.7.1　国际食品法典委员会

国际食品法典委员会(CAC)对包括食品工业用酶制剂在内的加工助剂制定了使用指南，没有制定允许使用的加工助剂名单。

在使用原则方面，其《加工助剂物质使用指南》中规定了食品工业用酶制剂在内的加工助剂物质的使用原则：有工艺必要性，在食品中的残留物不在终产品中发挥工能作用；加工助剂的使用符合良好操作规范要求，达到工艺目的前提下尽可能降低使用量、残留物或衍生物在最终产品的含量低且不造成任何健康风险；加工处理过程应与食品配料一致；加工助剂供应商或使用者应确保加工助剂安全性，包括对良好操作规范下可能带入的物质安全评估；加工助剂应符合食品级质量要求，满足微生物限量要求。

在质量规格要求方面，在 CAC 标准框架下，酶制剂执行《食品工业用酶制剂通用质量规格要求及考虑》。该标准中规定了酶制剂命名、定义、酶活力、原料、载体和其他添加剂成分、重金属铅、微生物、抗菌活性剂等多方面的要求。

在新的酶制剂品种的审批和安全性方面，因为 CAC 没有制定允许使用的食品工业酶制剂名单，所以不涉及新的酶制剂品种的审批问题。对于新的酶制剂安全性评价 FDA/WHO 联合食品添加剂专家委员(JECFA)进行。按照 CCFA 与 JECFA 风险管理与风险评估机构的工作模式和程序，在 CCFA 会议上由成员国提出新的酶制剂安全评价申请，经会议讨论确定优先评估名单，提交 JECFA。同时提议的成员国负责向 JECFA 提供所需安全性评价资料。JECFA 召开会议开展风险评估工作，内容包括酶的来源、酶的成分、次要酶活、生产过程、膳食暴露量等，以及是否有可能引起过敏反应的资料等。对于经 JECFA 评估的酶制剂，经 CCFA 会议讨论后将列入参考性加工助剂数据库。

对于利用转基因微生物生产的酶制剂，对转基因微生物的安全性评估主要依据《重组 DNA 微生物食品安全性检测指南》(CAC/GL 46-2003)。依据该指南，对于转基因微生物发酵生产的食品的安全评估应涵盖以下方面：①描述重组 DNA 微生物。②描述受体微生物及其在食品生产中的使用。③描述供体微生物。④描述基因修饰，包括载体和构成的描述。⑤基因修饰的特征。⑥安全评估，包括以下几个方面：评估表达物质潜在的毒性和其他与病源性相关的特征；对关键部分进行成分分析；评价代谢物；食品加工的影响；评估免疫影响；评估微生物在人类胃肠道中的活性和滞留；抗生素抗性和基因转移；营养改良。

7.5.7.2　中国

在我国，食品工业用酶制剂作为食品添加剂的一部分进行管理。《食品安全法》及配套法律、法规、规章中关于食品添加剂的管理规定适用于食品工业用酶制剂。

在使用原则方面，酶制剂在食品生产加工过程中使用要具有工艺必要性，达到预期目的前提下尽可能降低使用量；加工助剂应在制成最终产品前去除，如无法完全去除则应尽可能降低残留量，残留量也不应对健康产生危害，不应在最终食品中发挥功能作用。

在质量规格要求方面，酶制剂应符合《食品添加剂　食品工业用酶制剂》的要求。该标准规定了对食品工业用酶制剂原料和产品的要求，不应在最终产品中产生有害健康的残留污染。

动植物和微生物来源的酶制剂应符合污染物铅、砷的限量要求，微生物指标中的菌落总数、大肠菌群、大肠埃希菌、沙门菌的限量做了明确规定。

在新的酶制剂品种的审批和安全性方面，依据《食品安全法》《食品添加剂新品种管理办法》《食品添加剂新品种申报与受理规定》等法律法规。相关单位向国家卫生健康委员会提出酶制剂新品种申请，国家卫生健康委员会按照程序进行受理、评审，最后做出决定。

7.5.7.3 欧盟

欧盟的食品添加剂范畴不包括加工助剂，食品酶制剂主要作为加工助剂使用，也有个别发挥食品添加剂的功能。2008年之前，作为加工助剂的食品酶制剂欧盟没有统一法规和指令，只有一部分成员国对食品酶制剂进行的评估及使用规定。为保证各成员国之间食品自由流通，更好协调各成员国对食品酶制剂的管理，2008年发布了《1332/2008欧洲议会和理事会关于食品酶和第83/417/EEC指令、第1493/1999号理事会法规、第2001/13/EC号指令、第2001/112/EC号理事会指令和第258/97号法规修正案》〔简称（EC）1332/2008〕，对食品酶制剂进行了一系列规定。但是，目前欧盟的食品工业用酶制剂统一的肯定列表还在制定中，各成员国仍然按照本国的法规使用食品工业用酶制剂。

在使用原则方面，按照〔（EC）1332/2008〕的规定，食品工业用酶制剂使用时必须安全无害，基于现有科学研究的建议使用量不会对消费者身体健康产生安全危害，也不会对相应食品的营养和质量等各方面造成对消费者的误导。

在质量规格要求方面，欧盟还没有统一的食品酶制剂产品规格标准。〔（EC）1332/2008〕正在完善中，将建立统一的酶制剂的质量规格要求。

在新的酶制剂品种的审批和安全性方面，〔（EC）1332/2008〕规定了食品酶制剂新品种的范畴。对于食品酶制剂新品种，由欧盟主管部门批准后列入肯定列表。审批过程中其风险评估和安全性由欧洲食品安全局（EFSA）负责，参照《（EC）1331/2008欧洲议会及历史会关于制定食品添加剂、食品酶和食品香料通用的许可程序规范》和《（EU）234/2011欧盟委员会关于（EC）1331/2008法规的实施方法》的规定进行。

7.5.7.4 美国

美国的食品工业用酶制剂管理有两种方式，一是作为食品添加剂中的次级直接添加剂（secondary direct food additives）管理，二是作为GRAS管理。第一种管理方式类似于我国的加工助剂。两种方式对于安全性的要求一致。区别在于作为次级直接添加剂管理时，需按照食品添加剂审批程序进行，审批通过的产品不具专属性。

在使用原则方面，作为次级直接添加剂管理的酶制剂在联邦法规第21章第173节食品中允许使用的次级直接添加剂B部分，规定了允许使用的酶制剂名称、来源、用途及用量等。作为GRAS的酶制剂，管理经历了两个阶段，第一阶段是按照GRAS确认申请程序经FDA确认的GRAS（Affirmed GRAS），第二阶段是自1997年后，程序逐渐变成自愿备案的GRAS程序。按照联邦法规第21章第184节规定，与次级直接添加剂的酶制剂类似，对酶制剂进行了相关规定。

在质量规格要求方面，其相关规定主要参考美国食品化学法典（Food Chemical Codex，FCC）。主要内容有不同酶制剂鉴别方法、酶活力、金属铅、微生物的限量要求。内容还要求酶制剂要在GMP下生产，对作为酶制剂来源的动物、植物、微生物原料进行了要求，对酶制剂的载体、溶剂及其他加工助剂使用限量进行了要求。

在新的酶制剂品种的审批和安全性方面，对于新的酶制剂品种可以按照食品添加剂申请程序向FDA提出次级直接添加剂申报，也可以按照GRAS认定程序进行认定，自愿选择向FDA备案。但是，两者对资料的要求基本一致。根据申请者的资料美国FDA进行安全性评价，对是否批准做出决定。GRAS 认定程序由资深专家按照程序对资料进行科学审查，对该品种在预期使用条件下是否存在安全隐患达成共识。

美国对于转基因微生物生产的酶制剂的安全性评估着重于以下因素：①宿主生物的特性；②任何致病性或产毒性证据；③插入基因的功能；④为最终构建体提供遗传物质的生物体属性；⑤对于插入的遗传物质进行表征，以确认其不含有编码有毒物质的序列；⑥插入稳定性和基因组稳定性；⑦化学指标；⑧膳食使用、暴露和其他相关信息。

7.5.7.5 澳大利亚和新西兰

在澳大利亚和新西兰，食品工业用酶制剂是作为加工助剂的一部分，按照澳新食品标准局（Food Standards Australia New Zealand，FSANZ）制定的《澳新食品标准法典》（Food Standards Code）进行管理。

在使用原则方面，《澳新食品法典》中的加工助剂部分规定了作为加工助剂的食品酶制剂的肯定列表，只有纳入列表的酶制剂才允许使用。酶制剂使用时需按照规定适量添加。

在质量规格要求方面，澳新政府没有具体的酶制剂产品规格标准，在《澳新食品标准法典》的法典结构和总则及其《鉴别和纯度要求》部分规定了食品添加剂和加工助剂需遵循的产品规定标准并且给出了参考的优先顺序。即 JECFA、FCC 及欧盟产品规格标准为第一优先遵循，如某产品未列入上述标准体系，就要遵循第二优先标准体系，如美国药典、英国药典、欧盟药典、默克索引、日本食品添加剂公定书等，如某产品列未入上述标准体系，就要参照《食品加工用酶制剂通用标准及考虑》。

在新的酶制剂品种的审批和安全性方面，澳新食品标准局发布的《申请手册》（Application Handbook）中，详细阐述了申请者做各种申报时的程序和应准备的材料。新的酶制剂安全评价由澳新食品标准局根据申请者提供的资料完成。

综上，由于大量的食品用酶制剂是采用转基因微生物生产的，对于酶制剂进行安全评价与管理时，应充分考虑该转基因微生物的安全性。通常的评价内容包括以下几个方面：①转基因微生物构建及保藏信息；②受体微生物的安全性信息；③基因工程操作及目的基因的安全性信息；④转基因微生物的分子特征和表达产物信息；⑤转基因微生物的遗传稳定性信息；⑥转基因微生物的关键代谢产物分析；⑦新表达物质的食用安全评价信息等。

本章小结

生物技术食品既包括食品酿造、食品发酵等古老的生物技术加工而成的食品，也包括应用现代生物技术加工改造而生产的食品。本章通过转基因食品、基因编辑食品、合成生物学食品、食品酶制剂 4 个方面介绍了生物技术在食品中的应用。转基因食品是以抗虫、耐除草为代表的一类生物技术食品，对其安全性进行了旷日持久的争论，目前已经通过严格的评价和审批等管理流程加以规范化管理。基因编辑食品与合成生物学食品则是方兴未艾的生物技术产品的代表，具有广阔的开发前景，同时对其安全性的管理仍在探索之中。食品酶制剂在食品工业中得以广泛应用，从过去的发展和未来的应用来看都极具潜力。总之，生物技术作为一项富有巨大潜力和无限发展空间的新技术，应用于食品工业，有助于增加粮食总量、减少环境污染、强化食品功能、提高食品营养价值，促进全球食品业的可持续发展。

思考题

1. 生物技术食品包含哪些种类的食品？
2. 简述转基因食品、基因编辑食品与合成生物食品的区别和联系。
3. 转基因食品、基因编辑食品与合成生物食品监管有何不同？

4. 简述转基因食品的安全性问题及其评价方法。

5. 基因编辑食品为何难以检测和监管?

6. 简述合成生物食品未来的发展方向和趋势。

7. 酶制剂与酶有什么区别?

8. 酶制剂与转基因食品有什么区别和联系?

第8章 "从农田到餐桌"食品生产链

本章主要介绍了食品安全管理体系、食品安全溯源体系的要求及发展现状；种植、养殖中的食品安全要求及食品原料的相关国家标准。食品加工环境，包括食品企业的建筑和卫生设施、食品从业人员的卫生管理、食品加工新技术与新资源；食品加工中形成的有害物质结构与性质、来源、毒性及危害、限量标准、预防措施。食品包装概念、食品包装功能、食品包装技术标准和法令法规；食品包装材料及其制品的安全性，包括塑料、橡胶、纸、金属、玻璃、陶瓷和搪瓷等包装材料；食品包装材料的发展方向；食品运输的基本要求、食品运输中的质量安全控制措施、食品的冷链物流；食品销售、消费中的质量安全控制措施。

8.1 从农田到餐桌概述

尊重食品安全客观规律，坚持源头治理、标本兼治，确保人民群众"舌尖上的安全"，是全面建成小康社会的客观需要，是公共安全体系建设的重要内容。中共中央、国务院发布的《关于深化改革加强食品安全工作的意见》提出：到 2035 年，基本实现食品安全领域国家治理体系和治理能力现代化。食品安全标准水平进入世界前列，产地环境污染得到有效治理，生产经营者责任意识、诚信意识和食品质量安全管理水平明显提高，经济利益驱动型食品安全违法犯罪明显减少。食品安全风险管控能力达到国际先进水平，从农田到餐桌全过程监管体系运行有效，食品安全状况实现根本好转，人民群众吃得健康、吃得放心。

中共中央、国务院印发《关于深化改革加强食品安全工作的意见》

由于生产的专业化和分工的逐步细化，食品从原材料生产、加工，到贮藏、运输，直至销售，每一环节都可能导致食品安全问题发生，这给食品质量安全的管理带来了严峻的挑战。只有从农田到餐桌全方面、全链条的进行安全管理，建立合理全面的食品安全管理体系与食品安全溯源体系才能更加有效保障食品安全。为提高食品安全体系认证的权威性和公正性，实行最严格的认证，我国市场监督管理总局下属国家认证认可监督管理委员会（以下简称国家认监委）自 2001 年成立以来，建立了包括食品安全管理体系、危害分析与关键控制点（HACCP）体系、良好农业规范（GAP）、无公害农产品等在内的 10 种认证制度，覆盖了从农田到餐桌全过程，基本建立了统一、开放、竞争、有序的食品农产品认证认可体系，对保障食品农产品安全、提振消费者信心、促进贸易便利起到了良好作用。

8.1.1 食品安全溯源体系

食品追溯体系是食品生产经营者质量安全管理体系的重要组成部分，食品生产经营者自然由此承担追溯体系建设的主体责任，以此实现对其生产经营的产品来源可查、去向可追，在发生质量安全问题时，能够及时召回相关产品、查寻原因。建立食品追溯体系对于提升我国食品整体安全水平、促进行业健康发展有重要意义。可追溯性系统应该能够唯一地识别供应商的进料和终产品的首次分销途径，在建立和实施可追溯系统时应考虑一下最低要求：①材料接收、辅料和中间产品的批次与终产品的关系；②材料/产品的再加工；③终产品的分销。组织应确保适用的法律、法规和顾客要求得到识别，应按规定的期限（至少包括产品的保质期）保留可追溯系统证据的文件化信息。组织应验证和测试可追溯系统的有效性。

8.1.2　我国食品安全追溯体系发展现状

中共中央、国务院高度重视农产品追溯体系建设，习近平总书记指示要求尽快建立全国统一的农产品和食品追溯管理信息平台，中共中央、国务院《关于深化改革加强食品安全工作的意见》也对农产品追溯管理提出了明确要求。

根据《食品安全法》和国家文件等要求，2017年国家食品药品监督管理总局印发了《关于发布食品生产经营企业建立食品安全追溯体系若干规定的公告》（2017年第39号），规定中明确，建立食品安全追溯体系的核心和基础，是记录全程质量安全信息；食品安全信息记录与保存，是食品安全追溯体系有效运行的基础，信息链条的衔接是其根本保障；食品生产经营企业负责建立、实施和完善食品安全追溯体系，保障追溯体系有效运行；地方食品药品监管部门要指导和监督食品生产经营企业建立食品安全追溯体系，落实质量安全主体责任；引导社会力量共同推进食品安全追溯体系建设，切实发挥行业协会规范引导作用、技术机构技术支撑作用以及社会监督作用。国家食品药品监督管理总局明确提出以企业建立、部门指导、运行有效为基本原则建立食品安全追溯体系，并发布了《关于白酒生产企业建立质量安全追溯体系的指导意见》《关于食用植物油生产企业食品安全追溯体系指导意见》《婴幼儿配方乳粉生产企业食品安全追溯信息记录规范》等文件。

2020年3月31日全国食品质量控制与管理标准化技术委员会发布《食品追溯二维码通用技术要求》（GB/T 38574—2020），该标准规定了食品追溯二维码使用原则、目标、数据内容、管理要求，适用于食品追溯二维码在食品追溯体系中的应用，并于2021年4月1日执行。自2020年以来，全国多次在进口冷冻食品包装上检出新冠病毒阳性样本，这加速了我国食品追溯体系的建立健全，北京、广东、浙江等多地上线运行了冷链食品追溯平台。

8.2　食品原料的种植、养殖

目前，国际上对食品安全的要求是在食品的种植、养殖、加工、运输和销售等多个环节中要符合国家标准，不存在有害物质危害消费者的健康。中国种植、养殖模式以散户为主，大型的农业种植、养殖基地及农业合作社才刚刚兴起，尚未形成规模，导致农业生产经营不规范，农业投入品监管及农业生产质量监督缺失，从而引起农产品农药残留超标、畜禽产品兽药残留超标及违禁药品的使用。种植、养殖作为食品生产链的源头，由于环境污染以及外部投入物质的不良使用引起的食品安全问题影响深远。

8.2.1　种植、养殖的食品安全要求

根据国务院印发的《"十三五"国家食品安全规划》可知，我国仍处于食品安全风险隐患凸显和食品安全事件集中暴发期，食品安全形势依然严峻，源头污染问题突出。一些地方工业"三废"违规排放导致农业生产环境污染，农业投入品使用不当、非法添加和制假售假等问题依然存在，农药兽药残留和添加剂滥用仍是食品安全的最大风险。农作物生长离不开土壤，土

壤污染具有隐蔽性、滞后性和难可逆性。工业生产的污染加聚了土壤中重金属的含量,而这些重金属会直接影响到我们的粮食和蔬菜,进而引发食品安全问题。同时,农业用药和兽药的使用,也造成大部分的土壤、粮食和畜禽肉类食品的污染。土壤中残留的农药、重金属会造成耕地难以复种,影响农作物生产,而肉类中未被吸收的兽药也会随着食物链进入人体,对人类生活产生危害。

2017年12月18日《中国食品安全状况研究报告》指出,农药兽药残留不符合标准和重金属污染是目前种植、养殖过程中面临的食品安全风险。2018年的监督抽检数据显示,农兽药残留不符合标准、重金属污染分别占不合格样品总数的15.4%和7.6%。目前,学术界针对食品安全的问题做出了数量不菲的学术成果,并对食品安全问题产生的原因作了分析,对耕地污染(包括水源污染)、饲料原料污染和生产环节监管不到位等都作了研究。研究数据显示,当前我国部分地区镉、铅、铜、锌等重金属含量超出了土壤元素的限制值。另外,近年来工业污染排放造成了耕地中重金属镉、铅、铜、锌等含量超标,并且出现了重金属元素累积现象,有些地区耕地重金属富集化程度达到了生态危害的程度。

《关于印发"十三五"国家食品安全规划和"十三五"国家药品安全规划的通知》

8.2.1.1　种植过程中存在的问题

原料种植过程中用药不当以及周围环境污染和土壤污染都可能造成产品农残和重金属检测结果超标。研究表明,农田、草场和森林施药后,有40%~60%农药降落至土壤,植物通过根茎部从土壤中吸收农药,引起植物性食品中农药残留;用含农药的工业废水灌溉农田或水田,也可导致农产品中农药残留;而大量扩散于大气中的农药微粒可以随风向、大气漂浮、降雨等自然现象造成远距离的土壤和水源污染,经过食物链和生物富集作用,最终导致农产品、畜产品和水产品出现农药残留问题。

(1)农药

农药的种类和摄入量不同,对人体健康的危害不同。大量流行病学调查和动物试验研究结果表明,农药对人体的危害可概括为:当农药残留在人体中达到一定的数量,不为人体所分解时,将无法避免地发生各种病变,如急性中毒,导致死亡、终身残疾;亚急性中毒,导致致癌、致畸(畸胎和畸形儿)和致基因突变(损伤生物的遗传物质,导致不可逆诱变的作用);慢性中毒,导致损害人体的神经系统、内分泌系统、生殖系统、肝脏和肾脏,影响酶的活性,降低机体免疫功能,引起结膜炎、皮肤病、不育、贫血等疾病,危及青少年、儿童成长发育,影响胎儿正常发育。

(2)化肥

农作物产量的提高,粮食安全问题的解决,化肥发挥了极其重要的作用。种植业施用含抗生素、砷、镉、铜、锌、锰等重金属残留的农家粪肥后,会污染土壤,进而污染粮食、蔬菜、水果。例如,施用磷肥过多,会使施肥土壤中的镉含量比一般土壤高数十、甚至上百倍,长期积累将造成土壤镉污染,使农产品中镉含量增加,长期食用高镉含量的食品会造成骨痛病。氨水中往往含有大量的酚,施于农田后造成土壤的酚污染,以致生产出的农产品具有异味。而酚进入人体后,会蓄积在各脏器组织中,造成慢性中毒,出现不同程度的头昏、头痛、心神不安等神经症状,以及食欲不振、吞吐困难、流涎、呕吐和腹泻等慢性消化道疾病。长期施用化肥,氮肥在土壤中转化为硝态氮,引起食物硝酸盐含量过高,硝酸盐还原为亚硝酸盐后是致癌因子,主要危害途径是与体内的生物胺形成亚硝基胺,这类物质有很强的致癌性。此外,人畜食用含大量硝酸盐的食物后,极易引起高铁血红蛋白血症,主要表现为行为反应障碍、工作能力下降、头晕目眩、意识丧失等,严重的会危及生命。WHO在1994年规定硝酸盐在食品中的限值为5mg/kg,亚硝酸盐为0.2mg/kg。

8.2.1.2　养殖过程中存在的问题

在新时代发展背景下，我国畜牧养殖业整体发展水平越来越高，可以有效满足人们的消费需要。但是，在实际养殖过程中兽药残留、饲料安全问题越来越突出，对于消费者的食品安全和畜牧业整体发展产生了不利影响。这不仅会给畜禽造成损害，而且会间接对广大消费者的身体健康带来不利影响。

（1）兽药

兽药作为预防、治疗、诊断畜禽等动物疾病及促进动物生长的物质，在养殖业中发挥着不可替代的作用。近年来，由于兽药的不规范使用或违规使用对我国食品安全造成巨大的影响，兽药残留成为影响动物性食品安全的最主要的因素之一。兽药残留进入食物链的途径主要有两种：一是直接残留在肉、奶、蛋及其加工产品中；二是兽药随粪便等排泄物进入环境，最终造成在食品中的残留。

兽药残留的重大危害之一便是对群众身体健康的威胁。绝大部分用于动物疾病治疗、动物育肥的药物并不能被人体所吸收，一旦出现用药过量、用药不当等问题，动物性食品食用人员将会首当其冲地受到伤害。部分兽药的残留量较低，但其并不能跟随人体内部循环完全排出体外，当其在体内逐渐堆积之后，人体会产生多种急慢性中毒症状。如因食用盐酸克伦特罗超标的猪肾脏而引发的急性中毒事件。当前的医学研究表明，部分兽药在进入人体之后会诱发细胞突变，并通过药理作用引起结构变异，产生较强的癌变反应。

（2）饲料

饲料的安全与畜产品的食用安全密切相关。动物饲料的质量与畜类食品安全之间有着非常密切的联系，饲料质量能够对畜类的生长产生影响，进而间接对人的身体健康造成影响。饲料对于食品安全的影响主要包括以下几方面：①饲料主要原料中含有毒有害物质。很多植物饲料本身含有毒有害物质，如棉籽饼粕、菜籽饼粕、大豆饼粕等含有游离棉酚、生物碱、蛋白酶抑制剂、皂苷等，在动物性饲料中含有抗硫胺素（鱼、虾、贝类）、肌胃糜烂素（劣质鱼粉）等，这些饲料使用不当可对动物健康、生产性能及动物产品质量造成不良影响，危及人类健康。②重金属污染饲料。重金属元素主要是汞、镉、铅、砷、铬等，主要来源于劣质饲料和劣质饲料添加剂，如锌盐中镉含量过高、石粉中铅含量过高等；加工过程造成饲料污染，如机械设备、容器等存在的有毒金属元素，加工过程中通过饲料接触而使饲料污染，有害元素通过食物链进入人体，对人健康造成不利影响。③饲料霉变后，霉菌产生的次生代谢产物即霉菌毒素。饲料中常见的有黄曲霉毒素、玉米赤霉烯酮、呕吐霉素、伏马菌素、麦角毒素等，可造成动物性食品污染，玉米赤霉烯酮具有雌激素作用，可使动物产生雌激素亢进症，引起动物急慢性中毒。④饲料中违禁添加剂的违规添加。根据相关的调查研究发现，违规添加违禁添加剂致使动物饲料的质量出现问题是影响动物饲料安全的主要原因。目前，瘦肉精及农业部公告第176号规定的禁止在饲料和动物饮用水中使用的药物品种已被明确规定为违禁添加剂，对违规添加违禁添加剂的将以生产、销售有毒有害食品罪追究刑事责任。

8.2.1.3　种植、养殖中食品安全的标准化控制

（1）农产品种植单位

农产品种植单位为食品生产经营单位提供蔬菜、水果原料，农产品的质量安全直接关系到入口食品的质量安全。深入开展农药残留、重金属污染综合治理。开展化肥农药使用量零增长行动，全面推广测土配方施肥、农药精准高效施用。加快高效、低毒、低残留农药新品种研发和推广，实施高毒、高残留农药替代行动，提高农业标准化水平。实施农业标准化推广工程，推广GAP，继续推进农业标准化示范区、园艺作物标准园、标准化规模养殖场（小区）、水产健康养殖场建设，支持GAP认证品牌农产品发展，提高安全优质品牌农产品比重。

（2）畜禽养殖单位

畜禽养殖单位为食品生产经营单位提供肉类原料，关系到肉制品的质量安全。实施兽用抗菌药治理行动，逐步淘汰无残留限量标准和残留检测方法标准的兽药及其制剂。建立健全畜禽屠宰管理制度，加快推进病死畜禽无害化处理与养殖业保险联动机制建设，加强病死畜禽、屠宰废弃物无害化处理和资源化利用，开展肉类产品追溯体系建设。

（3）水产养殖单位

鲜活水产品使用孔雀石绿问题突出，抗生素、禁用化合物及兽药残留超标问题依然存在。水产养殖单位应细化生产过程记录，建立投入品采购管理制度，做好供应商的选择和评价，查看渔药、饲料添加剂等是否来自具有生产许可证和产品批准文号的生产企业，做好购进和使用记录，投入品购买、使用和库存量要平衡相符，规范饲养日志，配备专职技术人员指导日常养殖管理。

8.2.2 食品原料的相关国家标准

食品原料具备食品的特性，符合应当有的营养要求，且无毒无害，对人体健康不造成任何急性、亚急性、慢性或者其他潜在危害。目前我国可以用作食品原料的物质主要包括普通食品原料(包括可食用的农副产品、取得食品生产许可的加工食品)、新食品原料、按照传统既是食品又是中药材物质(简称药食同源物质)、保健食品原料、可用于食品的菌种、食品添加剂、营养强化剂等。

《新食品原料安全性审查管理办法》中规定，新食品原料是指在我国无传统食用习惯的动物、植物和微生物，从动物、植物和微生物中分离的成分，原有结构发生改变的食品成分，其他新研制的食品原料。新食品原料应当经过国家卫生健康委员会安全性审查后，方可用于食品生产经营。截至目前，我国已经发布了 100 多种新食品原料的批准公告，其中包括新食品原料的名称、拉丁文名称、适用食品类别以及食用量等一系列要求。①普通食品原料：执行标准根据情况按照相应的国标，没有国标的按照地方标准，没有地方标准的按照企业标准执行，卫生安全指标按照我国相关标准执行。②新食品原料：执行标准按照已公告的有关内容执行，卫生安全指标按照我国相关标准执行。③药食同源食品原料：执行标准按照已公布的相应标准执行，卫生安全指标按照我国相关标准执行。④可用于食品的菌种、食品添加剂、营养强化剂：执行标准按照国家公布的相关标准执行，卫生安全指标按照我国相关标准执行。

《新食品原料安全性审查管理办法》

8.2.2.1 农产品相关标准

人们每天消费的食物，有相当大的部分是直接来源于农业的初级产品，即《中华人民共和国农产品质量安全法》(以下简称《农产品质量安全法》)所称的农产品。该法直接关系人民群众的日常生活、身体健康和生命安全，关系社会的和谐稳定和民族发展，关系农业对外开放和农产品在国内外市场的竞争力。除了《农产品质量安全法》以外，国家和各部委还制定了一系列的标准、法规与规范对农产食品原料进行规范、监督、管理。

（1）农产品基础标准

农产品理化卫生检验标准主要依据食品卫生检验方法理化部分 GB/T 5009 系列、GB 23200 系列、食品卫生微生物学检验 GB/T 4789—2016 系列。其中部分是针对农产食品原料制定的，如 GB/T 5009.38—2003《蔬菜、水果卫生标准的分析方法》、GB 5009.232—2016《水果、蔬菜及其制品中甲酸的测定》、GB 23200.24—2016《粮谷和大豆中 11 种除草剂残留量的测定 气相色谱-质谱法》、GB 5009.22—2016《食品中黄曲霉毒素 B 族和 G 族的测定》、GB/T 5009.199—

2003《蔬菜中有机磷和氨基甲酸酯类农药残留量的快速检测》、GB 23200.9—2016《粮谷中475种农药及相关化学品残留量的测定 气相色谱-质谱法》等相关标准。

除了GB 5009系列标准外，还有GB 23200.8—2016《水果和蔬菜中500种农药及相关化学品残留的测定 气相色谱-质谱法》和GB/T 20769—2008《水果和蔬菜中405种农药及相关化学品残留量的测定 液相色谱-串联质谱法》等相关标准。

（2）农产品产品标准

过去只有关系到国计民生的少数产品（如小麦、大豆、玉米、食用盐等）制定了标准，近些年来随着对农产品质量与安全的要求日益提高，多数农产品制定了强制或推荐性国家标准、部颁标准等，如GB 2707—2016《鲜（冻）畜、禽产品》、GH/T 18796—2012《蜂蜜》、RB/T 165.1—2018《有机产品产地环境适宜性评价技术规范 第1部分：植物类产品》，地方标准中有机产品、农业部标准中无公害食品标准、绿色食品标准、有机食品标准等。

8.2.2.2 无公害食品、绿色食品与有机食品

（1）无公害食品原料相关标准

自2001年开始，农业部在全国范围内实施"无公害食品行动计划"，以全面提高我国农产品质量安全水平为核心，农产品质量标准体系和质量检测检验体系建设为基础，"菜篮子"产品为突破口，市场准入为切入点，产地和市场两个环节入手对农产品实施从农田到餐桌全过程质量安全控制，由此我国的无公害食品得到了很大发展。

对于无公害食品的监管，除了依据《食品安全法》和《农产品质量安全法》以外，目前我国依据的还有农业部组织制定的一系列产品标准以及包括产地环境条件、投入品使用、生产管理技术规范、认证管理技术规范等通则类的无公害食品标准。

目前，已颁布实行的标准主要有：NY 5073—2006《无公害食品 水产品中有毒有害物质限量》、NY/T 5117—2002《无公害食品 水稻生产技术规程》、NY/T 5038—2006《无公害食品 家禽养殖生产管理规范》、NY/T 2798.3—2015《无公害农产品 生产质量安全控制技术规范 第3部分：蔬菜》，还包括一系列地方标准DB 440300/T 14—2009《无公害蔬菜生产技术规程》、DB46/T 19.6—2001《无公害水果生产技术规程》、DB12/T 232—2005《无公害水产品 防疫技术规范》、DB23/T 788—2004《无公害水产品养殖技术规范》等。

（2）绿色食品原料相关标准

NY/T 391—2013《绿色食品 产地环境质量》规定了绿色食品产地的定义、生态环境要求、农田灌溉水质要求、渔业水质要求、畜禽养殖用水要求等各项指标，适用于绿色食品生产的农田、菜地、果园、牧场、养殖场。绿色食品生产技术标准主要有NY/T 392—2013《绿色食品 食品添加剂使用准则》、NY/T 394—2013《绿色食品 肥料使用准则》、NY/T 472—2013《绿色食品 兽药使用准则》、NY/T 473—2016《绿色食品 畜禽卫生防疫准则》等，主要用于指导绿色食品生产活动，规范绿色食品生产技术，包括农产品种植、畜禽饲养、水产品养殖等技术操作规程。绿色食品产品标准主要是农业部制定行业标准，如NY/T 419—2014《绿色食品 稻米》、NY/T 1405—2015《绿色食品 水生蔬菜》、NY/T 420—2017《绿色食品 花生及制品》、NY/T 842—2012《绿色食品 鱼》、NY/T 421—2012《绿色食品 小麦及小麦粉》、NY/T 2799—2015《绿色食品 畜肉》等。此类标准主要规定食品的外观品质、营养品质和卫生品质等内容，其规定的卫生品质要求一般都高于现行普通食品标准，主要表现在对农药残留和重金属检测项目种类多、指标严，突出绿色食品无污染、安全的卫生指标。

（3）有机食品相关标准

有机食品标准是一种质量认证标准，不同于一般的产品认证。它是对生产体系的共性要求，不针对某个食品品种或类别，要求在有机食品的原料生产（包括作物种植、畜禽养殖、水产养殖等及其加工、贮藏、运输、销售)等过程中不违背有机生产原则,在动植物生产过程中不使用化学合成的农药、化肥、生长调节剂、饲料添加剂等物质,以及基因工程生物及其产物,保持有机完整性,从而生产出合格的有机产品。

我国现行的有机食品国家标准有:NY/T 1733—2009《有机食品 水稻生产技术规程》、DB3701/T 115—2010《有机食品 茶生产技术规程》、DB23/T 1033—2006《有机食品 黄瓜生产技术操作规程》、DB13/T 1214—2010《有机食品 鸡蛋生产技术规程》、DB65/T 2682—2006《有机食品 肉羊饲养管理规范》等。

8.2.2.3 新食品原料相关标准

目前,我国对于新食品原料的标准还不够完善,《新食品原料安全性审查管理办法》对新食品原料定义、范围作了规定,并进一步规范了新食品原料应当具有的食品原料属性和特征,避免一些不具备食品原料特征的物品申报新食品原料。现行有效的标准有 DB43/T 1109—2015《富硒梨子生产技术规程》、LS/T 3243—2015《DHA 藻油》等。

8.2.2.4 药食同源食品相关标准

现批准发布的药食同源食品标准有:T/GVEAIA 009.1—2019《药食同源食用菌标准 黑皮鸡枞菌 第 1 部分:黑皮鸡枞菌生产技术规程》、T/GVEAIA 010.1—2019《药食同源 果桑 第 1 部分:果桑栽培技术规程》、T/GVEAIA 009.2—2019《药食同源食用菌标准 黑皮鸡枞菌 第 2 部分:黑皮鸡枞菌质量标准》等。

8.3 食品加工

8.3.1 食品加工环境

8.3.1.1 食品企业的建筑和卫生设施

(1)厂址选择卫生要求

①厂区不应选择对食品有显著污染的区域。某地对食品安全和食品宜食用性存在明显的不利影响,且无法通过采取措施加以改善,应避免在该地址建厂。

②厂区不应选择有害废弃物以及粉尘、有害气体、放射性物质和其他扩散性污染源不能有效清除的地址。

③厂区不宜选择易发生洪涝灾害的地区,难以避开时应设计必要的防范措施。

④厂区周围不宜有虫害大量滋生的潜在场所,难以避开时应设计必要的防范措施。

(2)厂区环境卫生要求

①应考虑环境给食品生产带来的潜在污染风险,并采取适当的措施将其降至最低水平。

②厂区应合理布局,各功能区域划分明显,并有适当的分离或分隔措施,防止交叉污染。

③厂区内的道路应铺设混凝土、沥青或者其他硬质材料;空地应采取必要措施,如铺设水泥、地砖或铺设草坪等方式,保持环境清洁,防止正常天气下扬尘和积水等现象的发生。

④厂区绿化应与生产车间保持适当距离,植被应定期维护,以防止虫害的滋生。

⑤厂区应有适当的排水系统。

⑥宿舍、食堂、职工娱乐设施等生活区应与生产区保持适当距离或分隔。

(3)车间及设施卫生要求

①厂房和车间的内部设计和布局应满足食品卫生操作要求,避免食品生产发生交叉污染。

②厂房和车间的设计应根据生产工艺合理布局,预防和降低产品受污染的风险。

③厂房和车间应根据产品特点、生产工艺、生产特性以及生产过程对清洁程度的要求合理划分作业区,并采取有效分离或分隔。如:通常可划分为清洁作业区、准清洁作业区和一般作

业区；或清洁作业区和一般作业区等；一般作业区应与其他作业区域分隔。

④厂房内设置的检验室应与生产区域分隔。

⑤厂房的面积和空间应与生产能力相适应，便于设备安置、清洁消毒、物料存储及人员操作。

（4）食品仓库卫生要求

①应具有与所生产产品的数量、贮存要求相适应的仓储设施。

②仓库应以无毒、坚固的材料建成；仓库地面应平整，便于通风换气。仓库的设计应能易于维护和清洁，防止虫害藏匿，并应有防止虫害侵入的装置。

③原料、半成品、成品、包装材料等应依据性质的不同分设贮存场所或分区域码放，并有明确标识，防止交叉污染。必要时仓库应设有温、湿度控制设施。

④贮存物品应与墙壁、地面保持适当距离，以利于空气流通及物品搬运。

⑤清洁剂、消毒剂、杀虫剂、润滑剂、燃料等物质应分别安全包装，明确标识，并应与原料、半成品、成品、包装材料等分隔放置。

8.3.1.2　食品从业人员的卫生管理

（1）健康检查和管理

①食品加工人员健康管理。

②应建立并执行食品加工人员健康管理制度。

③食品加工人员每年应进行健康检查，取得健康证明，上岗前应接受卫生培训。

④食品加工人员如患有痢疾、伤寒、甲型病毒性肝炎、戊型病毒性肝炎等消化道传染病，以及患有活动性肺结核、化脓性或者渗出性皮肤病等有碍食品安全的疾病，或有明显皮肤损伤未愈合的，应当调整到其他不影响食品安全的工作岗位。

（2）个人卫生要求

①进入食品生产场所前应整理个人卫生，防止污染食品。

②进入作业区域应规范穿着洁净的工作服，并按要求洗手、消毒；头发应藏于工作帽内或使用发网约束。

③进入作业区域不应佩戴饰物、手表，不应化妆、染指甲、喷洒香水，不得携带或存放与食品生产无关的个人用品。

④使用卫生间、接触可能污染食品的物品、或从事与食品生产无关的其他活动后，再次从事接触食品、食品加工器具、食品设备等与食品生产相关的活动前应洗手消毒。

GB 14881—2013

8.3.2　食品加工新技术与新资源

8.3.2.1　食品加工技术的发展

20世纪是食品加工技术发展最快的一个世纪，食品加工技术获得了全面发展，建立了较为完全的技术体系，为现代食品加工业的确立发挥了重要作用。随着食品加工业的发展，人们逐渐认识到，不同产品的生产过程是由为数不多的基本操作组成的，即所谓的单元操作。单元操作源于化学领域，19世纪末英国学者戴维斯提出了这种观点，但当时未引起足够重视。20世纪末，特别是进入21世纪以来，信息技术迅猛发展，科学技术交流日益频繁，全球科学技术进入了快速发展期，新技术、新方法不断出现，这为食品加工新技术出现和发展提供了机遇。

8.3.2.2　新技术的分类

当前，依据单元操作的食品加工技术类群已经形成，主要包括物料粉碎、混合、输送、分离、蒸发与浓缩、干燥、杀菌、冷冻、吸收、萃取、灌装与包装技术等，构成了现代食品加工技术的主体。由此可见，目前食品加工技术类群已经较为完整，技术层出不穷，形成了以一般技术到新技术繁荣发展的格局。

8.3.2.3 新技术作用

食品加工将朝着追求安全、营养、美味、方便、多样化的方向发展，这就要求在加工技术上不断突破和创新。食品工业和农业有着密切的关系，食品加工业是农业的延伸和发展，通过农产品深加工，可以大大提高农产品附加值，也是提升产业核心竞争力的重要保证。食品加工业与人们生活息息相关，随着社会发展，人们对食品安全与卫生、食品营养及功能性、食品的保藏性及食品的方便性等提出了更高的要求，这就要求食品加工技术与未来的食品产业发展相适应，同时有针对性地加强新技术的开发和应用，推动食品产业发展，满足大众的需求。

8.3.2.4 生物技术

(1)基因工程

基因工程又叫遗传工程，是分子遗传学和工程技术相结合的产物，是生物技术的主体。基因工程是指用酶学法将异源基因与载体 DNA 在体外进行重组，将形成的重组因子转入受体细胞，使异源基因在其中复制并表达，从而改造生物特性，生产出目标产物的高新技术。主要包括重组 DNA、基因缺失、基因加倍、导入外源基因以及改变基因位置等分子生物学技术手段。基因工程技术在食品工业中的应用，主要涉及微生物、植物和动物，通过对被加工材料的处理，生产出符合人们需要的基因食品。基因工程能够培育和创造出自然界所没有的新的生命形态。

(2)酶工程

酶工程是指在一定的生物反应器内，利用酶催化作用，将相应的原料转化成有用物质，其应用领域已经遍及农业、食品、医药、环境保护、能源开发和生命科学理论研究等各个方面。酶工程包括各种酶的开发和生产、酶的分离和纯化技术、酶或细胞的固定化技术、固定化酶反应器的研制以及酶的应用等方面。随着基因工程、细胞工程等高新技术应用于酶工程领域，不断研究开发出更多的新品种、新用途、高活力的酶类，同时酶的固定化技术、酶分子修饰技术及模拟酶技术也得到更快发展。

(3)发酵工程

发酵工程是指采用工程技术手段，利用生物(主要是微生物)和有活性的离体酶的某些功能，为人类生产有用的生物产品，或直接用微生物参与控制某些工业生产过程的一种技术。已从过去简单的生产酒精类饮料、生产醋酸和发酵面包发展到今天成为生物工程的一个极其重要的分支，成为一个包括了微生物学、化学工程、基因工程、细胞工程、机械工程和计算机软硬件工程的一个多学科工程。现代发酵工程不但生产酒精类饮料、醋酸和面包，而且生产胰岛素、干扰素、生长激素、抗生素和疫苗等多种医疗保健药物，生产天然杀虫剂、细菌肥料和微生物除草剂等农用生产资料，在化学工业上生产氨基酸、香料、生物高分子、酶、维生素和单细胞蛋白等。

(4)蛋白质工程

蛋白质工程是在基因重组技术、生物化学、分子生物学、分子遗传学等学科基础之上，融合蛋白质晶体学、蛋白质动力学、蛋白质化学和计算机辅助设计等多学科而发展起来的新兴研究领域。蛋白质工程，又称"第二代基因工程"，是按人们的意志创造出适合人类需求的，具有不同功能的蛋白质，创造出世界上原来不曾有过的新蛋白质及其众多的新产品，利用蛋白质工程可以生产具有特定氨基酸顺序、高级结构、理化性质和生理功能的新型蛋白质，可以定向改造酶的性能，生产新型营养功能食品，以全新的思路发展食品工业。

8.3.2.5 新型杀菌技术

（1）超高压杀菌

和传统杀菌技术相比，超高压杀菌技术能够在保留、升级食物口感的情况下将所有的微生物杀死。在人们对食品口味和质感的追求下，超高压杀菌技术开始被人们广泛地应用在食品加工领域。超高压杀菌技术在食品加工中的运用主要是将食物放置在密封的弹性材料或者无菌压力系统中，在标准压力作用一段时间之后会借助液体介质来消灭食品里的细菌。超高压杀菌技术的使用原理是通过破坏菌体蛋白中的非共价链来破坏蛋白质中的高级结构，使食品中的蛋白质酶失去活力、发生凝固，达到理想的杀菌效果。

（2）欧姆杀菌

由于大部分食品是含有适度溶解盐离子的水溶液，具有良好的导电性，根据欧姆定律，将电流通过连续流动的物料通道即可对物料进行加热，加热范围与食品导电率均匀性和食品在电阻加热器中停留时间有关。这种直接加热的杀菌技术称为欧姆杀菌技术。其电导方式是离子的定向移动，如电解质溶液或熔融的电解质等。当溶液温度升高时，由于溶液的黏度降低，离子运动速度加快，水溶液中离子水化作用减弱，其导电能力增强。

（3）磁场杀菌

脉冲磁场杀菌是利用高强度脉冲磁场发生器向螺旋线圈发出的强脉冲磁场，带菌食品放置于螺旋线圈内部的磁场中，微生物受到强脉冲磁场的作用后导致死亡。脉冲电场杀菌存在的不足是易产生电弧放电，一方面食品会被电解，产生气泡，影响杀菌效果和食品质量；另一方面电极会被腐蚀，影响设备的使用寿命。电弧放电的问题给杀菌系统的设计和放大带来了很大的难度，而脉冲磁场杀菌不存在脉冲电场杀菌的缺陷。关于脉冲磁场杀菌在食品行业中研究和应用较多的是日本和美国，而我国有关脉冲磁场杀菌在食品行业的研究和应用都非常少，还有待于进一步开展。

8.3.2.6 超微粉碎技术

超微粉碎技术是 20 世纪 60 年代末 70 年代初发展起来的一项高新技术，是利用机械力、流体动力等方法，将各种固体物质粉碎成微米级甚至纳米级微分的过程。目前，国外已广泛应用于冶金、陶瓷、食品、医药、纺织、化妆品及航空航天等国民经济和军事的各个领域，国内则主要应用于新型材料的研究和生产。在食品领域中，通常把粒度低于 25 μm 的粉末称为超微粉体。将食品原料加工成超微粉可使得食品有很好的分散性、固香性及溶解性，利于营养物质的消化吸收；经过超微粉碎处理的物料，其空隙增加，微粉孔腔中容纳的 N_2 和 CO_2 可延长食品保鲜期；超微粉碎技术可最大限度地保留物料原有的生物活性物质及营养成分，改善食品口感；经过超微粉碎处理，原来不能充分吸收利用的原料被重新利用，节约了资源；另外，利用超微粉碎技术可开发新型软饮料，制造新型添加剂和功能食品。

8.3.2.7 辐射技术

辐射杀菌技术是在不破坏食物本身口感和颜色情况下，应用射线进行杀菌的一种杀菌方式，和其他杀菌技术相比，辐射杀菌技术具备方便操作、效果明显的应用特点，在使用的过程中能够有效消灭食物中的细菌，避免食品加工过程中出现交叉污染的问题。从实际应用来看，辐射杀菌技术可以在常温的环境下进行应用，是一种干净、方便、卫生的杀菌技术形式。同时，这类杀菌技术在使用的时候还能够对冰冻的食物进行杀菌处理，且在杀菌处理之后不会额外保留其余的残留物质，能够为食物的使用提供良好的环境支持。

8.3.2.8 微胶囊技术

油脂微胶囊化是将液体油脂转化为固体食品的一种技术。油脂是人们日常饮食的重要组成部分，但油脂特别是一些含不饱和脂肪酸较多的特种油脂容易受到光照、氧气、水分的影响而发生变质，变质后的油脂会产生哈喇味等不良风味，影响油脂的感官品质和销售价值。当人体食用变质后的油脂后，会导致机体的氧化，引发人体衰老，激发癌症的产生。油脂微胶囊化后制成散落性优良的细粒或细粉状产品；既不像液态油那样油腻，又不像塑性脂肪那样外形或质构会因环境温度的变化而改变；并且被微胶囊化的油脂，氧化稳定性明显优于未微胶囊化的油脂，因此微胶囊粉末油脂在食品工业中的应用日益广泛。

8.3.2.9 超临界流体萃取技术

超临界流体萃取技术结合了萃取和蒸馏两个过程。利用在超临界状态下的流体具有较高的溶解度，与待分离的混合物在萃取釜中接触，通过调节萃取釜中的压力和温度来选择性地萃取混合物中的某一组分，之后再改变体系的温度和压力，使超临界流体变成气体从而与产物分离，最终超临界流体可以继续循环使用，起到节能环保的功效。

随着人们对高营养、方便性、绿色纯天然食品的高要求，传统的萃取和蒸馏技术已不能满足人们的追求，因而超临界流体萃取技术逐渐从实验室研发走向工业化生产。由于超临界 CO_2 萃取技术操作简便，且安全无污染，在食品加工行业中得到了广泛的应用。

8.3.2.10 膜分离技术

膜分离技术是指使用特定的半透膜过滤器，实现将一种混合液体浓缩或分离成两种不同成分液体的分离技术。该过程通常需要一定的压力驱动，利用膜的选择分离性能对流体组分进行分离、纯化和浓缩，即有选择性地允许一些化合物通过，同时阻止其他化合物通过。膜分离性能由单位膜面积的透过量和透过膜的时间共同衡量，其效率在很大程度上取决于跨膜压力（TMP）和进料液的浓度梯度。在少数情况下，电势也会对膜分离效率产生影响。

8.3.3 食品加工中形成的有害有机物

8.3.3.1 N-亚硝基化合物

（1）分类

N-亚硝基化合物的分子结构通式 $R_1(R_2)$=N—N=O，分 N-亚硝胺和 N-亚硝酰胺，N-亚硝胺的 R_1 和 R_2 为烷基或芳基；N-亚硝酰胺的 R_1 为烷基或芳基，R_2 为酰胺基，包括氨基甲酰基、乙氧酰基及硝米基等；两类都可有杂环化合物。

（2）结构与性质

①N-亚硝胺的基本结构 式中 R_1、R_2 可以是烷基或环烷基，也可以是芳香环或杂环化合物。若 R_1 和 R_2 相同，称为对称性亚硝胺，而 R_1 与 R_2 不同时，则称为非对称性亚硝胺。低分子质量的亚硝胺（如二甲基亚硝胺）在常温下为黄色油状液体，而高分子质量的亚硝胺多为固体。N-亚硝胺在中性和碱性环境中稳定，在一般条件下不易发生水解，在特殊条件下可发生水解、加成、转硝基、氧化还原和光化学反应。

②N-亚硝酰胺的基本结构 式中 R_1 和 R_2 可以是烷基或芳基，R_2 也可以是 NH_2、NHR、NR_2（称为 N-亚硝基脲）或 RO 基团（即亚硝基氨基甲酸酯）。亚硝酰胺的化学性质活泼，在酸性或碱性条件下均不稳定。在酸性条件下可分解为相应的酰胺和亚硝酸，在碱性条件下亚硝酰胺可迅速分解为重氮烷。

（3）来源

①N-硝基化合物的前体物 N-亚硝基化合物的前体物包括硝酸盐、亚硝酸盐和胺类物质，广泛存在于环境和食品中。在适宜条件下，亚硝酸盐和胺类可通过化学或生物学途径合成各种 N-亚硝基化合物。例如，蔬菜中的硝酸盐和亚硝酸盐；动物性食物中的硝酸盐和亚硝酸盐；环境和食品中的胺类。

②亚硝基类化合物的体内合成　除食品中所含有的 N-亚硝基化合物外，人体内也能合成一定量的 N-亚硝基化合物。机体在特殊情况下，可在胃内合成少量亚硝胺，如胃酸缺乏时，胃液 pH 值升高，细菌繁殖，硝酸还原菌将硝酸盐还原为亚硝酸盐，腐败菌等杂菌将蛋白质分解为胺类，使得前体物增加，有利于胃内 N-亚硝基化合物的合成。此外，在唾液中及膀胱内（尤其是尿路感染时）也可能合成一定量的亚硝胺。

（4）毒性及危害

①急性毒性　各种 N-亚硝基化合物的急性毒性有较大差异，对于对称性烷基亚硝胺而言，其碳链越长，急性毒性越低。肝脏是急性中毒主要的靶器官，也可损伤骨髓与淋巴系统。

②致癌作用　N-亚硝基化合物具有很强的致癌和致突变活性。亚硝酰胺类化合物为直接致癌物和致突变物，进入机体后不需要体内代谢活化就能水解直接生成重氮化合物，与 DNA 分子上的碱基形成加合物，对接触部位有直接致癌作用。

③致畸作用　亚硝酰胺对动物有一定的致畸性，如甲基（或乙基）亚硝基脲可诱发胎鼠的脑、眼、肋骨和脊柱等畸形，并存在剂量-效应关系，而亚硝胺的致畸作用相对较弱。

④致突变作用　亚硝酰胺也是直接致突变物，能引起细菌、真菌、果蝇和哺乳类动物细胞发生突变。

（5）限量标准

我国现行的《食品安全国家标准　食品中污染物限量》（GB 2762—2017）中规定，如肉制品（肉类罐头除外）N-二甲基亚硝胺含量 ≤3.0 μg/kg，水产制品（水产品罐头除外）N-二甲基亚硝胺含量 ≤4.0 μg/kg。

GB 2762—2017

（6）预防措施

①防止食物霉变或被微生物污染　由于某些细菌或真菌等微生物可还原硝酸盐为亚硝基盐，而且许多微生物可分解蛋白质生成胺类化合物，或有酶促亚硝基化作用。因此，防止食品霉变或被细菌污染对降低食物中亚硝基化合物含量至关重要。

②控制硝酸盐或亚硝酸盐用量　控制食品加工中硝酸盐或亚硝酸盐用量可减少亚硝基化前体物的量，从而减少亚硝胺的合成；在加工工艺可行条件下，尽可能使用亚硝酸盐的替代品。

③施用钼肥　农业用肥及用水与蔬菜中亚硝酸盐和硝酸盐含量有密切关系，使用钼肥有利于降低蔬菜中硝酸盐和亚硝酸盐的含量。

④增加亚硝基化阻断剂的摄入量　维生素 C、维生素 E、黄酮类物质有较强的阻断亚硝基化反应的作用，故对防止亚硝基化合物的危害有一定作用。茶叶和茶多酚、猕猴桃、沙棘果汁等对亚硝胺的生成也有较强阻断作用，大蒜和大蒜素可抑制胃内硝酸盐还原菌的活性，使胃内亚硝酸盐含量明显降低。

8.3.3.2　多环芳烃

多环芳烃化合物（PAH）是煤、石油、木材、烟草、高分子有机化合物等不完全燃烧时产生的挥发性碳氢化合物，具有较强的致癌性，是重要的环境和食品污染物。目前已鉴定出数百种，其中苯并（α）芘简称 B（α）P，是发现较早、存在广泛、致癌性强、研究较深入的一种。由于 PAH 种类繁多、分析检测复杂，因此常以检测 B（α）P 作为食品受 PAH 污染的指标，故在此以代表重点阐述。

（1）结构与性质

B（α）P 是由 5 个苯环构成的多环芳烃，分子式 $C_{20}H_{12}$，相对分子质量为 252。在常温下为浅黄色的针状结晶，沸点 310~312 ℃，熔点 178 ℃，水中溶解度仅为 0.5~6 μg/L，稍溶于甲醇和乙醇，易溶于脂肪、丙酮、苯、甲苯、二甲苯及环己烷等有机溶剂。B（α）P 性质较稳定，在阳光和荧光下可发生光氧化反应，臭氧也可使其氧化，与一氧化氮或二氧化氮作用则可发生硝基化反应。

（2）来源

食品中的PAH主要来源有：①食品在用煤、炭和植物燃料烘烤或熏制时食品的污染来源；②食品成分在高温烹调加工时发生热解或热聚反应所形成，这是食品中PAH的主要来源；③植物性食品吸收土壤、水和大气中污染的PAH；④食品加工中受机油和食品包装材料等的污染，以及在柏油路上晒粮食使粮食受到污染；⑤污染的水可使水产品受到污染。

（3）毒性及危害

通过食物或水进入机体的PAH在肠道被吸收入血后很快分布全身，乳腺及脂肪组织中可蓄积大量的B(α)P。动物试验发现PAH可通过胎盘进入胎儿体内，产生毒性和致癌作用。PAH主要经过肝脏代谢后，代谢产物与谷胱甘肽、硫酸盐、葡萄糖醛酸结合后，经尿和粪便排出。胆汁中排出的结合物可被肠道中酶水解而重吸收。

PAH急性毒性为中等或低毒性，有的PAH对血液系统有毒性。B(α)P对小鼠和大鼠有胚胎毒性、致畸和生殖毒性，B(α)P在小鼠和兔中能通过血胎屏障发挥致癌作用。B(α)P致癌性涉及的部位包括皮肤、肺、胃、乳腺等。B(α)P属于前致癌物，在体内主要通过动物混合功能氧化酶系中的芳烃羟化酶的作用，代谢活化为多环芳烃环氧化物。此类环氧化物能与DNA、RNA和蛋白质等生物大分子结合而诱发肿瘤。环氧化物进一步代谢可形成带羟基的化合物，然后与葡萄糖醛酸、硫酸或谷胱甘肽结合，从尿中排出。此外，B(α)P是间接致突变物，在体外致突变试验中需要加入S9菌株代谢活化。

人群流行病学研究表明，食品中B(α)P含量与胃癌等多种肿瘤的发生有一定关系。如在匈牙利西部一个胃癌高发地区的调查表明，该地区居民经常食用家庭自制的含B(α)P较高的熏肉是胃癌发生的主要危险性因素之一。拉脱维亚某沿海地区的胃癌高发，被认为与当地居民吃熏鱼较多有关。冰岛胃癌高发，据调查因为当地居民喜欢食用自制的熏肉食品，导致摄入较高量B(α)P。

（4）限量标准

我国现行的《食品安全国家标准 食品中污染物限量》(GB 2762—2017)中规定，如谷物及其制品、肉及肉制品、水产动物及其制品中B(α)P含量≤5.0 μg/kg，油脂及其制品B(α)P含量≤10.0 μ/kg。

（5）预防措施

①防止污染、改进食品烹调加工方法 通过加强环境治理，减少环境B(α)P的污染，从而预防控制减少其对食品的污染；熏制、烘烤食品及烘干粮食等加工应改进燃烧过程，避免使食品直接接触炭火，使用熏烟洗净器或冷熏液；不在柏油路上晾晒粮食和油料种子等，以防沥青污染；食品生产加工过程中要防止润滑油污染食品，或改用食用油作润滑剂。

②去毒 用吸附法可去除食品中的一部分B(α)P。活性炭是从油脂中去除B(α)P的优良吸附剂，此外，用日光或紫外线照射食品也能降低其B(α)P含量。

8.3.3.3 杂环胺

（1）结构与性质

杂环胺类化合物包括氨基咪唑氮杂芳烃(AIAs)和氨基咔啉两类。AIAs包括喹啉类(Q)、喹噁类(IQx)和吡啶类(IP)。AIAs咪唑环仅氨基在体内可转化为N-羟基化合物而具有致癌和致突变活性。AIAs也称Q型杂环胺，其胍基上的氨基不易被亚硝酸钠处理而脱去。氨基咔啉类包括α咔啉、γ咔啉和δ咔啉，其吡啶环上的氨基易被亚硝酸钠脱去而丧失活性。

（2）来源

食品中的杂环胺类化合物主要产生于高温烹调加工过程，尤其是蛋白质含量丰富的鱼、肉类食品在高温烹调过程中更易产生。影响食品中杂环胺形成的主要因素如下：

①烹调方式　杂环胺的前体物是水溶性的，加热反应主要产生 AIAs 类杂环胺。温度是杂环胺形成的重要影响因素，当温度从 200 ℃ 升至 300 ℃ 时，杂环胺的生成量可增加 5 倍。

②食物成分　在烹调温度、时间和水分相同的情况下，营养成分不同的食物产生的杂环胺种类和数量有很大差异。一般而言，蛋白质含量较高的食物产生杂环胺较多，而蛋白质的氨基酸构成则直接影响所产生杂环胺的种类。

（3）毒性及危害

杂环胺经口摄入后，很快吸收，通过血液分布于体内的大部分组织，肝脏是重要的代谢器官，肠、肺、肾等组织也有一定的代谢能力。杂环胺需经过代谢活化才具有致突变性。在细胞色素 P-450 酶的作用下进行氧化，生成活性较强的中间代谢产物 N-羟基衍生物，再经乙酰转移酶、磺基转移酶和氨酰 tRNA 合成酶或磷酸激酶酯化，形成具有高度亲电子活性的最终代谢产物。其代谢解毒主要是经过环的氧化以及与葡萄糖醛酸、硫酸或谷胱甘肽的结合反应。

（4）预防措施

①改变不良烹调方式和饮食习惯　杂环胺的生成与高温烹调加工有关。因此，应注意不要使烹调温度过高，不要烧焦食物，并应避免过量食用烧烤煎炸的食物。

②增加新鲜蔬菜水果的摄入量　蔬菜、水果中的某些成分有抑制杂环胺致突变性和致癌性的作用，如酚类、黄酮类物质。膳食纤维有吸附杂环胺并降低其活性的作用。因此，增加新鲜蔬菜水果的摄入量对预防杂环胺危害有积极作用。

③加强监测，建立和完善杂环胺的检测方法　要加强食物中杂环胺含量监测，深入研究杂环胺的生成及其影响条件、体内代谢、毒性作用及其阈剂量等，尽快制定食品中杂环胺的允许限量标准。

8.3.3.4　丙烯酰胺

（1）结构与性质

丙烯酰胺常温下为白色无味的片状结晶，相对分子质量为 71.08，熔点 84.5 ℃，沸点 125 ℃，相对密度 1.13 g/cm^3，易溶于水、乙醇、乙醚及三氯甲烷，在室温和弱酸性条件下稳定，受热分解为一氧化碳、二氧化碳、一氧化氮。

（2）来源

目前为止，由天门冬氨酸和还原糖在高温加热过程中通过美拉德反应生成丙烯酰胺的途径是公认的主要形成途径。食品种类、加工方法、温度、时间以及水分均影响食品中丙烯酰胺的形成。高温加工(尤其油炸)薯类和谷类等淀粉含量较高的食品，丙烯酰胺含量较高，并随油炸时间延长而升高。淀粉类食品加热到 120 ℃ 以上，丙烯酰胺开始生成，适宜温度 140~180 ℃；加工温度较低，如用水煮时，丙烯酰胺生成较少。

（3）影响因素

研究人员采用与水混合的马铃薯淀粉为基础，分别添加氨基酸、还原糖及其他组分，油炸后测定丙烯酰胺含量，结果表明，如果单独添加还原糖或天冬酰胺(或其他氨基酸)，则丙烯酰胺含量均很低，但如果同时添加还原糖和天冬酰胺，则丙烯酰胺含量高达 9 270 μg/kg。

（4）毒性及危害

人体可通过消化道、呼吸道、皮肤黏膜等多种途径接触丙烯酰胺，其中经消化道吸收最快，吸收以后在体内各组织广泛分布。人体内的丙烯酰胺约 90% 被代谢，仅少量以原型的形式经尿排出。环氧丙酰胺是主要的代谢产物，其与 DNA 上的鸟嘌呤结合形成加合物，导致遗传物质的损伤和基因突变。丙烯酰胺可与神经和睾丸组织中的蛋白发生加成反应，这可能是其对这些组织产生毒性作用的基础。丙烯酰胺和环氧丙酰还能与血红蛋白形成加合物，可作为人群丙烯酰胺暴露的生物标志物。体内丙烯酰胺主要与谷胱甘肽结合，并与转化产物 N-甲基丙烯酰胺和 N-异丙基丙烯酰胺一起从尿液排出。丙烯酰胺还可通过血胎屏障和乳汁进入到胎儿和婴儿体内。

（5）预防措施

①改善不良饮食习惯　在煎炸、烘烤食品时，尽可能避免连续长时间或高温烹饪淀粉类食品。提倡采用蒸、煮等烹调加工方法，提倡合理营养，平衡膳食，改变油炸和高脂肪食品为主的饮食习惯，可减少因丙烯酰胺可能导致的健康危害。

②降低加工食品中丙烯酰胺含量　加入柠檬酸、苯甲酸、维生素 C 等可抑制丙烯酰胺生成；加入含硫氨基酸可促进丙烯酰胺降解；加入植酸、氯化钙，降低食品 pH 等，都可降低食品中丙烯酰胺含量。

③建立标准，加强监测　加强食品中丙烯酰胺的检测，将其列入食品安全风险监测计划，进行人群暴露水平评估。

8.3.3.5　氯丙醇

（1）分类

氯丙醇是由于丙三醇（甘油）上的羟基被 1~2 个氯取代而形成的一系列同系物的总称。氯丙醇包括单氯取代的 3-氯-1,2-丙二醇（3-MCPD）、2-氯-1,3-丙二醇（2-MCPD），双氯取代的 1,3-二氯-2-丙醇（1,3-DCP）、2,3-氯-1-丙醇（2,3-DCP）。自 1978 年以来，该类物质被认为是食品加工过程的污染物，最初在酸水解植物蛋白中被发现。毒性大、含量高的是 3-MCPD。进一步研究表明，在大多数油脂食品中，尤其是精炼植物油及其相关食品中，氯丙醇仅有少量是以游离形式存在，大部分是以氯丙醇酯的形式存在，包括氯丙醇脂肪酸单甘油酯（单氯丙醇酯）和脂肪酸二甘油酯（双氯丙醇酯），它们可转化为 3-MCPD。

（2）结构与性质

氯丙醇的相对密度大于水，沸点高于 100 ℃。主要的同系物 3-MCPD 相对分子质量为 110.54，其沸点为 213 ℃，相对密度为 1.322 g/mL，在常温下为无色液体，溶于水、丙酮、乙醇、乙醚；1,3-DCP 的相对分子质量为 128.98，沸点 174.3 ℃，相对密度 1.363 g/mL，也为无色液体，溶于水、乙醇、乙醚。食物中的 3-MCPD 酯在高温下，或在脂肪酶的水解作用下分解形成 3-MCPD。

（3）来源

食品加工贮藏过程中均会受到氯丙醇污染，氯丙醇主要来自生产盐酸水解法生产的水解植物蛋白（hydrolyzed vegetable protein，HVP）液中，而 HVP 具有鲜度高、成本低的特点，在食品领域广泛应用。传统 HVP 生产工艺是将原料蛋白用浓盐酸在 109 ℃下回流酸解，在这过程中，为了提高氨基酸得率，就加入过量盐酸。此时若原料中还留存有油脂，则其中的三酰甘油就同时水解成丙三醇，并进一步与盐酸中氯离子发生亲核取代作用，生成一系列氯丙醇类化合物。在实际生产中，大量产生的是 3-MCPD，少量产生的是 1,3-DCP 和 2,3-DCP 及 2-MCPD。

（4）毒性及危害

目前对 3-MCPD 酯的毒理学性质了解较少，由于它们是 3-MCPD 的前体物，因此推测其是通过 3-MCPD 发挥作用。急性毒性试验表明，大鼠经口摄入 3-MCPD 的 LD_{50} 为 150 mg/kg，属中等毒性，主要靶器官是肾脏、肝脏。大鼠、小鼠的亚急性和慢性毒性试验表明，3-MCPD 损伤的主要靶器官是肾脏；1,3-DCP 损伤的主要靶器官是肝脏、肾脏。生殖毒性试验表明，3-MCPD 可使实验动物精子数量减少、活性降低，使睾丸和附睾重量减轻。神经毒性试验表明，3-MCPD 可使实验动物脑干对称性损伤。遗传性试验表明，1,3-DCP 可损伤 DNA，有致突变作用和遗传毒性。研究发现，在高剂量时，3-MCPD 与一些器官良性肿瘤的发生率增高有关，属于非遗传毒性致癌物，1,3-DCP 有致癌作用，靶组织为肝脏、肾脏、口腔上皮、舌及甲状腺等。

（5）限量标准

我国现行的《食品安全国家标准 食品中污染物限量》（GB 2762—2017）中对于添加了酸水解植物蛋白的调味品中 3-MCPD 含量做出了限量规定。对于 3-MCPD 酯，更需开展污染水平和暴露水平的研究。

（6）预防措施

①改进生产工艺 生产 HVP 调味液时，原料中的脂肪含量高，盐酸的用量大，回流的温度高，反应时间长时，产生的氯丙醇量越大。针对上述因素合理调整生产工艺可使氯丙醇含量下降。在生产焦糖色素时，也需要技术创新来改进原有工艺。

②按标准生产 在生产配制酱油时，严格按照 GMP 和产品标准组织生产，加强生产过程管理，原辅料应符合相应标准的要求。

③加强监测 加强对酸水解植物蛋白调味液和添加酸水解植物蛋白的产品进行监测。

8.3.3.6 反式脂肪酸

（1）分类

反式脂肪酸是含有反式非轭双键结构不饱和脂肪酸的总称。脂肪酸分为饱和脂肪酸和不饱和脂肪酸两种，其中不饱和脂肪酸是指脂肪酸链上至少含有一个碳碳双键的脂肪酸。如果与双键上两个碳原子结合的两个氢原子在碳链的同侧，空间构象呈弯曲状，则称为顺式不饱和脂肪酸，这也是自然界绝大多数不饱和脂肪酸的存在形式。反之，如果与双键上两个碳原子结合的两个氢原子分别在碳链的两侧，空间构象呈线性，则称为反式不饱和脂肪酸。

（2）结构与性质

反式脂肪酸是分子中含有一个或多个反式双键的非轭不饱和脂肪酸。反式双键中与形成双键的碳原子相连的两个氢原子位于碳链的两侧，天然脂肪酸中的双键多为顺式，氢原子位于碳链的同侧。反式双键的键角小于顺式异构体，其锯齿形结构空间上为直线型的刚性结构，这些结构上的特点使其具有与顺式脂肪酸不同的性质，具有更高的熔点和更好的热力学稳定性，性质更接近饱和脂肪酸。反式脂肪酸的熔点受双键的数量，结合形状和位置的影响。顺式油酸熔点为 13.5 ℃，而反式油酸的熔点则为 46.5 ℃，室温下呈固态。

（3）来源

①氢化植物油 是反式脂肪酸最主要的食物来源。以不饱和脂肪酸为主的植物油在加压和镍等催化剂的作用下加氢硬化，从液态不饱和脂肪酸变成固态或半固态的饱和脂肪酸。但在处理过程中，植物油中一部分不饱和脂肪酸从天然构架顺式不饱和脂肪酸转变成了反式不饱和脂肪酸。不饱和脂肪酸氢化时产生的反式脂肪酸因加工工艺不同有很大波动，一般占油脂含量的 8%~70%，其中以反式 $C_{18:1}$ 脂肪酸（反油酸）为主。氢化植物油比普通植物油熔点和烟点高，室温下能保持固态形状，可以保持食物外形美观，在油炸食品时油烟也少；由于氧化稳定性好，可以防止变质，因此使得运输和贮存更加便利。此外，它还能够增加食品的口感和美味，成本更加低廉。所有含有氢化油或者使用氢化油油炸过的食品都含有反式脂肪酸，如人造黄油、人造奶油、咖啡伴侣、西式糕点、薯片、炸薯条、珍珠奶茶等。我国于 20 世纪 80 年代初引进氢化植物油技术，并开始应用于食品工业。

②精炼植物油 天然植物油在进行精炼脱臭处理时，多不饱和脂肪酸中的二烯酸酯和三烯酸酯会发生热聚合反应，发生反式异构化，产生反式脂肪酸。氢化油和精炼植物油中产生的反式脂肪酸被统称为 IP-反式脂肪酸。

③反刍动物的脂肪组织及乳汁 在反刍动物瘤胃内，饲料中的多聚不饱和脂肪酸（PUFA）

在瘤胃微生物丁酸弧菌群的酶促生物氢化作用下会产生大量反式脂肪酸异构体，主要以 t11-$C_{18:1}$ 为主，同时还大量含有共轭亚油酸，如 c9，t11-CLA$_{18:2}$。国外研究表明，乳制品和反刍动物肉制品中 R-反式脂肪酸(ruminant TFA)的含量一般都比较低，牛奶、乳制品、牛羊肉的脂肪中可发现 1%~8% 的反式脂肪酸。

④其他来源 日常生活的烹调过程中，尤其是油炸、煎烤时，植物油中的顺式脂肪酸高温受热后也可以部分转变为反式脂肪酸，但量很少。

（4）毒性及危害

①形成血栓 反式脂肪酸会增加人体血液的黏稠度和凝聚力，容易导致血栓的形成，对于血管壁脆弱的老年人来说，危害尤为严重。

②影响发育 怀孕期或哺乳期的妇女，过多摄入含有反式脂肪酸的食物会影响胎儿的健康。研究发现，胎儿或婴儿可以通过胎盘或乳汁被动摄入反式脂肪酸，他们比成人更容易患上必需脂肪酸缺乏症，影响胎儿和婴儿的生长发育。除此之外还会影响生长发育期的青少年对必需脂肪酸的吸收。反式脂肪酸还会对青少年中枢神经系统的生长发育造成不良影响。

③影响生育 反式脂肪酸会减少男性荷尔蒙的分泌，对精子的活跃性产生负面影响，中断精子在身体内的反应过程。

④降低记忆 研究认为，青壮年时期饮食习惯不好的人，老年时患阿尔兹海默症(老年痴呆症)的比例更大。

⑤容易发胖 反式脂肪酸不容易被人体消化，容易在腹部积累，导致肥胖。喜欢吃薯条等零食的人应提高警惕，油炸食品中的反式脂肪酸会造成明显的脂肪堆积。

⑥容易引发冠心病 根据法国国家健康与医学研究所的一项最新研究成果表明，反式脂肪酸能使有效防止心脏病及其他心血管疾病的胆固醇(HDL)的含量下降。

（5）限量标准

我国卫生主管部门于 2011 年 10 月 12 日发布了编号为 GB 28050—2011 的国家标准《食品安全国家标准 预包装食品营养标签通则》，其中"4 强制标示内容"的 4.4 条款规定，"食品配料含有或生产过程中使用了氢化和(或)部分氢化油脂时，在营养成分表中还应标示出反式脂肪(酸)的含量"。另外在 D.4.2 条款规定，"每天摄入反式脂肪酸不应超过 2.2 g，过多摄入有害健康。反式脂肪酸摄入量应少于每日总能量的 1%，过多有害健康。过多摄入反式脂肪酸可使血液胆固醇增高，从而增加心血管疾病发生的危险。"

GB 28050—2011

（6）预防措施

①对现有的氢化技术进行改进 油脂部分氢化反应条件，如氢化压力、氢化温度和催化剂的用量，从而将反式脂肪酸的含量控制在最低。一般而言，降低反应温度，提高反应压力，增加反应系统的搅拌速率和减少催化剂用量，可获得低反式脂肪酸含量的产品。但由于目前传统使用的氢化反应设备的限制很难将部分氢化油中的反式脂肪酸降到 5% 以下。

②减少氢化技术的应用 氢化技术的应用是把液体油脂转化成塑性脂肪，使其在烹调和烘焙等方面的应用更广，并可防止油脂氧化变质，改善油脂风味的稳定性。

③降低脱臭温度和脱臭时间 油脂在脱臭过程中产生反式脂肪酸的含量与脱臭的温度和时间有关。因此，在脱臭过程中，为了减少反式脂肪酸的生成应尽量降低脱臭温度和脱臭时间。在脱臭设备的选择上，有研究提出：用新式填料式脱臭塔替代目前常用的盘式脱臭塔，由于前者的水蒸气耗用量少，反式脂肪酸生成量也少，其优越性是很明显的。

④采用交酯化反应生产零反式脂肪酸含量的油脂 与氢化反应不同，化学法交酯化反应并非用于硬化液体油脂的生产，只是获得适宜熔点形态的饱和与不饱和脂肪酸的混合脂肪。虽然

化学法交酯化反应比氢化反应较为不易控制，但它可供选择提高（或降低）熔点，并提高油脂稳定性，却不会产生反式脂肪酸。

⑤采用基因改良技术　在油脂加工过程中，反式脂肪酸的产生与原料油脂的不饱和程度有关，多不饱和程度越高，顺式脂肪酸转变为反式脂肪酸的倾向性越大。因此，可以通过基因改良技术，降低植物油料中的多不饱和脂肪酸含量。

8.4　包装材料和容器的安全性

食品包装已经成为食品不可分割的重要组成部分，具有保护食品安全、方便贮藏、运输、销售以及宣传的重要作用，对食品质量产生直接或间接的影响。食品包装与食品安全有着密切的关系，包装的安全性不但关系到消费者的身体健康，而且影响到整个食品包装业的发展。

随着人们消费水平和科学技术水平的日益提高，对食品包装材料及其安全性更加重视。

8.4.1　食品包装概述

食品包装材料种类繁多，主要有塑料、橡胶、纸、金属、玻璃、陶瓷等。包装材料直接和食品接触，很多材料成分可迁移到食品中，从而造成不良后果。特别是新材料、新产品不断涌现，可能引起食品包装材料及其制品的安全性。

8.4.1.1　食品包装的概念

包装是指为了在流通中保护产品、方便贮运、促进销售，按一定技术方法而采用的容器、材料和辅助材料的总称，也指为了达到上述目的而采用的容器、材料和辅助物的过程中施加一定技术方法等的操作活动。而食品包装是指采用适当的包装材料、容器和包装技术，把食品包裹起来，以使食品在运输和贮藏过程中保持其价值和原有形态。

8.4.1.2　食品包装的功能

包装可以提供一种使食品自离开生产线，经贮存、运输直至消费者手中的这段时间内保持良好状态的方法。良好的包装具有以下功能：

①保持产品清洁，防止灰尘与其他污染物污染产品。

②保护食品不受物理化学损害（如水、水蒸气、氧气和光等），保护食品免遭虫害。

③方便物流、包装的设计要确保安全，还要确保流通与销售过程中便携，尤其要考虑包装物的尺寸、性状与大小。

④标识有助于食品正确使用，促进食品销售。

8.4.1.3　食品包装材料的安全问题

我国允许使用的食品包装材料比较多，不同类型的材料所带来的安全隐患也各不相同。塑料是使用最广泛的食品包装材料。塑料属于高分子聚合物，在聚合合成工艺中会有一些单体残留和一些低分子物质溶出。另外，为了改善塑料的加工性能和使用性能，在其生产过程中需要加入一些添加剂，如稳定剂、润滑剂、着色剂、抗静电剂、可塑剂等加工助剂，这些添加剂在一定条件下，会从聚合物材料向食品中迁移而污染食品。

包装产品印刷卫生指标能否合格直接影响产品的安全性，尤其是食品、医药类的包装物。我国加入WTO后，包装印刷与食品安全的关系备受企业的重视。国内一些地区的食品安全抽样检查中，发现源于食品包装物引起的卫生指标检测不合格，如印刷品的油墨、黏合剂、薄膜、纸张（纸板）材料等。

此外，我国大部分食品生产企业实行外购包装制品，而生产包装制品的企业通常是通用型企业，其生产环境和卫生条件难以保证产品的安全性。食品包装的安全、卫生问题，涉及印刷和印后加工的工艺技术、原材料的质量、生产设备的性能和状态、管理机制和生产环境诸多因素。

8.4.2 塑料包装材料及其制品的安全性

8.4.2.1 塑料的分类

塑料是一种以高分子聚合物——树脂为基本成分，再加入一些用来改善其性能的各种添加剂制成的高分子有机材料。塑料由于原料来源丰富、成本低廉、质量轻、运输方便、化学稳定性好、易于加工、装饰效果好以及良好的保护作用等特点，成为近年来世界上发展最快、用量最大的包装材料。

根据塑料在加热、冷却时呈现的性质不同，把塑料分为热塑性塑料和热固性塑料两类。

（1）热塑性塑料

热塑性塑料（thermo plastic）主要以加聚树脂为基料，加入适量添加剂而制成。在特定温度范围内能反复受热软化流动和冷却硬化成型。其树脂化学组成及基本性能不发生变化。这类塑料成型加工简单，包装性能良好，可反复成型，但刚硬性低，耐热性不高。包装上常用的塑料品种有聚乙烯、聚丙烯、聚氯乙烯、聚乙烯醇、聚酰胺、聚偏二氯乙烯等。

（2）热固性塑料

热固性塑料（thermosetting plastic）主要以缩聚树脂为基料，加入填充剂、固化剂及其他适量添加剂而制成。在一定温度下经一定时间固化，再次受热，只能分解，不能软化，因此不能反复塑制成型。这类塑料具有耐热性好、刚硬、不熔等特点，但较脆且不能反复成型。包装上常用的有氨基塑料、酚醛塑料、环氧塑料等。

8.4.2.2 塑料中有害物质的来源

塑料包装体现了现代食品包装形式丰富多样、流通使用方便的发展趋势，成为食品销售包装最主要的包装材料，但塑料包装用于食品也存在着一些安全性问题。

①树脂本身有一定的毒性。

②树脂中残留有毒单体、裂解物及老化产生的有毒物质。

③塑料包装容器表面的微尘杂质及微生物污染。

④塑料制品在制作过程中添加的稳定剂、增塑剂、着色剂等带来的危害。

⑤塑料回收料再利用时附着的一些污染物和添加的色素可造成食品污染。

塑料以及合成树脂都是由很多小分子单体聚合而成，小分子单体的分子数越多，聚合度越高，塑料的性质越稳定，当与食品接触时，向食品中迁移的可能性就越小。用到塑料中的低分子物质或添加剂很多，如防腐剂、抗氧化剂、杀虫剂、热稳定剂、增塑剂、着色剂、润滑剂等，它们易从塑料中迁移，应事先采取措施加以控制。

台湾塑化剂事件

8.4.2.3 塑料包装材料的卫生要求

用于食品容器和包装材料的塑料制品本身应纯度高，禁止使用可能游离出有害物质的塑料。我国对塑料包装材料及其制品的卫生标准也做出了规定，对于塑料包装材料中有害物质的溶出残留量的测定，一般采用模拟溶媒溶出试验进行，同时进行毒理试验，评价包装材料毒性，确定有害物的溶出残留限量和某些特殊塑料材料的使用限制条件。溶出试验是在模拟盛装食品条件下选择几种溶剂作为浸泡液，然后测定浸泡液中有害物质的含量。常用的浸泡液有3%~4%的乙酸（模拟食醋）、己烷或庚烷（模拟食用油）以及蒸馏水、乳酸、乙醇、碳酸氢钠和蔗糖水溶液。浸泡液检测项目有单体物质、甲醛、苯乙烯、异丙苯等针对项目，以及重金属、溶出物总量（以高锰酸钾消耗量 mg/L 水浸泡液计）、蒸发残渣（以 mg/L 浸泡液计）。

8.4.3 橡胶制品的安全性

橡胶作为重要的化工材料，广泛应用于食品接触材料及其制品领域。与其他食品接触制品材料相比，橡胶具有高弹性、密度小、绝缘性好、耐酸碱腐蚀等优点。因此，橡胶用于制造与食品接触的婴儿用品、传输带、管道、手套、垫圈和密封件等产品中。

8.4.3.1 橡胶制品

橡胶制品一般以橡胶基料为主要原料，配以一定助剂加工而成。橡胶分为天然橡胶和合成橡胶两大类。天然橡胶是以异戊二烯为主要成分的天然长链高分子化合物，本身既不分解也不被人体吸收，一般认为是无毒的物质。但由于加工的需要，加入的多种助剂，如促进剂、防老剂、填充剂等，给食品带来了不安全的问题。

合成橡胶是由单体聚合而成的高分子化合物，合成橡胶因单体不同分为以下几类：①硅橡胶，是有机硅氧烷的聚合物，毒性甚小，常制成乳嘴等。②丁二烯橡胶（BR），是丁二烯的聚合物。以上二烯类单体都具有麻醉作用，但未证明有慢性毒性作用。③丁苯橡胶（SBR），系由丁二烯和苯乙烯聚合而成，其蒸气有刺激性，但小剂量未发现慢性毒性。④乙丙橡胶，其单体乙烯和丙烯在高浓度时也有麻醉作用，但未发现慢性毒性作用。

8.4.3.2 橡胶制品中有害物质的来源

橡胶制品中许多成分具有毒性，这些成分包括促进剂、防老化剂、填充剂等。橡胶制品在使用时，这些单体和助剂有可能迁移至食品，对人体产生不良影响。

（1）促进剂

橡胶促进剂分为无机促进剂和有机促进剂，具有橡胶硫化的作用，可以提高橡胶的硬度、耐热性和耐浸泡性。橡胶加工时使用的无机促进剂用量较少，因而比较安全，主要有氧化钙、氧化镁、氧化锌等。有机促进剂如甲醛类的乌洛托品能产生甲醛，对肝脏有毒性；秋兰姆类、胍类、噻唑类、次氯酰胺类对人体也有危害。

（2）防老化剂

防老化剂可增强橡胶耐热、耐酸、耐臭氧和耐曲折龟裂等性能。适用于食品用橡胶的防老化剂主要为酚类，如2,6-二叔丁基-4-甲基苯酚（BHT）等。

（3）填充剂

填充剂是橡胶制品中使用量最多的助剂。食品用橡胶制品允许使用的填充剂主要有碳酸钙和滑石粉等。

8.4.3.3 橡胶包装材料的卫生要求

无论是食品用橡胶制品，还是在其生产过程中加入的各种添加剂，都应按规定的配方和工艺生产，不得随意更改，生产食品用橡胶要单独配料。我国颁布的《食品安全国家标准 食品接触用橡胶材料及制品》和《食品用橡胶制品卫生管理办法》是对橡胶进行卫生监督的主要依据。

8.4.4 食品包装纸的安全性

纸是从纤维悬浮液中将纤维沉积到适当的成型设备上，经干燥制成的平整均匀的薄页，是一种古老的食品包装材料。纸或纸基材料构成的纸包装材料，因其成本低、易获得、易回收等优点，在现代化的包装工业体系中占有非常重要的地位。纸质包装在食品包装领域的需求和优势越来越明显，在一些发达国家占整个包装材料总量的40%~50%，在我国约占40%。目前，世界上用于食品的纸包装材料种类繁多，性能各异，各种纸包装材料的适应范围不尽相同。

8.4.4.1 纸包装材料的性能

纸包装材料的性能主要体现在以下方面：

①原料来源丰富，价格低廉，生产成本低。

②安全性能好，易回收利用或降解。

③纸容器质量轻，便于运输。

④易加工成型，结构多样。

⑤印刷装潢性能好，包装适应性强。

⑥具有良好的韧性和弹性，保护性能良好。

⑦便于复合加工。

8.4.4.2 纸中有害物质的来源

纯净的纸是无毒的，但由于原料受到污染，或经过加工处理，纸和纸板中通常会有一些杂质、细菌和某些化学残留物，从而影响包装食品的安全性。

(1)造纸原料本身带来的污染

生产食品包装纸的原材料有木浆、草浆等，存在农药残留。有的纸质包装材料使用一定比例的回收废纸制纸。废旧回收纸虽然经过脱色，但只是将油墨颜料脱去，而有害物质(铅、铬、多氯联苯等)仍可残留在纸浆中；有的采用霉变原料生产，使成品含有大量霉菌。

(2)造纸过程中的添加物

造纸需在纸浆中加入化学品，如防渗剂/施胶剂、填料、漂白剂、染色剂等。纸的溶出物大多来自纸浆的添加剂、染色剂和无机颜料，而这些物质的制作多使用各种金属，这些金属即使在 10^{-6} 级以下也能溶出。例如，在纸的加工过程中，尤其是使用化学法制浆，纸和纸板通常会残留一定的化学物质，如硫酸盐法制浆过程残留的碱液及盐类。《食品安全法》规定，食品包装材料禁止使用荧光染料或荧光增白剂等致癌物。此外，从纸制品中还能溶出防霉剂或树脂加工时使用的甲醛。

(3)油墨污染较严重

我国没有食品包装专用油墨，在纸包装上印刷的油墨，大多是含甲苯、二甲苯的有机溶剂型凹印油墨，为了稀释油墨常使用含苯类溶剂，造成残留的苯类溶剂超标。苯类溶剂在《食品安全国家标准 食品接触材料及制品用添加剂使用标准》(GB 9685—2016)中禁止使用，但在我国，仍有不法分子在大量使用；此外，油墨中所使用的颜料、染料中，存在重金属(铅、镉、汞、铬等)、苯胺或稠环化合物等物质，容易引起重金属污染，而苯胺类或稠环类染料则是明显的致癌物质。印刷时因相互叠在一起，造成无印刷面也接触油墨，形成二次污染。所以，纸制包装印刷油墨中的有害物质，对食品安全的影响很严重。为了保证食品包装安全，采用无苯印刷将成为发展趋势。

(4)贮存、运输过程中的污染

纸包装物在贮存、运输时表面受到灰尘、杂质及微生物污染，对食品安全造成影响。此外，纸包装材料封口困难，受潮后牢度会下降，受外力作用易破裂。因此，使用纸类作为食品包装材料，要特别注意避免因封口不严或包装破损而引起的食品包装安全问题。

8.4.4.3 纸包装材料的卫生要求

由于纸包装材料潜在的不安全性，很多国家对食品包装用纸材料有害物质的限量标准做出了规定，我国食品包装用纸材料卫生标准见表 8-1。不同纸包装材料使用的原材料具有复杂的天然成分，因而产生的挥发性物质差别较大。在纸的加工过程中常加入清洁剂、涂料及其他的改良剂等物质，也会影响纸包装材料挥发性物质。表 8-2 所列为一些已经证实了的存在于纸和纸板中的化学物质。

为了保障人们的身体健康，减少有害成分进入人体，相关部门应加强对生产食品用纸企业的安全卫生检查力度，杜绝用回收纸浆生产食品包装用纸。2009 年 6 月 1 日开始实施并于 2015 年 4 月 24 日修订的《食品安全法》将食品包装纳入其范畴，对食品包装提出了明确要求，是食品安全监管方面的一大进步。

表 8-1　我国食品包装用纸卫生标准

项　目	标　准
感官指标	色泽正常，无异臭，霉斑或其他污物
铅(以 Pb 计)含量/(mg / kg)	≤3.0
砷(以 As 计)含量/(mg / kg)	≤1.0
甲醛/(mg / dm³)	≤1.0
荧光性物质(波长为 365 nm 及 254 nm)	阴性
沙门菌/(/50 cm²)	不得检出
大肠菌群/(/50 cm²)	不得检出
霉菌/(CFU/g)	≤50

表 8-2　纸和纸板中确定存在的部分化学物质

挥发性成分	溶解提取物
苯甲醛、苯、丁醛、丁二酮、氯仿、癸烷、二甲苯、壬醛、庚醛、己醛、正己烷、己烯、戊醛、2-丙基呋喃、2-戊基呋喃、2-甲基丙烯、2-丁氧基乙醇	二苯甲酮、二十二烷、十七烷、十八烷硬脂酸、三苯基甲烷

8.4.5　食品无机包装材料及其制品的安全性

8.4.5.1　金属包装材料及其制品的安全性

金属包装主要是以铁、铝为原材料，将其加工成各种形式的容器来包装食品。由于金属包装材料及容器，在生产效率、流通性、保存性等方面具有优势，从而在食品包装材料中占有非常重要的作用。

（1）金属包装材料的性能

与其他包装材料相比，金属包装材料的性能主要体现在以下方面：

①具有优良的阻隔性能　不仅可以阻隔气体，还可阻光，特别是阻隔紫外线。它还具有良好的保藏性能，能够延长食品的货架期。

②具有优良的机械性能　主要表现为耐高温、耐湿、耐压、耐虫害、耐有害物质的侵蚀。用金属容器包装的商品便于运输与贮存，使商品的销售半径大为增加。

③方便性好　金属包装容器不易破损，携带方便，易开盖，增加了消费者使用的方便性。

④表面装饰性好　金属具有表面光泽，可以通过表面印刷、装饰提供理想的美观商品形象，以吸引消费者，促进商品的销售。

⑤废弃物容易处理　金属容器一般可以回炉再生，循环使用，既回收资源、节约能源，又可减少环境污染。

⑥具有良好的加工适用性 金属材料具有良好耐高低温性、良好的导热性、耐热冲击性，可以适应食品冷热加工、高温杀菌以及杀菌后的快速冷却等加工需要。

金属容器内壁涂层的作用主要是保护金属不受食品介质的腐蚀，防止食品成分与金属材料发生不良反应，或降低其相互黏结能力。用于金属容器内壁的涂料漆成膜后应无毒，不影响内容物的色泽和风味，有效防止内容物对容器内壁的磨损，漆膜附着力好，并应具有一定的硬度。金属罐装罐头经杀菌后，漆膜不能变色、软化和脱落，并具有良好的贮藏性能。金属容器外壁涂料主要是彩印涂料，避免了纸制商标的破损、脱落、褪色和容易沾染油污等缺点，还可防止容器外表生锈。

（2）金属包装材料对食品安全性的影响

①铁质包装材料 铁质制作的容器在食品中应用较广，如烘盘及食品机械中的部件。白铁皮（俗称铅皮）镀有锌层，接触食品后，锌会迁移至食品。国内曾有报道用镀锌铁皮容器盛装饮料而发生食品中毒的事件。在食品工业中应用的大部分是黑铁皮。铁质工具不宜长期接触食品。

②铝制包装材料 铝制包装材料具有表面性能优异、光泽效果好、热传导率高、质量轻、易成型、阻隔性好、可循环利用的优点。但铝制包装材料强度较低，不耐腐蚀，焊接性差等。过量摄入铝元素对人体的神经细胞带来危害，如炒菜使用的生铝铲会将铝屑过多地通过食物带入人体。应避免使用生铝制作饮具。在食品中应用的铝材（包括铝箔）应该采用精铝，不应采用废旧回收铝作原料，这主要是因为回收铝来源复杂，常混有铅、镉等有害金属及其他有毒物质。

铝的毒性表现为对脑、肝、骨、造血和细胞的毒性。研究表明透析性脑痴呆与铝有关；长期输入含铝营养液的患者易发生胆汁淤积性肝病。铝中毒时常见的是小细胞低色素贫血。我国规定在食品包装材料和容器中精铝制品和回收铝制品的铅溶出量应分别低于 0.2 mg/L 和 5 mg/L，锌、砷、镉溶出量应分别控制在 1 mg/L、0.04 mg/L、0.02 mg/L 以下。

③不锈钢包装材料 不锈钢包装材料的基本金属是铁，由于加入了大量的镍元素，能使金属铁及其表面形成致密的抗氧化膜，提高其电极电位，使之在大气和其他介质中不易被锈蚀。但在受高温作用时，镍会使容器表面呈现黑色，同时由于不锈钢食具传热快，温度会短时间升得很高，因而容易使食物中不稳定物质（如色素、氨基酸、挥发物质、淀粉等）发生糊化、变性等现象，还会影响食物成型后的感官性质。烹调时需要注意，食物如果发生焦煳，不仅使一些营养素遭到不同程度的破坏，食物的色香味欠佳，而且能产生致癌物质。使用不锈钢还应注意，不能与乙醇接触，以防止镉、镍游离。不锈钢食具盛装料酒或烹调使用料酒时，料酒中的乙醇可将不锈钢涂层镍溶解，容易导致人体慢性中毒。

由于食品与金属制品直接接触会造成金属溶出，因此规定了某些金属溶出物的控制指标。我国罐头食品中的铅溶出量不超过 1 mg/kg，锡溶出量不超过 200 mg/kg，砷溶出量不超过 0.5 mg/kg。对铝制品容器的卫生标准规定为在4%乙酸浸泡液中，锌溶出量≤1 mg/L，铝溶出量≤0.2 mg/L，镉溶出量≤0.02 mg/L，砷溶出量≤0.04 mg/L。

8.4.5.2 玻璃包装材料的安全性

玻璃是由硅酸盐、碱性成分（碳酸钠、石灰石、硼砂等）、金属氧化物等为原料，在1 000~1 500 ℃高温下熔化而成的固体物质。玻璃包装材料使用历史悠久，种类繁多，根据所用的原材料和化学成分不同，可分为氧化铝硅酸盐玻璃、铅晶体玻璃、钠钙玻璃、硼硅酸玻璃等。食品级的包装材料正在逐步推广使用硼硅玻璃，其主要成分除二氧化硅外，含硼量达8%~13%。

高度透明的玻璃材料往往会对内容物产生不利的影响，为了避免不利因素对内容物的破坏，通常会添加各种着色剂。例如，蓝色需要添加氧化钴，茶色需要添加石墨，淡白色及深绿色需要添加氧化铜和重铬酸钾等。玻璃是一种惰性材料，与大多数内容物不发生化学反应，是一种比较安全的包装材料。玻璃的安全性问题主要是玻璃中溶出的迁移物质，主要迁移物质为无机盐和离子。在玻璃制品的原料中，二氧化硅的毒性虽然很小，但应注意二氧化硅原料的纯度。

8.4.5.3　陶瓷和搪瓷包装材料的安全性

陶瓷器是将瓷釉涂覆在由黏土、长石和石英等混合物烧结成的坯胎上，再经焙烧而成的产品，烧结温度为 1 000~1 500 ℃。搪瓷器是将瓷釉涂覆在金属坯胎上，经过焙烧而制成的产品，烧结温度为 800~900 ℃。

陶瓷和搪瓷包装材料的有害物质主要来源于制作过程中在坯体上涂的彩釉、瓷釉、陶釉等。釉料主要是由铅、锌、镉、锑、钡、钛、铜、铬、镉、钴等多种金属氧化物及其盐类组成，多为有害物质。陶瓷如果烧制温度低，彩釉就不能形成不溶性硅酸盐，使用过程中容易导致有毒有害物质溶出而污染食品。

我国制定了陶瓷和搪瓷包装材料的卫生标准。陶瓷器卫生标准是以 4%乙酸浸泡后铅、镉的溶出量为标准，标准规定镉的溶出量应小于 0.5 mg/L。根据陶瓷彩饰工艺不同，分为釉上彩、釉下彩和粉彩，其中釉下彩最安全，金属迁移量最少，粉彩金属迁移量最多。搪瓷器卫生标准是以铅、镉、锑的溶出量为控制要求，标准规定铅<1.0 mg/L，镉<0.5 mg/L，锑<0.7 mg/L。

8.4.6　食品包装材料发展方向

随着新材料的开发，以实时方式检测和反馈食品质量创新方法的发展，包装材料种类不断增加。同时食品包装技术的创新将有助于减少食物的浪费，提高产品质量，延长保质期，减少食品包装对环境的负面影响等。

8.4.6.1　智能食品包装

智能化包装是指在运输和贮藏中监测包装食品条件并传递食品质量信息的包装系统。智能食品包装按其工作原理可分为指示剂包装、传感器包装和射频识别包装等，它们在食品品质监测、追踪溯源等方面发挥着极其重要的作用，并推动食品包装向功能化、信息化和智能化发展。

指示包装可根据包装内部的温度、pH 值、新鲜度和泄漏量等指标的变化，并通过包装袋中的指示器颜色的改变，及时向消费者传达包装内部信息，从而可以直观反映食物的新鲜度。传感器包装利用传感器进行探测，将一种形式的信号转换成另一种形式。化学和生物传感器已经成为智能包装的工具，并应用于食品领域，如监测包装袋内的 pH 值、湿度、微生物等指标。射频识别(radio frequency identification，RFID)技术是一种利用射频通信实现的非接触式自动识别技术，这种技术可以在没有人为干预下使用无线传感器来识别产品，并收集数据。

8.4.6.2　抗菌包装材料

抗菌包装是指能够杀死或抑制污染食品的腐败菌和致病菌的包装，可以通过在包装系统里增加抗菌剂或运用满足传统包装要求的抗菌聚合物，使它具有新的抗菌功能。这种包装系统获得抗菌活性后，系统通过延长微生物停滞期和降低生长速度或减少微生物成活数量来限制或阻止微生物生长。根据组成、来源、作用机理，目前抗菌剂可分为 3 种：无机抗菌剂、有机抗菌剂、天然抗菌剂。

无机抗菌剂主要包括纳米 Ag、纳米氧化物(如纳米 ZnO、TiO_2、CuO 等)，还包括纳米黏土、石墨烯，以及一些新型的无机纳米复合材料。无机抗菌剂与有机和天然抗菌剂相比，具有抗菌范围广、抗菌效果好和有效期长等优点，它们可以通过缓慢释放金属离子，与细菌相互作用，或者释放抗菌活性物质(活性氧)破坏细菌的细胞膜和细菌细胞内的 DNA、酶、蛋白质及线粒体，从而起到长期有效的抗菌作用。

有机抗菌剂分为两大类，包括低分子有机抗菌剂和高分子有机抗菌剂。低分子有机抗菌剂有季铵盐、季磷盐、咪唑类、卤胺化合物、双胍类和有机金属等。高分子有机抗菌剂是一类高分子聚合物，通过将抗菌官能团单体共聚或接

纳米复合包装材料

枝得到。有机抗菌剂主要通过抑制细菌蛋白/细胞壁的合成，或者与带负电的细菌细胞膜相互作用，从而起到抑菌的作用。有机抗菌剂与无机和天然抗菌剂相比，具有广谱高效的杀菌能力，并且还具有来源广泛、成本低廉和加工工艺简单等优点。

天然抗菌剂是一类源自自然界的抗菌剂。天然抗菌剂的获取需要经过提取、分离、纯化等步骤。常见的天然抗菌剂包括植物源的植物精油、抗菌肽、萜类、多糖类、生物碱类物质，以及动物源的壳聚糖、氨基酸、肽类等物质，还有微生物源的微生物代谢物、内生菌等。天然抗菌剂的机理目前认为是通过致使微生物蛋白变性，能量合成受阻，干扰细胞代谢，从而发挥抑菌效果。天然抗菌剂最突出的优势就是安全无毒，且抑菌效率也较好，因此近些年来对于天然抗菌包装的研究也越来越多。

8.4.6.3 可降解包装材料

可降解包装材料指包装废弃后，废弃物能在自然环境中自行消解，不对环境产生污染。近年来，越来越多的研究将可生物降解材料应用到食品包装上。生物可降解包装材料由生物聚合物制备而成，生物聚合物可根据其来源分为天然聚合物、合成聚合物和微生物聚合物。常见的天然聚合物包括蛋白质和碳水化合物，其中蛋白类又包括大豆分离蛋白、小麦分离蛋白、玉米蛋白和明胶等，而碳水化合物包括淀粉纤维素、壳聚糖和琼脂等；合成聚合物包括聚乳酸(PLA)、聚己内酯(PCL)和聚乙烯醇(PVA)等；微生物聚合物包括聚羟基丁酸盐(PHB)和碳水化合物(包括支链淀粉和凝胶多糖等)。这些聚合物如果单独使用，则其拉伸性能、力学性能和阻隔性能均较差，将几种可生物降解聚合物共混可以克服以上弊端。

8.4.6.4 可食性包装材料

可食性包装一般指以人体可消化吸收的蛋白质、脂肪和淀粉等为基本原料，通过包裹、浸渍、涂布、喷洒覆盖于食品内部界面上的一层可食物质所组成的包装薄膜。可食用包装膜作为一种安全、绿色、无污染的包装材料，在食品领域有着巨大的发展潜力，其不仅具有可食特性，而且还具有安全无毒、绿色环保等特点。

8.4.6.5 冷链物流控温包装材料

控温包装通过蓄冷剂吸收热量来控制箱内温度，保持食品在物流过程中的品质，作为冷链系统的补充，是一种较为经济和实用的食品保鲜方式。由于目前控温包装材料大部分都是石油基发泡材料，存在成本高、难回收、难降解等问题。新型控温包装材料的开发，如开发生物可降解发泡材料，利用新工艺制备环境友好的保温材料等，可以延长生鲜蔬菜等食品的货架期。

8.5 食品运输中的质量安全控制

食品运输就是指采用各种运输工具和设备，通过多种方式使食品在区域之间实现位置转移的过程。它是食品流通过程中形成物流的媒介，是流通过程中的一个重要环节，也是联系生产与消费、供应与销售之间的纽带。运输过程很容易造成损失，主要是由于运输工具不良、包装不善、装卸粗放和管理不当引起的。食品的运输业越发达，越能促进食品的商品化生产，加速食品的流通，扩大流量，对于均衡供应和活跃市场都有着重要意义。随着我国综合国力的增强，大市场、大流通的进一步完善，交通、装载设备的不断发展，我国的食品运输业将逐步实

现现代化。

8.5.1　食品运输的基本要求

运输是食品流通中的重要环节，是联系生产者与消费者之间的桥梁。食品在运输和销售过程中，都要求有适合的环境条件，这些条件应与食品贮藏时的条件基本相同，否则容易导致食品质量的劣变。任何食品对运输温度都有严格的要求，温度过高会加快食品的腐败变质，加快新鲜果蔬的衰老，使品质下降；温度过低，容易使产品产生冻害或冷害，所以要防热、防冻。另外，日晒会使食品温度升高，加快一些维生素的降解和损失，提高果蔬的呼吸强度，加速自然损耗；雨淋则影响产品包装的完美，过多的含水量也有利于微生物的生长和繁殖，加速腐烂。

轻装轻卸能够减少食品机械损伤和包装物的损伤，以及由损伤导致的微生物污染。实现装卸工作自动化，既可减小劳动强度，又可保证食品质量和缩短装卸时间。因此，在进行食品装卸时应轻装轻卸，防止野蛮装卸。加快装卸速度，改善搬运条件，加大每次搬运的货物数量，采取必要的隔热防护措施，对减少货温的升降变化是十分必要的。同时还应尽量缩短运输时间，这就要求快装、快运、快卸，尽量减少周转环节。

8.5.2　不同食品运输中的质量安全控制措施

8.5.2.1　新鲜果蔬的运输

新鲜果蔬由于生理特性的差异，运输途中要采取不同的防护措施，其中最关键的是对温度的调控。除此之外，果蔬运输时还应注意以下事宜：

①运输的果蔬质量要符合运输标准，没有病虫害，成熟度和包装应符合规定，并且新鲜完整、清洁、无损伤。

②装运堆码要注意安全稳当，要有支撑的垫条，防止运输中的移动或倾倒，堆码不能过多，堆间应留有适当的空隙，以利于通风。

③装运时应避免撞击、挤压、跌落等现象，尽量做到运行快速平稳。

④运输时要注意通风，如用篷车、敞车运载，可将篷车门窗打开，或将敞车侧板调起捆牢，并用栅栏将货物挡住，保温车要有通风设备。

⑤不同种类果蔬最好不要混装，以免挥发性物质相互干扰，影响运输安全。

⑥运输时间在 1 d 内的，一般可以不要冷却设备，长距离运输最好用保温车、船，在夏季或南方运输时要降温，在冬季尤其是北方运输时要保温。

8.5.2.2　肉与肉制品的运输

肉与肉制品在运输中卫生如果管理不够完善，会受到细菌污染，极大地影响肉的保存性。肉初期如果受到较多污染，即使在 0 ℃条件下，也会出现细菌繁殖。所以，需要进行长时间运输的肉，应注意以下几点：

①不运送严重污染的肉品。

②运输途中，车、船内应保持温度 0~5 ℃、相对湿度 80%~90%，肉制品除肉罐头外，应在 10 ℃以下流通为好，尽量减少与外界空气的接触。

③堆码冷冻食品要求紧密，不仅可以提高运输工具容积的利用率，而且可以减少与空气的接触面，降低能耗。

④运输车、船的结构应为不易腐蚀的金属制品，并便于清扫和长期使用。

⑤运输车、船的装卸尽可能使用机械，装运应简便快速，尽量缩短交运时间。

⑥装卸方法上，胴体肉应使用吊挂式，分割肉应避免高层垛起，最好库内有货架或使用集装箱，并且留出一定空隙，以便于冷气顺畅流通。

8.5.2.3 干燥食品的运输

对于单独包装的干燥食品，只要包装材料、容器选择适当，包装工艺合理，贮运过程控制温度严格，避免高温高湿环境，防止包装破损和食品自身的损坏，其品质就能得到控制。许多食品物料，如干燥谷物及干燥食品，采用大包装（非密封包装）或货仓式贮存，这类食品在贮运中应注意做到：

①控制运输干燥品的质量，对于谷物类粮食来说，秕粒、破损的种子和发芽粒不能太多，水分含量应控制在 10%～14%，水分越高，发热越快，霉变越严重。

②避免贮运过程中有较大的温差，采用有效的保温隔热措施。

③控制运输中的相对湿度低于 65%，尽量减少霉菌的污染。

8.5.2.4 易碎易损食品的运输

易碎易损食品包括用玻璃及其制品包装的食品，如瓶装罐头、瓶装饮料、各种酒类、调味品等。在运输中应注意做到：

①装卸搬运时要防止撞击、挤压、振动，否则包装破碎，不但造成较大损失，而且还会污染其他食品。

②堆码时不能以重压轻，不准木箱压纸箱，包装上必须注有"易碎商品""防挤压"等标记。

③冬季运输液体类食品时，还会由于温度低而引起浑浊、沉淀，甚至出现结冰，对质量影响较大，所以要采取必要的保温措施。

8.5.3 食品的冷链物流

许多食品特别是易腐食品，从生产到消费的过程中，要保持高品质就必须采用冷链。食品冷链（cold chain）是指食品在生产、贮藏、运输、销售直至消费前的各个环节中始终处于规定的低温环境中，以保证食品质量，减少食品损耗的一项系统工程。冷链是随着制冷技术的发展而建立起来的，它以食品冷冻工艺学为基础，以制冷技术为手段，是一种在低温条件下的物流现象。因此，要求把所涉及的生产、运输、销售、消费、经济性和技术性等各种问题集中起来考虑，协同相互间的关系。对所有食品采用科学的包装方式，提供适宜的保管、贮藏、运输、销售条件是非常必要的，尤其是物流温度对确保食品的质量有很大关系。从保证品质、促进销售的角度来说，食品物流离不开低温流通体系即冷链。

8.5.3.1 食品冷链的分类和组成

（1）食品冷链的分类

按食品从加工到消费所经过的时间顺序分类：①低温加工，包括肉类、鱼类的冷冻与冻结，果蔬的预冷与速冻，各种冷冻食品的加工等。主要涉及冷却与冻结装置。②低温贮藏，包括食品的冷藏与冻藏。主要涉及各类冷藏库与冷冻库、冷藏柜或冻结柜及家用冰箱等。③低温运输，包括食品的短、中、长途运输。主要涉及铁路冷藏车、冷藏汽车、冷藏船、冷藏集装箱等低温运输工具。④低温销售，包括冷藏或冷冻食品的批发和零售等，由生产厂家、批发商和零售商共同完成。超市、商场中的陈列柜，兼有冷藏和销售的功能。⑤低温消费，包括食品在家庭消费和生产企业的原料消费。家用冰箱、冰柜，工厂的冷藏库或冻藏库是消费阶段的主要设备。

按冷链中各个环节的装置分类：①固定装置，包括冷藏柜、冷藏库、家用冰箱、超市销售陈列柜等。冷藏库主要完成食品的收集、加工、贮藏和分配；冷藏柜和陈列柜主要供零售；家用冰箱主要是供家庭存放食品。②流动装置，包括铁路冷藏车、冷藏汽车、冷藏船和冷藏集装箱等。

（2）食品冷链的结构

食品冷链的结构大体如图8-1所示。

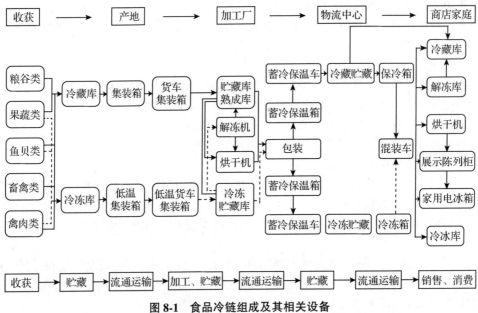

图8-1　食品冷链组成及其相关设备

食品冷链中各环节都起着非常重要的作用。食品在生产、采购、运输、销售和消费等环节，必须在作业上紧密衔接，相互协调，形成一个完整的冷链。组成冷链的各个环节和设施，在运作上的一般原则是：一要保证冷链中的食品初始质量应该是优良的，最重要的是新鲜度，如果食品已经开始变质，低温也不可能使其恢复到初始状态；二是食品在生产、收获后尽快予以冷加工处理，以尽可能保持原有品质；三是产品从最初的加工工序到消费者手中的全过程，均应保持在适当的低温条件下。

8.5.3.2　食品冷链的三阶段

（1）生产阶段

食品冷链的生产阶段指易腐食品收获后的现场冷冻保鲜至低温贮藏阶段，它关系到食品保鲜质量的起点。主要冷链设施是肉联厂、水产冷冻厂、外贸冷藏厂、制冰厂、冷冻库及恒温库等。上述设施统称为冷藏库，是食品冷链不可缺少的重要环节，也是食品冷链的硬件设施和主体。

冷库按照温度的不同可分为：①恒温冷藏库，主要贮藏新鲜的水果、蔬菜、禽蛋、生鲜肉等，贮藏温度以食品的种类而定，其中许多食品的温度维持在0℃左右。②低温冷冻库，主要贮藏冻鱼、冻肉、速冻制品、冰激凌等，温度一般维持在-18℃左右。③急冻库，主要用于速冻食品、冻鱼、冻肉等的快速冻结，温度一般保持在-23℃以下。

（2）流通阶段

流通阶段主要是指流通过程的冷藏运输，包括冷藏火车、冷藏汽车、冷藏船和冷藏集装箱等。截至2018年10月，全国各类冷藏车保有量为16.42万辆，新增冷藏车2.4万辆，同比增长33%；2018年国内新开通铁路冷链线路近20条，铁路冷链运量超过160万t，极大丰富了运输手段，降低了冷链成本。但这对于我国每年逾4亿t易腐食品的运输来说仍是远远不够的，缺口非常大。

（3）消费阶段

冷链消费阶段的硬件设施从 20 世纪 90 年代初有了快速发展，我国先后引进多家国外商业零售环节冷藏设施的先进生产技术和设备，各种用途和各种形式的商用冷柜不断推进市场，商业批发零售基本也配置了冷柜或小冷库，这些设施基本满足了冷链消费阶段实际销售环节的需要。冰箱及冷柜也早已进入普通百姓家庭。

食品冷链物流
追溯管理要求

8.5.3.3 实现冷链的条件

虽然恒定的低温是冷链的基础和基本特征，也是保证食品质量的重要条件。但这并不是唯一条件，因为影响食品贮运质量的因素很多，必须综合考虑，协调配合，才能实现真正有效的冷链。归纳起来，实现冷链的条件有以下几方面：

（1）"三 P"条件

即食品原料（Products）、处理工艺（Processing）、包装（Package），要求原料品质好，处理工艺质量高，包装符合食品特性。这是食品进入冷链的早期质量要求。

（2）"三 C"条件

即在整个加工与流通过程中，对食品的小心（Care）、清洁卫生（Clean）、低温冷却（Chilling），这是保证食品流通质量的基本要求。

（3）"三 T"条件

即著名的"T. T. T"理论，也就是时间（Time）、温度（Temperature）、耐藏性或容许变质量（Tolerance）。其要点包括：①对每种易腐食品而言，在一定的温度下，食品所发生的质量下降与所经历的时间存在确定的关系。以苹果为例，贮藏的基准温度为-1 ℃时，在环境温度 5 ℃下存放 10 d 时的质量降低为原来的 83%；而在 10 ℃下存放 10 d，则质量降低为原来的 71%。②冻结食品在贮运过程中，因时间-温度的经历而引起的品质降低是累积的，也是不可逆的，但与经历的顺序无关。例如，把相同的冻结食品分别放在两种场合冻藏：一种先在-10 ℃下贮藏 1 个月，然后在-30 ℃下贮藏 6 个月；另一种先在-30 ℃下贮藏 6 个月，然后在-10 ℃下贮藏 1 个月，两种方式贮藏 7 个月后的品质下降是相等的。③对大多数冻结食品来说，都符合 T. T. T 理论，温度越低，品质变化越小，贮藏期越长。

（4）"三 Q"条件

即冷链中设备的数量（Quantity）协调、设备的质量（Quality）标准一致以及快速（Quick）的作业组织。冷藏设备的数量协调就是能保证食品始终处于低温环境中。因此，要求预冷站、各种冷库、冷藏汽车、冷藏船、冷藏列车等都应按照食品货源货流的客观需要，相互协调发展。设备的质量标准一致，是指各环节的标准应当统一，包括温度、湿度、卫生以及包装等条件。快速的作业组织，是指生产部门的货源组织、车辆准备与途中服务、中转作业的衔接、销售部门的库容准备等，应快速组织并协调配合。

8.5.3.4 食品冷藏运输

冷藏运输是食品冷链中必不可少的一个重要环节，由冷藏运输设备完成。冷藏运输设备是指本身能提供并维持一定的低温环境，用以运输冷藏冷冻食品的设施及装置，包括冷藏汽车、铁路冷藏车、冷藏船和冷藏集装箱等。冷藏运输包括食品的中、长途运输及短途送货，它应用于冷链中食品从原料产地到加工基地及商场冷藏柜之间的低温运输，也应用于冷链中冷冻食品从生产厂到消费地之间的批量运输，以及消费区域内冷库之间和消费店之间的运输。

对冷藏运输设备的要求：

①产生并维持一定的低温环境，保持食品的低温。

②隔热性好，尽量减少外界传入的热量。

③可根据食品种类或环境的变化调节温度。

④制冷装置在设备内所占用的空间尽可能的小。

⑤制冷装置重量轻，安装稳定，安全可靠，不易出事故。

⑥运输成本低。

8.5.3.5 冷链中的温度监控及食品货架期预测

食品货架期即保质期，指预包装食品在标签指明的贮存条件下，保持品质的期限。在此期限内，产品完全适于销售，并保持标签中不必说明或已经说明的特有品质（GB 7718—2011《食品安全国家标准 预包装食品标签通则》）。由于在整个消费阶段温度的不可预测性，使得预测的食品货架期与食品真正可流通的期限很难达到一致。例如，某食品标定保存温度为4℃，货架期为7 d，若食品的保存温度高于4℃，将会导致食品在货架期未到之前就腐败变质；反之，如果存放温度为0℃，那这类食品贮存的时间就会长于7 d，若仍按其预定的货架期，超过7 d就认为它已变质而被处理，势必会造成优质食品的浪费。由此可见，仅用标明的食品使用期限存放食品，难以保证食品品质。从生产到分配、贮藏和消费的整个过程，食品的品质和它的货架期在很大程度上取决于其温度历程。

食品一旦离开加工过程，其变质速率是它的微环境的函数，这个微环境包括温度、湿度和气体等因素。气体组成和湿度通常可通过适当的包装达到较好的控制；而食品的温度则取决于贮藏条件。不同的食品有不同的冷链温度要求，国外称为"不高于规则"（the never warmer than rule），即从生产者到消费者之间各环节的温度都不高于设定温度。温度历程可以用时间-温度指示器（time temperature indicator，TTI）来监视。时间-温度指示器是一种根据时间和温度参数而设计的质量记录装置，作为包装的一部分，可以对食品整个物流过程中的一些关键参数进行监控和记录。通过时间-温度积累效应反映食品所经历的温度变化历程，对需要在低温环境中流通的食品进行实时监测是非常必要的。这种指示器通常分为机械形变或颜色变化，既可以放在食品箱和冰箱内，也可以贴于食品或食品包装上，能够反映出被指示食品的全部或部分温度历史，也可以反映食品的剩余货架期，以便及时掌握食品的质量状态，保证食品品质，减少损耗。

8.6 食品销售和消费中的质量安全控制

8.6.1 食品销售中的质量安全控制

食品销售是食品生产和消费过程的一个中间环节，此时食品的质量水平体现了生产企业向消费者提供符合质量要求产品的能力。当食品运输到销售地点后，不可能马上就出售，有时需要在销售场所临时存放一段时间。这些销售场所包括一级、二级或三级批发市场、仓储市场、超级市场、零售商场、零售商店等。在食品销售过程中，为了保证食品的质量，必须将食品存放在温度、湿度、气体等环境条件适宜的贮藏场所。大中型商场、正规水产和果蔬批发市场的冰箱、冰柜或冷藏库，一般都可以提供保证食品贮存的适宜温度和湿度条件，而普通零售商店则可能缺乏这些保障措施。为了保持食品质量，向消费者提供色、香、味、形俱佳的产品，也应注意加强销售中对食品的质量安全控制。

8.6.1.1 销售部门必须具备的贮藏条件

在销售环节，食品由于温度波动次数多、幅度大，被污染机会也多，食品的质量往往受影响很大。为保持食品的安全性和应有品质，要求在销售过程中实施低温控制。这就要求食品销售部门在进行销售时具有贮藏食品的条件，如冷藏食品需具有恒温冷藏设备，冷冻食品需具有低温冷藏设备。目前主要设备是销售陈列柜，陈列柜是食品零售部门展示、销售食品所必需的设备。

食品销售陈列柜要求具有制冷设备，可进行隔热处理，能保证冷冻和冷藏食品处于适宜的低温下；能很好地展示食品的外观，便于顾客选购；具有一定的贮藏容积；日常运转与维修方便；安全、卫生、无噪声；动力消耗小。

8.6.1.2　销售过程中的质量安全控制措施

(1)进货要有质量确认制度

食品在进货时要有质量确认制度，主要是温度确认。对于生鲜易腐食品要确认其在运输和贮藏过程中始终保持在 0~4 ℃环境中，速冻食品在−18 ℃以下。如果进货时食品已经在不适温度下存放了较长时间，食品升温较高，冷冻食品是已经解冻的质量低下的产品，那么会直接影响食品质量，难以保证销售过程中的食品安全。国家食品药品监督管理总局令第 16 号《食品生产许可管理办法》(自 2015 年 10 月 1 日起施行)规定：食品生产许可证编号由 SC("生产"的汉语拼音字母，缩写)和 14 位阿拉伯数字组成。数字从左至右依次为：3 位食品类别编码，2 位省(自治区、直辖市)代码，2 位市(地)代码，2 位县(区)代码，4 位顺序码，1 位校验码。且 2018 年 10 月 1 日及以后生产的食品一律不得继续使用原包装和标签以及"QS"标志，取而代之的是有"SC"标志的编码。

(2)适宜的温度下销售

为保证食品的安全性和食品出厂时的品质，要求销售过程必须在较低的温度下进行。经营销售冷藏和冷冻食品的商店和超市、食品专营店，必须具备冷藏和冷冻设备，使冷藏食品中心温度控制在 0~4 ℃，冷冻食品的中心温度控制在−18 ℃以下。敞开式冷藏柜由于冷气强制循环，在开启处形成一种气幕，取货、进货都很方便。

(3)销售柜中的食品周转要快

冷藏食品一旦运送到零售商店，在放入零售冷藏柜之前通常要先在普通仓库进行短暂的贮存周转，陈列的商品要经过事先预冷。冷冻和冷藏食品在销售商店滞留的时间越短越好，陈列柜内的食品周转要快，绝不能将销售柜当作冷藏库或冷冻库使用。否则，升温过高和温度波动频繁，会严重影响食品质量。一般而言，速冻食品可在销售柜中存放 15 d 左右。

(4)防止温度的波动

食品在陈列柜中的存放是温度波动的一个潜在因素。产品从冷藏库转移堆放到陈列柜时，在室温下停放的时间不能太长。食品在陈列柜中的存放位置对温度也有重要影响，位置之间的温差可达 5 ℃左右，越靠近冷却盘管和远离柜门的地方温度越低。零售陈列柜的另一个主要作用是给消费者提供可见和易取的方便性，故陈列柜大部分时间都是敞开的，其冷量会不断损失。另外，柜中的照明也需要消耗额外的冷量。因此，制冷系统必须满足冷量的损失和照明所消耗的冷量，陈列食品时的灯光亮度要适宜，不宜过强，尽量防止温度的波动。

(5)保证售出的食品具有一定时间的保质期

要注意食品的保质期，一方面不能销售超过保质期的食品，另一方面销售出去的食品应具有一定时间的保质期，以避免消费者购回食品后因不能及时食用而造成损失。贮存在冷藏柜中的食品要经常轮换，实行食品先进先出的原则，让较早放入的食品尽量先被消费者买走，以确保食品在冷藏柜中的存放时间不超过最佳保质期。

(6)重视从业人员的卫生管理

食品从业人员的健康直接关系到广大消费者的健康，必须按规定加强食品从业人员的健康管理。食品从业人员不仅要从思想上牢固地树立卫生观念，而且要在操作中保持个人的清洁卫生，这是防止食品污染的重要防护手段之一。

（7）加强对销售陈列柜的管理

食品展卖区要按散装熟食品区、散装粮食区、定型包装食品区、蔬菜水果区、速冻食品区和生鲜动物性食品区等分区布置，防止生、熟食品，干、湿食品间的污染。从业人员应当按规范操作，销售过程中应轻拿轻放，避免损坏食品的销售包装；结霜不能太厚，应定期除霜；要定期检查柜内的温度，及时清扫货柜；把温度计放在比较醒目的位置，让消费者容易看到陈列柜中的温度值。速冻陈列柜一般标有堆装线以保持食品品质，故食品堆放时不应超过堆装线。

8.6.1.3　餐饮行业的冷藏

自助餐厅、餐馆以及其他一些饮食服务行业都需要用冷柜保存食品。尤其是自助餐厅，其冷柜的功能与零售陈列柜的功能完全一样，即在保持食品冷藏或冷冻条件的前提下，还必须考虑到可见性和消费者取用方便性。目前已有许多不同类型的冷柜可以满足这些要求。

8.6.1.4　网络食品安全管控

配备常温库、恒温库、冷藏库、冷冻库，满足不同性质食品的贮存要求。制定各类商品的进货检验标准，严格按标准要求进行收货；执行严格的保质期管理制度；与专业的有害生物防控公司进行合作；制订详尽的食品防护计划，保证食品安全。设计开发先进的配送系统进行管理，确保可追溯、高效的配送。

网络生鲜产品
质量安全控制

8.6.2　食品消费中的质量安全控制

食品物流的最后一个环节就是消费者的消费。消费者的消费包括人们的生活消费和食品企业的原料利用，这里重点介绍前者。消费者的正确消费应包括即时消费以及在消费前和消费过程中的临时贮存。在食品消费过程中，为保持食品的质量和安全，仍要注意将食品放在适宜的环境条件下；另外，还要注意各种不同食品正确的食用和烹调方法。

消费者一旦从市场购买了食品，那么食品物流就进入消费阶段。在消费阶段，食品的质量安全控制同样非常重要，如果操作不当，那么前面各个环节所做的努力就会前功尽弃。要进行消费中的质量安全控制，首先要保证选购食品的质量，如果食品本身的质量不好，已经过了保质期，那么无论采取何种先进有效的保鲜措施或质量安全控制措施，都无法保证其质量。所以，消费者要学会正确的消费，以保证食用食品的营养、安全、优质。

8.6.2.1　购买新鲜优质的食品

食品被购买后，即使有适宜的贮藏条件，如冰箱、冰柜或者小型贮藏库，也只能保持原有质量，并不能改善其质量。因此，为了保证食品的质量安全，购买时应注意以下几点：

①由于温度是保持食品品质的关键，因此购买时要仔细观察存放食品的货柜温度是否在食品的适宜保藏温度下。

②要选择形状完整、包装完好、新鲜的食品，速冻食品要选择质地坚硬、包装纸（袋）无破损、包装袋内侧冰霜少的食品，千万不能买解冻的食品。

③要看清食品的生产日期或保质期，生产日期不宜距离购买日期过长，另外还应验看产品检验合格证。

④速冻陈列柜一般标有堆装线以保持食品的品质，所以不要购买超过堆装线的速冻食品。

8.6.2.2　食品在消费中的质量安全控制措施

（1）在适宜的温度下存放食品

食品购买后如果不立即食用，应将其放在适宜的环境条件下，特别是冷藏或冷冻食品，必须将它们快速放入冰箱或冰柜中。食品被带回家的过程及将食品放入冰箱、冰柜之前存放的时间较长，会在很大程度上影响到食品的货架期。冰箱中的冷藏温度一般在 $0\sim5$ ℃，不过通过隔离设计可以形成不同的贮存区，可保持不同的温度。因此，食品的家庭消费实际上就是消费者从市场买回食品后放入冰箱、冰柜中短暂贮藏，维持其品质及其合理食用的过程。

（2）勿让食品超过保质期

在食品消费阶段，因为冰箱本身温度不很均匀，只是作为临时的短期贮藏，不宜进行长期贮藏。冰箱中的食品要分类，要先进先出，一次进入冰箱、冰柜的食品不要太多，如果发现有超过保质期的食品千万不要食用，冰箱中超过保质期的鲜乳、酸奶以及开盖后冷藏超过 7 d 的果汁饮料等都不能食用。食品贮藏期的长短不但受食品本身的品质、种类的限制，而且也受冰箱诸因素的限制。

（3）一次未消费完食品的再贮藏

食品尽量一次消费完，如果消费不完，如番茄酱、大桶装饮料、乳制品、茶叶等，最好还是保持原有包装，置于适宜的贮藏条件下以保持其原有品质。对于易变质的乳粉等散装食品，在开袋或开罐消费过程中，要注意对开封的食品进行适当的密封，以防止吸潮和氧化变质，贮存温度应尽可能低些，相对湿度75%以下。

（4）经常消毒杀菌以保证冰箱、冰柜内清洁卫生

家用冰箱、冰柜由于放置的食品种类很多，常常会带入很多微生物和病菌，所以要定时清洗和消毒，以防止相互间的交叉污染。没有包装的散装食品，如没有包装的各种蔬菜或肉品等，一定要进行适当的裹包，裹包后可防止串味和相互之间产生不良的影响。

（5）勿损坏食品的包装

食品在购买之后和消费之前，尽量不要损坏食品的原有包装，以防止食品遭受微生物的污染而腐败变质。例如，鲜切食品、方便菜肴等易腐食品，大多采用了贴体保鲜包装，购买后应尽量尽快食用，食用之前请勿损伤包装，以免加快其腐烂变质。

（6）网络食品需消费者提高安全意识

在选择食品购物平台时应尽量选择有保障、质量信誉较高的网络经营平台；主动学习食品安全知识，尤其是基本的食品标签知识；发现有违规商品时要正确实行消费者权利，采用合理的方式维护自己的权益。

本章小结

从"农田到餐桌"全方位、全过程监管体系的有效运行，是保证食品安全、人民群众健康的有效体系，是从食品生产链的源头杜绝食品安全问题的发生，包括环境污染、农兽药的残留、饲料中添加剂的滥用等。食品原料相关标准是对食品的规范与约束，在文中都有相应的介绍。食品加工是食品生产链的重要环节，厂址、人员的卫生要求在生产加工中尤为重要，在章节中都有详细介绍。同时重点介绍了食品加工中有害物质的形成，包括它们的结构性质、来源、毒性及危害、预防措施等。食品包装的安全性直接影响着食品的质量，是食品安全的一个重要组成部分。食品接触材料中的成分可能迁移到食品中，污染被包装食品，危害消费者身体健康。食品包装材料主要有纸、塑料、金属、橡胶、玻璃、陶瓷和搪瓷等，本章重点介绍了以上包装材料的特点及其安全性。食品运输是流通过程中的一个重要环节，食品销售是食品生产和消费过程的中间环节，针对食品运输、销售和消费中质量安全控制进行了详细的介绍。食品的冷链流通是保障食品流通安全的主要方式，重点介绍了食品冷链的重要环节，包括冷链物流实现条件、食品冷藏运输、食品冷藏销售和消费、冷链食品货架期的预测等。

思考题

1. ISO 22000 食品安全管理体系的基本要素。
2. 食品溯源系统建立的要求是什么？

3. 种植、养殖过程中存在的安全问题有哪些？并举例分析。

4. 我国可用作食品原料的物质有哪些？

5. 食品加工新技术与新资源如何分类？

6. 简述食品中 N-亚硝基化合物的来源及预防措施。

7. 简述食品中杂环胺的来源及预防措施。

8. 简述食品包装的定义及作用。

9. 食品包装材料有哪些？各自有哪些独特的优点？

10. 食品包装用塑料的主要安全性问题是什么？

11. 食品智能包装和抗菌包装在哪些功能方面具有重要发展潜力？

12. 在实际生产中，如何控制运输的环境条件保证食品质量？

13. 食品在销售和消费过程中应该采取哪些质量安全控制措施？

14. 食品冷藏链流通的组成和实现条件是什么？试以某种易腐食品为例，阐述其冷藏链流通的模式和操作要点。

第9章 食品安全风险分析

风险分析框架由风险评估、风险管理和风险交流3部分组成。正确应用食品安全风险分析，可以增强国家的食品安全监管能力，促进食品的国际贸易。本章首先介绍食品安全风险分析的背景和概念，然后介绍食品安全风险分析的发展及世界上有代表性的食品安全监管体系，最后对食品安全风险分析框架进行叙述。

9.1　食品安全风险分析概述

为了很好地控制食源性危害对人类健康的影响，目前国际上普遍采用食品安全风险分析的方法。风险分析是分析食品中可能存在的危害，并采取控制危害的有效管理措施的一种基于科学的、系统化、规范化的方法。风险分析能控制食品安全危害，保护公众健康，还能促进国际食品贸易，使食品安全各利益相关方获益。

9.1.1　风险的概念

从古至今，人类活动充满着各种风险。例如，环境相关的风险：地震、洪水、台风、泥石流；人为破坏或恐怖活动的风险：偷盗、纵火、蓄意破坏、恐怖袭击。随着社会的发展和科技的进步，人类面临的风险从内容到形式都在发生变化。

国际标准化组织（International Organization for Standardization，ISO）在 2009 年发布 ISO 31000：2009《风险管理—原则与指南》，其中首次发布对"风险"的定义——"不确定性对目标的影响"，此定义的确定也经历了多国代表多次激烈的讨论，最终在 2007 年采纳了我国代表提出的定义。2018 年 ISO 31000：2018《风险管理指南》发布，其中风险的定义不变，注释有了变化：①影响是与预期的偏差。它可以是积极的、消极的或两者兼而有之，并且可以锁定、创造机遇或导致威胁。②目标可以有不同方面和类别，并且可以在不同的层面应用。③风险通常以风险源、潜在事件、后果及其可能性表示。同时要注意的是，ISO 组织不同标准中对于风险的定义也不是统一的。

2009 年 9 月，我国发布的 GB/T 23694—2013《风险管理术语》与 ISO Guide 73：2009 内容一致，采用"不确定性对目标的影响"来定义风险。

本书中讨论的食品安全风险，采用 GB/T 23811—2009《食品安全风险分析工作原则》中的定义：食品中危害产生某种不良健康影响的可能性和该影响的严重性。

9.1.2　食品安全风险分析的发展历史

人类社会在认识到风险后，就在进行风险的分析与管理，以控制和降低风险。学术界一般认为风险管理始于美国。1931 年，美国管理协会保险部开始倡导风险管理，并研究风险管理及保险问题。20 世纪 50 年代早期和中期，美国企业中高层决策者认识到风险管理的重要性。

1962 年，AMA 出版了第一本关于风险管理的专著《风险管理之崛起》，推动了风险管理的发展。1980 年，美国风险分析协会（the Society for Risk Analysis，SRA）成立，成为不同国家、不同学术团体交流风险相关信息的焦点论坛。1986 年，欧洲 11 个国家共同成立了欧洲风险研究会；同年 10 月，在新加坡召开风险管理国际学术讨论会，表明风险管理已经传播到全世界。1995 年，澳大利亚标准委员会和新西兰标准委员会制定、出版了澳大利亚/新西兰风险管理标准（AS/NZS 4360），在被企业引用后也成为全球第一个企业风险管理标准。随后，风险管理被应用在越来越多的行业。

在食品安全风险分析的发展中 FAO 和 WHO 起了主导作用。FAO/WHO 食品添加剂联合专家委员会和 FAO/WHO 农药残留专家委员会自 1956 年和 1961 年开始为个别成员国提供食品风险分析的科学建议，1963 年成立的国际食品法典委员会（CAC）为其相关的委员会也提供建议，但没有形成结构化的风险分析模式。

20 世纪 50 年代初，食品的安全性评价主要以急性和慢性毒性试验为基础，提出人的每日允许摄入量（acceptable daily intake，ADI），以此制定卫生标准。1960 年，美国国会通过 Delaney 修正案，提出了致癌物零阈值的概念，该修正案指出任何对动物有致癌作用的化学物不得加入食品。

直到 20 世纪 70 年代后期，科学家发现，如二噁英等致癌物难以在食品中避免或者无法实现零阈值，或无有效合理的替代物，零阈值演变成可接受风险的概念，以此对外源性化学物进行风险评估。

美国国家研究委员会于 1983 年提出风险评估和风险管理的初步框架，这是最早把食源性疾病、风险评估和风险管理连接在一起的出版物。

1991 年，FAO 与 WHO 食品标准、食品中化学物与食品贸易联合会议建议 CAC 把风险评估原则应用到决策过程中。CAC 因此在 1991 年及 1993 年举行的第 19 届及第 20 届大会上通过了 FAO 与 WHO 联合会议的建议，即食品安全决议与标准的制定将以风险评估为基础。

应 CAC 的要求，FAO 与 WHO 召集了多次专家咨询会，为 CAC 及其成员国在食品标准问题中应用风险分析的实践方法提供建议。其中包括 1995 年举行的风险评估专家会议、1997 年的风险管理专家会议以及 1998 年的风险交流专家会议。最初的专家咨询会的内容主要集中在风险分析的总体范例上，出台了一系列风险评估、风险管理及风险交流的定义及基本原则，其后的专家咨询会的内容则针对一些风险分析范例中的具体问题。

2003 年，CAC 采纳了由一般原则委员会（Codex Committee on General Principles，CCGP）制定的在食品法典框架内应用风险分析的工作原则，同时要求相关的法典委员会在其具体领域制定风险分析特定原则及指南。在 CAC 的程序手册中，有专门的章节介绍风险分析相关内容，并能对修订的内容在新版本中进行及时更新。

FAO 和 WHO 于 2006 年出版了《食品安全风险分析　国家食品安全管理机构应用指南》，全面介绍了由风险管理、风险评估和风险交流 3 个部分组成的食品安全风险分析框架，以指导各国国家层面的食品安全管理机构在本国食品安全体系内应用风险分析。

风险分析在 20 世纪 80 年代左右传入中国，但是应用于食品领域相对较晚。在相当长的时期内主要是卫生部下属个别单位自发的在一些食品安全事故处理中开展一些风险评估工作，而缺乏全国性的制度、体系、专业队伍和计划，技术水平也十分有限。自从 2009 年实施《食品安全法》以来，这方面的形势发生了很大变化。鉴于《食品安全法》中规定"国家要建立食品安全风险评估制度"等条款，大大推动了我国风险评估工作的开展。2009 年年底卫生部牵头成立了国家食品安全风险评估专家委员会及其秘书处，制定了年度工作计划和一系列工作制度。可以说食品安全领域的风险评估工作已纳入法制的轨道。此后发布了 GB/T 23811—2009《食品安全风险分析工作原则》，2010 年颁布《食品安全风险评估管理规定（试行）》，同年国家食品安全风险评估专家委员会发布《食品安全风险评估工作指南》。2015 年修订的《食品安全法》更加强调了风险分析框架，在具体条款的修改中全面体现了风险监测、风险评估、风险管理和风险交流，基本上与国际接轨。

9.1.3 食品安全风险分析框架的基本内容

1997 年，CAC 正式决定采用与食品安全相关的风险分析术语，并写入程序手册中，在 1999、2003、2004 和 2014 年对术语的定义进行了修正。我国现行的 GB/T 23811—2009《食品安全风险分析工作原则》是参考《食品法典委员会程序手册》（第 17 版，2008）制定的，本书中相关术语的定义参照 GB/T 23811—2009。

危害（hazard） 食品中所含有的对健康有潜在不良影响的生物、化学或物理因素或食品存在的状态。

风险（risk） 食品中危害产生某种不良健康影响的可能性和该影响的严重性。

风险分析（risk analysis） 由风险评估、风险管理和风险交流 3 部分组成的过程。

风险评估（risk assessment） 以科学为依据，由危害识别、危害特征描述、暴露评估以及风险特征描述 4 个步骤组成的过程。

危害识别（hazard identification） 对某种食品中可能产生不良健康影响的生物、化学和物理因素的确定。

危害特性描述（hazard characterization） 对食品中生物、化学和物理因素所产生的不良健康影响进行定性和（或）定量分析。

暴露评估（exposure assessment） 对食用食品时可能摄入生物、化学和物理因素和其他来源的暴露所作的定性和（或）定量评估。

风险特征描述（risk characterization） 根据危害识别、危害特征描述和暴露评估结果，对产生不良健康影响的可能性与特定人群中已发生或可能发生不良健康影响的严重性进行定性和（或）定量估计及估计不确定性的描述。

风险管理（risk management） 与各利益相关方磋商后，权衡各种政策方案，考虑风险评估结果和其他保护消费者健康、促进公平贸易有关的因素，并在必要时选择适当预防和控制方案的过程。

风险交流（risk communication） 在风险分析全过程中，风险评估者、风险管理者、消费者产业界、学术界和其他利益相关方对风险、风险相关因素和风险感知的信息和看法，包括对风险评估结果解释和风险管理决策依据进行的互动式沟通。

风险分析是一个结构化的决策过程，由风险管理、风险评估和风险交流 3 个相对独立又密切相关的部分组成。具体来说，先对食品安全的风险进行评估，对已发生或可能发生的食品中生物性、化学性和物理性物质对健康不良影响的严重性作定性和/或定量评价；进而以此为依据在维护消费者健康的首要前提下，采取相应的风险管理措施去控制或降低风险；在此过程中，各利益相关方要就风险相关的信息进行互动交流，以达到最好的风险管理效果。在典型的食品安全风险分析过程中，管理者和评估者需要持续地以风险交流为特征的环境中进行互动交流，当三者能够成功整合时，才能实现最有效的风险分析。

9.1.4 食品安全风险分析框架的应用

食品安全风险分析可以由国家、地方及国际食品安全机构开展，不同层面的风险分析过程有明显的区别。

从世界范围内看，1962 年，联合国的两个组织——FAO 和 WHO 共同创建了 CAC，成为唯一的政府间有关食品管理法规、标准问题的协调机构。CAC 制定的标准致力于保护各国消费者的健康安全，维护国际间公平的食品贸易，为各国食品标准的制定提供重要的科学参考依据。FAO/WHO 共同成立了 3 个关于食品安全风险评估的专家组织：食品添加剂联合专家委员会（JECFA）、农药残留联席会议（JMPR）、微生物风险评估联席专家会议（JEMRA），是国际层面上常设的食品安全风险评估组织。发布、推荐食品安全标准、操作规范等政策性文件的 CAC 及其专业委员会扮演了风险管理者的角色。国际层面食品安全风险分析的机构见表 9-1。

表 9-1　国际层面食品安全风险分析机构

机构属性	名　　称
风险评估机构	FAO/WHO 食品添加剂联合专家委员会（the Joint Expert Committee on Food Additives，JECFA） FAO/WHO 农药残留联席会议（the Joint Meeting on Pesticide Residues，JMPR） FAO/WHO 微生物风险评估联席专家会议（the Joint Meeting on Pesticide Residues，JEMRA）
风险管理机构	食品添加剂法典委员会（the Codex Committee on Food Additives） 食品污染物法典委员会（the Codex Committee on Contaminants in Foods） 食品中兽药残留法典委员会（the Codex Committee on Residues of Veterinary Drugs In Foods） 农药残留法典委员会（the Codex Committee on Pesticide Residues） 营养与特殊膳食用食品委员会（the Committee on Nutrition and Foods for Special Dietary Uses） 食品卫生法典委员会（the Codex Committee on Food Hygiene）

各食品法典委员会组织和指导决策制定过程、权衡风险评估结果及其他合理因素（如风险管理措施的可行性和 CAC 成员国的利益），制定风险管理工具，如各类指南、生产规范以及针对特定食品危害的法典标准。这些专业委员会起草的标准草案和相关文本提交给 CAC 大会讨论，通过后即在食品法典网站公布。法典标准与相关文本实质上是自愿执行的，除非 CAC 成员在法律上采纳了这些标准和文本，否则它们对各成员没有直接的强制性作用。CAC 不具体执行降低风险的措施，实施、执行和监测是 CAC 成员、政府和相关机构的职责。

国家层面，各国的食品安全机构通常负责实施本国的风险分析工作。有的国家政府有自己的机构和基础条件来开展风险评估、选择风险管理措施、实施决策以及监控和审查决策的影响等，而有的国家可用来实施风险分析的资源非常有限，就可以将国际上发布的风险分析各部分资料直接应用于本国。表 9-2 列举了世界部分国家/地区的风险评估机构。

表 9-2　世界部分国家/地区风险评估机构

国家/地区	机　　构	设立年份
美国	美国食品药品管理局（FDA）、美国环境保护署（EPA）、美国疾病控制与预防中心（CDC）等	—
加拿大	加拿大食品监督署（Centers for Disease Control and Prevention，CFIA）	1997
法国	法国食品安全署（Agence Francaise de Securite Sanitaire des Aliments，AFSSA）	1999
英国	英国食品标准局（Food Standards Agency，FSA）	2000
欧盟	欧洲食品安全局（European Food Safety Authority，EFSA）	2002
德国	德国联邦风险评估研究所（Bundesinstitut fur Risikobewertung，BfR）	2002
荷兰	荷兰食品与消费产品安全局（Netherlands Food and Consumer Product Safety Authority，NVWA）	2002

（续）

国家/地区	机　构	设立年份
日本	日本食品安全委员会(Food Safety Committee, FSC)	2003
中国香港	香港食物安全中心(Center of Food Safety, CFS)	2006
中国	国家食品安全风险评估中心(China National Center for Food Safety Risk Assessment, CFSA)	2011

9.1.5　我国食品安全风险分析现状

我国的食品安全风险分析工作以 2009 年为界可以分成两个时期。

2009 年以前，我国对风险分析框架还处于学习和初步尝试应用阶段，当时的《食品卫生法》中也没有明确要求。对于风险评估，也刚刚开始学习，并尝试将风险评估结果用于制定食品安全标准(如污染物限量)。FAO 和 WHO 于 2006 年出版了《食品安全风险分析国家食品安全管理机构应用指南》，2008 年由中国疾病预防控制中心营养与食品安全所组织翻译，并应用于国内相关标准、法规的制定中。

2009 年 6 月 1 日《食品安全法》正式实施，大大推动了风险分析框架的应用。在风险监测和风险评估方面有非常明显的进步。2015 年，新修订的《食品安全法》更加强调风险分析框架，在具体条款的修改中全面体现了风险监测、风险评估、风险管理和风险交流，基本上与国际接轨。

风险监测方面，我国 2010 年颁布《食品安全风险评估管理规定(试行)》，其第五条规定："食品安全风险评估以食品安全风险监测和监督管理信息、科学数据以及其他有关信息为基础，遵循科学、透明和个案处理的原则进行。"同年国家食品安全风险评估专家委员会发布《食品安全风险评估工作指南》。从 2010 年开始，由卫生部组织对食源性疾病、食品污染以及食品中的有害因素进行检测，覆盖范围至我国大陆全部 31 个省、自治区、直辖市。2015 年修订的《食品安全法》更加强调了风险分析框架，在具体条款的修改中全面体现了风险监测、风险评估、风险管理和风险交流。2018 年修正《食品安全法》第十七条第一款规定，"国家建立食品安全风险评估制度，运用科学方法，根据食品安全风险监测信息、科学数据以及有关信息，对食品、食品添加剂、食品相关产品中生物性、化学性和物理性危害因素进行风险评估"。食品安全风险监测是风险分析、风险评估及风险管理的基础。风险监测一般包括对食源性疾病的监测、对食品的监测，以及对食品污染物的监测。目前，我国食源性疾病监测网络哨点医院 4 000 家左右，食品污染物和有害因素监测点接近 3 000 个。

《中华人民共和国食品安全法》第二章

风险评估方面，2009 年颁布的《食品安全法》规定，"中国应建立国家食品安全风险评估体系，对食品和食品添加剂中的生物、化学和物理危害进行评估"。2009 年 12 月，卫生部成立第一届食品安全风险评估专家委员会，由 42 个来自生物、化学、医学、农业、环境、食品科学以及营养等方面的专家组成，其秘书处现设在国家食品安全风险评估中心。2011 年 10 月，国家食品安全风险评估中心成立，这为更好地应用风险分析框架，特别是在国家层面进行风险评估增强了技术支持。截至 2018 年，国家食品安全风险评估中心已经组织并完成了近 100 项优先风险评估项目和紧急风险评估任务，在相关标准的制定中发挥了重要作用。但是，风险评估在我国尚处于起步阶段，在技术水平和结果应用方面与发达国家还有较大差距，需要加强能力建设。

风险管理方面，近年来，政府投入大量人力、资金，对初级农产品、生产加工、流通和餐饮各环节进行监管，每年抽检食品样品达百万件，取得了较好的监管效果，2019 年第一季度食品抽检总合格率达 97.8%。但是要满足风险分析框架要求的风险管理，还需要更大的努力。

风险交流，通常是风险分析框架应用中的薄弱环节，在我国也是一块短板。目前存在政府和食品行业的努力得不到消费者认同的情况，消费者过度担心，政府主导作用不足，科学家面对媒体的宣传不足，与此同时一些媒体的夸大和不实报道占领舆论上风，导致政府公信力下降。因此，未来在风险交流环节还需要做更多的工作。例如，对风险交流中的各个要素进行认真组织和规划；如果条件允许，还应该在工作人员中安排专家参与执行、管理食品安全风险交流的工作；目前国际上形成了很多有效的风险交流策略，可以结合我国国情来使用；管理者要最大限度地提高利益相关者在风险交流中的参与度。

9.2 食品安全风险评估

食品安全风险评估是食品安全风险分析的重要组成部分。风险评估是指对有害事件发生的可能性和不确定性的评估。科学技术是风险评估的基础支撑，风险评估的结果用于制定政策。食品安全风险评估制度不断完善，在预防和解决食品安全问题上已经显示出其优越性。从食品安全与管理的角度来说，风险评估指对食品、食品添加剂中生物性、化学性和物理性危害对人体健康可能造成的不良影响所进行的科学评估。步骤包括危害识别、危害特性描述、暴露评估、风险特征描述。

9.2.1 风险评估的概念和基本步骤
9.2.1.1 危害识别
危害识别是指识别可能存在于某种或某类特定食品中的生物、化学和物理因素，可能对人体健康产生不良影响的风险源。它是风险评估的第一要素，也是食品安全风险评估的起点和基础。

CAC 将危害识别(hazardidentification，HI)定义为确定食品中可能存在的对人体健康造成不良影响的生物性、化学性或物理性因素的过程。根据我国卫生部 2010 年发布的《食品安全风险评估管理规定(试行)》，将危害识别定义为"根据流行病学、动物试验、体外试验、结构–活性关系等科学数据和文献信息确定人体暴露于某种危害后是否会对健康造成不良影响、造成不良影响的可能性，以及可能处于风险之中的人群和范围"。

危害因素的种类繁多，在启动食品安全风险评估程序前，首先要经过筛选，以确定需要评估或优先评估的危害因素。根据卫生部 2010 年发布的《食品安全风险评估管理规定(试行)》，以下情形可作为开展风险评估的参考依据：①制修订食品安全国家标准的需要；②通过食品安全风险监测或者接到举报发现食品可能存在安全隐患的，在组织进行检验后认为需要进行食品安全风险评估的；③国务院有关部门按照《中华人民共和国食品安全法实施条例》第十二条要求提出食品安全风险评估的建议，并按规定提出《风险评估项目建议书》的；④卫生部根据法律法规的规定认为需要进行风险评估的其他情形；⑤处理重大食品安全事故的需要；⑥公众高度关注的食品安全问题需要尽快解答的；⑦国务院有关部门监督管理工作需要并提出应急评估建议的；⑧处理与食品安全相关的国际贸易争端需要的。

因此，通过危害识别步骤，我们可以回答该食品是否会产生危害，其产生危害的证据是什么，以及其相关危害的程度和水平如何等问题。

9.2.1.2 危害特征描述
危害特征描述是指对存在于食品中的生物、化学和物理因素或者是对健康产生不良影响的风险源进行定性和(或)定量评价。经过危害识别确定了食品中的危害因素后,通过危害特性确定危害因素是否与风险的存在有关,并且根据结果建立剂量-反应关系,即对人类摄入微生物病原体的数量、有毒化学物剂量或者其他危害物质的量与人体发生不良反应之间的关系用数学模型表示,该模型可以预测在给定的剂量下,产生不良反应的概率。

在危害特性描述过程中,一般使用毒理学或流行病学数据来进行主要效应的剂量-反应关系分析和数学模型的模拟。通过剂量-反应模型分析,不仅可获得基于健康水平的推荐量值,如每日允许摄入量(acceptable daily intake,ADI)、每日可耐受摄入量(tolerable daily intake,TDI)和急性参考剂量(acute reference dose,ARD)等,还可结合暴露评估对这些物质的暴露边界值(margin of exposure,MOE)进行估计,并能对特定暴露水平下的风险/健康效应进行量化。总之,本步的剂量-反应关系评价是描述暴露于特定危害物时造成的可能危险性的前提,同时也是安全性评价以及建立指南/标准系统的起点。只有对某种物质的剂量-反应曲线有足够的了解,才能预测暴露于已知或预期剂量水平时的危险性,确定降低影响健康风险水平的策略和措施。

9.2.1.3　暴露评估

暴露评估是指对通过食物或其他途径摄入的生物、化学和物理因素的定性和(或)定量评价。这一过程是确定食物污染有害物的概率、食物中有害物存在的数量并最终获得人体摄入有害物的剂量。

暴露评估是食品安全风险评估的重要组成部分,是通过量化风险并确定某种物质是否会对健康带来风险的必要过程。膳食暴露评估主要是通过整合食品消费量数据与食品中化学物浓度数据的桥梁,通过比较膳食暴露评估结果与相应的食品化学物健康指导值,确定危害物的风险程度。

FAO/WHO 农药残留联席会议(JMPR)是国际上最早进行膳食暴露风险评估的机构。1995年起,JMPR 开始研究农药急性膳食暴露风险评估,并对食品国际短期摄入量(international estimate of short term intake,IESTI)的计算方法以及膳食暴露评估准则及评估方法进行了修正,并制定了急性毒性物质的风险评估和急性毒性农药残留摄入量预测的方案。根据食品消费量和污染物数据信息,目前构建的较为成熟的暴露评估模型包括点评估模型、简单分布模型和概率评估模型。

在实际工作中,选择哪种评估方法需要考虑以下几方面的因素:①危害物的性质及其在食品中的含量水平,如食品添加剂、农药、兽药、生物毒素等不同危害物的风险特征和膳食摄入情况是不同的;②该物质对身体产生不良作用或者有益作用所需要的暴露时间;③该物质对于不同亚人群或个人的潜在暴露水平;④要采用的评估方法的类型,点评估还是概率评估。

中国总膳食研究

9.2.1.4　风险特征描述

风险特征描述是根据危害识别、危害特性和暴露评估的结果,对一特定人群的已知或潜在对人体健康的不良影响发生的可能性和严重性进行定性和(或)定量的估计,其中包括伴随的不确定性。这个步骤是综合危害识别、危害特性描述和暴露评估 3 个过程所获得的信息,为风险管理者提供科学的依据。

一般来说,对于有阈值的化学物质,风险特征描述通常将计算或估计的人群暴露水平与健康指导值进行比较,描述一般人群、特殊人群或不同地区人群的健康风险。对于没有阈值的物质,JECFA 建议采用 MOE 法进行风险特征描述,即利用动物试验观察到的毒效应剂量与估计的人群膳食暴露水平之间的暴露限值进行评价。

9.2.2　食品安全风险评估基本原则与应用现状

9.2.2.1　欧盟食品安全风险评估原则

欧盟食品安全管理局是食品安全风险评估的专门机构，而食品安全风险评估制度的基本原则主要是通过欧盟食品安全管理局的职责和权限来实现。

第一项是科学上的卓越性原则。欧盟食品安全管理局向欧盟的风险管理者提供的食品安全风险评估的建议应当具有最高质量的科学性。因此，科学上的卓越性原则是欧盟食品安全风险评估的第一项原则。主要是出于两方面的原因：一是消除"疯牛病"事件所造成的公众对欧盟及欧盟食品安全监管制度的不信任。早在1986年，英国的农业、渔业和食品部已经承认本国存在"疯牛病"。但直到1988年，政府才成立工作组来评估"疯牛病"对牲畜和人类健康可能造成的危害。然而，这个工作组缺乏相关专家的参与只依据官方提供的资料进行评估，最终得出"疯牛病"对人类的危害还很遥远的这样错误的结论。由于缺乏科学地对"疯牛病"进行合理的风险评估，使得欧盟以及英国政府迟迟未采取针对"疯牛病"的措施，致使"疯牛病"危害不断扩大。直到1996年英国政府宣布"疯牛病"对人类有致命危害时，立即引起了全社会恐慌，几百万人不再吃英国牛肉。同时欧盟多个国家的牛肉销量急剧下跌，使消费者对欧盟食品安全监管制度丧失了信心。当局者立刻意识到科学风险评估的重要性，要使欧盟消费者对其食品安全监管制度重拾信心，必须建立一套科学完善的食品安全风险评估体系。二是为有效实现欧盟食品安全管理局的任务。欧盟《统一食品安全法》第23条明确规定了欧盟食品安全管理局的任务，"为欧盟委员会和成员国提供最好的科学建议，在欧盟范围内，促进和协调统一的风险评估方法的发展，对风险评估意见进行解释和评价"。可见，欧盟食品安全管理局的使命是要成为欧盟范围内的食品安全风险评估问题上权威和标准。因此，欧盟在食品安全风险评估方面无论是专家的选择、程序的合理规范，还是在数据信息的采集分析上都建立在严格的科学基础之上。

第二项是独立性原则。独立性是欧盟食品安全风险评估制度的第二项基本原则。欧盟《统一食品安全法》第37条规定了独立性原则，根据该条的规定，独立性原则包含3方面的意思：一是欧盟食品安全管理局应当在公共利益的基础上独立采取行动，即欧盟食品安全管理局的组成机构，应当以公共利益作为行动的唯一依据。二是欧盟食品安全管理局的食品安全风险评估成员必须独立于不受任何外部影响而采取行动，特别是独立于食品生产企业及其他利害关系部门。三是在行政上，欧盟食品安全管理局独立于作为食品安全风险管理者的欧盟委员会和成员国。在行政上的独立性，也就是食品安全风险评估与食品安全风险管理的分离。

第三项是透明性原则。透明性原则与独立性原则一样，也是在《统一食品安全法》中明确规定，在其第38条规定中，透明性的含义是指欧盟食品安全管理局实施风险评估的过程和结果都要公开和透明。具体就是以下几方面事项：及时公开科学委员会和科学小组的议程和时间；科学委员会和科学小组采纳的意见；在不违背第39条和第41条的情况下，公开科学意见的基本信息；管理委员会成员、执行董事、顾问论坛成员和科学委员会和科学小组成员的利益声明；将科学研究进展情况及结果以时间表的形式公布在欧盟食品安全管理局的官网上，为感兴趣的人提供交流的机会；在风险评估结论被执行之前，主要科学见解的草案要公开，少数派的意见也要公开；每年活动报告；欧盟议会、委员会或成员国对科学意见的反馈，这些科学意见被拒绝或修改的情况，以及请求拒绝或修改科学意见的理由。此外，除非执行董事提议，否则管理委员会应当公开举行会议。为确保透明性原则得以真正实现，《统一食品安全法》以及欧盟食品安全管理局的内部出台了多项机制。其中最为重要的是两项，一是公众以及成员国可以获得的涉及食品安全风险评估的文件的范围、不能获得的文件的范围以及相应的程序；二是欧盟食品安全管理局的管理委员会规定了一项涉及《执行透明度和保密性要求的决定》，根据这项决定，管理委员会强调了欧盟食品安全管理尊重透明度原则的态度和方式。

第四项是公众协商性原则。公众协商性原则是在《统一食品安全法》第 42 条明确规定，食品安全管理局应当与消费者代表、生产者代表、生产商和其他利益团体进行有效联系。同时，欧盟食品安全风险评估中的公众协商性原则在欧盟食品安全管理局制定的《关于科学意见的公众协商方法》中具体体现，方法中指出该原则中的"公众"包括学者、非政府组织、行业和所有其他潜在的兴趣和受影响的各方。公众协商的对象主要是欧盟食品安全管理局制定科学意见的过程。之所以将公众协商性作为欧盟食品安全风险评估制度的基本原则，主要原因是为了有效实现欧盟食品安全风险评估中的透明性原则和科学上的卓越性原则，从而增强公众对欧盟食品安全监管体系的信任。

9.2.2.2　我国食品安全风险评估原则

《食品安全风险评估管理规定》第五条食品安全风险评估以食品安全风险监测和监督管理信息、科学数据以及其他有关信息为基础，遵循科学、透明和个案处理的原则进行。因此，我国食品安全风险评估应遵循科学、透明和个案处理三大原则。

食品安全风险
评估管理规定

第一项是科学性原则。科学性原则是食品安全风险评估的第一项原则，也是最重要的原则，首先从食品安全风险评估的内容来看，2018 年修正《食品安全法》第十七条第一款规定，"国家建立食品安全风险评估制度，运用科学方法，根据食品安全风险监测信息、科学数据以及有关信息，对食品、食品添加剂、食品相关产品中生物性、化学性和物理性危害因素进行风险评估"。风险评估是一种系统地组织科学技术信息及不确定性信息，来回答关于健康风险问题的评估方法，在风险评估的过程中需要引入大量的数据、模型、假设以及情景设置，这些都是需要建立在科学的基础之上。

首先，科学性是风险评估质量评价的核心，高质量的风险评估工作应以数据可靠、证据充分的流行病学研究、毒理学试验和暴露评估等方面的证据为基础，同时应结合严谨的程序和科学的方法进行文献检索和数据质量评价（可靠性、相关性、充分性），避免在数据选择方面出现潜在的偏倚。严谨度不够的风险评估可能会给国家和人民健康带来不必要的麻烦，在 2010 年，国家食品安全风险评估专家委员会对膳食中碘对健康的影响进行评估，公布的评估报告《中国食盐加碘和居民碘营养状况的风险评估》指出，我国食盐加碘对于提高包括沿海地区在内的大部分地区居民的碘营养状况十分必要，此乃我国专家委员会首次就重大食品安全问题的潜在风险进行风险评估。但是，此评估结果遭到社会公众、同行专家的普遍质疑与反对，卫生部虽未正面对社会反响予以回应，但 2011 年发布《食用盐碘含量》标准，明确规定食盐加碘不能全国各个地区全部实施统一标准，应当根据公众居住地区的碘营养水平进行调整。充分说明食品安全风险评估必须尊重科学，所采用的数据和信息必须建立在科学的基础之上。

其次，在我国国务院卫生行政部门负责组织食品安全风险评估工作，成立由医学、农业、食品、营养、生物、环境等方面的专家组成的食品安全风险评估专家委员会进行食品安全风险评估。组成专家委员的专家均代表各学科的前沿，因此具有很强的科学性。

最后，保证食品安全风险评估结论的科学和客观，以便为食品安全风险管理提供决策依据。食品安全风险评估结果是制修订食品安全标准、法律法规和对食品安全实施监督管理的科学依据，因而，确保食品安全风险评估结果的科学和客观就至关重要，食品安全风险评估必须遵循科学性原则。

第二项是透明性原则。透明性是提升风险评估工作可信度和质量的关键，风险评估组织均将建立公开透明的风险评估机制作为保证风险评估质量的重要措施，这样可使社会各方在目标确定、数据共享和方法选择等过程中发挥重要作用，公开交流以及同行评议是体现风险评估透明性的有效做法。

信息不对称、不公开、不透明必将造成严重的后果。最明显的案例是2008年"三鹿"集团的"三聚氰胺事件"，企业不公开事实的真相，国家相关部门也未能及时地收集各方面的信息对其进行及时的食品安全风险评估，致使我国奶业遭受巨大的滑坡，导致我国消费者对本国乳制品信心大跌。好在后续国家相关部门意识到问题的严重，并采取了相应的措施才稳定了局面。"三聚氰胺事件"给我们敲响了警钟，国家陆续出台了《食品安全法》以及与之配套的各种条例、法规、标准等，保障了食品安全信息及其他信息能够公开、透明并能及时向大众共享。食品安全风险评估信息向社会的公布和共享是体现食品安全风险评估透明性的一种表现。被公布的食品安全风险评估信息还应当符合以下要求：不仅食品安全风险评估的结果要公开，过程也要公开；公开的食品安全风险评估信息不仅同行专家清楚，还应当便于公众理解；对于食品安全风险评估信息的重要事项应当予以特别强调。因此，我们要建立多元化的食品安全风险评估信息发布平台，不仅局限传统的报纸、广播、电视等媒体，还要加强互联网网络工具的利用，使公众能够及时、便捷了解到有关食品安全风险评估的信息。

第三项是个案处理原则。要想清楚个案处理原则在食品安全风险评估中的重要性，首先应明白个案的概念，即一个社会单位的问题称为个案。如一个人、一个家庭、一个学校、一个团体、一个政党、一个社区、一个社会的任何问题，都可以视为个案。个案是进行个案研究（调查）的对象。这类研究广泛收集有关资料，详细了解、整理和分析研究对象产生与发展的过程、内在与外在因素及其相互关系，以形成对有关问题深入全面的认识和结论。采用个案进行调查研究时，均应有明确的目的和内容，确定好调查研究计划或方案，综合运用各种调查方法（如访谈、问卷、观察、测验等），认真收集、整理和分析材料，提出研究报告。

个案调查中要科学地对调研资料进行分析，不能随便用个案调查的结论推导有关的总体。对资料进行整理与分析既要对资料进行必要的分类，抓住重点；又要注意核实，确保资料的准确性和真实性。另外，在分析资料时要处理好一般与个别、整体与部分的关系，既把个案调查的资料放在客观对象的总体中去考察，又要在个案中窥探总体的性质，从而得出个案调查的正确结论。

例如，在对转基因食品的风险评估过程采用实质等同性原则和个案分析原则。实质等同性原则是指转基因食品与传统食品在遗传表现特性、组织成分等方面进行比较，倘若两者之间没有实质性差异，则可以认为是同等安全的。转基因食品即使含有一定有毒成分，只要与传统食物中的反营养物质（即有毒物质）在含量和性质上无实质区别，就应视为可安全消费的。而个案分析原则是指即使某种转基因生物经过评价是安全的，也不代表其他转基因生物也是安全的。实质等同性原则要求对转基因生物制品，特别是转基因食品，应该采取与传统食品比较的方法来检测产品的安全性。而个案分析原则要求转基因生物及其产品上市前应按照各自的评价方法，对不同转基因制品采取不同的评价方法。

在进行食品安全风险评估的过程中采用个案处理的原则，有利于将研究的问题简单化，尤其是对陌生的食品安全问题的风险评估，如果将它与已知的食品安全问题相比较进行处理，容易误导风险评估者的客观判断，因此需要对陌生的食品安全问题进行全面的分析，从数据信息的收集、分析方法的选择，到分析结果的表达都要做到具体问题具体分析，这样才能得到比较科学的食品安全风险分析结果。

食品中化学污染物风险评估方法

9.2.3　风险评估的结果

风险评估的结果包括定性风险评估、定量风险评估及其存在的不确定性。

风险评估在食品安全与管理领域中应用的主要方面是制定食品安全标准（包括生产规范和指南）。无论是 CAC 标准或是国家标准的制定都必须建立在食品安全风险评估的基础之上。其次，风险评估还应用在国际食品贸易领域，WTO 作为当今世界经济的三大组织之一，在其有关食品安全的协议之一《实施卫生与植物卫生措施协定》（SPS 协定）中规定，各国政府可以采取强制性卫生措施保护该国人民健康，免受进口食品带来的危害，不过采取的卫生措施必须建立在风险评估的基础上。另外，HACCP 实施过程中体现着风险评估的基本思路，可以称为风险评估理论方法在现实食品安全与管理中的具体应用。因此，可以认为风险评估的应用涉及食品安全的许多方面，无论是针对食品安全方面的科学研究，还是食品安全领域中的监督管理。

食品中化学性因素的风险评估，主要针对有意、无意加入的化学物、污染物和天然存在的毒素，包括食品添加剂、农药残留及其他农业用化学品、兽药残留、洗消剂、不同来源的化学污染物以及天然毒素等进行的风险评估。

食品中生物性因素的风险评估，主要针对致病性细菌、霉菌、病毒、寄生虫、原生动物、藻类以及它们所产生的毒素等进行的风险评估。

风险评估应当以科学理论为基础，以具体的研究结果为依据，风险评估是一种系统地组织科学信息及不确定性信息来解决关于人体健康风险问题的方法。

9.3　食品安全风险管理

食品安全风险管理是风险分析体系的重要组成部分。国家食品安全风险管理的决策可能由于判别标准及范围不同而有所不同，其总体目标是保护消费者利益以及促进食品国际贸易。

CAC 对各国政府开展风险管理提出了以下建议（《食品法典委员会程序手册》第 17 版 2008 的第Ⅲ部分）：

①食品风险管理既要保障消费者健康，又要保障食品贸易的公平性，但应将保护消费者的健康作为首要目标。

②风险管理应以风险评估为基础，并适当考虑与保护消费者健康以及促进公平食品贸易相关的其他合法因素。

③风险管理应考虑食品链中整个食品企业的生产经营方式与方法、政府食品安全监管模式与能力等实际情况。

④风险管理过程应透明、协调一致，使所有利益相关方更广泛地认识风险管理过程。

⑤风险管理应是一个持续的过程，在对风险管理决策进行评估和审核时应收集所有数据（包括风险监测数据）。应对食品标准进行定期审查，并在必要时予以更新，从而反映出最新的科学知识与风险分析相关的其他信息。

9.3.1　食品安全风险管理的基本措施和实施步骤

9.3.1.1　食品安全风险管理的基本措施

风险管理的程序化方法包括风险评估、风险管理措施的评估、管理决策的实施和监控和评价，见表 9-3 所列。在某些情况下，风险管理活动并不是一定要包括所有这些因素（如法典标准的制定、政府实施的控制措施）。

表 9-3　食品安全风险管理基本措施

基本措施	主要步骤
风险评价	确认食品安全性问题 描述风险概况 就风险评估和风险管理的优先性对危害进行排序 为进行风险评估，制定风险评估政策 进行风险评估 对风险评估结果的审议
对风险管理选择的评估	确定现有的管理选择 选择最佳的风险管理措施 最终的管理决定
执行风险管理决定	将风险管理选择的评估过程中确定的最佳的风险管理措施付诸实施
监控和审查	对实施措施的有效性进行评估 在必要时对风险管理和(或)风险评价进行审查

9.3.1.2　食品安全风险管理的实施步骤

风险管理首先要识别食品安全问题，把当前食品安全风险管理面临的问题用尽可能完备的方式表述为食品安全问题。当明确了食品安全问题后，风险管理者可进一步积累科学资料，对风险轮廓进行尽可能详尽的描述，以指导进一步的行动。这时，风险管理者可以利用的方法包括：风险评估、风险分级或者流行病学分析等，并制定风险控制措施的优先顺序。

（1）步骤一：识别与描述食品安全问题

识别和阐明食品安全问题的性质和特征是风险管理者的首要任务。有些情况下可能面临的问题已被识别出来，并被业内接受为需要进行正式风险评估的食品安全问题。也有可能出现另外一种情况，如问题已经很明显了，但在做出决定并进一步实施之前，仍然需要收集掌握更多的信息。

食品安全主管机构可通过不同的途径收集了解需要解决的食品安全问题，例如，国内和国际(口岸)进口检查、食品监控计划、环境监测、实验室发现、流行病学、临床及毒理学研究，疾病监测，食源性疾病暴发调查，新资源食品的技术评价，以及符合现有法规标准难度的技术评价等。值得一提的是，有时食品安全问题会通过学术界或科学家、食品企业、消费者、相关利益团体或媒体暴露出来。另外，还有一些食品安全问题的出现起初不是由于食源性风险，而是由于法律行为以及国际贸易受阻而显现。

（2）步骤二：描述风险轮廓

风险轮廓描述可以采取多种形式，其主要目的是帮助风险管理者为进一步的行动做出决策。所收集信息的范围因具体情况而异，但无论哪种情况，信息的收集都应充足，以保障风险管理者能够以这些信息为线索，决定是否需要进行风险评估及评估的程度。通常，风险管理者不必亲自完成风险轮廓描述的工作。但是当面对紧迫的食品安全问题时，风险管理者需要当机立断，这时风险管理者也应主动参与到风险轮廓描述的工作中。一般情况下，风险轮廓描述主要由风险评估者及其他熟悉该问题的技术专家来完成。

典型的风险轮廓描述包括对下述内容的简要描述：当前形势，所涉及的产品或商品，消费者暴露于危害的途径，与上述暴露有关的潜在风险，消费者对该风险的认识，不同风险在不同人群中的分布情况等。通过收集这些风险信息资料，完成风险轮廓描述，风险管理者才能明确工作优先顺序，并确定针对该风险还需要进一步掌握哪些科学信息，以及制定相应的风险评估政策。通过描述当前的风险控制方法，包括那些正在其他国家使用的相关方法，风险轮廓描述步骤也能够帮助管理者确定风险管理的备选方法。在很多情况下，风险轮廓描述可被看作初步的风险评估活动，是对风险管理者当前所知的所有可能风险的汇总。

（3）步骤三：建立风险管理目标

风险轮廓描述步骤完成后，风险管理者需要确定风险管理目标。这个步骤，应该与确定风险评估是否具备可行性与必要性的步骤相关联。明确风险管理目标必须在委托风险评估之前进行，因为这个步骤决定了风险评估过程中将要解决哪些问题。

（4）步骤四：确定是否有必要进行风险评估

对风险管理者和风险评估者来说，确定是否有必要开展风险评估需要双方反复权衡，这项工作也是建立风险管理目标的一部分。在这个过程中，需要重点考虑的问题包括：怎样开展评估，需要解决什么样的问题，什么样的方法可能产生有用的结果，哪些数据缺失或哪些不确定性可能导致难以获得明确的解决方案。在风险管理者决定开展风险评估以支持风险管理目标之前，必须对这些事项进行说明。在风险评估的开始阶段，如果能够准确认识到数据缺口，将有助于在风险评估之前或评估过程中，尽可能地收集到这些重要的信息。上述这些工作通常需要科研院所、研究机构及相关企业的合作。

（5）步骤五：制定风险评估政策

在风险评估过程中，不可避免地会产生许多主观判断和选择，这些判断和选择将影响到风险评估结果应用于风险管理决策时的效用。有些选择涉及科学价值取向及偏好，例如，在数据不充分的情况下，怎样处理不确定因素，如何去设定假设，或者在描述某种可接受的暴露风险时，应该谨慎到什么程度。

这时就需要在风险评估之前制定风险评估政策，为风险评估过程提供一个公认的框架，或者说基调。《食品法典委员会程序手册》第 15 版将风险评估政策定义为"关于在风险评估的决策点进行适当选择的书面指南，以保持流程的科学完整性"。尽管制定风险评估政策是风险管理人员的责任，但这个过程应通过公开透明的流程来实现，并保持与风险评估者的充分合作与交流，并适当听取利益相关方的意见。

（6）步骤六：委托风险评估

如果在步骤四做出需要进行风险评估的决定，则风险管理者必须组织完成风险评估。风险评估的性质及其委托的方法可能会有所不同，具体取决于风险的性质、机构环境和可用资源以及其他因素。通常风险管理者必须组建适当的专家团队来执行任务，然后与风险评估者进行充分的互动，以明确地指导他们要执行的工作，同时保持风险评估和风险管理之间的"功能分离"。

"功能分离"是指在执行工作时，要能分清风险评估和风险管理，将两种工作分开执行。目前很多发达国家有独立的机构和人员来分别进行风险评估和风险管理，但在发展中国家，这两件事可能要由同一个部门或机构负责。无论哪种情况，重要的是在现有组织架构和资源条件下，能够确保将两种任务彼此分开执行（即使它们是由同一个人执行）。职能分离不一定要求建立两套不同的机构和人员，分别完成风险管理和风险评估工作。

（7）步骤七：判断风险评估结果

基于现有数据，风险评估者应尽可能清晰、全面地回答风险管理者提出的问题，并能够识别和量化风险评估中不确定性的来源。在评判风险评估是否完成时，风险管理人员需要：

①充分了解风险评估及其优缺点。

②充分熟悉所使用的风险评估技术，以便可以向外部利益相关者进行解释。

③了解风险估计中不确定性和可变性的性质、来源和程度。

④关注并确认在风险评估过程中做出的所有重要假设及其对结果的影响。

值得一提的是，许多风险评估还有附带价值，那就是有助于确定下一步的科学研究方向，以填补相应的科学知识空白，例如关于特定风险，或与给定危害-食品组合相关的特定风险的科学知识。

在初步风险管理阶段，当风险评估已经完成，并且可以与感兴趣的各方进行讨论时，在风险管理者、风险评估者和与该问题有利益关联的其他各方之间进行有效的沟通至关重要。

(8)步骤八：对食品安全问题进行分级并确定风险管理优先次序

食品安全监管机构经常需要同时处理众多食品安全问题，不可避免地会出现资源不足以分配的问题，因此对食品安全的监管者来说，对问题进行分级，排列风险管理的优先次序，以及对所评估的风险进行分级是一项重要的工作。

排序的主要标准通常是已知的每个食品安全问题给消费者带来的相对风险水平，最合理的风险管理应将资源用于降低总体食品传播的公共卫生风险；还可以根据其他因素来考虑优先排序的问题，例如，根据不同的食品安全控制措施对国际贸易造成影响的严重程度；根据解决问题的相对难易程度。有时也会迫于公众或政府管理的压力，需要对某些问题或事件给予优先考虑。

9.3.2　风险管理方案的确定与选取

根据风险管理框架，风险管理第二个主要阶段涉及风险管理选项的识别、评估和选择。通常，在完成风险评估之前无法完全进行风险管理决策，但实际上，风险管理决策的过程从风险分析的早期就已经开始了。随着风险分析的推进，有关风险的信息变得更加完整、更加定量，风险管理决策也在这个过程中不断被修正完善。风险轮廓描述可能包含一些有关风险管理措施的信息，风险管理人员也会对风险评估提出一些具体问题，这些问题的回答也有助于指导风险管理决策。同样，如9.3.1.2中步骤三所述，在紧急食品安全情况下，可能需要选择和实施一些初步的风险管理措施，然后才能进行风险评估。就像风险管理的第一阶段一样，该阶段也包含几个不同的子步骤。

9.3.2.1　确定现有的管理措施

考虑到已经建立的风险管理目标和风险评估的结果，风险管理人员通常会确定一系列能够解决当前食品安全问题的风险管理方案。虽然确定风险管理措施是风险管理者的职责，但不一定总是由风险管理者完成所有工作。通常，风险评估者、食品行业的科学家、经济学家和其他利益相关者会从其专业知识的角度选择备选方案，在风险管理决策的过程中也起着重要作用。

在某些情况下，针对与特定食品安全问题相关的风险，只要采取单一风险管理措施就有可能见效。但有时也有可能需要采取多种措施。在某些情况下，除了良好的卫生习惯这一基本风险管理措施以外，更好的风险管理措施选项可能非常有限。通常，在可行的范围内，建议首先在较宽泛的范围内考虑各种可能的选项，然后选择最有希望的替代方案进行更详细的评估。在此阶段，征询专业人士或利益相关方的意见也很重要。

9.3.2.2　评价可供选择的管理措施

如果解决方案显而易见且相对易于实施，或者仅须考虑单个选项，则对已确定的风险管理选项的评估会变得简单。另外，许多食品安全问题涉及复杂的过程，许多潜在的风险管理措施在可行性、实用性和可达到的食品安全控制效果方面存在差异，这时就需要成本效益分析，并在社会价值之间进行权衡取舍。

评估和选择食品安全管理措施中最关键的要素之一，是要认识到必须在要评估的风险管理方案与所提供的降低风险和/或保护消费者水平之间建立明确的对应关系。

9.3.2.3　选择风险管理措施

可以使用各种方法和决策流程来选择风险管理选项。没有一种首选的方法，不同的决策方式可能适用于不同的风险和不同的情况。事实上，通盘考虑并整合上述所有评估信息，就可以选出最恰当的选项，并据此做出风险管理决策。

大多数风险管理决策的首要目标是降低人类的食源性风险。风险管理者应着重于选择那些能够最大程度降低风险影响的措施，并将这些影响与影响决策的其他因素进行权衡，包括潜在措施的可行性和实用性，成本效益分析，利益相关者权益，道德的考量，以及产生次生风险的可能性，例如食物供应量或营养质量下降。

这个选择的过程本质上是定性的，因为所涉及的量值的性质明显不同，风险管理者必须决定赋予每个量值多少权重。因此，选择"最佳"风险管理方案从根本上来说是一个社会科学的考量过程。

9.3.2.4　确定最优风险管理措施

在对风险管理措施做出决策时，风险管理者必须同时考虑两个要素：所需的消费者保护级别，以及风险管理选项的实用性和有效性。通常，大多数风险管理选项的决策流程都以"优化"结果为主要目的，决策者旨在以成本效益高、技术上可行，并尽可能保护消费者和其他利益相关者权利的方式实现"最佳"消费者保护水平。成本风险收益分析通常需要大量有关风险以及不同风险管理选择的后果的信息。没有一种单一的决策方法适合所有情况，而对于任何给定的食品安全问题，却可能有不止一种方法适用。

在对备选方案进行系统性严格评估的过程中，各利益相关方和风险管理决策者之间充分有效和公开的交流沟通是不可或缺的，这样才有可能产生合理的、被广泛接受的风险管理决策。鉴于非自然科学的价值判断在解决食品安全问题中的重要性，应该让外部利益相关者参与进来，这对于成功完成风险管理决策至关重要。

在可能的情况下，风险管理应考虑从生产到消费的整个连续过程，以便形成最佳的管理决策方案，但这也许会涉及不同的监管机构，而它们的职责各不相同。任何监管措施都必须在法律和国家监管框架的基础上执行。但是在某些时候，采取自愿性措施而不是立法强制实施也能取得良好的效果，例如，食品加工企业通过逐步淘汰铅焊金属罐以降低罐头食品中的铅含量；选择一些教育消费者的方法以降低某些鱼类及海产品中甲基汞的暴露量。最后还需要注意一点，在当今食品贸易全球化的环境下，监管措施还须考虑国际贸易协定，及其会给国家主管部门带来哪些额外的责任。

9.3.2.5　处理不确定性

不确定性是风险评估和预测风险管理措施影响时不可回避的因素。在制定风险管理决策时，国家食品安全主管部门应给予不确定性以充分的考虑，整个过程公开透明。在预测基于风险评估的结果时，风险评估者最好使用概率来表达与估计有关的不确定性。从风险管理者的角度来看，必须充分了解不确定性，然后才能知道什么时候能够拥有足够多的信息以做出决策。

在大多数情况下，尽管存在公认的不确定性，但决策过程中还是能选出最优的风险管理选项。当不确定性被判断为足以阻碍最终选择时，可以采取临时措施，同时附加新一轮风险管理框架应用周期，收集更多数据以支持进行更明智的决策。

9.3.3　风险管理措施的实施、监控与评价

风险管理决策由包括政府、食品行业和消费者在内的各方共同执行。实施的类型根据食品安全问题本身、具体情况和涉及单位的不同而有所不同。

为了有效地执行控制措施，食品生产者通常使用诸如 GMP、GHP 和 HACCP 系统之类的综

合方法来实施完整的食品控制系统。这些方法为风险管理人员确定和选择特定食品安全风险管理选项提供了平台。

无论强制要求还是自愿，企业在食品安全控制体系中都应承担主要责任。不同国家的法律制度都规定了企业应承担的食品安全责任。政府机构可以使用各种验证方式来确保企业遵从行业标准，也有一些政府或监管机构自己实施控制措施，如物理检查和产品测试，在这种情况下，检查企业是否遵从标准的主要成本将由监管机构来评断。

近年来，很多国家对本国食品安全监管机构的设置进行了新的调整。将所有政府的食品安全监管部门整合到一个单一机构中具有多个优势，如减少了工作的重复和职责的重叠，改善了政府食品监管措施的实施效果。将以往分散在不同执法部门的立法和执法活动合并，有利于食品安全监管综合应用多学科管理模式，也有利于实施基于风险的"从生产到消费"的监管措施。

做出风险管理决策并实施后，风险管理过程还不算结束。风险管理者需要验证那些针对风险的管控措施是否已达到预期的结果、是否有与措施无关的意外后果，以及是否可以长期维持风险管理目标。当新的科学数据、见解、经验（如在检查和监测期间收集的数据）出现时，应定期对风险管理决策进行审核。在这个阶段，风险管理主要包括收集和分析人群健康数据，以及食源性危害的数据，用以总结食品安全和消费者健康状况。

在某些情况下，监测的结果可能会导致需要进行新的风险评估，也可能会减少以前的不确定性，或者使用新的或其他研究结果更新分析结果。修订后的风险评估结果可能会导致风险管理流程的重复，可能会改变风险管理目标和选择的风险管理方案。除此之外，公共卫生目标的变化，不断变化的社会价值和技术创新，也都可能导致需要重新评估先前做出的风险管理决策。

国务院食品安全委员会专家委员会

9.4　食品安全风险交流

在涉及食品安全问题时，某些客观上较小的风险却能引起巨大的社会反响，面对这一特别的现象，食品安全领域相关人员只有了解风险交流的理论基础、原则、内涵，掌握如何准确地把握公众的心理，才能更有效地进行风险交流。

9.4.1　风险交流定义

风险交流又译为风险沟通（risk communication），最初由美国环保署首任署长威廉·卢克希斯于20世纪70年代提出。早期的风险交流更多的是单向的信息传播或宣传工作，其主要目的是告知、教育和说服。但这种方式缺乏信息的反馈，忽略了利益相关方的关切，存在很多弊病。1989年美国国家科学研究委员会（National Research Council，NRC）对风险交流做出了如下定义：个体、群体以及机构之间交换信息和看法的互动过程，这一过程涉及风险特征及相关信息的多个层面。它不仅直接传递风险信息，也包括表达对风险事件的关切、意见及相应反应，或者发布国家或机构在风险管理方面的法规和措施等。这一定义第一次确立了风险交流中"互动"的特征，从此风险交流不再是简单的单向传播而包含了信息交换过程。

WHO/FAO出版的《食品安全风险分析　国家食品安全管理机构应用指南》中明确指出，"风险交流是在风险分析全过程中，风险评估人员、风险管理人员、消费者、企业、学术界和其他利益相关方就某项风险、风险所涉及的因素和风险认知相互交换信息和意见的过程，内容包括风险评估结果的解释和风险管理决策的依据"。

食品安全风险交流内容一般包括：

（1）风险的性质

风险的性质包括危害的特征和重要性、风险的大小和严重程度、情况的紧迫性、风险的变化趋势、危害暴露的可能性、暴露的分布、能够构成显著风险的暴露量、风险人群的性质和规模、最高风险人群。

（2）利益的性质

利益的性质包括与每种风险有关的实际利益或者预期利益、受益者和受益方式、风险和利益的平衡点、利益的大小和重要性、所有受影响人群的全部利益。

（3）风险评估的不确定性

风险的不确定性包括评估风险的方法、每种不确定性的重要性、所得资料的缺点、评估所依据的假设。

（4）风险管理的选择

风险评估的不确定性，包括控制风险和管理风险的行动、可能减少个人风险的行动、风险管理的费用和来源、执行风险管理后仍然存在的风险。

9.4.2 食品安全风险交流基本流程

食品安全风险交流可分为日常交流和危机交流两部分。日常交流的目的侧重于告知、教育、促进风险决策达成共识等。危机交流的目的侧重于满足公众的信息需求，尽快警示公众并为他们提供降低风险的可选方案，引导舆论避免恐慌蔓延。

9.4.2.1 日常交流基本流程

日常食品安全风险交流工作中的六大共性环节，分别是明确交流的目的和目标、开展受众分析、构建风险交流信息、选择合适的交流方式、制定时间进度。

（1）明确风险交流的目的和目标

制定风险交流预案的第一步是明确目的和目标。风险交流的目的通常是比较宽泛的描述，一般有以下 9 类：①提高对某一具体事物的知晓率和认知度；②增加风险决策的透明度、一致性和可操作性；③对风险管理措施的充分理解；④提高风险分析框架的总体效力；⑤有效的信息传播和健康教育；⑥构建信任关系并巩固消费者对食品安全的信心；⑦强化各利益相关方之间平等互利的工作关系；⑧促进各利益相关方参与风险交流活动；⑨就食品相关问题在各利益相关方之间广泛地交换意见，包括知识、信息、关切、态度、认知等。而风险交流的目标通常指我们预期达到的特定的可衡量的某种状态。如果你的风险交流目的是让某小学的学生养成饭前洗手的习惯，那么交流的目标可以是 3 个月后该学校学生饭前洗手的比率上升到 90%。

风险交流的目的和目标一经确立，即可以用正式书面形式确定下来，并将此书面信息传达给所有与此工作有关的人，而且尽可能使这一信息向上传达。一方面它有助于让所有围绕风险交流工作的人达成共识；另一方面让领导知道你要做什么和为什么要这么做，有利于获得他们的支持。

（2）受众分析

基于受众需求是风险交流的基本原则，而受众分析是实现这一原则的具体方法。下面具体介绍受众分析中主要关注的问题。

①确定受众群体　受众分析的第一步是明确谁是风险交流的受众。如果要开展一项健康教育活动，警告并引起消费者关注某一风险信息，同时改变他们的行为，那么首先需要了解哪些人群处于风险之中、受到风险的影响，掌握基本的人群特征，是某城市的居民（地域聚集性）还是 14 岁以下的青少年（年龄特征），或者是全国的肥胖人群（生理特征），或者是从事室内工作的人群（职业特征）。不同的人群特征很可能影响后续交流渠道和信息表达方式的选择。这

一步骤帮助风险交流者对受众有了一个大概的认识。

②受众分析内容和相应交流对策　受众分析主要是了解那些对风险交流活动产生直接影响的受众特征，如阅读理解能力、主要信息获取渠道、抵触情绪等。受众分析的主要内容以及相应的交流对策参见表9-4。

表 9-4　受众分析的主要内容及相应交流对策

受众分析内容	相应交流对策
对这一风险的熟悉程度	对于新的风险(如反式脂肪酸)，交流重点一方面是要引起受众的警觉，同时还要及时提供科学、准确、详细的信息进行解释说明，避免因科学认知不足而导致恐慌；对于交流者熟悉的风险(如重金属)，交流重点是对他们现有观念进行补充、更新或校正
对机构的熟悉程度和信任水平	如果很多人都不知道风险交流机构的存在，那就应当经常露面并反复介绍机构的职责；如果受众熟悉且信任机构，则继续保持这种关系；如果受众不信任机构，则可能需要请受信任的人或机构发布风险信息
教育程度和阅读理解能力	如果受教育程度低、阅读理解能力差，就要用简单的语言，语句和段落的结构也要简化；如果学历较高、阅读能力强，则可用更复杂的概念和语言
获取信息的渠道	受众从哪个渠道获得信息，风险交流就要到哪个渠道去开展，如学生人群的信息渠道很大程度来自社交网络、微博，而北京交通广播的受众很多是司机
群体规模和聚集性	如果群体较大，且比较分散，适合使用电视、报纸等大众传媒；如果群体很小，聚集性高，可以用更亲民的方式，如大讲堂(公众会议)、无领导小组讨论等
对风险交流的预期，受众想获知哪些内容，有哪些认知差异	针对认知差异和受众关切的问题进行回应，使交流符合或超过他们的预期，如在"不锈钢炊具锰超标"事件中，公众与专家的主要认知差异在于是否可能导致"帕金森综合征"，交流就应针对这一问题给予回应
期望在风险交流中扮演的角色	了解受众是否有参与相关会议、旁听、提问或是讨论等方面的意愿，并认真考虑是否能满足他们或部分满足他们的诉求；在不违反法律法规和机构要求的前提下，尽可能让他们以期望的方式参与整个过程
是否有抵触情绪	如果有，先了解他们的诉求并予以回应；如果没有，要避免交流不当激化情绪；除了一些常见的忌讳以外，特别注意两类常见错误：一是本位主义，把自己凌驾于受众之上激怒受众，如"你在替谁说话"；二是缺乏基本的人文关怀，如"活熊取胆无痛很舒服"
文化背景(民族习俗/宗教信仰)	受众是否有民族习俗、宗教信仰、文化禁忌，如穆斯林的饮食习惯(不食猪肉)和汉族大不相同，在交流中应避免因言语不当冒犯对方

当交流机构人、财、物、时间等资源比较充足，可以进一步分析受众的社会、经济、文化背景特征和人口学特征等，如年龄、性别、民族、地域分布、职业、收入水平等都属于这一层次。除了需要了解上述的分析内容，有时还需要进一步分析受众的心理学因素，如行为动机、认知模式等。

③获取受众分析所需信息　获取受众分析所需的信息大致分为直接与间接两种渠道。

直接渠道是指信息直接来自受众，信息收集方式多数为受众调查，以定量的统计调查和定性的焦点访谈为主。统计调查适用于帮助研究者大范围了解人群的基本特征和反应，诊断现象和问题的客观性内容，发现一般规律，做出普遍性的解释。

间接获取信息的渠道包括采用替代受众和借助现有资源两种。替代受众的方法是指从与实际受众比较接近的受众样本获取信息，它主要是解决我们与受众时空隔离的问题，也可以降低对资金的需求。例如，广州发生一起食源性疾病暴发事件，中国 CDC 需要向当地民众发布一份风险预警信息。此时没有必要到广州去做受众分析，可以就近找一个居民小区搞一个小规模访谈，了解他们关心哪些信息以及能否正确理解预警信息。借助现有资源是最常见、也是最常用的信息渠道，特别是来自互联网的公开信息，不但免费而且足不出户就能获得。比如某地的人文地理和背景信息，包含了消费量、市场分布、消费意愿等信息的食品相关行业报告，各种普查结果、调研报告、食品安全有关的网络投票等，都可以帮助风险交流者进行受众分析。

(3)构建风险交流信息

在进行受众分析之后，接下来需要进一步构建风险交流信息图谱。信息图既可以用于筛选、梳理信息，也可以直接用于向受众展示信息，在新闻报道中直接播出。其最大特点就是层次分明，逻辑关系清晰，易于被受众理解。

信息图的制作可以邀请不同专业领域的人员共同参与，各种不同观点和意见的交汇最终会使风险信息得到更广泛的认同。具体做法分为 3 个步骤：通过受众分析，明确受众，列出他们可能的关切/关注点；针对性地确立核心信息来回应关切，以满足受众信息需求；为每一个核心信息准备不超过 3 个的事实证据来支撑。为了减少对受众判断的干扰并使信息更容易理解，应该控制核心信息的数量，同时尽量降低阅读难度。

(4)选择合适的交流方式

成功构建风险交流信息后，还需要确定用什么方式传递这些信息。交流的强度从低到高一般是：微博或网站发布新闻口径、向记者发送新闻稿、接受记者采访或专访、召开媒体通气会、新闻发布会等。从受众复杂性来说，一种特定的方式或媒体工具很难同时满足所有受众群体的需要，需要根据具体情况灵活处置。

(5)制定时间进度

时间表的作用是让所有参与者都知道自己所处的位置和在整个过程中的时间约束，可以提高检验人员执行计划的效率，也可以作为风险交流效果评价的一项指标。时间表不仅仅包括风险交流主线的时间安排，也包括其中每一项具体工作的安排。

制定时间表要考虑如下因素：

①遵循法规要求。

②符合机构内的管理制度要求，主要是指风险交流信息向外发布需要经过的审核程序。一般来讲，三级审核就足够了。

③统筹安排　风险交流活动需要与风险评估、风险管理工作协调配合，因为风险交流最终是要为这两者服务的。要随时了解他们的工作进展和下一步的安排，做好相应风险交流准备。

④交流类型　不同的风险交流类型，对时间的迫切程度要求不同。危机交流要求越快越好，而对于日常交流，我们可以用更长的时间跨度开展。

9.4.2.2　危机事件交流基本流程

危机事件通常指的是突然或意外发生的状况，是事件发展中的关键时点/具有决定性意义的转折点，如 SARS、禽流感、三聚氰胺事件等。虽然不同的危机事件各有其独特性，但以下步骤基本是危机交流所通用的。

(1)危机事件前的风险交流准备

①了解危机交流的特征　危机事件风险交流与日常交流的区别、导致的结果和相应的交流对策见表 9-5 所列。

②建立预案　危机事件意味着需要更迅速开展风险交流，因此它特别需要提早做好计划、建立预案。日常交流的 6 个步骤是危机事件暴发前制定危机交流预案的基础，危机交流的预案往往需要设置好基本目标、进行初步的受众状况分析、建立基本的交流信息、主要的交流方式、大致的时间进度要求和效果评估方式，具体方法详见日常风险交流流程。但危机交流预案也有一些特殊侧重的内容需要提前准备，例如：

表 9-5　危机事件风险交流的特征

与日常交流的区别	结　果	对　策
紧迫感	必须在较短时间内做出决策且结果未知	风险交流者要认识到随着事件发展,风险交流信息可能令人困惑甚至相互矛盾,随时可能改变;做好应急预案
突发性、难预测	常规的或事先计划好的交流渠道可能无法使用,如没有手机信号、互联网中断、停电、交通中断等	事先计划并留有一定灵活性,事件发生后寻找替代方案
可能出现大范围病例或伤亡	信息需求旺,相关部门负责人的电话被打爆;医疗机构承受巨大压力	与各种机构和部门建立联合工作小组,集思广益建立交流方案
媒体密集报道	记者不断地挖掘信息,相关报道不停歇	指定发言人并进行培训,其他人也需要做好发言的准备
情绪反应强烈	人们可能产生各种负性情绪,包括害怕、愤怒、恐慌、回避等,这些负性情绪将影响他们对风险的行为反应	要针对不同负面情绪开展相应的风险交流并提供合理的行为建议
信息不完整或信息未知	对风险的错误认知会影响行为反应,不确定性会增加恐惧和恐慌	对重要的误解给予回应;解释风险交流者现在知道什么,不知道什么,并指出这是暂时情况;针对未知因素,风险交流者正在做什么;当获得更多信息后,应更新信息并对先前的错误言论加以修正
安全和隐私	有些信息不能公布,如受害者名单	解释哪些信息不能公布,为什么不能公布,以后会不会公布,在何种情况下可以公布
问责	在危机事件过后,人们会寻找问责对象	总结不足之处,机构要勇于承担责任,解释现在已经做了哪些改变

- 本机构参与风险交流的人员名单以及办公和个人联络方式,包括机构发言人的名单以及办公和个人联络方式。
- 相关机构及专家人员的办公和个人联络方式。
- 媒体联系方式列表。
- 利益相关方的联系方式及联系的优先次序。
- 个人和机构的职责。这包括应急指挥中心、公共信息部门、公共卫生人员、执法部门、社区组织等。
- 明确信息核实和批准流程。通常要求过程越简化越好。
- 媒体采访审批流程。
- 电力、电话通信中断,场地或其他资源无法获得的状况下的处理办法。
- 向脆弱人群传递信息的渠道和方式,以及在常规交流渠道失灵的情况下的替代方案。这些人群可能包括残疾人、老人、少数民族、慢性病患者等。

(2)危机事件期间的风险交流

当危机事件暴发,风险交流者需要实施事先制定的交流预案,并根据实际情况灵活变通。研究显示,人们最初的信息需求主要是与基本生存要求相关的,如食物、饮水、安置点、人身安全等。通常危机事件的前 48 h 是最具挑战性的。

危机事件期间如何更好地与媒体进行富有成效的沟通是风险交流面临的一大难题,美国CDC 对突发事件下的媒体应对做出如下建议:在发布正式消息之前,指派人员答复媒体的咨询电话；通过新闻专线、电话、简报和网站等形式发布媒体信息；为媒体人员提供场所完成新闻稿，并发布给读者、观众或听众；准备好一个适合媒体拍摄的角度。如果是在机构内拍摄，一般是选择能够拍到机构名称或标志的地方；承诺媒体什么时候可以得到信息更新，"暂时尚无更新的消息"也是一种信息更新；给记者发放一份包含基本信息的材料，也包括机构的介绍或官方声明。

如果要召开新闻发布会应注意以下问题：发言人、应急人员和技术顾问应就以下问题达成一致：哪些信息是最重要的，哪些问题由谁回答，要传达的关键信息点是什么，媒体可能会提出哪些疑问，可以使用哪些图形图像，由谁来记录需要跟进的问题；参与新闻发布的人员应当做自我介绍，包括姓名、职责、代表的机构，这样可以方便发布会的主持人的工作；发布会后发布人员应当做一个小结，看有没有什么信息需要更正。

（3）危机事件过后的风险交流

信息的需求随着时间推移会发生变化，但即使危机事件已经缓解，风险交流工作仍要继续对交流和应对效果进行评估，总结经验教训，以便未来再次发生类似状况时更好应对。另外，要抓住危机事件这个公众教育的机遇，研究表明在重大事件发生后人们会处于一种应激状态，此时避险心态最强烈，也最愿意接受风险教育。因此，在危机事件过后应把握时机进一步加强相应风险知识的科普宣教；同时，要提供信息帮助利益相关方、受影响的人群、公众和媒体从紧急状态逐步恢复到常态。

本章小结

食品安全风险分析是各国食品安全管理的一项基础性制度，为国家行政机关的食品安全风险决策和监督提供科学的方法，也是制定食品安全标准与法律规范、解决国际食品贸易争端的重要依据。

食品安全风险分析由食品安全评估、食品安全管理和食品安全风险交流 3 部分组成。风险评估、风险管理和风险交流是相互独立又相互联系的。其中，风险评估立足科学，风险管理主要体现为政策措施的制定实施，风险评估和风险管理相对独立，以保证风险评估的科学性和客观性。风险交流贯穿风险评估和风险管理的全过程，有效的信息交换是风险分析过程得以进行的基本保障。

思考题

1. 风险评估的定义是什么？风险评估的步骤有哪些？
2. 简述食品安全管理的流程。
3. 食品安全风险管理的一般原则是什么？
4. 食品安全风险管理都有哪些步骤？
5. 按食品危害因子的性质，食品危害因子分为哪几类？
6. 如何理解风险评估的原则？
7. 风险评估和风险管理如何做到相互独立又密切联系？
8. 风险交流的基本流程包括哪两种？

第10章　食品安全精准检测技术

10.1　概　述

10.1.1　食品安全精准检测的重要性

食品安全是保证人民生命健康安全的必要条件，也是保障食品行业稳定发展的必然要求。近年来，我国食品安全方面发生的问题层出不穷，包括"苏丹红"鸭蛋事件、"三聚氰胺"事件、"地沟油"事件、"瘦肉精"事件等，不仅严重影响人们的生命健康，也对我国食品行业的发展造成了影响。因此，利用多种检测技术对食品安全进行精准检测，对不法食品生产进行严厉的打击，对维护人民生命安全、保护消费者的合法权益具有重要意义。在我国，食品中常见的有害物质主要有以下5种：真菌毒素；重金属、亚硝酸盐等污染物；农药残留和兽药残留；过量或违法添加的食品添加剂；国家禁止添加的非食用物质。只有掌握各种检测技术的原理和性质，选择合理的检测方法进行不同种类有毒有害物质的检测，才能更好地提高检测水平和效率，提升食品安全检测质量，从而维护食品安全和生命健康，所以学习食品安全精准检测技术对于保障食品安全是非常重要的。

10.1.2　常见的食品安全精准检测技术的分类

（1）光谱技术

光谱技术是食品安全检测中常用的一种分析技术，这类技术通常需要测定试样的光谱，即测量辐射的波长和强度。物质的光谱是由于物质的分子和原子的特定能级跃迁所产生的，因此根据其特征光谱的波长进行定性分析，根据光谱的强度与物质的含量关系进行定量分析。

常用光谱技术有：原子吸收光谱法、原子发射光谱法、原子荧光光谱法、分子荧光光谱法、分子磷光光谱法、化学发光分析法、紫外–可见吸收光谱法、红外光谱法、激光拉曼光谱法、太赫兹、高光谱等。

（2）色谱技术

色谱技术是根据混合物的各组分在互不相溶的两相（固定相和流动相）中的吸附能力、分配系数或其他亲和作用的差异而建立起来的分离测定技术。在食品安全检测中，色谱检测技术的应用范围非常广泛，色谱检测技术的应用流程主要分为以下几步：采集样品、样品制备、利用色谱分析检测样品、处理并分析数据。

光谱技术的主要应用领域

常用色谱技术有：气相色谱技术、高效液相色谱技术、薄层色谱技术、毛细管电泳技术等。

（3）质谱技术

质谱分析法是通过测定分子质量和相应的离子电荷（质荷比 m/z）实现样品中分子结构的分析。利用质谱峰强度和化合物的含量的关系可以进行定量分析。同时，由于与分离型仪器（气纳米金-适体生物传感器，从而对真菌毒素赭曲霉毒素 A(OTA)进行间接的定量检测。段婕利用 Ag(Ⅲ)-Luminol 化学发光体系检测 4 种磺胺类药物。范艳通过化学发光酶联免疫分析法测定苏丹红。

10.2.7　紫外–可见吸收光谱法

10.2.7.1　概述

紫外–可见光能提供电子能级跃迁所需的能量，因此，紫外–可见光照射物质，会导致分子中电子能级间的跃迁，对应产生的光谱称为电子光谱，又称紫外–可见吸收光谱，它是具有一定频率范围的带状光谱。紫外–可见吸收光谱的特征有：第一，物质不同，其分子结构不同，吸收光谱曲线也不同，可根据吸收光谱曲线对物质进行定性和结构分析。第二，对于同一种物质的不同浓度，吸收曲线形状相同。λ_{max} 不变，只是相应的吸光度大小不同。第三，紫外–可见吸收曲线一般都有宽峰，这是由于电子能级跃迁和振动转动能级跃迁的能量变化相叠加所导致，所以分子的紫外–可见吸收光谱是带状光谱。

紫外–可见吸收光谱的吸收曲线：当一束紫外–可见光通过透明的物质时，当光子的能量等于电子能级的能量时则此能量的光子被吸收，并使电子由基态跃迁到激发态，那么物质对光的吸收特征可以用吸收曲线来描述。以波长 λ 为横坐标，吸光度 A 为纵坐标作图，得到的 A–λ 吸收曲线也称紫外–可见吸收光谱图(图 10-3)。定量分析时一般选择 λ_{max}。即使被测物浓度低，也可得到较大的吸光度，以提高分析灵敏度，也作为定性分析的依据之一。

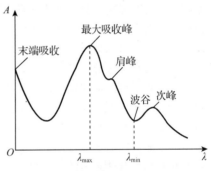

图 10-3　紫外–可见吸收光谱图

10.2.7.2　紫外–可见分光光度计

由光源、单色器、样品池、检测器 4 部分组成。实际应用的光源一般分为紫外光光源和可见光光源。可见光区的光源一般使用钨灯，其辐射波长范围在 320~2 500 nm；紫外区常使用氢灯或氘灯，发射 180~370 nm 的连续光谱。

单色器的功能是将光源发出的复合光分解并从中分出所需波长的单色光。现在几乎都用光栅作为色散元件。可见光区的测量用玻璃吸收池，紫外光区的测量须用石英吸收池。检测器的功能是通过光电转换元件检测透过光的强度，将光信号转变成电信号。常用的光电转换元件有光电管、光电倍增管及光二极管阵列检测器。

随着技术发展日益成熟，紫外–可见分光光度计的优势更加明显，其操作简单方便，不需要复杂的程序，可直接取待测样品置于比色皿中，并且能对待测液体或溶液进行直接测定，检测成本低，分析速度快，一般样品可在 1~2 min 内完成，比较适用于现场分析或快速分析。

10.2.7.3　样品的制备

选择溶剂的原则：选择合适的溶剂，不与待测样品发生反应；待测样品在该容器中有一定的溶解度；在测定的波长范围内，溶剂本身没有吸收；应选择挥发性小、不易燃、毒性小及价格便宜的溶剂。光谱分析用溶剂应当是高纯度的，至少是分析纯，必要时应预先检查溶剂中是否含有杂质。前处理过程中，样品溶液的浓度必须适当，且清澈透明，不能存在气泡或悬浮物质的存在。

10.2.7.4　在食品分析中的应用

紫外–可见光谱法由于其操作简便、检测速度快、无二次污染等优点，近年来被广泛应用于水质检测的各个方面，主要检测水中硝酸盐、氨氮、总磷、化学需氧量(chemical oxgen demand，COD）、总有机碳(total organic carbon，TOC)、浊度(turbidity，TUR)等参数指标。此方法检测结果准确度较高，浓度测量相对误差仅有1%左右，分辨率高。除此之外，紫外检测器是当前高效液相色谱仪中最常用、最成熟的检测器，在现行国家标准中，常用来检测苏丹红、动物源食品中抗生素的残留等。

10.2.8 红外光谱法

10.2.8.1 概述

红外光谱是由分子振动能级的跃迁而产生的，但并不是所有的振动能级跃迁都会吸收红外光，产生红外光谱。只有满足以下两个条件，物质分子才能产生红外光谱：①辐射能应具有能满足物质产生振动跃迁所需要的能量；②红外辐射与分子振动有耦合作用，产生偶极矩的变化。

分子振动可依据振动类型分为伸缩振动和变形振动。伸缩振动又可分为对称伸缩振动(以 ν_s 表示)与反对称伸缩振动(以 ν_{as} 表示)；变形振动又称变角振动，分为面内变形和面外变形振动。面内变形振动分为剪式振动(以 δ_s 表示)和平面摇摆振动(以 ρ 表示)；面外变形振动分为非平面摇摆(以 ω 表示)和扭曲振动(以 τ 表示)。

10.2.8.2 分类及特点

（1）红外光谱的分类

红外光谱可以依据波长范围分为近红外吸收光谱(0.78~2.5 μm)、中红外吸收光谱(2.5~50 μm)、远红外吸收光谱(50~1 000 μm)，其中，中红外吸收光谱特别是在2.5~15 μm 范围内应用最为广泛。中红外图谱的解析主要是在范围为4 000 ~ 1 300 cm^{-1} 的官能团区，查找官能团的特征伸缩振动，找到对应基团后，再依据指纹区(1 300 ~ 600 cm^{-1})进一步肯定该基团的存在及其与其他基团结合方式。

（2）红外光谱的特点

红外光谱分析特征性强，具有以下特点：测定快速、不破坏试样、试样用量少、操作简便、能分析各种状态的试样。因此，红外光谱法不仅能进行定性和定量分析，而且在鉴定化合物和测定分子结构方面也被广泛应用。但是，红外吸收光谱对光的透射性要求较高，使得在绝大多数情况下都要求样品的压片厚度不能超过0.5 mm，且样品被高度稀释以后，其灵敏度会大幅度下降；由于水对红外辐射具有强烈的吸收作用，所以样品必须经常浓缩或干燥，从而导致制备样品的过程复杂。

10.2.8.3 红外光谱仪

（1）色散型红外分光光度计

光栅色散型分光光度计，用于定性分析。色散型红外分光光度计由光源(能斯特灯、硅碳棒)、单色器(光栅)、试样室(如KBr 制成的窗片)、检测器(真空热电偶)和记录仪等组成。为了消除一些大气气体引起背景吸收，多数自光源发出的光对称地分为两束，一束为试样光束，透过试样池；另一束为参比光束，透过参比池后再通过减光器。两光束再经半圆扇形镜调制后进入单色器，交替落到检测器上。在光学零位系统里，只要两光的强度不等，就会在检测器上产生与光强差成正比的交流信号电压。由于红外光源的低强度以及红外检测器的低灵敏度，以至需要用信号放大器。

（2）傅里叶变换红外光谱仪

傅里叶变换红外光谱仪(Fourier transform infrared spectrometer，FTIR)适宜进行定性和定量分析测定。傅里叶变换红外光谱仪是由红外光源(硅碳棒、高压汞灯)、迈克尔逊干涉仪、试样插入装置、检测器、计算机和记录仪等组成。傅里叶变换光谱仪有如下优点：①取得光谱信息的时间比常规分光光度计快很多；②辐射通量大，灵敏度高；③波数准确度高；④杂散光低，在整个光谱范围内杂散光低于 0.3%；⑤可研究很宽的光谱范围（10 000~10 cm^{-1}），这对测定无机化合物和金属有机化合物是十分有利的；⑥具有高的分辨能力，一般色散型仪器的分辨能力为 1~0.2 cm^{-1}，而傅里叶变换仪一般就能达到 0.1 cm^{-1}，甚至可达 0.005 cm^{-1}。因此可以研究因振动和转动吸收带重叠而导致的气体混合物的复杂光谱。

10.2.8.4 实验技术

（1）气体试样

气体试样一般灌注于两端黏合有红外透光窗片的气槽内进行测定。气槽需预先抽真空后，再灌注试样。

（2）液体试样

液体试样的制备分为液膜法和溶液法。液膜法是直接滴 1~2 滴液体试样于两窗片之间，形成液膜进行测定，该法操作简便，适用于高沸点、不易清洗试样的定性分析。溶液法是将液体试样溶于适合红外用的溶剂中，如 CS$_2$、CCl$_4$、CHCl$_3$ 等，然后注入封闭固定池中进行测定，液层厚度一般为 0.01~1 mm，该法适用于定量分析，或红外吸收很强、用液膜法测定结果较差的定性分析。红外溶剂的选择应要求在较大范围内无吸收，试样的吸收带尽量不被溶剂吸收带所干扰。除此之外，还要考虑溶剂对试样吸收带的影响（如形成氢键等溶剂效应）。

（3）固体试样

固体试样的制备除上述的溶液法外，还有糊状法、压片法、薄膜法等。糊状法是将研细的干燥试样，与液体石蜡或全氟代烃混合调成糊状，夹于两盐窗片之间形成液膜进行测定。压片法是将干燥试样与溴化钾混匀研磨至颗粒直径小于 2 μm，压成透明薄片进行测定，是固体试样制备最常用的方法。薄膜法是将高分子化合物在高温下熔融后压膜，或将试样溶解在低沸点的易挥发溶剂中，涂于盐窗片上，待溶剂挥发成膜后进行测定。

10.2.8.5 在食品分析中的应用

红外光谱法在食品分析中有着广泛的应用，其中较常用的为近红外光谱与中红外光谱分析技术。近红外光谱分析技术常用于食品掺假鉴别、食品种类鉴别及食品中微量组分分析等；中红外光谱技术主要用于鉴别未知物的结构组成或确定其化学基团，因此常用于食品定性分析，用来确定不同食物的性质差异等。在现行使用的国家标准中，常用近红外光谱分析技术快速测定饲料中水分、粗蛋白质、粗纤维、粗脂肪、赖氨酸和蛋氨酸等。

10.2.9 激光拉曼光谱法

拉曼光谱是基于拉曼散射产生的光谱，当样品被光源照射后分子（极性和非极性）发生能级变化。拉曼光谱和红外光谱都是反映物质分子振动和转动特征的光谱，和产生红外吸收的前提条件是有红外活性一样，产生拉曼散射的前提条件是物质分子具有拉曼活性。但二者的区别就在于红外活性取决于分子振动过程中是否发生偶极化；而拉曼活性则取决于分子振动时极化率是否发生变化。拉曼光谱是一种依赖散射效应的食品分析检测技术，因其具有快速无损等优点被应用于检测色素、农残、添加剂、抗生素等。

拉曼光谱快速检测白酒中的非法添加

10.2.10 太赫兹

太赫兹是频率为 0.1~20 太赫兹（terahertz，THz）的一段电磁波，是位于电磁频谱的红外和微波区域之间的很小间隙，因其特殊的波段位置而具有微波电子学和红外光子学的双性特征，这使得太赫兹成像技术成为一个极具前景的分析技术。太赫兹光子能量极低,对物质电离作用小,能完好保存所测材料;它可轻松穿透红外光无法穿透的非极性或非金属材料(如陶瓷、塑料等),可探测隐藏在包装材料内部的物体,可实现非接触的无损检测;同时,太赫兹频段处于许多生物大分子的振动和转动能级,可建立分子指纹特征谱来鉴别物质成分;对水分敏感,适合分析物质的含水量。在食品分析领域的应用主要有水分测定、有害化合物和掺假检测、缺陷和异物检测、成分分析表征、微生物和抗生素检测等。

10.2.11 高光谱

高光谱成像技术通常是指光谱分辨率为 $10^{-2}\lambda$ 量级的光谱成像技术,光谱通道一般为 100~200 个。高光谱成像技术是将传统的光谱分析技术与二维成像技术有机地结合在一起,通过采集待测样本的高光谱图像,从而同时获取能够反映待测样本内含物结构特征的光谱信息和反映待测样本内含物空间分布特征的图像信息,即高光谱成像技术既可以检测目标的表观特征,又可以分析目标的内在形状。在医学、化学、精准农业和环境工程广泛应用。在食品检测中,主要利用高光谱成像技术检测水果常见缺陷、品质指标(如硬度、糖度、水分等)和成熟度等。

10.3 色谱技术

10.3.1 气相色谱技术

10.3.1.1 概述

气相色谱技术(gas chromatography,GC)是基于一种物理分离的方法,当气态样品通过载气输送至色谱柱时,其与固定相的柱壁或填料表面发生相互作用,使试样中各组分在两相间进行多次重复分配。因不同组分的沸点及在固定相中滞留时间的不同,使得各组分在不同时间依次被洗脱出来。根据出峰时间和峰面积对样品中各组分进行定性和定量分析。从固定相的物理状态来说,气相色谱可分为气固色谱和气液色谱。

10.3.1.2 仪器装置

气相色谱仪一般由载气系统、进样系统、分离系统、检测系统、记录系统以及温控系统 6 个部分组成,如图 10-4 所示。

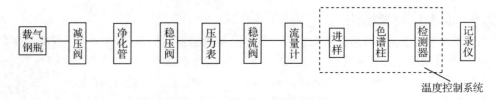

图 10-4 气相色谱仪结构示意图

10.3.1.3 分类及特点

根据检测原理的不同,通常把气相色谱检测器分为质量型和浓度型两类。适用于气相色谱方法的净化柱种类有氨基柱、Florisil 硅土固相萃取柱、C_{18} 固相萃取柱等。

质量型检测器(mass detector)测量的是载气中某组分进入检测器的速度变化,即响应信号与单位时间内组分进入检测器的质量成正比,而与组分的浓度无关。常用的质量检测器有氢火焰离子化检测器(FID)、火焰光度检测器(FPD)、氮磷检测器(NPD)等。

浓度型检测器(concentration detection)测量的是载气中组分浓度的瞬时变化,即响应信号与载气中组分的浓度成正比,而与瞬间响应值及载气流速无关。常用的浓度型检测器有电子捕获检测器(ECD)、热导检测器(TCD)等。

10.3.1.4 气相色谱检测条件的选择

当要检测样品中的某一种或某几种成分时,首先要确定好所用的检测器、色谱柱型号、进样方式、进样量、气体组成和流速,以及相应的升温程序,再将所有检测参数编辑好,保存到相应的方法文件夹。需要注意的是,气相色谱仪的使用离不开气体,需要提前打开相应的气瓶或者是氢气发生器等装置。以检测蔬菜中的农药为例,选择 DB-17 色谱柱或具有同等柱效的色谱柱,检测器为 FPD 检测器,进样方式为不分流,进样量为 1 μL。进样口温度为 220 ℃,检测器温度为 250 ℃,载气为氮气,流速为 10 mL/min,燃气为氢气,流速为 75 mL/min,助燃气为合成空气,流速为 100 mL/min。根据色谱柱型号和仪器型号有所差异,升温程序有所差异,通过不断的优化和尝试,最终确定一个适宜的检测条件。

10.3.1.5 在食品分析中的应用

气相色谱技术在食品分析中应用广泛,包括食用油溶剂残留以及脂肪酸检测;农药残留检测;食品风味组成;食品包装材料中有害成分检测;食品中有害物质和重金属检测等。

10.3.2 高效液相色谱技术

10.3.2.1 概述

高效液相色谱技术(high performance liquid chromatography, HPLC)是以液体为流动相,采用高压泵将储液器中的流动相打入系统中,试样溶液经进样器进入流动相之中,经流动相载入固定相中。由于试样溶液中各组分与固定相和流动相的吸附能力、分配系数、离子交换能力存在差异,所以在两相进行相对运动的时候,通过吸附-解吸的分配过程时,滞留时间不同,分配系数大的组分保留值大,所以各组分最终被分离为单个组分依次从柱内流出,再由检测器进行检测分析。流动相一般是各种溶剂,要求其黏度低、与检测器兼容性好、易得到纯品、防止细菌生长;固定相一般为吸附剂、化学键合固定相、离子交换树脂、分离凝胶等。

10.3.2.2 仪器装置

高效液相色谱的装置一般由高压输液系统、进样系统、分离系统、检测系统、数据处理系统等几部分组成,如图 10-5 所示。

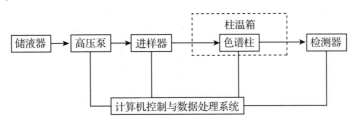

图 10-5 高效液相色谱仪结构示意图

10.3.2.3 分类及特点

高效液相色谱法按固定相状态不同可分为液-固色谱和液-液色谱。适用于高效液相色谱方法的净化柱种类有氨基柱、阴离子交换柱(如 SAX 柱)、阳离子交换柱(如 SCX 柱、PCX 柱)、226 型多功能净化柱、C_{18} 固相萃取柱、HLB 固相萃取柱等。

(1)液-固色谱

固定相常用硅胶,流动相大多是以烷烃为基本溶剂并加入适量的极性溶剂进行调整。分离主要是基于吸附机制,被分离组分与流动相分子争夺硅胶表面的活性中心,与硅胶亲和力大的组分容量因子大，保留时间长。通常利用控制流动相的极性来控制组分的保留时间，流动相的极性越大，保留时间越短。

（2）液–液色谱

液–液色谱固定相采用化学键合相。化学键合相是通过化学反应把各种不同的有机基团键合到硅胶表面的硅醇基上。分离主要是基于分配机制，分配系数或分配比小的组分保留值小，先流出柱。液–液色谱有正相色谱和反相色谱之分。以极性物质作为固定相，非极性溶剂作为流动相的液–液色谱，称为正相色谱，适合于分离极性化合物；反之，如选用非极性物质为固定相，而极性溶剂为流动相的液–液色谱称为反相色谱，这种色谱方法适合于分离芳烃及烷烃等非极性化合物。

高效液相色谱法按检测器众多，按检测器不同可分为紫外检测器（VWD）、荧光检测器（FLD）、二极管阵列检测器（DAD）、示差折光检测器（RID）等。

10.3.2.4 液相色谱检测条件的选择

当要检测样品中的某一种或某几种成分时，首先要确定好所用的检测器、色谱柱型号、柱温、流动相的组成和比例、流速和进样量，如果有梯度洗脱，确定好梯度洗脱的时间和比例，再将所有检测参数编辑好，保存到相应的方法文件夹。如果选择紫外检测器，需要设置检测波长；如果是荧光检测器，需要设置激发波长和发射波长。以检测食品中的 β-胡萝卜素为例，选择 C_{18} 色谱柱或具有同等柱效的色谱柱，确定紫外检测器的检测波长为 472 nm，柱温 30 ℃，流动相组成为甲醇–乙腈–二氯甲烷（20：75：5），流速为 1.0 mL/min，进样量为 10 μL，等度洗脱。仪器型号不同，检测条件会有差异，通过不断的优化和尝试，最终确定一个适宜的检测条件。

10.3.2.5 在食品分析中的应用

高效液相色谱广泛应用于食品中重金属元素、有机酸、食品添加剂、游离氨基酸、生物胺、黄曲霉毒素、各种糖分含量的检测当中，为食品质量安全检测提供了更加便捷、高效的方法，帮助我们更有力地保障食品健康和公共卫生。

10.3.3 薄层色谱技术

10.3.3.1 概述

薄层色谱技术（thin-layerchromatography，TLC）是一种物理化学的分离技术，即将吸附剂或载体均匀地铺在玻璃板上或塑料板上，薄层板铺好后，活化，将待分离的供试品溶液点在薄层板的一端，在适宜的条件下于密闭容器中用适量的溶剂（展开剂）展开，由于吸附剂对不同化合物的吸附力大小不同，对极性大的化合物吸附力强，对极性小的物质吸附力弱。因此，当展开剂流过时，不同物质在吸附剂之间发生连续不断地吸附、解吸附、再吸附、再解吸附。较难被吸附的化合物相对移动较快，易被吸附的化合物相对移动较慢，经过一段时间的展开，达到分离不同极性化合物的目的。

薄层色谱的特点是可以同时分离多个样品，分析成本低，对样品预处理要求低，对固定相、展开剂的选择自由度大，适用于含有不易从分离介质脱附或含有悬浮微粒或需要色谱后衍生化处理的样品分析。

10.3.3.2 分类及特点

（1）常规薄层色谱技术

常规薄层色谱的固定相为未改性的硅胶、氧化铝、硅藻土、纤维素和聚酰胺等，平均颗粒度 20 μm，点样量 1~5 μL，展开时间 30~200 min，检测限 1~5 ng。以正相色谱占主导地位，设备简单，所需资金投入少；不足之处是分离所需时间长，有明显的扩散效应。

（2）薄层色谱新技术

①高效薄层色谱（HPTLC）　采用更细、更均匀的改性硅胶和纤维素为固定相，对吸附剂进行疏水和亲水改性，可以实现正相和反相薄层色谱分离，提高了色谱的选择性。C_2、C_8 和 C_{18} 化学键合硅胶板为常见反相薄层板。高效板厚平均 $100 \sim 250~\mu m$、点样量 $0.1 \sim 0.2~\mu L$，展距 $3 \sim 6~cm$，展开时间 $3 \sim 20~min$，最小检测量 $0.1 \sim 0.5~\mu g$，较常规薄层色谱可改善分离度，提高灵敏度和重现性，适用于定量测定。

②棒状薄层色谱（TLC-FID）　是用石英棒作支持物涂上硅胶，点样、溶剂展开。样品在色谱棒上分离后，将棒通过适当的机械传动装置穿过氢火焰离子化检测器火焰中心，使化合物燃烧裂解，形成离子碎片和自由电子，再由电极收集并产生与化合物量成正比的电流信号，从而测出各物质的含量。该方法优点是灵敏度高，操作简便，薄层棒可反复使用，通用性好，可用于非挥发性、没有可见及紫外吸收、没有荧光以及衍生化困难的有机化合物的定性、定量分析，被广泛地应用于工业、食品、药物及医学等领域。

③加压薄层色谱（OPLC）　是指在水平的薄层色谱板上施加一弹性气垫，展开剂不是靠毛细作用力，而是靠泵压被强制流动，因此可以采用更细颗粒的吸附剂和更长的色谱板，分离所需时间缩短，扩散效应减小，分离效果更好。

④离心薄层色谱（CTLC）　又叫旋转薄层色谱，是一种离心型连续洗脱的环形薄层色谱分离技术，主要是在经典的薄层色谱基础上运用离心力促使流动相加速流动。离心力用于分离，可以减少破坏，对沸点高、相对分子质量大的化合物有利，可用于分离 $100~mg$ 左右的样品。使用商品化生产的离心薄层色谱仪，仪器结构简单。尽管其分辨率低于制备型 HPLC，但操作简便，分离时间短，并且无须将吸附剂刮下即可将产物洗脱下来，因此广泛应用于合成和天然产物的制备分离。

⑤胶束薄层色谱　分正相胶束薄层色谱和反相胶束薄层色谱两种。正相胶束薄层色谱是在聚酰胺、氧化铝或硅胶薄层上用低浓度表面活性剂的水溶液为展开剂；反相胶束薄层色谱是在硅烷化的硅胶薄层上用低浓度含少量水的非极性有机溶剂为展开剂。胶束薄层色谱的最大优点是很少使用有毒、易挥发、易燃、易造成污染的有机溶剂，并且使用方便、操作简单和经济廉价。

⑥微乳液薄层色谱　微乳液是由表面活性剂、助表面活性剂、油和水等在一定配比下自发形成的无色透明、低黏度的热力学稳定体系，具有更大的增溶量和超低界面张力。微乳液作为展开剂，对待测成分具有独特的选择性和富集作用，更有利于提高色谱效率，可同时分离亲水物质、疏水物质、带电成分、非带电成分等。

⑦二维薄层（2DTLC）　是分离多组分复杂混合物的一种有效方法，基于在薄层板两个垂直的方向上进行相同或不同机理的展开。二维薄层的优点在于可以用不同的流动相二次展开，并且在二次展开前，可以用其他方式处理薄层和已实现组分分离的样品。

10.3.3.3　在食品分析中的应用

薄层色谱法在食品分析鉴定中应用广泛，用于鉴定食品中所含有的碳水化合物、脂肪、维生素等天然营养成分，也可对食品品种以及掺伪进行鉴定；也用于色素、防腐剂等食品添加剂、某些真菌毒素的鉴定分析。

10.3.4　毛细管电泳技术

10.3.4.1　概述

毛细管电泳（capillary electrophoresis，CE），又称高效毛细管电泳（high performance capillary electrophoresis，HPCE）或毛细管电分离法（capillary electro-separation method，CESM），其结合了

电泳、色谱等多种分析技术，以毛细管为分离通道，高压电场为动力，将样品依据电荷大小、等电点、极性、亲和行为、相分配等特性而实施的一类液相分离分析方法的统称，该方法具有分离效率高、检测速度快、样品容积小、操作简便、成本低等优点。但是毛细管电泳技术也有一定的局限性，例如，由于进样量少，因而制备能力差；由于毛细管直径小，使光路太短，用一些检测方法(如紫外吸收光谱法)时，灵敏度较低；电渗会因样品组成而变化，进而影响分离重现性。

毛细管电泳进行分析时将毛细管内充满了电解液，毛细管两端通高压电，使电解液内带电分子移到毛细管相反电荷的一端。因为不同分子的大小对电荷比不同，就以不同的速率在管中移动，达到毛细管终点也有快有慢。毛细管电泳就以此为依据探测、分离不同分子，是一个典型的差速分离过程。

10.3.4.2 仪器装置

毛细管电泳仪器的基本结构包括进样单元、毛细管灌洗单元、电极、高压直流电源、检测器、控温单元，如图 10-6 所示。其中检测器是毛细管电泳最为核心的单元之一，检测器的选择直接影响毛细管电泳的结果。应用较为广泛的检测器包括紫外吸收检测器、激光诱导荧光检测器、高频电导检测器等。若使用激光诱导荧光检测器，检测限可以提高到 $10^{-21} \sim 10^{-18}$ mol/L。

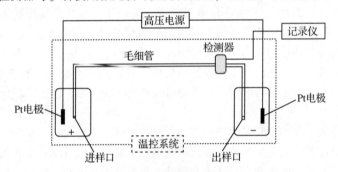

图 10-6 毛细管电泳装置

10.3.4.3 分类及特点

毛细管电泳根据分离模式不同可以归结出多种不同类型的毛细管电泳。

(1)毛细管区带电泳

毛细管区带电泳(capillary zone electrophoresis，CZE)又称自由溶液毛细管电泳，是毛细管电泳中最简单的一种形式。CZE 的毛细管中除电解质外，无须任何填充物，故 CZE 操作简便、自动化程度高，是目前应用最为广泛的一种分离模式。

(2)毛细管凝胶电泳

毛细管凝胶电泳(capillary gel electrophoresis，CGE)是将凝胶移到毛细管中作为支撑物进行分离的区带电泳。CGE 适用于生物大分子的分析，可按分子体积大小进行分离(SDS-PAGE)，分子体积大的先被分离。

(3)胶束电动力学毛细管色谱

胶束电动力学毛细管色谱(micellar electrokinetic capillary chromatography，MECC)是电泳技术和色谱技术的结合。MECC 利用离子型表面活性剂在缓冲液中形成的胶束，对被分离物进行相分配，使其在电泳中被分离。中性粒子之间的分离是根据其疏水性差异，不同疏水性的粒子和胶束的相互作用不同，疏水性强的作用力大，保留时间长。MECC 是目前唯一既能分离中性离子又能分离带电组分的高效毛细管电泳模式。

（4）毛细管等电聚焦电泳

毛细管等电聚焦电泳（capillary isoelectric focusing electrophoresis，CIEF）根据平板等电聚焦电泳的原理建立。它是将带有两性基团的样品利用等电点的细微差异进行分离的。

（5）等速聚焦电泳

等速聚焦电泳（isotachophoresis，IP）是在被分离组分与电解质一起向前移动的同时进行聚焦分离的电泳方法。

（6）毛细管电色谱

毛细管电色谱（capillary electrochromatography，CEC）是将高效液相色谱众多的固定相填充到毛细管中，以样品与固定相间的相互作用为分离机制，以电流为驱动力的色谱过程。

（7）亲和毛细管电泳

亲和毛细管电泳（affinity capillary electrophoresis，ACE）在电泳过程中具有生物专性亲和力，即受体和配体相互间发生的特异性亲和作用，形成了受体和配体的复合物。一般用于对物质间亲和力大小结构变化的分析。

（8）电动色谱

电动色谱（electrokinetic chromatography，EKC）是根据电动现象命名的一种电泳模式，涉及电渗、电泳和色谱方面的原理，主要用于手性化合物的分离。

（9）非水相毛细管电泳

非水相毛细管电泳（non-aqueous capillary electrophoresis，NACE）是分析物在有机溶剂中进行电泳分离的一种模式，使用非水相介质可增加方法的选择性，并有利于非水溶性物质的分离。

10.3.4.4　在食品分析中的应用

毛细管电泳技术除具有分离时间短、分析效率高、试剂用量少的优势外，还有一项不可替代的优势：方法一旦被充分验证，无须筛选等效色谱柱，也无须使用特定的色谱柱，可以有效地避免因选择不同色谱柱导致的色谱峰差异。毛细管电泳在食品分析中主要用于食品成分分析和有害物检测。目前在国家标准方法中可以用来快速测定甲壳类原肌球蛋白、甲壳类精氨酸激酶和鱼类小清蛋白含量等。

10.4　质谱技术

10.4.1　质谱分析

10.4.1.1　概述

质谱（MS）分析法是通过测定相对分子质量和相应的离子电荷（质荷比 m/z）实现样品中分子结构的分析。采用质谱法可以实现物质的定性和定量分析。定性分析就是根据质谱给出的信息确定被分析化合物的相对分子质量、分子式，并力求获得结构式。质谱峰的强度与它代表的化合物含量成正比，混合物的质谱是各成分的质谱的算术加和谱，利用质谱峰强度和化合物含量的关系可以进行定量分析。同时，由于与分离型仪器（气相色谱仪、液相色谱仪等）实现了联用，质谱可以直接分析混合有机物，成为复杂混合物成分分析的最有效工具。

质谱分析的方法原理是：将被测物质分子电离成各种不同质荷比的带电粒子，然后在电场、磁场或电与磁的组合场的作用下，使这些带电粒子按质荷比大小在空间或时间上产生分离，并测量离子峰的强度，以此获得化合物的相对分子质量及其他有关结构信息。

按质量分析器不同，质谱可分为四极杆质谱（quadrupole mass spectrometry）、离子阱质谱（iontrap mass spectrometry）、磁质谱（magnet icsector，MS）、静电场轨道阱质谱（orbitrap mass spectrometry，Orbitrap-MS)、飞行时间质谱(time-of-flight mass spectrometry，TOF-MS)、傅里叶变换离子回旋共振质谱(Fourier transform ioncyclo tronresonance mass spectrometry，FT-ICR-MS)。其中，后4种为高分辨质谱。

10.4.1.2　质谱仪

质谱仪一般由进样系统、离子源、质量分析器、离子检测器、真空系统、供电系统和数据处理系统构成。常用的几种离子源有：电子轰击型离子源(electron impact，EI 源)、化学电离源(chemical ionization，CI 源)、快原子轰击源(fast atom bombardment，FAB 源)、大气压电离源(atmospheric pressure ionization，API 源)。

10.4.1.3　在食品分析中应用

近年来，高分辨质谱由于具有分辨率高、无须借助标准物质、色谱分离要求低、可同时分析数百种化合物等优势，在食品安全检测中备受关注。常见的高分辨质谱方法中，由于 FT-ICR-MS 价格不菲且难以操作，在食品检测中应用较少。相比之下，TOF-MS 和 Orbitrap-MS 等具有超高分辨率的质谱可以提供精确分子质量数，用于获得分析物的精确分子组成，是食品安全检测中的全组分分析或筛查分析的重要工具。质谱在食品中农兽药残留检测、生物毒素检测、有机污染物检测、无机元素的定量分析以及金属离子的检测等领域均有广泛应用。

10.4.2　电感耦合等离子体质谱

10.4.2.1　电感耦合等离子体质谱仪

电感耦合等离子体质谱仪(ICP-MS)主要由以下几部分组成：样品进入系统(蠕动泵、雾化器、雾室)、ICP 离子源、射频发生器、离子提取系统(采样锥和截取锥)、离子透镜系统、多级真空系统、碰撞/反应池、质量分析器、检测器与数据处理系统。

样品通常以液态形式泵入雾化器，用氩气将样品转变成细颗粒气溶胶并通过雾室，此时大颗粒雾滴成废液被排出，细颗粒气溶胶通过样品喷射管被传输入等离子体炬中。炬管水平放置，用以产生带正电荷的离子。等离子体炬中的样品气溶胶在氩气和射频发生器发射的高频电能作用下产生等离子炬焰，即经去溶、蒸发、分解、离子化等步骤变成一价正离子。离子依次通过离子提取系统、离子透镜系统，进入主真空室。离子透镜作用是通过静电作用将离子束聚焦并引入质量分析器，同时阻止光子、颗粒、中性物质到达检测器。离子束中含有所有的待测元素离子和基体离子，离开离子透镜进入质量分析器，仅允许具有特定质荷比的待测元素离子进入检测器，并过滤掉所有的非待测元素、干扰和基体离子。通常采用碰撞/反应池技术消除干扰，经四级杆进行质量过滤分离。最后离子检测器将离子转换成电信号，经数据处理系统进行信号输出。

10.4.2.2　在食品分析中应用

ICP-MS 可用于元素的定性和定量分析、同位素分析。ICP-MS 最大的特点是灵敏度高、检出限低，比 ICP-AES 的检出限要低很多，对金属元素分析最为灵敏，且可容易地得到元素同位素的比值，在食品领域中是一种强有力的无机元素分析方法。ICP-MS 能快速准确地测定食品、食品添加剂和食品包装材料中重金属元素，在现行有效的国家标准、进出口行业标准中，常用来检测食品中的重金属，如 Pb、Hg、As、Ba、Cd、Sb 等。

10.4.3　气相色谱-质谱联用

10.4.3.1　概述

气相色谱仪(GC)对混合物中的各组分具有高效分离作用。但是，GC 主要用于定量分析，严格说来难以做定性分析。这是因为 GC 是利用保留时间来定性，而不同色谱仪，不同色谱条件(如固定相、柱长、柱内径、载气流量、压力和柱温等)，同一种成分样品的保留时间也不相同，因此 GC 难以做确切的定性。而质谱仪(MS)则具有灵敏度高、定性能量强的特点，它可以确定化合物的相对分子质量、分子式甚至是官能团。但是一般的质谱仪只能对单一组分才能给出良好的定性，对混合物是无能为力的，且进行定量分析也较复杂。而将气相色谱仪和质谱仪联用，就可以相互取长补短。

10.4.3.2　气相色谱-质谱联用仪

(1)仪器结构

典型的 GC-MS 仪器如图 10-7 所示。GC-MS 主要由 3 部分组成：色谱部分、质谱部分和数据处理系统。气相色谱仪分离样品中各组分，起着样品制备的作用；接口将气相色谱流出的各组分送入质谱仪中进行检测，起着气相色谱和质谱之间适配器的作用；质谱仪对接口依次引入的各组分进行检测，是气相色谱仪的检测器；计算机系统控制气相色谱、接口和质谱仪，进行数据采集和处理，是 GC-MS 的中央控制单元。

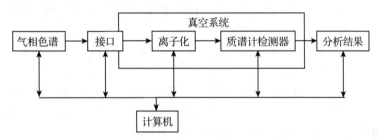

图 10-7　GC-MS 组成框图

(2)工作原理

有机混合物以色谱柱分离后经接口(interface)进入离子源被电离成离子，离子在进入质谱的质量分析器前，在离子源与质量分析器之间，有一个总离子流检测器，以截取部分离子流信号，总离子流强度与时间或扫描数变化曲线就是混合物的总离子流色谱图(TIC)。另一种获得总离子流图的方法是利用质谱仪自动重复扫描，由计算机收集，计算并再现出来，此时总离子流检测系统可省略。对 TIC 图的每个峰，可同时给出对应的质谱图，由此可推测每个色谱峰的结构组成。各个峰的峰高、峰面积可作为各峰的定量参数。一般 TIC 的灵敏度比 GC 的氢火焰离子化检测器高 1~2 个数量级，它对所有的峰都有相近的响应值，是一种通用性检测器。

在联用仪中一般用氦气作载气，原因是 He 的电离电位 24.6 eV，是气体中最高的，它难以电离，不会因气流不稳而影响色谱图的基线；He 的相对分子质量只有 4，易于与其他组分分子分离；He 的质谱峰很简单，不干扰后面的质谱峰。

10.4.3.3　在食品分析中的应用

目前，通过 GC-MS 检测常见的食品安全指标主要包括蔬菜水果中的农药残留量、粮谷中农药残留量、茶叶中农药残留检测、酱油中的氯丙醇、奶制品中的三聚氰胺、白酒以及油脂中的塑化剂等。

10.4.4　液相色谱-质谱联用

10.4.4.1　概述

液相色谱-质谱联用(LC-MS)又叫液质联用，它以液相色谱作为分离系统，质谱为检测系统，样品在质谱部分和流动相分离，被离子化后，经质谱的质量分析器，将离子碎片按质量数分开，经检测器得到质谱图。LC-MS 除了可以分析 GC-MS 所不能分析的强极性、能挥发、热不稳定性的化合物之外，还具有以下几方面的优点：分析范围广，分离能力强，定性分析结果可靠，检测限低，分析时间快，自动化程度高。多数质谱仪具有对样品纯度要求较高，可进行有效定性分析的特点；色谱是分离复杂混合物中不同组分最常用的方法之一，但是在定性、定量结构分析方面相对质谱仪较差，因此将色谱技术和质谱技术联用，既可以充分发挥色谱高分离效率的优点，又可以充分发挥质谱法高专属性的优点。它是一种可以对复杂化合物进行高效定性定量分析的工具。

10.4.4.2　特点

（1）高普适性

LC-MS 结合了液相色谱对热稳定性差的试样分离效果好的优势，适用于多种类型化合物的分析。

（2）高分离效率

对复杂的化合物，色谱分离效果差，LC-MS 结合质谱优势，不仅可以有效地检测出所有化合物的相对分子质量，而且可以通过二级质谱图给出不同化合物各自的结构信息。

（3）高灵敏度

质谱仪具有很高的灵敏度，可检测出低于 10^{-12} g 水平下的样品。对于没有紫外吸收的复杂化合物，质谱分析法表现更优异。

LC-MS 定性、定量结果可靠，且快速简便、高自动化、回收率高、特异性突出。随着智能化程度的提升，将逐步提高仪器的高分离性能和强大的鉴别能力，在分析检测方面有不可替代的优势。真正体现了现代物质分析中高通量和高精度的要求。

10.4.4.3　液相色谱-质谱联用仪

LC-MS 是将液相色谱仪和质谱仪联用，所以主要解决两个问题：第一是由于质谱工作要求在高真空，而液相色谱仪柱后压力约为常压，这就要求 LC-MS 的真空匹配度要好。第二是对于两仪器的接口有较高的要求，并且还要考虑检测物的特性。

LC-MS 工作压力一般要求为 10^{-5} Pa，要与一般在常压下工作的液相色谱相接并维持足够的真空，其方法只能是增大真空泵的抽速，维持高真空。所以，现有 LC-MS 中均增加了真空泵的抽速并采用了分段、多级抽真空的方法，形成真空梯度来满足接口和质谱正常工作的要求。

LC-MS 技术的发展可以说就是接口技术的发展。LC-MS 技术在发展过程中曾有多种接口提出，这些接口都有各自的长处和缺点，目前较为常用的接口是电喷雾电离接口和大气压化学电离接口。

LC-MS 分析中有多种预处理方法，如溶剂萃取、快速溶剂萃取、超临界萃取、薄层色谱、柱色谱、固相萃取、固相微萃取、排阻色谱净化、免疫亲和萃取、分子印迹固相萃取、微波辅助萃取、化学衍生化、生物样品预处理等。样品溶液在进样之前需要进行过滤处理。如果有专项标准，则按该标准进行预处理。

10.4.4.4　在食品分析中的应用

液质广泛用于各个领域，在食品安全方面可以检测食品中农药兽药残留、食品添加剂以及食品中微生物代谢产物。

10.5 其他精准检测技术

10.5.1 单细胞检测技术

10.5.1.1 概述

单细胞检测指的是在单个细胞水平实现其中的 DNA、RNA、蛋白质、代谢物、表观遗传因子(如 DNA 甲基化、RNA 甲基化、非编码 RNA、组蛋白修饰)等物质的定性和定量检测。通常情况下,单个动物细胞的直径为 $10\sim30$ μm,植物细胞的直径为 $10\sim100$ μm,体积则在 fL~pL ($10^{-15}\sim10^{-12}$ L)级别。而单个细胞中的生物分子都是痕量的,如人的细胞中含有 $10^{-9}\sim10^{-5}$ fmol 的 mRNA,$10^{-7}\sim10^{-1}$ fmol 的蛋白质和 $0.01\sim30$ fmol 的代谢物,对于它们的检测需要从预扩增、借助超灵敏仪器和转化成其他信号 3 个主要思路来实现。

**2019 年度技术:
单细胞多模态
组学技术**

10.5.1.2 在食品分析中的应用

在食品安全领域,单细胞检测技术是近年来的一个新兴方向。Zhang 等将单细胞测序技术应用于食品安全风险因子的毒理评价和机制探究中,提出了"精准毒理学"的概念。利用单细胞转录组和单细胞 DNA 甲基化的分析方法,该团队探究了一种重要的真菌毒素——赭曲霉毒素 A(OTA)的致毒机制,确定了相关基因的甲基化状态改变,直接导致了 OTA 靶细胞——肾小管上皮细胞发生细胞周期阻滞,并找到了使用大量细胞样本作为研究对象时未发现的 OTA 影响的信号通路,为食品安全风险因子的毒理评价提供了新的思路和方法。

10.5.2 单分子检测技术

10.5.2.1 概述

单分子检测技术泛指检测灵敏度达到分子水平的一系列超灵敏检测技术,特点为检测空间尺度在纳米数量级,检测的分子数目或相关事件一般在几个到几千个的范围。单分子检测技术除了定性和定量分析外,还包括对单个分子的结构特征、动态行为及相互作用等方面进行检测。

10.5.2.2 在食品分析中的应用

单分子检测已被广泛用于食品安全的检测中,包括转基因成分检测、食源性致病微生物定量检测和农药兽药残留检测等。目前转基因成分数字 PCR 检测取得的成果已经转化成了行业标准,包括"转基因大米常见品系的精准定量检测方法——数字 PCR 法""转基因玉米成分检测——微滴式数字 PCR 检测方法"和"转基因植物产品的数字 PCR 检测方法"等。

本章小结

食品安全精准检测技术对于保障食品安全具有重要意义。目前,光谱技术、色谱技术、质谱技术以及其他精准检测技术发展迅速,在食品安全检测领域得到了广泛的应用。本章主要介绍了各种检测技术的定义、系统构成、基本原理、适用范围、应用等内容,为不同目标物的检测技术选择提供了理论基础。根据各种技术的优缺点,选择最为合适的检测技术对于实现食品安全精准检测尤为重要。

思考题

1. 食品安全精准检测技术未来的发展趋势如何?

2. 试比较原子荧光分析和原子吸收光谱分析的异同点。

3. 简述红外光谱法和拉曼光谱法的区别。

4. 高效液相色谱法和气相色谱法的主要异同点有哪些？

5. 单细胞检测和单分子检测还可以应用到食品安全的哪些领域或方向？

第11章 食品安全快速检测技术

随着经济社会的快速发展以及对食品安全监测工作高效率的迫切需要，研究高效、快速的食品危害因子或风险因素的检测技术已成为保障食品安全、保卫人们身体健康的研究热点之一。食品安全快速检测尚无经典定义，但通常认为快速检测是指包括样品制备在内，能够在短时间内出具检测结果的方法。与常规检测技术作为金标准的确证检测技术不同，快速检测技术主要承载的作用是作为筛查及现场执法的支撑技术。在保证检测结果准确性的基础上缩短了检测时间，摒弃了各类检测仪器与设备，简化了操作流程，降低了检测成本，尤其是不受环境的制约，任何操作人员可以在任何时间、任何地点应用快速检测的相关技术开展检测工作，在很大程度上提高了食品安全监管相关工作的效率。

《中华人民共和国食品安全法》《中华人民共和国产品质量法》《中华人民共和国农产品质量安全法》《中华人民共和国食品安全法实施条例》陆续明确了快速检测工作的法律地位和职能所系，《"十三五"国家食品安全规划》也提出了"加快建设食品安全检验检测体系"的要求。可见，建立食品安全快速检测新技术将会具有广阔的发展空间并将成为新常态。

食品安全快速检测技术主要涉及化学比色分析技术、酶抑制技术、免疫分析技术、分子生物学技术、生物传感器技术等，其中基于抗原-抗体反应的亲和（免疫）识别技术、基于核酸扩增的分子生物学技术及基于功能核酸的生物传感技术的快速发展，对国内外食品安全快速检测技术的发展起到了重要的推动作用。本章节重点围绕亲和识别、核酸扩增及功能核酸生物传感三方面，梳理、总结食品安全快速检测技术。

11.1 基于亲和识别的食品安全快速检测技术

11.1.1 亲和识别检测概述

分子识别或亲和识别是所有生物相互作用的核心。这些相互作用的特征是一组非共价键，即离子、氢键和疏水相互作用。此外，形状互补似乎在生物认知过程中起着关键作用。在本节中，我们将主要介绍基于抗体-抗原的亲和识别、生物素-链霉亲和素亲和识别及免疫印迹分子-配体类亲和识别的食品安全快速检测技术。

11.1.2 亲和识别元件的种类及特性

11.1.2.1 抗体

性能优良的抗体是成功的免疫测定法必备的要素之一。抗体是机体在抗原刺激下所产生的并与相应抗原发生特异性结合反应的一类免疫球蛋白。抗体特异性是免疫学试验在临床广泛应用的基础，对于抗原的分析鉴定和定量检测极为重要。

（1）免疫球蛋白的基本结构

免疫球蛋白（immunoglobulin, Ig）单体的基本结构是由 2 条轻链（L 链，分子质量约 25 ku）

和 2 条重链(H 链,分子质量约 55 ku)通过二硫键连接而成(图 11-1A)。L 链有两种类型,κ 型和 λ 型。同一抗体分子中 2 条 L 链是同一型的;H 链有 α、δ、ε、γ 和 μ 5 种类型。相同两条 H 链通过链间二硫键连接呈现"Y"字形,相同的 2 条 L 链也分别通过链间的二硫键与 H 链的双臂相连,根据 H 链不同分别组成 IgG、IgE、IgD、IgA、IgM 5 种免疫球蛋白(图 11-1B)。

(2)免疫球蛋白的分区和抗原结合部位

Ig 的 L 链和 H 链,在从 N 端起 100 多个氨基酸组成的区域,氨基酸的组成和排列顺序多变,称为可变区(V 区)。Ig 分子中 V 区以外的部分,也就是在 Ig 近 C 端 L 链的 1/2 及 H 链的 3/4(或 4/5)区域内,其氨基酸组成和序列在同一种系的同一类 Ig 中相对恒定,称为"恒定区"(C 区)。

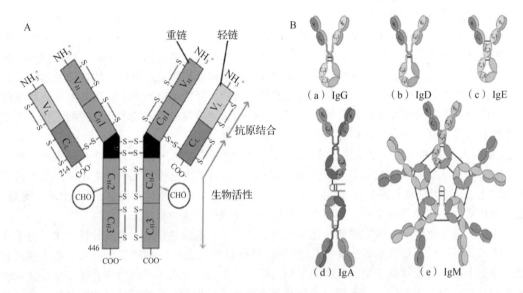

图 11-1 免疫球蛋白的基本结构及分类

(3)抗体的制备方式及分类

随着细胞工程技术及生物技术的发展,抗体的制备技术也发生着革新。从最初的多克隆抗体到细胞工程支持的单克隆抗体制备技术,再到生物工程技术支持的第三代基因重组抗体技术,抗体的种类也发生着悄然变化。

①多克隆抗体(polyclonal antibody) 应用天然抗原(如病原体等)免疫机体(多为动物)所产生的抗体混合物。通常情况下,天然抗原均含多种表位(抗原决定簇),用其免疫机体(动物体)时,不同抗原表位分别激发相应 B 细胞克隆增殖和产生抗体,故血液中所出现抗体是针对不同表位的多种抗体混合物,即多克隆抗体。快速检测技术中,多克隆抗体显示出对待检测分子的高亲和性,多固定在固相界面,作为捕获抗体使用。

制备多克隆抗体所选择的动物主要是哺乳动物(如家兔、绵羊、山羊、马、骡、豚鼠及小鼠等)和禽类,一般采用适龄的健康哺乳动物。动物的选择通常根据多克隆抗体的用途和所需剂量而定,也与抗原性质有关,如制备大量抗体,多选择大型动物;制备用于间接标记的检测用抗体(第二抗体),须选择不同种属的动物;针对难以获得的抗原,且抗体需要量少,可选择纯系小鼠;实验室制备多抗,多选择兔和羊。对可溶性抗原而言,为增强其免疫原性或减少抗原用量等目的常联合应用佐剂,以刺激机体产生较强免疫应答,高效获取多克隆抗体(图 11-2)。

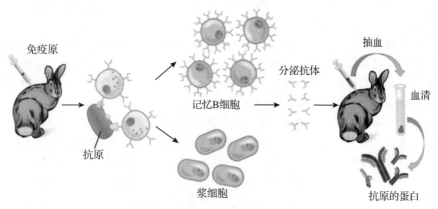

图 11-2　多克隆抗体制备流程图

②单克隆抗体（monoclonal antibody）　免疫
致敏后的 B 淋巴细胞具有分泌特异性抗体的能
力，但是在体外不能长期存活，而骨髓瘤细胞
可以在体外长期存活但不能产生抗体。将两种
细胞杂交融合后，经分离、筛选和克隆就能获
得既能在体外长期存活又能针对单一抗原决定
簇产生特异性抗体的融合子，从而获得单克隆
抗体。单克隆抗体是由一个 B 细胞克隆所产
生、仅针对单一抗原表位、高度均质性的特异
性抗体。早期制备单克隆抗体的方法是借助 B
细胞杂交瘤技术或 EB 病毒（EBV）转化技术，
使产生特异性抗体的 B 细胞永生化，通过克隆
化的方法分离出仅分泌针对单一抗原表位的 B
细胞，然后将可产生特异性抗体的单克隆杂交
瘤进行培养，或注入亲本动物腹腔使之以腹水
型方式生长，从而在培养液或腹水中分离、获
取大量单克隆抗体（图 11-3）。

　　单克隆抗体具有纯度高、特异性强、效价
高、来源稳定等特点，可极大避免交叉反应，
从而提高灵敏性。

　　③基因工程抗体（genetically engineering
antibody）　是指利用基因重组技术，对编码抗
体的基因按不同需求进行加工改造和重新装
配，引入适当的受体细胞，表达生产出预期的
抗体分子，又称重组抗体。基因工程抗体可以

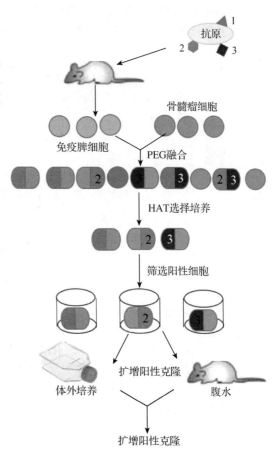

图 11-3　单克隆抗体制备流程

对抗体的可变区、单区抗体、抗原结合片段（Fab）、最小识别单位（CDR3），甚至是完整的抗
体分子进行改造。基因工程抗体作为检测抗体具有很多优点：①相对分子质量一般较小，可以
采用原核、真核和动物细胞等多种表达系统大量表达，易于生产，制备时无批次差异，并大大
降低生产成本；②可以根据检测的需要，制备新型抗体；③结构简单，便于体外定向改造以提
高抗体与抗原的亲和力和特异性。基因抗体保留天然抗体的特异性和主要生物学活性，去除或

减少无关结构，比天然抗体具有更广泛的应用前景。如在免疫亲和柱制备中，基因工程抗体较传统抗体相对分子质量小，装载量可以大大提高。

通过基因工程技术，对完整抗体结构进行"减重"的同时，还可以经过基因工程技术得到由两个不同的抗原结合位点组成的抗体，同时与两种不同的抗原决定簇结合，这种具有双价双特异性的抗体又称为双功能抗体(bifunctional antibody，BAb)，在双靶标物质特异性识别，及靶细胞和功能分子(细胞)之间的桥连中扮演了重要角色。

④多肽抗体　多肽抗体的制备多采用比较经典的噬菌体展示技术(phage display technology)(图11-4)。噬菌体展示技术是将外源蛋白或多肽的 DNA 序列插入到噬菌体外壳蛋白结构基因的适当位置，使外源基因随外壳蛋白的表达而表达，同时，外源蛋白随噬菌体的重新组装而展示到噬菌体表面的生物技术。噬菌体在一定意义上相当于一个生物体 B 细胞克隆，将 B 细胞全套可变区基因克隆出来，与噬菌体 DNA 相连，导入细菌体内使之表达，从而制备对应生物体的全套抗体，此即噬菌体抗体库(phage antibody library)。然后用不同抗原对噬菌体抗体库进行筛选，获得携带特异抗体基因的克隆，可大量制备相应特异性抗体。该技术的优点是：不经免疫即可获得抗体，可表达特异性抗体片段(如单个重链的可变区、scFv 或 Fab 片段等)。

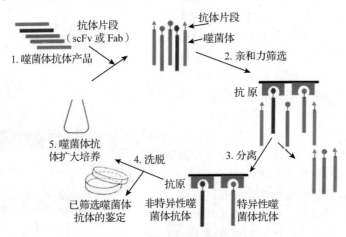

图 11-4　噬菌体展示技术原理

11.1.2.2　生物素–链霉亲和素

(1)生物素

生物素(biotin，B)的基本结构为双环构成(图 11-5)，Ⅰ环为咪唑酮环，是与亲和素结合的部位；Ⅱ环为噻吩环，含一个戊酸侧链，其羧基需经活化修饰后才能偶联各种其他生物大分子(形成生物素标记抗原、抗体、酶及荧光素等)。修饰后的生物素称为活化生物素，也称生物素衍生物。

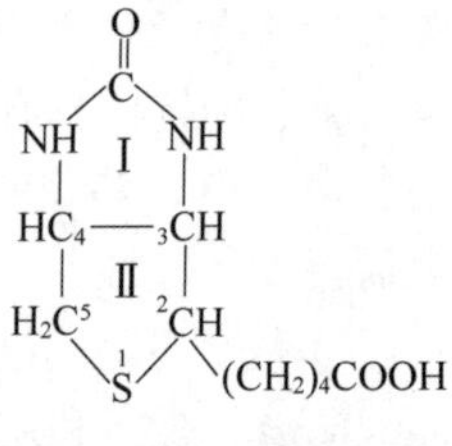

图 11-5　生物素分子的结构式

生物素分子质量约 244.31 ku，难溶于水，易溶于二甲基酰胺。生物素与抗体、辣根过氧化物酶(HRP)、葡萄糖氧化酶等结合后，生物学活性不受影响。但生物素与碱性磷酸酶和 β-半乳糖苷酶结合后，酶活性会降低。故生物素标记物制备应注意：①依抗体分子所带可标记基团的种类以及分子的酸碱性，选择相应的活化生物素和反应条件；②标记反应时，活化生物素与待标记抗体应有适当的比例；③为减少空间位阻影响，可在生物素与被标记物之间加入交联臂样结构；④生物素与抗原、抗体等蛋白质结合后不影响后者的免疫活性。

（2）亲和素和链霉亲和素

①亲和素（avidin，A）　也称为抗生物素蛋白，是从卵白蛋白中提取的一种碱性糖蛋白。分子质量 68 ku，等电点为 10.5，含有糖基，在 pH 2.9 缓冲液中性质稳定，耐热并耐多种蛋白水解酶的作用。亲和素是由 4 个相同亚基组成的四聚体糖蛋白，每个亚基都可以结合一个生物素分子，即一个亲和素可以结合 4 个生物素，这是生物素-亲和素系统放大效应的物质基础。亲和素与生物素具有较高亲和力，亲和常数（K）为 10^{15} L/mol，比抗原与抗体间的亲和力（$10^{5\sim11}$ L/mol）至少高 10 000 倍，因此二者的结合特异性高和稳定性好。由于亲和素属于碱性蛋白，且富含糖基（可高达 10%），与聚苯乙烯的非特异性吸附较强，会导致试验本底增大，降低检测灵敏度，实际工作中更习惯应用链霉亲和素。

②链霉亲和素（streptavidin，SA）　是由阿维丁链霉菌（streptomyces avidinii）在培养过程中分泌的一种蛋白质，现可通过基因工程手段生产。链霉亲和素的分子质量 65 ku，等电点为 6.0，由 4 条相同的肽链组成，即一个链霉亲和素分子能结合 4 个生物素分子。与亲和素相比，链霉亲和素碱性氨基酸含量低，为弱酸性蛋白，且不带任何糖基，检测中出现的非特异性吸附远远低于亲和素。因此，链霉亲和素的应用更为广泛。

11.1.3　亲和识别类型

11.1.3.1　生物素-链霉亲和素识别

生物素-亲和素系统（biotin-avidin system，BAS）是以生物素和亲和素具有的独特相互识别和结合特性为基础而发展的一种具有灵敏度高、特异性强和稳定性好等优点的识别和标记技术。活化生物素既可以作为标记物直接标记大分子生物活性物质（如抗原、抗体），又可以与被其他标记材料（如酶、荧光素、胶体金等）结合后制成新的标记物。而几乎所有用于标记的物质均可同亲和素或链霉亲和素结合，小分子物质有胶体金、荧光素和化学发光物，大分子物质有酶、抗原或抗体、铁蛋白和荧光蛋白等，其中应用最广泛的是酶。亲和素或链霉亲和素均为大分子蛋白，其酶标物的制备除可用普通酶标记蛋白质分子的直接标记法外，由于其特有的与生物素结合的性能，还可以通过与生物素化酶复合物中的生物素结合，间接地与酶形成结合物。因此，生物素-链霉亲和素系统可以通过与抗原抗体、蛋白、激素、受体、铁蛋白和核酸系统等多种生物学反应体系联合使用，广泛应用于荧光免疫标记技术、同位素免疫标记技术、发光免疫标记技术、胶体金免疫标记技术等。

生物素-亲和素系统在免疫学技术尤其是在免疫酶技术中应用最为广泛。生物素很易与蛋白质（如抗体等）以共价键结合。这样，结合了酶的亲和素分子与结合有特异性抗体的生物素分子之间很容易发生结合，既起到了多级放大作用，又由于酶在遇到相应底物时的催化作用而呈色，达到检测未知抗原（或抗体）分子的目的。

此外，生物素-链霉亲和素系统也可作为亲和介质用于上述各类反应体系中反应物的分离、纯化，如采用纳米微球作为固相载体，与亲和素结合，可制备成亲和素致敏纳米微球。

11.1.3.2　抗原抗体识别

抗原抗体识别即抗原与其相应抗体在体内外的特异性结合反应。

（1）抗原抗体识别的基本原理

抗原抗体反应的特异性结合是由于抗原表位（抗原决定簇）和抗体 Fab 段超变区（互补决定区）之间具有结构互补性和亲和性。这种特性是由抗原、抗体分子空间的构型所决定的。当它们分子间的空间构型高度互补时，使得抗原决定簇与抗体互补决定区能够紧密接触，从而为抗原与相应抗体间产生足够的结合力提供了有利条件。抗原抗体结合的理化特性主要由亲水胶体转化为疏水胶体，有 4 种分子间的引力，即电荷（静电）引力、范德华力、氢键结合力及疏水作用力，参与并促进抗原抗体间的特异性结合(图11-6)。当 pH 值和离子强度在生理条件下，这些引力通常是最大的，pH 值低于 3~4 或高于 10.5，这些引力就非常弱，以致抗原抗体复合物易解离。因此，合适的 pH 值和离子强度是抗原抗体反应的必要条件。

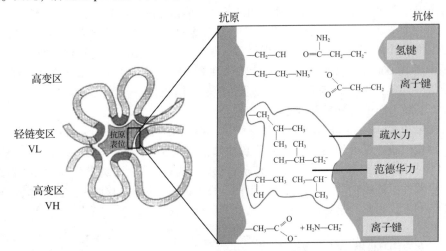

图 11-6 抗原抗体结合力示意图

(2)抗原抗体识别的特点

①特异性 抗原抗体的结合实质上是抗原表位与抗体超变区中抗原结合部位之间的结合。由于两者在结构和空间构型上呈互补关系，所以抗原抗体的结合具有高度特异性，这种高度特异性可精确区分物质间的极细微的差异。如果两种不同抗原分子上有相同的抗原表位或抗原抗体间构型部分相同，皆可出现交叉反应。交叉反应给免疫学识别及检测带来困难(图11-7)。

图 11-7 交叉反应示意图

②抗原抗体结合的可逆性 抗原抗体结合是分子表面的结合，是一种非共价结合。结合虽稳定但可逆，结合后形成的复合物在一定条件下可发生解离，成为抗原抗体的游离状态。

$$[Ag] + [Ab] \underset{K_2}{\overset{K_1}{\rightleftharpoons}} [Ag-Ab]$$

$[Ag]$ 为抗原，$[Ab]$ 为抗体，K_1 为结合常数，K_2 为解离常数。抗原抗体复合物解离取决于两方面的因素，一是抗体对相应抗原的亲和力；二是环境因素对复合物的影响。具有高亲和力抗体的抗原结合点与抗原表位在空间构型上非常适合，两者结合牢固，不容易解离。反之，低亲和力抗体与抗原形成的复合物较易解离。解离后的抗原或抗体均能保持未结合前的结构、活性及特异性。在环境因素中，凡是减弱或消除抗原抗体亲和力的因素都会使逆向反应加快，复合物解离增加。如 pH 值过高或过低均可破坏离子间的静电引力，使抗原抗体间的结合力下降；离子强度增加也可通过中和带电离子使静电引力消失，而降低抗原抗体结合力，促使复合物解离。由于抗原抗体结合的可逆性，可利用亲和层析法分离纯化抗原或抗体；利用待测抗原和标准抗原与抗体的竞争结合，进行抗原或抗体的定量测定，如放射免疫检测法、酶联免疫吸附法等。

（3）抗原抗体识别的影响因素

①电解质　离子强度是抗原抗体反应体系中不可缺少的成分，可直接影响抗原抗体的结合，抗原与抗体发生特异性结合后，若溶液中无电解质参与，则不出现可见反应。在抗原抗体反应中，为了促使凝集物的形成，常用 8.5 g/L 氯化钠作为抗原抗体的稀释液。由于氯化钠在水溶液中解离成 Na^+ 和 Cl^-，可分别中和抗原抗体等胶体粒子上的电荷，使胶体粒子的电势下降，促使抗原抗体复合物从溶液中析出，形成可见的凝集物或沉淀物。实验室中常用 PBS 作为反应液使用。但若电解质的浓度过高，则可引起蛋白质非特异性沉淀，此种作用称为盐析，常用于抗体的纯化。

②pH 值　抗原抗体反应必须在合适的 pH 值环境中进行，其最适 pH 值为 6.5~8.5，超过此限度则不易形成复合物，甚至可使复合物解离或出现假阳性结果。pH 值过高或过低均可影响抗原和抗体的理化性质。pH 值达到或接近抗原的等电点 pI 时，即使无相应抗体存在，也会发生非特异性的凝集或沉淀。

③温度　抗原抗体反应，特别是在反应的第二阶段受温度的影响较大。在一定范围内，温度升高可促进分子运动，抗原与抗体碰撞机会增多，使反应加速。但若温度高于 56 ℃，可导致抗原抗体变性或遭破坏，补体被灭活，已形成的免疫复合物也将发生解离；当反应温度在 10 ℃ 以下时，结合反应速度慢，但结合致密、牢固。常用的抗原抗体反应温度为 37 ℃。某些抗原抗体反应有其独特的温度，如冷凝集素在 4 ℃ 左右与红细胞结合最好，20 ℃ 以上反而解离。此外，适当的机械性振荡，也可促进抗原抗体分子接触，加速反应，其作用与反应物粒子大小成正比。

（4）抗原抗体识别的类型

根据靶标的类型不同，抗原抗体识别的类型又可分为常规识别、抗原吸附识别、双抗体夹心识别、单抗体竞争识别。

①常规识别

第一，第一抗体与抗原的识别。

在抗原抗体识别过程中经常涉及第一抗体及第二抗体的概念，其中第一抗体是指可直接和抗原结合，由抗原刺激产生的抗体。经由抗原刺激产生的多克隆、单克隆、基因工程抗体、多肽抗体均属于第一抗体(图 11-8)。

第二，第二抗体与第一抗体(抗原)的识别。

第二抗体是指能和第一抗体(一抗)结合，即抗体的抗体，其主要作用是检测第一抗体的存在，间接检测抗原存在的一种抗体。第二抗体一般是将第一抗体的 C 区部分截取出(图 11-9 框内区域)，免疫更高级的哺乳动物而产生的一种抗

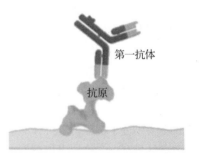

图 11-8　第一抗体与抗原识别
示意图

体。具有种源特异性，可以识别来源鼠或兔的第一抗体的类型，是一类很好的通用性识别转化元件(图 11-9)。常被酶或其他信号材料标记，作为信号转化元件。

②待检抗体的抗原吸附识别　当检测物质为血清中的未知含量抗体时，一般会将抗原固定到固相界面作为捕获剂捕获血清中待检测抗体。通过形成抗原-抗体复合物将待检测抗体固定到固相界面上，然后加入酶标记的第二抗体，识别被捕获的抗体，将抗原-抗体复合物转化为可以定量的酶，从而实现定性或定量检测(图 11-10)。

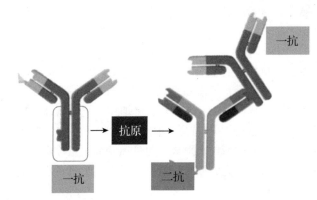

图11-9　第二抗体与第一抗体的识别示意图

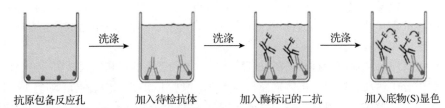

图11-10　基于固相抗原吸附的常规抗原抗体识别

③大分子抗原的双抗体夹心识别　当待检测抗原为具有两个及两个以上抗原表位(抗原决定簇)的大分子物质时，常使用双抗体夹心的检测方法，检测样品中含有的未知抗原的量。双抗体夹心识别，通常需要用到可以和抗原不同抗原表位结合的两种不同抗体，可以是两种不同的单克隆抗体或是一种单克隆抗体及一种多克隆抗体。一种抗体固定固相界面，作为免疫吸附剂与样品中待检测抗原结合，将待检抗原固定到固相载体表面，另外一种抗体与标记物连接(辣根过氧化物酶或荧光或放射信号或无机信号材料等标记信号)。当待检测样品中存在目标抗原时，固相抗体与靶标抗体通过抗原桥连在一起，形成抗体-抗原-抗体三元夹心免疫复合物，从而完成待检测样本中目标抗原的识别及识别事件转化(图11-11)。

图11-11　双抗体夹心识别模式示意图

④小分子抗原的单抗体竞争识别　当待检测抗原为化学结构简单的小分子物质时，通常表面有且只有一个抗原表位(抗原决定簇)，常使用间接竞争识别方法，检测样品中含有的未知小分子抗原的量。竞争识别一般是指人工抗原与待检测小分子抗原之间与抗体竞争性结合识别，其中人工抗原是将小分子抗原装载到大分子载体上(一般是共价偶联的形式)制备得到的。人工抗原具有大分子性质，便于通过物理吸附固定到固相载体表面，加入待测样品及检测抗体后，人工抗原会与样品中游离抗原竞争地与检测抗体结合，经过洗涤后，与游离抗原结合的抗体会被洗涤走。部分抗体通过与人工抗原结合固定在固相界面上，通过加入信号标记的第二抗体与抗体结合，便可完成待检测小分子抗原的间接识别检测。特别需要注意，小分子抗原的单抗体竞争识别完成后，固相界面截留的信号是与待检小分子的量成反比例关系的，样品中待检小分子的量越多，被带走的抗体越多，截留的信号越少(图11-12)。

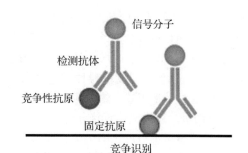

图 11-12　小分子物质单抗体竞争识别示意图

11.1.4　亲和识别检测技术的信号输出方式

11.1.4.1　基于酶标记的比色信号输出

（1）基于蛋白酶标记

亲和识别检测技术中常用的信号标记为酶标记，在加入特定底物后，亲和识别截留的酶催化底物显色，从而产生与靶标物质量具有比例关系的比色信号，实现定性或定量信号输出。在基于抗原抗体的免疫识别中，最常用的酶为辣根过氧化物酶（horseradish peroxidase，HRP）和碱性磷酸酶（alkaline phosphatase，AP）标记。其中，HRP 属于糖蛋白，是迄今为止 ELISA 应用中最为广泛的标记用酶。AP 是一种含锌的金属酶，是目前免疫诊断试剂产品最常用的标记酶之一。与 HRP 相比，AP 优点是稳定性高、灵敏度高，缺点是成本高，标记困难。

底物方面，邻苯二胺（OPD）是 HRP 最为敏感的色原底物之一，其在 HRP 的作用下，由过氧化氢氧化而聚合成 2，2′-二氨基偶氮苯（DAB）。在 pH 5.0 左右时，DAB 在波长 450 nm 处有广范围的最大吸收，当 pH 值降为 1.0 时，最大吸收波长移动至 492 nm，同时摩尔消光系数变大，显色加深，因而常用强酸（如硫酸或盐酸）终止反应。四甲基联苯胺（TMB）优于 OPD 的新型色原底物。其氧化产物联苯醌在波长 450nm 处有最大消光系数，假如 HRP 量少而过氧化氢溶液和 TMB 过量时，则形成蓝色的阳离子根。降低 pH 值，即可使蓝色的阳离子根转变为黄色的联苯醌。杂化吲嗪（ABTS）也是 HRP 的一种高灵敏底物。在 H_2O_2 存在下，ABTS 的氨盐转变为易发生歧化的阳离子根。阳离子根为绿色，与 OPD 的黄色氧化产物相比更适于可见光测定。

（2）基于纳米酶标记

纳米酶（nanozymes）是一类具有类酶活性的纳米材料，自 1993 年首次报道以来，目前有 50 多种不同材料、不同结构的纳米酶被陆续报道。它们与天然酶一样能够在温和条件下高效催化酶的底物，呈现出类似天然酶的催化反应；但是比天然酶具有更强的稳定性，在强酸强碱和较大温度范围内仍保持较高的酶活性，还兼具有光学信号强、易于化学修饰等特点，因此可以用来代替金纳米颗粒作为新型标记信号。纳米酶具有多种类似自然酶的活性，主要包括过氧化物酶活性（POD）、氧化酶活性（OXD）、过氧化氢酶活性（CAT）和超氧化物歧化酶活性（SOD）。

纳米酶的过氧化物酶活性是最早发现和被证实的一种类酶活性，其广泛存在于金属、金属氧化物、非金属及非金属氧化物纳米材料中。与天然的过氧化物酶（如辣根过氧化物酶）类似，具有过氧化物酶活性的纳米酶能催化过氧化物酶底物氧化，也具有 pH 值、温度和浓度依赖性。该反应通常需要两个底物，分别是过氧化物（如 H_2O_2）和氧化底物（如 TMB、ABTS 和 OPD 等）。其反应过程也与天然酶一样，遵循典型的米氏动力学和乒乓机制，即先催化第一个底物，再与第二底物反应。

纳米酶的氧化酶活性，即在氧气的辅助下直接催化底物转变成氧化产物。类似地，该过程也具有 pH 值、温度和浓度依赖性，遵循米氏动力学。与纳米酶的过氧化物不同的是，纳米酶的氧化酶活性催化过程无需 H_2O_2 的参与，一定程度降低了反应的复杂度。然而，纳米酶的氧化酶活性相对较低，还不能与自然酶相匹敌。此外，报道的具有氧化酶活性的纳米酶比较有限，因此基于纳米酶氧化酶活性的应用相对较少。

过氧化氢酶活性，即纳米酶催化 H_2O_2 分解成水和氧气。该过程依赖于纳米酶和 H_2O_2 浓度，浓度越高分解越快。同时也具有 pH 值和温度依赖性，遵循米氏动力学。反应过程中，纳米酶的作用可以分为两方面，一是通过纳米酶较高的吸附能吸附和活化底物，促进 H_2O_2 分解；二是通过纳米酶不同 pH 值下丰富的氧化还原电位直接分解 H_2O_2。

超氧化物歧化酶活性，与天然的超氧化物歧化酶类似，即将超氧阴离子歧化成 H_2O_2 和氧气。反应过程中的机制目前有两种报道，一是纳米酶通过吸附和活化，促进歧化反应的进行；二是纳米酶促进电子传递发生自由基反应或氧化还原反应，从而实现超氧阴离子的歧化。

在纳米酶所有的类酶活性中，因过氧化物酶活性广泛存在且催化效率较高，因此过氧化物酶活性是纳米酶所有活性中研究最透彻和使用最广泛的类酶活性。基于其已经建立了一系列的生物传感器，包括比色、电化学、荧光和化学发光等，涉及的靶标包括体外的小分子、蛋白和细胞以及体内的活性分子、疾病标志物和肿瘤细胞等。

11.1.4.2 基于贵金属纳米材料标记的信号输出

贵金属纳米颗粒(如金、银等)在可见-近红外光谱范围内的光吸收和散射使其具有局部表面等离子共振(LSPR)特性，而金属纳米颗粒的尺寸、形态、组装等局部环境的细微改变都会导致微观上 LSPR 峰的变化，同时宏观体系的颜色也随之发生改变。因此，贵金属纳米材料是一种良好的信号标记材料，常与基于抗原-抗体的亲和识别配伍，用于信号输出。

贵金属纳米颗粒中，金纳米粒子(gold nanoparticles，GNPs or AuNPs)由于独特的物理性质(氧化还原性、荧光性质、LSPR、导电性、吸附性)和化学性质(易于修饰、表面功能化)(图 11-13)而被广泛应用。金纳米粒子，也称为胶体金，是金盐被还原成金原子后形成的金颗粒悬液。胶体金颗粒由一个基础金核(原子金 Au)及包围在外的双离子层构成(内层为负离子层，外层是带正电荷的 H^+)。由于静电作用，金颗粒之间相互排斥而悬浮成一种稳定的胶体状态，形成带负电的疏水胶溶液，故称胶体金。

金纳米粒子合成方法直接简单，具有超高的消光系数，比表面积高，具有对生物分

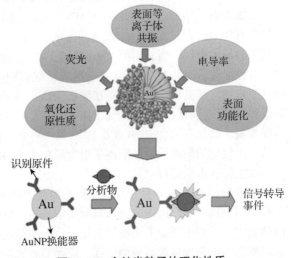

图 11-13　金纳米粒子的理化性质

子的良好吸附性质，如通过静电吸附，可以标记抗体成为信号标签。金纳米粒子作为信号标签时，主要依靠距离、形态依赖的 LSPR 调节(溶液环境)及堆积效应(界面环境)。在溶液环境中，由于金纳米粒子呈现分散状态，每个粒子的表面传导电子带可以自由旋转发生共振(又称表面等离子共振，LSPR)而产生红色可见光吸收峰。当金纳米粒子间靠近时(聚集状态)，表面传导电子带的旋转被限制，最大吸收峰红移，溶液呈现蓝色，这种距离依赖性的光学变化性质为金纳米粒子的比色信号输出及在可视化检测方法中应用奠定了夯实的基础。

(1)基于金纳米粒子界面堆积的比色信号输出

胶体金试纸是金纳米界面堆积信号输出的典型代表，金纳米粒子主要通过抗原-抗体识别，在纸基界面堆积，形成堆积信号输出。胶体金试纸的反应原理如图 11-14 所示：将检测蛋白(抗原或者抗体)以线状包被在底层的硝酸纤维素膜上(检测线 T 线部位)，干燥的胶体金固定

于吸水材料上，称为胶体金垫。将待测溶液加入试纸左边的样品垫时，液体样品通过毛细作用向右移动穿过胶体金垫，与胶体金垫内的标记试剂发生相互反应形成复合物。待测物与金标试剂的复合物移动到线状的（或抗原）抗体固定处，又与之发生特异性结合被截留住，在检测区（T 线）堆积形成红色的检测带。余下的金标复合物与抗金标抗体结合产生第二条控制带色带（C 线），表明测试完成。基于抗原–抗体识别类型不同，胶体金试纸又可分为用于检测大分子抗原的双抗体夹心法，用于检测抗体的双抗原夹心法及用于检测小分子物质的抗原竞争法（图 11-14）。

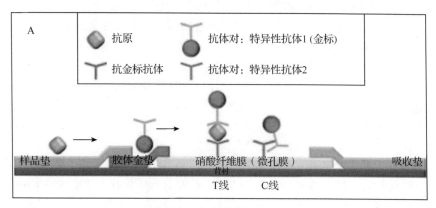

双抗体夹心法（检测抗原）

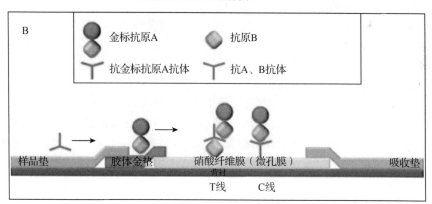

双抗原夹心法（检测抗体）

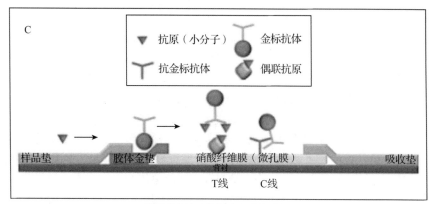

抗原竞争法（检测小分子物质）

图 11-14　免疫胶体金试纸

A. 双抗体夹心法胶体金试纸　B. 双抗原夹心法胶体金试纸　C. 抗原竞争法胶体金试纸

胶体金试纸中，金纳米粒子常与抗原或抗体等大分子物质结合，以结合物的形式存在统称为免疫金（immunogold）。其制备过程实质上是抗体蛋白等大分子被吸附到胶体金颗粒表面的包被过程。吸附机制尚不清楚，一般认为是胶体金颗粒与蛋白质借静电吸附而形成牢固的结合。这种结合过程主要是物理吸附作用，不影响蛋白质的生物活性。

（2）基于LSPR调控的信号输出

除了抗原抗体诱导的金纳米粒子界面堆积，还可通过酶诱导的纳米粒子的聚集、形态和生长动力学控制、金属化和蚀刻方式改变LSPR，从而带来比色信号变化。

第一，基于酶诱导聚集的LSPR信号变化。通过酶催化反应改变金属纳米颗粒表面电荷分布来诱导金属纳米颗粒聚集，从而导致反应体系颜色的显著变化。酶诱导聚集型的金属纳米粒子信号变化的优点是检测结果是从红色到蓝色的可见变化，容易辨别。

第二，基于纳米颗粒形态和生长动力学控制的LSPR信号变化。由于纳米颗粒的合成与生长对反应条件和试剂浓度非常敏感，还原剂量的微小变化显著地影响纳米颗粒尺寸和形状分布，从而导致颜色的明显变化。纳米颗粒的形成和生长动力学具有选择性好、敏感和极少自聚集的优点。

第三，基于纳米颗粒金属化的LSPR信号变化。该方法基于金属纳米颗粒的异质外延生长，通过金（核）/银（壳）纳米棒的形成，引起核-壳型纳米结构在LSPR性质上的显著变化，进而在视觉颜色上发生变化。此类比色信号产生不涉及金属纳米颗粒的任何聚集或者原位形成，受环境和其他因素影响较小。

第四，基于金属纳米颗粒蚀刻的LSPR信号变化。贵金属纳米材料如金纳米棒、纳米球、纳米笼、纳米棱柱和纳米花等，因其独特的形状和光学性质，在比色信号输出方面受到青睐。当这些金属纳米粒子在纳米结构非常微小的几何变化时，即可导致LSPR峰变化和溶液颜色的明显改变，在开发裸眼比色检测方法中具有极大的优势。

上述4种LSPR信号变化类型中，前两种类型易受到纳米颗粒自聚集或其他外界因素影响，可能限制其在实际中的应用；而金属化和基于蚀刻的金属颗粒LSPR变化具有更强的现场应用可能。基于纳米材料建立的金纳米颗粒的等离子体比色信号输出方法大大提高了检测灵敏度，极大推动了ELISA等亲和识别反应的发展。

11.1.5 其他类亲和识别检测技术

分子印迹技术（molecular imprinting technique，MIT）是仿照抗体的形成机制，利用分子印迹聚合物来模拟抗体-抗原之间的相互作用，对印迹分子进行高度特异性识别的样品处理方法。此技术源于20世纪40年代免疫学研究中的抗体形成学说。1949年迪基（Dickey）首先提出了"分子印迹"概念。1972年，德国科学家首次报道了人工合成分子印迹聚合物（molecular imprinting polymer，MIP）。

印迹分子（又称模板分子）与聚合物单体接触时会形成多重作用点，通过聚合过程这种作用被记忆。当印迹分子除去后，聚合物中就形成了与印迹分子空间构型相匹配的具有多重作用点的空穴，该空穴对印迹分子及其类似物有选择识别特性。印迹分子的合成步骤主要包括：①模板分子与功能单体发生相互作用。模板分子主要有糖类、氨基酸、生物碱、核酸、蛋白质、维生素、抗原、酶、除草剂、杀虫剂、染料等。功能单体的选择主要由模板分子决定，其必须能与模板分子成键，且在反应中与交联剂处于合适的位置才能使模板分子恰好镶嵌于其中。其中又可分为共价功能单体和非共价键功能单体两种。②聚合反应，在模板分子和交联剂存在的条件下对功能单体进行聚合。聚合方式有本体聚合、原位聚合、表面聚合、悬浮聚合等。影响聚合反应的因素包括浓度、压力、光照、温度、溶剂种类和极性等。一般低温下，功能单体与模板分子能形成更为稳定、有序的聚合物，且选择性好。非共价作用的强弱主要取决于溶液的极性，故非共价法一般在有机溶液（如甲苯、氯仿）中进行，而共价法一般在极性较强的水、醇等溶液中进行。③模板分子的去除，采用萃取、酸解等物理或化学方法把占据在识别位点上的绝大部分模板分子洗脱下来。分子印迹聚合物的合成过程如图 11-15 所示。

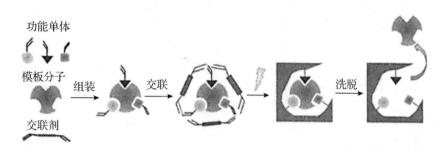

图 11-15　印迹分子制备过程示意图

11.2　基于核酸扩增的食品安全快速检测技术

11.2.1　核酸扩增概述

核酸是生命语言的"字母"，它的碱基序列、拓扑结构对于生命遗传和生理功能都起着至关重要的作用。随着生命科学和化学的不断发展，人们对生物体的认知已经逐渐深入到微观水平。从单个的生物体到器官到组织到细胞，再从细胞结构到核酸和蛋白的分子水平，人们意识到可以通过检测分子水平的线性结构（如核酸序列）来横向比较不同物种、同物种不同个体。这就为食品安全中的生物源风险因子提供了一个强有力的分析技术平台。常用的核酸分析技术有依赖于特定外源酶、需要变温的聚合酶链式反应（polymerase chain reaction，PCR）技术，依赖于特定扩增酶、不需要变温的等温扩增技术（isothermal amplification technology）。近年来，随着核酸组装技术的发展，又发展出来既不需要酶又不需要变温的杂交链式反应技术（hybridization chain reaction，HCR）及催化链反应（catalytic chain reaction，CHA）。

11.2.2　基于变温核酸扩增的食品安全快速检测技术

以往对食品微生物等生物源危害因子的检测方式主要是培养致病菌，整个过程烦琐、耗时长，耗费大量的人力、物力。而基于核酸扩增的分子生物学技术便捷性比较强，所使用的设备数量比较少，操作更加简便，总检测过程更加便捷，可以在较短的时间内得到检测结果。该项技术准确性比较高，食品安全当中的微生物类别会比较繁杂，若使用同一种检测方式，是不能较为精确地检测出各类的微生物。但是使用核酸扩增的分子生物学技术就可以规避上述问题，同时还可以使得食品微生物检测的准确度得到明显提升。在动植物源掺杂鉴别、转基因成分和致病微生物等食品安全检测领域成为日趋重要的检测技术。

PCR 技术是变温分子生物学技术的代表性技术，其主要通过对核酸分子进行变性、复性、延伸 3 个步骤的不断循环，使目标分子呈指数倍数的增长，从而使微量、痕量的核酸达到可检测水平。此技术的特点是样品用量少适用于微量样品，但需要精密的变温仪器及专业操作人员。随着生物 DNA 技术的发展，传统的 PCR 技术也得到了充分的发展和创新。PCR 技术发展可以粗分为 3 个阶段：第一个阶段，定性阶段，主要是依赖凝胶电泳成像的常规 PCR 及多重PCR（multiplex PCR）等技术；第二个阶段，定量阶段，包括荧光探针（或荧光染料）及标准曲线依赖的实时荧光定量 PCR(real time quantitative PCR, qPCR)技术;第三个阶段,绝对定量阶段,主要是数字 PCR(digital PCR, dPCR)为代表的非标准曲线依赖的新型 PCR 技术。

11.2.2.1　基于变温核酸扩增的定性检测技术

基于核酸扩增的定性检测技术的代表性技术为常规 PCR 技术。常规 PCR 技术主要是以待检物质的高度保守性特异基因序列作为 DNA 模板,利用聚合酶和引物,在热循环仪辅助下,经过加热(变性)、冷却(退火)、保温(延伸)等温度改变使 DNA 得以复制,反复进行变性、退火、延伸循环,就可使 DNA 无限扩增,实现痕量 DNA 的特异性检测(图 11-16)。常规 PCR 是一类较为快速的基础检测技术,其灵敏度和准确性也较强。将这种基础的 PCR 技术运用到食品微生物、生物源掺伪、转基因外源组分检测之中,可以提高检测的效率,保障食品的质量安全,并起到一定的预防作用。以微生物的常规 PCR 的检测流程为例:①富集细菌细胞;②裂解细胞提取基因组 DNA 并进行 PCR 扩增;③检测 DNA 扩增序列,可利用电泳法和特异性核酸探针法进行,从而准确得出样品中含有的微生物的种类和含量,较传统的培养法大大节省了检测时间。

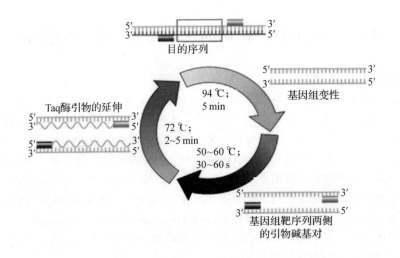

图 11-16　聚合酶链式反应(PCR)示意图

在采用 PCR 技术进行食品安全风险因子的检测过程中必需要注意以下 3 点问题:①要注意 PCR 模板的有效制备过程。因为食品中存在着成千上万种 PCR 抑制因子,所以要尽可能地清除存在于食品中的抑制因子,确保 DNA 提取与蛋白质有机溶剂去除过程有效化。②要注意 PCR 检测过程中可能存在的污染问题。在食品微生物检测过程中采用 PCR 技术极易出现污染情况,为了有效避免污染必须做好规范性操作。③要明确检测对象的生物活性。如在食品样品的微生物检测过程中,必须要保证 PCR 扩增有效性。因为在该过程中针对 DNA 的检测并非代表检测全程采用活细胞,且 PCR 技术本身也无法有效区分细胞死活,需要首先保证检测对象的基本生物活性。

有研究针对常规 PCR 技术进行了一系列改造,在保留 PCR 高灵敏度及精准性的前提下,进行加速。首先,采用"金纳米颗粒-抗体"功能探针,构建了一种基于结合比例竞争定量 PCR 技术及"半抗原标记-抗体"识别体系的通用核酸侧流层析传感器,实现了对双链核酸靶物质的通用性检测。比例竞争定量 PCR 以靶标含量比例始终不变为基础,得到多种内嵌有通用性半抗原标记、一端有特异性半抗原标记的扩增产物。将免疫标签化改造的 PCR 扩增产物与具有

"多线型"的横流层析试纸相结合实现多种扩增产物的同时可视化检测，该通用型方法通过引物设计的调整可应用到对其他任意靶序列的检测中。

针对农产品生物源掺伪 PCR 技术复杂变温仪器依赖及扩增周期长的难题，有研究团队提出了 PCR 超速理论。创新组建了便携式 PCR 仪及超薄 PCR 反应器，并依托 PCR 步骤合并及反应体系简化，建立超速 PCR 扩增体系。在 5 min 内不依赖精密的 PCR 仪便可实现农产品转基因成分的超速扩增，进一步通过引物标签化改造与横流层析装置结合突破超速 PCR 产物的定量分析出口，实现 PCR 扩增产物的可视化，使得 PCR 技术更适用于现场筛查。

11.2.2.2　基于变温核酸扩增的多重定性检测技术——多重 PCR

食品危害物检验时往往不会仅存在单一危害因子，而多重 PCR 技术则可以实现多种危害物的同时快速检测。多重 PCR 又称为多重引物 PCR 技术，是在常规 PCR 技术的基础上改进获得的扩增技术。与传统 PCR 技术相比，其检测原理相同，但是在反应体系中同时加入多种特异性引物对多目标 DNA 片段进行扩增，从而获得一条或者多条 DNA 片段。由于目标片段的大小不同，经过多重 PCR 后，对产物进行跑胶，根据成像结果进行分析。该方法相比常规 PCR 方法，因其在同一体系中同时进行多目标 DNA 片段的扩增，从而具有节约模板 DNA、节省时间和成本的优势。多重 PCR 操作简单便捷，在对食品微生物进行检测时，一般只需要几个小时就可以完成多种微生物的检测，最长也只需要 1 d 左右，检测效率高。

除了检测致病微生物外，多重 PCR 还可用于生物源真伪鉴别检测，尤其是在肉类掺假、动植物源性成分检测上显示出优异的检测效果。此外，还可针对启动子、终止子、内源基因和外源基因等进行多重实时 PCR，实现转基因产品的检测。

但在实际过程中，多重 PCR 也存在一些问题，如对引物的要求较高，体系建立和退火温度筛选要求高，以及对目标片段的筛选要求高。多重 PCR 的研究重点集中于：增加引物对数，提高检测效率；优化扩增反应条件，提高扩增效率；还可与其他分子生物学技术相结合，进一步提高检测的灵敏度、检测范围和特异性。有研究团队通过"上下游接头反向互补，避免引物同源性"核心设计理念，建立新型接头 PCR 扩增模型，简化传统 PCR 反应体系，消除不同引物扩增效率不一致的问题。进一步通过新型通用引物多重 PCR 扩增技术（CP-M-PCR 技术）简化 PCR 反应体系，解决引物用量多体系复杂、多对引物间相互干扰难题。实现对 5 种肉类的多重检测，检测灵敏度达到 0.015 pmol，比传统方法灵敏 100 倍。此外，将通用引物-多重 PCR（UP-M-PCR）与焦磷酸测序相结合，仅使用一种测序引物即可实现混合物中多个靶标的定性检测。解决了传统多重方法的产物长度依赖、高分辨率的分离仪器依赖或荧光标记依赖的难题。

11.2.2.3　基于变温核酸扩增的定量检测技术

（1）实时荧光定量 PCR

实时荧光定量 PCR(qPCR) 技术是通过对 PCR 过程的实时监控，来专一、灵敏、快速、可重复地精确定量起始模板浓度，真正实现了 PCR 从定性到定量的飞跃。该技术拥有特异性强、灵敏度高、重复性好、定量准确、速度快、全封闭反应等优点，已成为分子生物学研究的重要工具。

qPCR 技术是指在 PCR 反应体系中加入荧光基团，利用荧光信号的累积实时监测整个 PCR 进程，最后通过标准曲线对未知模板进行定量分析的方法。它在常规 PCR 基础上添加了荧光染料或荧光探针。荧光染料能特异性掺入 DNA 双链，发出荧光信号，而不掺入双链中的染料分子不发出荧光信号，从而保证荧光信号的增加与 PCR 产物增加完全同步。在 qPCR 中，对整个 PCR 反应扩增过程进行实时监测和连续分析荧光信号，当信号值超过计算阈值（前 15 个循环荧光信号标准偏差的 10 倍）时，此 Ct 值作为该样品的特征结果。Ct 值的含义是：每个反应管内的荧光信号到达设定的阈值时所经历的循环数。研究表明，每个模板的 Ct 值与该模板的起始拷贝数的对数存在线性关系，即起始拷贝数越多，Ct 值越小。利用已知起始拷贝数的标准品可以绘制出标准曲线。因此，只要获得未知样品的 Ct 值，即可从标准曲线上推算出该样品的起始拷贝数从而实现对核酸定量。传统定量 PCR 的原理图如图 11-17 所示。

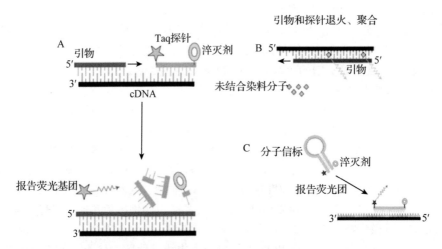

图 11-17　定量 PCR 原理图

图 11-17 展示了 3 种不同类型的定量 PCR 的原理。图 11-17A 是基于 TaqMan 探针法的 qPCR，这种方法产生荧光的原理是依赖于 PCR 扩增酶的内切活性使探针上的荧光基团与淬灭基团分离，从而实现使体系产生荧光的目的。这种方法是现阶段应用最为广泛的定量 PCR 方法，具有相对较高的稳定性、较低的荧光背景值。图 11-17B 是基于双链结合染料的定量 PCR，这种方法产生荧光的原理是通过双链结合染料与 DNA 双链结合后可以产生荧光信号，当染料处于游离态时，其释放的荧光处于相对较低的水平。这种方法具有成本低，引物设计简单等优点，但是其容易受到引物二聚体等因素的干扰，所以其精准检测的稳定性和灵敏度相对于探针有所差距。图 11-17C 是基于分子信标的定量 PCR。这种方法的荧光产生原理是通过发卡状、两端标记荧光基团和淬灭基团的长探针，在原始状态下，两个基团靠在一起从而不产生荧光；但是当体系中存在有可以与探针序列相互补的核酸序列时，探针打开，荧光基团与淬灭基团远离，从而发出荧光信号。这种方法与前两种方法不同点在于，其通过杂交产生荧光，而不是引物的扩增，因此这种方法不会受到 PCR 扩增效率的影响。

qPCR 技术实现了从传统定性分析到定量分析的升级优化，且有效解决了传统 PCR 技术存在的检测污染问题。但 qPCR 定量依赖于标准曲线的绘制，这个过程往往需要对样品和仪器进行复杂的校准、调试以及需要保证检测样本的均一性，且 qPCR 的阈值设定以及实验操作都会受到人为因素的干扰，存在一定的误差。

（2）数字 PCR

为了克服定量 PCR 稳定性差、模板定量依赖等方面的缺陷，不依赖标准曲线可实现绝对定量检测的数字 PCR 被开发出来，在微量核酸组分的检测方面显现出较好的灵敏度和单拷贝数量级的精密度。

1999 年，Kenneth Kinzler 与 Vogelstein B 提出了"数字 PCR"的概念，该技术是一种基于单分子扩增以及原始反应分割的 PCR 扩增手段。数字 PCR 通过将原始的反应体系进行有限的大量分割，将参与扩增的组分和体系中的模板分配到单个的反应小体系中，在每个微反应体系中包含或不包含一个或多个拷贝的目标核酸分子（DNA 模板），在反应体系中进行"单分子模板

PCR 扩增"。通过 PCR 的扩增，当小的反应体系中存在有目标分子时，会产生扩增产物并释放出荧光信号；反之，当体系中不存在目标分子时，该小反应体系为阴性。后续进行数据分析时，需要根据所有体系中的荧光值确定阳性体系与阴性体系的数量，从而根据两者数量的比较，利用统计学方法计算出原始体系中所含有的靶基因的绝对拷贝数。目前数字 PCR 主要分为 3 种：微孔式数字 PCR、微滴式数字 PCR 和微腔式数字 PCR。应用最广泛的是微滴数字PCR，该技术具有灵敏度高、成本低的特点，可实现 DNA 的绝对定量。

由于数字 PCR 具有灵敏度高、特异性好和精确性高的优点，它在极微量核酸样本检测、复杂背景下稀有突变检测、表达量微小差异鉴定和拷贝数变异检测等方面表现出的优势已被普遍认可。在基因表达研究、基因组拷贝数鉴定、致病微生物鉴定、转基因成分鉴定等诸多方面显示出广阔应用前景。但因检测体系的复杂性和稳定性不足，离定量标准化检测还有一定距离。

11.2.3　基于等温核酸扩增的食品安全快速检测技术

恒温核酸扩增技术与传统 PCR 方法不同，不需要通过热循环步骤只需要在恒温的条件下进行温浴，便可实现目的片段的扩增。因无须变温设备，能够在一定程度上节省检测时间、降低检测成本。此外，部分恒温技术甚至无须温度控制相关仪器，在室温下即可进行，使得现场扩增技术成为可能。

目前，等温扩增技术主要包括酶依赖型与非酶依赖型扩增技术。其中，酶依赖型等温扩增技术包括环介导等温扩增技术（loop mediated isothermal amplification，LAMP），链置换扩增技术（strand displacement amplification，SDA），切口酶扩增技术（nicking endonuclease mediated amplification，NEMA），滚环扩增技术（rolling cycling amplification，RCA），重组酶聚合酶扩增技术（recombinase polymerase amplification，RPA）、等温指数扩增技术（exponential amplification reaction，EXPAR）等（图 11-18）。

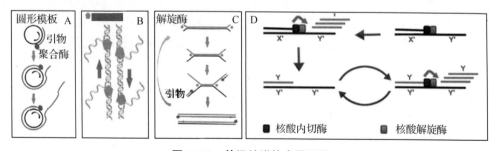

图 11-18　等温扩增技术原理图

A. 滚环扩增技术（RCA）　B. 链置换扩增技术（SDA）　C. 依赖解旋酶扩增技术（HDA）
D. 指数扩增反应（EXPAR）

11.2.3.1　酶依赖型等温核酸扩增技术

（1）环介导等温扩增技术（LAMP）

LAMP 技术是酶依赖等温扩增技术中应用较广的一项扩增技术。LAMP 技术原理图如图 11-19 所示，是一种新型的恒温扩增模式，最早由 Notomi 等开发。LAMP 技术通过 4~6 条特异性引物识别靶标 DNA 的 6~8 个区域，并由具有链置换活性的 DNA 聚合酶在 65 ℃左右的恒温条件下延伸得到大量茎环产物。4~6 条引物的存在使得本方法具有较高的特异性，同时具有很高的扩增效率（约 10^9）。该方法应用成本相对较低，借助一个水浴锅即可完成核酸扩增，可在现场实现准确快速灵敏的检测。

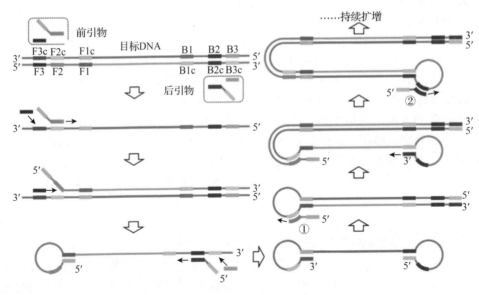

图 11-19　LAMP 扩增技术原理图

目前 LAMP 的扩增产物可以通过琼脂糖凝胶电泳、荧光定量或比浊度等方式进行检测。由 LAMP 的扩增反应原理可知，LAMP 扩增产物是分子质量大小不一的哑铃状 DNA 组成的混合物，因此在 2% 的琼脂糖凝胶上呈现的一般是阶梯状的弥散型条带，不能用对应靶标基因长短的条带来判定产物是否存在，而是通过特定弥散条带的有无来进行判定。但是琼脂糖凝胶电泳的操作烦琐、分辨率低、耗时长、容易产生交叉污染、无法定量。

LAMP 扩增产物还可通过浊度法判定，根据是 LAMP 反应中消耗一分子 dNTPs，便可释放出一分子焦磷酸根，它可以和溶液中的镁离子结合产生肉眼可见的焦磷酸镁白色沉淀，从而进行判定。PCR 反应中也有焦磷酸根的产生，但是含量比较少，几乎不可见。由于 LAMP 相较于普通的 PCR 反应有着超高的扩增效率，故可产生浑浊可见的焦磷酸镁白色沉淀，但由于视觉误差的存在，结果判定常会存在一定的误差。后来又研制出浊度仪，用于实现 LAMP 浊度定量检测。但是浊度仪的成本高、稳定性和重现性较差，在定量和快速检测方面还需进一步改进。

荧光定量法则多是利用核酸染料与双链 DNA 结合从而发生荧光值及颜色变化，来实现 LAMP 产物的检测。常用的核酸染料有 SYBR Green I。与双链 DNA 的小沟嵌合后的 SYBR Green I 染料，荧光强度可提升 800~1 000 倍，同时颜色会由橙色变成荧光绿色，但该染料对 LAMP 的扩增有一定的抑制性。

针对 LAMP 技术存在的系列瓶颈问题，有研究团队利用功能核酸或免疫标签做了一系列改进工作。

①多重 LAMP 可视化　为了实现多重 LAMP 的检测，传统的方法是在 LAMP 引物中设计核酸内切酶识别位点，并通过对特定片段的识别来判断产物的存在与否。另外一种可检测多重 LAMP 产物的方法是使用多种荧光基团标记的引物或探针来区分扩增产物。此外，焦磷酸测序的方法也可实现对多重 LAMP 产物的检测，这种方法比前两种方法更有优势。但是，这种方法仍达不到现场检测的要求。对于多重 LAMP 产物的检测，很有必要建立一种可行可靠的现场检测方法。对于现场检测而言，要求使用精密小巧的仪器设备，而 LAMP 只需要一个恒温的条件就可进行，所以很适合使用便携的仪器进行现场操作。此外，还可以通过对 LAMP 引物进行多重免疫标签标记，利用多线型侧流层析试纸实现多重 LAMP 产物的可视化检测。针对 LAMP 假

阳性高、易污染的问题，还可以利用侧流层析试纸结合智能密封装置来消除 LAMP 的假阳性问题，以满足复杂和加工过的农产品中的微量 DNA 的检测。为进一步满足现场检测的需要，还可配套由盒体、热帖和样品槽 3 部分组成的便携自热型等温装置保证整个核酸扩增温度的均一，解决依赖大型设备及复杂操作的难题。

②LAMP 液相可视化 依据环介导等温扩增体系的特点，可将易比色滴定的功能核酸 G 四联体 DNAzyme 的反向互补序列引入到 LAMP 的内引物中。在存在靶基因的情况下，借助 LAMP 的扩增体系大量获得可比色滴定的 G 四联体 DNAzyme，通过简易 DNAzyme 滴定来实现 LAMP 扩增产物比色分析。该技术优势整合了 LAMP 的高特异性和 DNAzyme 的可视性，不需要依赖琼脂糖凝胶和浊度仪，便可实现可视化分析。

（2）其他等温扩增技术

LAMP 扩增技术是一类依赖具有链置换活性 DNA 聚合酶的等温扩增技术，此外，利用内切酶活性和 DNA 聚合酶又发展出 SDA、NEMA、EXPAR 等指数扩增反应。其主要原理为依靠具有链置换活性的 DNA 聚合酶（如 Bst DNA 聚合酶），采用两对引物同时扩增，外引物可将内引物的延伸产物剥离从而达到循环扩增的目的。另一类等温扩增反应是依赖单链模板复制原理建立起来的扩增技术，主要包括 RCA、RPA 等，其主要原理为模拟遗传物质的增殖达到扩增目的。

学者们根据 DNA 在熔解状态下的特殊形态，发展出的无须热变性的核酸恒温扩增技术不仅大大简化了实验过程，而且能够使扩增反应在恒温状态下进行，极大地满足了研究者，尤其是现场检测工作者的需求。

11.2.3.2 非酶依赖型等温核酸扩增技术

（1）杂交链式反应扩增技术

杂交链式反应（HCR）是由 Dirks 和 Pierce 于 2004 年提出的一种新型体外核酸等温扩增技术。它不需要酶和温度循环辅助，依靠核酸发夹中贮存的能量，在催化链的存在下，触发 DNA 核酸发夹自组装成一种核酸纳米结构，实现信号的放大。该方法在常温下即可进行，操作简单，实验成本低。相较于 LAMP，HCR 最大的亮点是无须核酸工具酶，且在室温下即可进行。

HCR 反应一般需要 3 条链存在：催化单链，又叫启动序列（Initiator）和两条供能的"燃料发夹"H1 和 H2。HCR 反应得以进行，需要两条"燃料发夹"具有"环状区"（l），"茎"（n）和"支点"（m），如图 11-20A 所示。

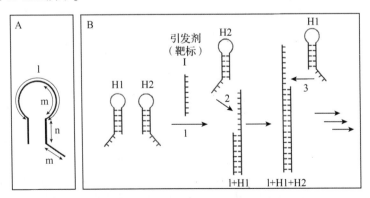

图 11-20 储能发夹的结构及杂交链式反应（HCR）原理示意图

图 11-20B 描述了 HCR 的工作原理。单链靶标是 HCR 的启动子，在没有启动子的情况下，这对燃料发夹保持亚稳态。然而，在引入启动子（靶标链）后，由于启动子和发夹上的互补区域相互作用，级联交替打开发夹 H1 及 H2。在每个反应周期中，一对发夹打开，在有缺口的

dsDNA 上产生一个新的单链区域，该区域与原始启动序列相同。这个启动子序列的再生使链式反应得以维持，最终形成一个具有切口的长 dsDNA 链，直到发夹的供应耗尽。需要注意的是产生的 dsDNA 链的分子质量与所提供的启动子的量成反比。且由于 HCR 反应的原料便于标记修饰，可以与酶、荧光素、纳米材料、核酸酶、电活性分子等多种信号体结合，实现比色、荧光、电化学等多种形式的信号输出。

（2）催化茎环自组装反应扩增技术

催化茎环自组装（catalytic hairpin assembly，CHA）是一种等温、无酶信号放大的反应。主要反应元件由两个茎环状 DNA 发夹和一条单链启动核酸组成，其中茎环结构上的单链黏性末端，即"立足点"，能被启动链上裸露的核酸通过碱基互补配对识别，进而启动具有循环扩增特点的链置换动力学反应，将待检核酸指数级转化扩增为双链 DNA。CHA 是在 HCR 基础上发展起来的一种新型的由自由能推动的发夹型 DNA 组装方式。与 HCR 不同，CHA 反应中的目标链可以被置换出来并引发下一轮反应，在整个反应中起到类似催化剂的作用。

11.3　基于功能核酸识别的食品安全快速检测技术

核酸不仅包含遗传信息，还由于可形成特殊的结构与某些物质高特异性、高亲和力结合，从而发挥特殊的生理功能、分子开关调节功能、催化功能、转化功能、识别功能。随着近年来体外筛选技术——指数富集的配体系统进化技术的发展，研究者可以根据靶标物质需要，不需要借助生物体在体外进行多轮筛选，即可得到想要功能或结构的核酸（图 11-21）。如可以特异性与靶标物质结合的适配体；可以在核酸结构内部贮存能量，在单链核酸催化下可以释放能量作为"砖块"搭建纳米结构的核酸发夹；可以在核酸发夹茎干上对称修饰荧光-淬灭基团后，贮存荧光信号的分子信标；以及可以催化底物显色，具有类酶活性的 G 四联体等。后期随着化学合成技术的发展，研究人员还将多肽骨架取代 DNA 糖-磷酸骨架，做成了与普通核酸具有高亲和力的、带正电的 DNA 类似物肽核酸（PNA）。且一旦通过测序获得序列组成，可以通过体外化学合成获得大量稳定的、性质均一的功能核酸，是强有力的分析工具。

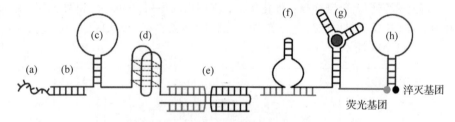

图 11-21　具有不同结构的功能核酸

（a）单链核酸/肽核酸；（b）二倍体；（c）核酸发夹；（d）四重体；（e）交叉体；（f）切割型核酸酶；
（g）适配体-靶标复合物；（h）分子信标

2020 年出版的《功能核酸生物传感器——理论篇》一书给了功能核酸一个定义：一类可替代传统蛋白酶及抗体，具有独立的结构，执行特定生物功能的核酸分子的统称。包括适配体、切割核酶、错配核酶、三链核酸、人工核酸、四链核酸、发光核酸、探针、引物、核酸纳米材料、核酸金属复合物。功能核酸可以替代抗体执行特异性的识别、转化功能，可以替代酶执行催化功能实现信号的扩增及输出。除本身具有丰富的结构及功能外，这些功能核酸组件可以通过核酸裁剪、编码、序列融合，形成更多结构与功能的新功能核酸元件，与各种类型的食品危害物作用、识别，将不同类型的危害物统一转化为核酸中间体，然后通过触发核酸扩增反应，实现信号放大，进而实现不同类型危害物的生物传感检测。功能核酸元件的出现，对解决不同类型食品安全风险因子检测方法繁杂的瓶颈问题有着重要的简化意义。本节通过介绍几种常见功能核酸的识别转化及信号输出形式，简单介绍基于功能核酸生物传感的食品安全快速检测技术。

11.3.1　基于核酸互补识别的食品安全快速检测技术

11.3.1.1　核酸互补识别

（1）单链互补识别

"单链 DNA"识别体系是指用一条单链 DNA 通过 Watson-Crick 碱基互补配对去识别另一条单链 DNA，以形成稳定的双螺旋结构 DNA 形式。此外，还可以类似抗体-抗原识别，将一条核酸链固定到固相界面作为捕获探针，将另外一条核酸链标记信号作为检测探针，依靠与靶标序列的两段黏性末端互补形成"三明治"夹心结构。该体系常用于识别一些产物为单链或有一端游离单链的核酸扩增产物，也常用来直接检测 ssDNA 或 microRNA 等单链核酸。此外，研究还报道单链 DNA 可以通过 Hoogsteen 键嵌入双链 DNA 的大沟中形成三螺旋 DNA 结构，因此，单链 DNA 还可以不通过单链黏性末端，直接捕获双链 DNA 靶标分子（图 11-22D）。

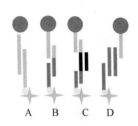

图 11-22　单链互补识别
A. 双链互补　B. 夹心互补
C. 夹心捕获具有单链黏性末端的双链核酸分子　D. 三螺旋互补

（2）特殊构象核酸识别

常见的特殊构象核酸为发夹核酸，发夹核酸存在分子内碱基配对。当靶标序列不存在时以茎环结构存在，当靶标序列存在时，发夹核酸部分序列与靶标序列互补杂交，发生链置换反应，将锁定在茎环结构的序列释放，转化成具有催化扩增活性的单链序列。当靶标物质为游离单链 DNA 或 microRNA 等单链核酸时，可以采用"发夹核酸"识别体系（图 11-23）。

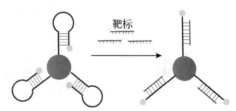

图 11-23　发夹 DNA 识别

（3）人工核酸-天然核酸识别

人工核酸-天然核酸识别体系是指用一条单链人工核酸通过 Watson-Crick 碱基互补配对去识别另一条单链天然核酸，以形成稳定的双螺旋结构形式。人工核酸种类众多，以肽核酸（polyamide nucleic acid，PNA）为例，所形成的 PNA-DNA 结构比传统的 DNA-DNA 结构具有更高的热稳定性、更强的盐离子耐受能力、每个碱基的解链温度高 1℃、室温下更快的杂交速度、作为探针时更短的碱基数量（10~15 mer）以及更强的单碱基错配识别能力。这是源于 PNA 是一类通过多肽骨架（中性的肽链酰胺 2-氨基乙基甘氨酸键）取代核糖磷酸骨架（戊糖磷酸二酯键）而制备得到的中性 DNA 类似物。由于 PNA 不带负电荷，与 DNA 和 RNA 之间不存在静电斥力，因而结合的稳定性和特异性都大为提高，在核酸传感器构建中是理想的亲和识别模型。当靶标物质为单双链 DNA 或 microRNA 时，可以采用人工核酸-天然核酸识别体系。

（4）"核酸碱基错配"识别

"核酸碱基错配"识别体系是指 DNA 的两个胸腺嘧啶碱和两个胞嘧啶可以错配分别结合 Hg（Ⅱ）和 Ag（Ⅰ）形成稳定的"T-Hg（Ⅱ）-T"和"C-Ag（Ⅰ）-C"结构（图 11-24）。当靶标物质为 Hg（Ⅱ）或 Ag（Ⅰ）时，可以采用核酸碱基错配识别体系。错配识别体系可以与不同的核酸结构结合，形成不同类型的分子开关。例如，将 C-C 错配结构设计在 G 四联体序列中，银离子的存在与否会影响 G 四联体结构的形成。当环境中存在游离的银离子，C-Ag（Ⅰ）-C 结构诱导 G 四联体形成，可以在氯化血红素存在时催化 ABTS 反应，实现可视化检测。

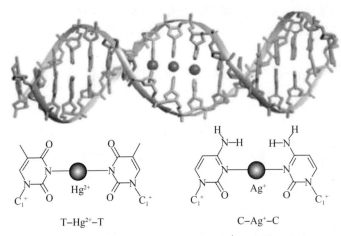

图 11-24 "T–Hg(Ⅱ)–T"和"C–Ag(Ⅰ)–C"错配结构

11.3.1.2 基于核酸互补识别的食品安全快速检测技术

基于核酸互补识别的食品安全快速检测技术，往往不是只依靠一种核酸互补识别类型完成的，而是根据靶标性质及信号输出平台，通过对核酸的理性设计将不同类型的核酸识别转化模式合理组装到一起协同完成待检物质的生物传感检测。

例如，为实现食源性致病菌的快速检测，可将非核酸隔断组分引入核酸引物中，制备通用隔断引物，通过 RPA 等温扩增技术，将致病菌基因组 DNA 转化为带有 ssDNA 尾巴的 dsDNA 产物。同时设计肽核酸（PNA）人工核酸探针并固定到横流层析试纸的分析线（T线）界面，通过人工核酸–普通核酸识别，将带有 ssDNA 尾巴的 RPA 扩增 dsDNA 产物捕获到试纸的 T 线上，进一步设计金纳米粒子修饰的 ssDNA（ssDNA@ AuNPs）信号探针，通过单链互补识别形成"PNA–扩增产物 dsDNA– ssDNA@ AuNPs"三明治夹心复合物，使得 AuNPs 在 T 线聚集形成红色可视化信号，实现快速检测。该设计传感器可在 30 min 内完成单细胞水平的食源性致病菌的分析，非常的简便快速。

为了实现金属离子的检测，利用 Ag^+ 可以与 C 碱基错配改变核酸构象的性质，将富 C 序列与富 G 的 G 四联体 DNAzyme 通过碱基互补设计分子开关（格式 1）。当待检测样品存在 Ag^+ 时，会诱导"C–Ag(Ⅰ)–C"结构形成（格式 2），释放红色富 G 序列形成具有类过氧化物酶活性的 G 四联体 DNAzyme，催化底物 ABTS 显色，从而产生比色信号。这种属于开型（turn-on）液相比色生物传感检测技术（图 11-25）。

此外，错配型碱基识别与横流层析试纸结合具有快速、方便的检测技术优势，形成了一系列纸基传感器。首先，依赖于错配型碱基的"夹心法"识别，将一条富含胸腺嘧啶碱基的探针共价标记上金纳米颗粒，另一条富含胸腺嘧啶碱基的探针修饰固定到检测线上，靶标物质 Hg（Ⅱ）可以与两条富含胸腺嘧啶碱基的序列结合形成"三层夹心结构"，由此金纳米粒子在检测线上聚集，形成红色比色信号；将信号元件从金纳米颗粒替换为更为稳定的碳纳米粒子也可同样实现纸基比色检测；其次，基于错配型碱基的"竞争法"识别，仅需要一条富含胸腺嘧啶碱基的探针即可完成 Hg（Ⅱ）的检测，但需要注意基于"竞争法"识别的 AuNPs 信号聚集程度与靶标物质的量成反比。最后，基于错配型碱基的"分子开关"识别，将错配型碱基与靶标的识别诱导的核酸构象变化，作为核酸扩增技术的"分子启动开关"，触发一系列核酸扩增反应进行信号放大和灵敏度提升，以此构建正向相关的比色信号扩增及输出。

可见，只要设计适宜的富含胸腺嘧啶或胞嘧啶的探针序列，便可通过"核酸碱基错配"识别体系来构建用于 Hg（Ⅱ）和 Ag（Ⅰ）检测的液相或纸基固相比色传感器。

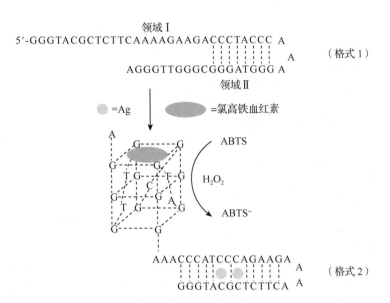

图 11-25　基于碱基错配的银离子比色传感示意图

11.3.2　基于适配体亲和识别的食品安全快速检测技术

11.3.2.1　适配体概述

1990 年，Tuerk Gold(1990) 和 Ellington Szostak(1990)发现了一类能与蛋白结合的单链核酸序列，两者的结合特异性及亲和度极高。他们将这类核酸序列命名为适配体(aptamer)。适配体是能特异性识别某种靶物质且具有高度亲和力的核酸序列(DNA 或 RNA)，通常含有 15～40 个碱基，其分子质量约为 5～25 ku。

11.3.2.2　适配体筛选制备

与抗体不同，筛选适配体不需要进行动物试验，在体外即可获得目标序列。最常见的适配体筛选技术——指数富集的配基系统进化技术(systematic evolution of ligands by exponential enrichment，SELEX)通常在 8～15 轮的筛选后得到与靶物质结合的亲和性和特异性良好的适配体序列，整个周期在 1～2 个月。而最近诞生的 Non-SELEX 技术筛选周期更短，与毛细管电泳仪共同使用时可将筛选周期控制在 1 d 左右。SELEX 主要包括建立文库、与靶物质孵育、洗脱分离、扩增富集等步骤，经过 n 轮的循环，从而筛选出目标序列(图 11-26)。

适配体是在容量为 10^{13}～10^{15} 的核酸文库中进行 5～13 轮的阳性筛选，最终得到的适配体与靶物质共同孵育时，其解离常数可达 nmol 甚至 pmol 水平。由此可见，适配体与靶物质的结合能力极强。同时，适配体也具有高特异性，以食源性致病菌为例，研究者通常会选择菌上某个特异性组分，如标志性蛋白、致病毒素等作为筛选靶物质，从根本上保证了筛选出的适配体具有特异性。当靶物质是全菌时，研究者会在阳性筛选结束后选择 3～5 种与该菌结构或致病性相似的菌种进行阴性筛选，使筛选出的适配体具有极高的特异性。

11.3.2.3　适配体-配体识别

适配体是一类通过体外筛选获得的能与靶分子特异性结合的短片段单链寡核苷酸序列，是一种类似蛋白抗体的核酸型抗体。它不仅具有类似反义寡核苷酸的功能，能与目的基因进行亲和识别，还可对小分子物质(ATP、氨基酸、核苷酸、金属离子、毒素等)、生物大分子(酶、生长因子、细胞黏附分子等)及完整的病毒、细菌、细胞和组织切片等进行高特异性亲和识别，是一种理想的生物识别工具。能与适配体结合的靶标物质，可以统称为配基。

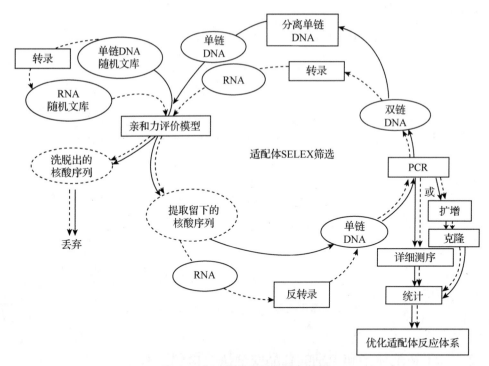

图 11-26　适配体的筛选制备流程

　　类似于抗原抗体相互识别，适配体与从小分子到大分子不同靶标物质（配体）的结合，也可以根据靶标分子的大小不同简单分为两类配置：单位点结合和双位点结合。这是由于小分子靶标的核磁共振（NMR）研究表明，它们通常被埋在适配体结构的结合囊内（图 11-27 B），与第二个分子的相互作用空间很小。由于这种局限性，小分子靶标通常使用单适配体单位点结合构型进行识别。目前有研究发现，将完整适配体劈裂成两半，仍具有单位点的结合活性，可以实现小分子物质的单位点"双劈裂适配体"夹心（图 11-27 A）。相较于小分子物质，蛋白质类大分子靶标结构复杂，允许各种形式相互作用来识别（如叠加、形状互补、静电相互作用和氢键）。因此，可以通过单位点结合（图 11-27C）和双位点结合（图 11-27D）两种形式来检测蛋白靶点。双位点结合既可以依赖于一对结合蛋白质不同区域的抗体和适配体的夹心，形成抗体-靶标-适配体三元杂交型结合物（图 11-27E），也可以利用双适配体的夹心（图 11-27D）。

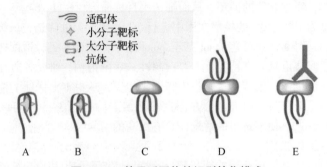

图 11-27　基于适配体的识别转化模式

A. 小分子靶标的单位点劈裂适配体结合模式　B. 埋在适配体结构结合袋内的小分子靶标
C. 大分子靶标的单位点结合模式　D. 与两个适配体的双位点（三明治）结合形式
E. 与适体和抗体的杂交型"三明治"结合形式

11.3.2.4　基于适配体识别的食品安全快速检测技术

（1）基于单适配体识别构象改变荧光传感器

据报道，适配体与靶标分子结合时常伴有构象变化，通过将有机荧光团引入适体的构象不稳定区域，可以将与靶标的结合转化为荧光团发光环境的变化，从而改变荧光特性，如强度和各向异性（图 11-28）。

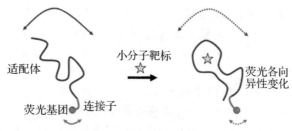

图 11-28　基于小分子适配体设计的非竞争性荧光各向异性传感示意图

注：双箭头表示可能的局部和全局运动对荧光各向异性信号变化的贡献

此外，这种构象变化会导致某些碱基距离发生变化或者某些关键启动序列的暴露，当适配体标记有荧光基团或者加入其他核酸体系时，可通过适配体与靶标物质的结合将其转化为荧光共振能量转移或核酸扩增信号，从而实现靶标的识别转化。基于荧光标记时，比较常见的识别转化类型如下：①将不同的两种适配体裁剪融合，靶标与适配体结合诱导形成发夹，导致荧光和淬灭基团靠近，荧光淬灭（图 11-29A）；②将适配体嵌入到分子信标中，靶标与适配体结合导致信标分子解离，荧光和淬灭基团远离，荧光产生（图 11-29B）；③将靶标结合区域劈裂成图 11-29C 中部两种形式，在有靶标物质存在时，构象转化诱导荧光基团-淬灭基团形成"淬灭"或"点亮"态；④将适配体通过碱基互补杂交封锁，当靶标物质存在时，诱导构象变化，产生链置换反应，诱导荧光与淬灭基团之间的距离变化，产生荧光信号变化（图 11-29D）。

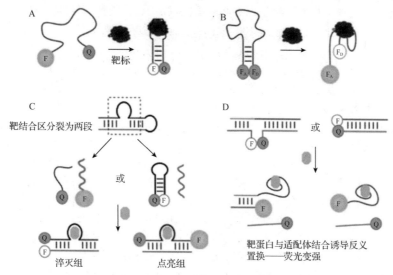

图 11-29　基于单适配体构象改变的识别转化模式

（2）基于双适配体夹心的生物传感器

当待分析的靶标为大分子物质的时候，一般具有两个结合位点，基于双适配体的夹心分析是一种比较常见的识别转化模式。在分析中被测物被夹在两个适配体之间，一个适配体用于捕获，另一个用于检测。例如，大分子物质血管内皮源性生长因子（VEGF），DNA 适配体被用作检测配体，然后利用碱性磷酸酶（ALP）连接的抗荧光素抗体 Fab 片段（商业化产品）可检测出 5′端荧光素标记的 RNA 适配体。在这一分析中也可以用酶连接的适配体代替酶连接的抗体 Fab 片段。在夹心分析中，捕获适配体一般会被固定在固相材料或界面上，常见的固相材料有 96 孔微孔板、纳米微球、磁珠等，可在夹心分析中捕获靶蛋白分子，而检测适配体一般会被标记上信号体，将检测适配体与靶标的捕获转化为酶、荧光、纳米材料等信号。

基于适配体的夹心分析，目前多是用一个抗体作为第二适配体，这是由于难以找到两个结合位点不同，且结合位点没有重叠的适配体，其原因是由 SELEX 过程本身所决定的。标准的 SELEX 过程常是为了确定亲和力最高的适配体，亲和力是整个过程所追求的唯一目标。若亲和力的强化达到了极限，最后产生的是亲和力极高的、结合在最佳部位的适配体。如果限制 SELEX 的过程，也许可以找到两个不同结合部位但亲和力有所下降的适配体。此外也可以改变策略寻找结合部位没有重叠的适配体。已经筛选出来的适配体可以用作后续 SELEX，以找到不同部位的适配体，也可以将靶分子以不同的形式呈现，进行两次不同的 SELEX 过程，以找出针对同一靶分子不同表位的不同适配体。但不用上述技术也可找出两个针对同一分子不同结合部位的适配体。

（3）基于劈裂适配体夹心的生物传感器

一般来说，夹心分析适用于具有双结合位点的大分子，低分子质量的分析物通常不能用三明治夹心检测法进行测定，而是采用灵敏度较低、特异性较低的竞争性方法。主要原因是一个小分子仅呈现一个表位，甚至仅是表位的一部分，空间位阻使其无法同时与两个探针结合。

为了解决这个问题，Stojanovic 等人特别开发了一种基于劈裂适配体的策略，将核酸适配体劈裂成两个片段，在靶标存在的情况下特异性形成三元复合物。这两个单独的寡核苷酸缺乏二级结构，因此不会产生假阳性或非特异性信号。只有当靶标存在时，两个劈裂的适配体片段相互靠近，才会产生阳性信号。劈裂适配体夹心方法已被广泛用于各种靶标分子的检测，特别是小分子靶标，结合不同的信号转导方式，形成了比色、荧光和电化学等系列分析方法。

劈裂适配体的出现为小分子物质的夹心分析提供了识别可能。但将适配体裂解成有效片段存在一定难度，迄今为止，已有超过 100 种小分子结合适配体被报道，但只有 6 种被成功构建为劈裂适配体。将适配体劈裂成具有夹心识别活性的两个片段，需要一定的条件。当适配体具有明确的适配体-目标复合体结构、发夹环结构、三向连接（three-way junction）结构时较为容易劈裂，形成具有结合识别活性的劈裂适配体。一般，具有明确定义的适配体-靶标复杂结构的适配体较容易劈裂为两个片段。不参与靶标结合的碱基可以作为候选劈裂位点。就具有发夹环结构的适配体劈裂而言，单链寡核苷酸适配体通常包含 2 个或 3 个部分互补的结构域，小分子靶标通常与发夹环区的碱基结合。Kent 等人发现发夹型的适配体很难在不干扰靶标结合口袋的情况下劈裂。然而，Stojanovic 等人认为，在大多数情况下，这些环对配体结合并不是必需的。无论何种情况，如果发夹环不参与靶标的结合，且距离结合口袋较远，则可以选择它们作为劈裂位点。就具有三向连接结构的适配体劈裂而言，Kent 等人认为该三向连接是一种适合适配体发展为劈裂适配体的"特权架构"，因为这种类型的适配体可能提供两个距离靶标结合囊较远的劈裂位点。通过使用 4 种具有三向连接结构的甾体适配体作为模型，Kent 等人报道了一种通用的劈裂适配体生产策略，包括序列劈裂、系统截断互补茎区和优化缓冲条件，以在需要的小分子靶标存在时实现选择性组装。结果表明，劈裂适配体夹心识别适用于多种生物传感模式。该方法为其他适配体的应用提供了可靠的途径，极大地促进了小分子靶标的夹心方法的发展及应用。

（4）基于核酶标记的生物传感器

适配体本身作为核酸序列，除了通过生物素-链霉素系统标记 HPR 或 AP 两种酶标记外，还可以通过碱基融合与 G 四联体 DNAzyme 相连，进行核酶标记。G 四联体 DNAzyme 是一种与氯化血红素共孵育后具有类似过氧化物酶催化活性的核酸分子，比蛋白类的 HRP 酶具有更好的热稳定性和易制备性，在医学、生物学和材料科学领域都有应用。G 四联体的发现与端粒是密不可分的。Gellert 在 1962 年通过 X 射线证明了 4 个鸟嘌呤(G)可以通过 Hoogsteen 氢键相互作用，形成一个共平面的四聚体(G-quarter)。1987 年，Henderson 等发现 G 四联体存在于端粒末端，证明 G 四联体在生物体中起着重要的作用。随后又发现了 G 四联体存在于免疫蛋白的开关区域以及基因的启动子等区域。2009 年，Cheng 等发现了 G 四联体与氯化血红素(hemin)结合具有类过氧化物酶活性，可以催化 H_2O_2 参与反应，又扩展了 G 四联体在体外的应用。

G 四联体首先可以与氯化血红素共孵育后形成类过氧化物酶活性的高级结构，催化 ABTS，3,3,5,5′-四甲基联苯胺(TMB)等物质发生颜色变化，进而完成比色信号的输出。其次，G 四联体还可以和一些小分子物质结合发出荧光，如 N-甲基吗啡啉(NMM)、硫黄素 T(ThT)、噻唑橙(TO)等小分子物质，进而完成荧光信号的输出。此外，它还可以和电化学分子结合，通过自身构象变化引起电化学分子的变化，进而作为电化学信号。2017 年 Wang 等基于 Cu^{2+}-G 四联体 DNAzyme 的过氧化物酶活性完成了对焦磷酸酶的电化学检测。

(5)基于金纳米粒子的比色生物传感器

适配体作为一种类抗体与金纳米粒子形成复合物有两种形式，一是通过核酸末端修饰巯基与金纳米粒子形成 Au-S 键共价修饰标记到金纳米粒子表面，二是通过核酸构象变化导致的电荷及刚性变化与金纳米粒子通过静电作用吸附或解离。

①共价修饰标记型比色生物传感　一般都是先将适配体的互补链通过 Au-S 键共价修饰到金纳米粒子表面，然后适配体作为"连接子"，通过"三链夹心"诱导金纳米粒子的聚集体形成。当靶标分子存在时，适配体与靶标结合发生构象变化，从夹心结构上剥落下来，使得金纳米粒子聚集体解组装重回分散状态。由于这种分析模式中溶液颜色由蓝色变为红色，因此称为"signal-on"模式(图 11-30A、B)。另外一种，则是"signal-off"模式。通过在金纳米粒子表面共价修饰适配体，加入靶物质，诱导金纳米粒子表面上的适配体夹心识别靶标，使分散的金纳米粒子距离拉近发生聚集，溶液的颜色由红色变为蓝色(图 11-30C)，因此称为"signal-off"模式，此种模式多为双适配体夹心(大分子)。若是针对小分子靶标物质，则劈裂适配体也可满足要求(图 11-30D)。

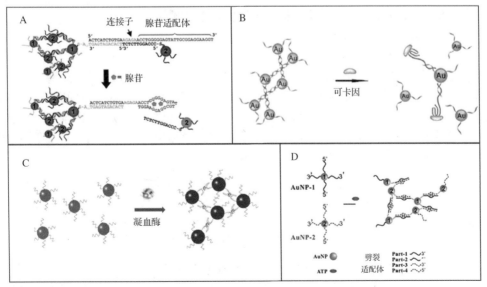

图 11-30　共价修饰标记型金纳米粒子"signal-off"(A、B)**及"signal-on"**(C、D)
模式比色传感器

②静电吸附非标记型比色生物传感 由于标记型比色传感器一般需要金纳米粒子表面共价修饰，工艺比较复杂且一定程度上会影响表面探针的活性。研究者后来又发现金纳米粒子对单双链核酸具有不同的吸附性质和不同的盐耐受性，在此基础上逐步发展出无须标记型金纳米粒子比色传感器。详细的分析机制是 ssDNA 具有一定的柔韧性且易形成无规则卷曲，因此很容易吸附在金纳米粒子表面。由于这种吸附可以增强金纳米粒子间静电斥力，因此可以阻碍高强度离子浓度下的金纳米粒子聚沉发生。相反的，dsDNA 的磷酸骨架（带负电）是暴露出来的，其结构相较于 ssDNA 也更加刚性，dsDNA 强烈的负电性及刚性结构使得其极其不易吸附在金纳米粒子表面，在高离子强度环境下，金纳米粒子由于缺少额外电荷的保护极易发生聚沉。这种非标记型传感机制更加简易，图 11-31 当靶物质存在时，适配体与靶标结合将互补链剥落下来。剥落下的单链吸附金纳米粒子表面，极大地增强了金纳米粒子表面斥力，因此可以抵抗高盐诱导的聚沉溶液保持红色；反之没有靶标物质时，适配体与互补链结合成刚性双链不能被金纳米粒子吸附到表面，因此不能抵抗高盐诱导的聚沉，溶液变为蓝色，从而实现传感。

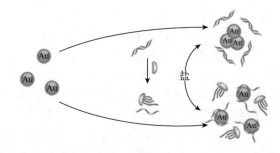

图 11-31 基于适配体的无标记型金纳米粒子比色传感器

基于适配体识别及金纳米粒子标记的比色传感器由于结果可视，在现场快速筛查中有着得天独厚的优势。但是目前在分析靶标通量方面还有限制，都是一个传感器对应一个靶物质，这方面还有待提升。

11.3.3 基于切割型核酶识别的食品安全快速检测技术

11.3.3.1 "切割型核酶"识别

"切割型核酶"（cleavage DNAzyme，cDNAzyme）识别体系是指一部分具有催化活性的 DNA 分子单独存在时催化作用很弱，只有在特异性的辅助因子存在时才能激活其核酸酶的活性表现出较强的催化活性，激活核酶切割底物链的常见辅助因子为金属离子或特定的微生物分泌物。当靶标物质为金属离子或特定微生物分泌物时，可以采用"切割型核酶"识别体系，将金属离子或微生物通过切割转化成单链核酸作为分子开关，与核酸扩增或信号输出体系关联，从而完成检测（图 11-32）。

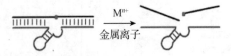

图 11-32 金属离子切割响应型核酶识别

11.3.3.2 基于"切割型核酶"识别的食品安全快速检测技术

切割型核酶在自然界中不存在，但可以通过 SELEX 技术从随机序列的核酸文库（ssDNA 或 RNA）中分离出来。作为 DNA 分子，DNAzymes 能与多种 DNA 扩增技术相容，在生物传感器搭建中具有高灵活性，便于传感路径设计。本部分依据信号输出方式不同，将基于切割核酶识别的生物传感检测技术分为荧光、比色、电化学 3 类进行简单介绍。

（1）荧光生物传感器

荧光生物传感器大体可以分为两种：标记荧光基团的生物传感器和无标记荧光基团的生物传感器。无标记荧光基团的生物传感器主要依靠 DNA 染料嵌入或 DNA 荧光纳米簇生成，产生荧光信号。

①标记荧光基团的生物传感器　标记荧光基团的生物传感器需要将荧光基团和淬灭基团通过共价键连接在酶链或底物链上，通过靶标催化核酶底物链切割，实现荧光基团和淬灭基团的距离调控发生不同的荧光共振能量转移（FRET），从而实现荧光信号强弱变化输出。以基于 8-17 DNAzyme 的 Pb^{2+} 荧光传感器为例，切割核酶底物链的 5′端以荧光基团 TAMRA 标记，酶链的 3′端以淬灭基团 Dabcyl 标记。当无 Pb^{2+} 时，酶链和底物链碱基对通过 Watson-Crick 键链接，导致荧光淬灭。当 Pb^{2+} 存在时，8-17 DNAzyme 催化底物链切割，切割底物链从酶链上脱落，使荧光基团与淬灭基团的距离增加从而使荧光强度增加，从而实现金属离子的检测。除了在酶链和底物链的终端修饰荧光基团外，也可以在序列的内部进行修饰。基于切割核酶的标记型荧光生物传感器可以达到大型精密仪器同级别灵敏度的同时，还兼具高选择性。例如，特异性核酶 39E DNAzyme 对 UO_2^{2+} 的选择性较其他金属离子特异性高 100 万倍以上。

此外，除了依赖有机荧光染料–淬灭基团间的 FRET 外，还有报道利用量子点替代有机荧光染料，金纳米粒子代替淬灭材料完成标记型荧光生物传感器的搭建。

②无标记荧光基团的荧光生物传感器　由于标记荧光基团的生物传感器价格相对昂贵，构建过程复杂，而且增加的荧光基团可能会对功能核酸的活性产生影响。因此，无标记荧光基团的荧光生物传感器受到人们的广泛关注。它主要包括 DNA 嵌合荧光染料、G 四联体催化发光、DNA 为模板的金属纳米簇。

最常用的 SYRB Green I 染料、Picogreen 染料能与双链核酸嵌合发出较强的荧光，而与单链核酸结合发出较微弱荧光。依靠切割核酶的底物链切割反应，切割核酶由双链转化为单链产物，不与荧光染料结合，荧光值较低；而当靶标不存在时，荧光染料与双链切割核酶结合，发出较高的荧光，从而实现无标记荧光检测。

此外，G 四联体不但可以与血红素结合形成类过氧化物酶催化 ABTS 和 TMB 显色，还可以与鲁米诺、三苯甲烷（TPM）、苯乙烯硫酸（SQ）等结合发出荧光。Cu^{2+} 以核酸序列为模板，特别是 poly(T) 或 poly(AT) 在合适还原剂存在情况下，还可以形成铜纳米粒子，进而发出红色荧光。

（2）比色生物传感器

虽然荧光生物传感器对于金属离子检测能提供较高的灵敏度和选择性，但其仍需要设备进行信号输出，实际应用中即使是体积较小的可提式荧光计也不便于原位和实时监测，而且荧光基团的标记周期和费用相对于比色生物传感器也没有优势。因此，比色生物传感器检测重金属是理想的方法，具有操作简单、价格低廉，且可通过直接的颜色变化进行半定量等特点，对于具有实时原位检测要求的样品更具意义。比色型生物传感器也可以分为标记型和非标记型两种。

①标记型比色生物传感器　通常是利用核酶的酶链断裂，调控金纳米粒子（AuNPs）的聚集及分散状态，实现比色信号输出。13 nm AuNPs 的分散和聚集状态分别对应红色和蓝色。在 2003 年，Lu 等报道了首个基于金纳米粒子标记和铅离子切割核酶的比色传感器。该比色传感器中，底物链的两个延伸臂可以与 AuNPs 上共价修饰的 DNA 互补。当不存在靶标时，酶链完整，通过酶链–底物链与 AuNPs-DNA 链互补，使 AuNPs 聚集呈蓝色；当靶标存在时，底物链

被切割，同时结合温度控制，AuNPs 回到分散状态，呈红色。初期的比色生物传感器操作复杂，检测时间长，并且检测限较高，灵敏度较差(~100 nmol/L)。对生物传感器进行优化，温度控制过程被 AuNPs 核酸序列的尾尾相连取代，并且将 13 nm 直径的 AuNPs 用 42 nm 直径的 AuNPs 替代，检测时间缩短为 5 min。

②非标记型比色生物传感器　在实际应用中，非标记的比色生物传感器更方便。主要是依赖于金纳米粒子对单双链 DNA 的吸附能力不同建立的。当靶标存在时，核酶的底物链被切割，分裂为单链 ssDNA，ssDNA 碱基暴露，可吸附在 AuNPs 上，增强 AuNPs 表面电斥力，从而提高 AuNPs 在高盐环境下的稳定性，保持分散状态，溶液呈现红色；当没有靶标时，核酶的底物链完整，核酶以双链 dsDNA 的状态存在，dsDNA 的碱基在内部，阴性电荷磷酸骨架暴露在外侧，结构刚性，与负电荷的金纳米粒子相互排斥，导致金纳米粒子在高盐环境下失稳而聚集，进而发生颜色变化。

另外一种非标记的比色生物传感器是依赖于 G 四联体 DNAzyme，在血红素存在的条件下具有类过氧化物酶活性催化底物 ABTS 显色。一般，G 四联体 DNAzyme 可以通过序列融合，与双切割核酶的底物链相连，处于催化活性灭活状态。当有靶标金属离子存在时，底物链切割，G 四联体 DNAzyme 以单链状态释放，在血红素诱导下形成 G 四联体高级结构，催化活性恢复，进而催化底物 ABTS 显色，从而实现比色信号输出。

(3)电化学生物传感器

电化学生物传感器具有灵敏度高、费用低、便于微型化等优点。一般是通过标记电化学性分子，利用切割型核酶对靶标响应的底物链切割，调控电化学性分子与电极表面的距离，从而实现电信号强弱的改变。例如，将铅离子的切割核酶的 3′端固定亚甲基蓝(MB)，5′端硫醇化修饰到金电极表面，当底物链和酶链杂交时，相对刚性的复合体阻止 MB 接近电极，从而防止电子转移。相反，当切割释放底物链之后，刚性复合体结构破坏，MB 接近电极可以转移电子到电极，从而实现电信号的输出。此外，钌混合物 $[Ru(NH_3)_6]^{3+}$ 也是常见的电化学信号分子。钌混合物可以与 DNA 的磷酸骨架结合，通过设计金纳米粒子标记的 DNA 探针与切割核酶底物链的延伸区域杂交，形成复合 DNA 纳米材料网络，可以将 $[Ru(NH_3)_6]^{3+}$ 嵌在双链杂交区，靠近电极表面。在无靶标金属离子时，电子很容易从钌混合物转移到电极上，且金纳米粒子可增强电子转移，获得高电化学信号；在靶标金属离子存在时，DNA 金纳米粒子交联的底物链被切割，导致复合 DNA 纳米材料网络解体，钌混合物的数量降低，并且丢失金纳米粒子的放大作用，使得电化学信号急剧降低。

11.4　基于化学催化反应的食品安全快速检测技术

食品危害物大体可划分为物理性危害物、生物性危害物和化学性危害物三大类。基于核酸扩增的检测技术可以很好地解决生物性危害物的快速检测问题，化学性危害物除了利用基于抗原-抗体反应的免疫学快速检测及基于新兴功能核酸识别的生物传感快速检测外，还可以通过特定的化学催化反应完成化学性危害物的快速检测。常见的基于化学催化反应的快速检测技术是化学比色分析技术，一种利用迅速产生明显颜色的化学反应检测待测物质的快速分析技术，包括目视比色法和分光光度法。其中，目视比色法是用眼睛观察比较溶液颜色与标准色卡深浅来确定物质浓度的分析方法。分光光度法为利用朗伯-比尔定律使用分光光度计确定溶液中被测物质浓度。例如，在《食品安全国家标准　食品中过氧化氢残留量的测定》(GB 5009.226—2016)中，钛盐比色法利用过氧化氢在酸性溶液中与钛离子生成稳定的橙色络合物，其在 430 nm 下吸光度与样品中过氧化氢含量成正比，从而实现食品中过氧化氢含量的测定。

目前，常用的化学比色原理的快检产品包括各种检测试剂和试纸，将显色反应底物附着在试纸条上制成相应的速测卡，可以快速对大批量的样品进行筛选测试。此外，各种单项指标可以根据需求，进行科学的自由排列组合，用以高效、出色地解决具体的实际问题(图 11-33)。

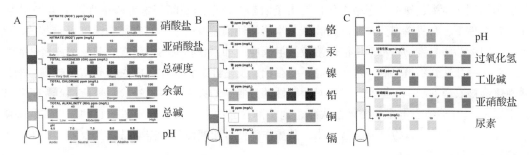

图 11-33　多组合化学比色分析试纸

A. 水质 6 合 1 检测试纸　B. 重金属 6 合 1 快速检测试纸　C. 牛奶 5 合 1 快速检测试纸

随着检测仪器的发展，与其配套的微型分光光度计检测仪器相应出现，制备出适用于亚硝酸盐、甲醛、二氧化硫、吊白块、亚硫酸盐等多种化学有害物质检测的快速检测仪。基于化学比色分析法的快速检测仪与一般的仪器分析方法相比，价格便宜、操作相对简便、结果显示直观、一次性使用，具有一定的灵敏度和专一性，非常适于食品安全的现场快速检测。但比色法的不足之处在于显色反应对反应条件依赖性较强，在检测过程中易受反应条件的影响。

11.5　基于酶抑制反应的食品安全快速检测技术

11.5.1　乙酰胆碱酯酶概述

乙酰胆碱酯酶(acetylcholinesterase，AChE)是多分子型复杂蛋白质，广泛分布于各种组织。乙酰胆碱酯酶在中枢及外周神经系统与乙酰胆碱(ACh)受体一起参与完成神经—神经及神经肌肉突触之间动作电位的传递，其主要生理功能是催化水解神经递质乙酰胆碱。由于有机磷及氨基甲酸酯类杀虫剂能与乙酰胆碱酯酶活性位点的丝氨酸残基形成共价键而抑制乙酰胆碱酯酶活性，阻断乙酰胆碱的水解，使乙酰胆碱在突触间隙积累并引起昆虫中毒死亡，因此乙酰胆碱酯酶是有机磷及氨基甲酸酯类杀虫剂的作用靶标。

乙酰胆碱酯酶除存在于神经肌肉组织中外，还分布于其他组织(如人红细胞膜、血小板、巨核细胞及人血清)中。由于乙酰胆碱酯酶在神经冲动传导、杀虫剂抗性和农残检测中的重要作用，人们对其蛋白纯化、酶学特性、基因克隆、基因表达与应用等方面进行了深入的研究。一般常用的天然酶源有：牛、猪等家畜的肝脏酯酶、人血浆或血清、马血清、蝇或蜜蜂头部的脑酯酶、兔或鼠的羧酸酯酶等，或从某些植物中提取的植物酯酶。其中，昆虫来源的乙酰胆碱酯酶虽然灵敏度高，却不适用于商品化的应用，因为每个虫体所含乙酰胆碱酯酶极其少，要提取大量的乙酰胆碱酯酶工作量非常大。因此，采用基因工程手段大量表达稳定的昆虫来源的乙酰胆碱酯酶，是生产商品化产品酶源的一个重要来源。用于表达乙酰胆碱酯酶基因的蛋白表达系统有大肠埃希菌表达系统、酵母表达系统及杆状病毒表达系统。

除了乙酰胆碱酯酶外，在脊椎动物体内还存在丁酰胆碱酯酶(butyrylcholinesterase，BChE)，也发挥类似乙酰胆碱酯酶的功能，也是农药的一种作用靶标。

11.5.2　基于乙酰胆碱酯酶的农药快速检测技术

有机磷、氨基甲酸酯类农药对乙酰胆碱酯酶有强烈的抑制作用，主要因为它们能够与胆碱酯酶结合形成不易水解的磷酰化胆碱酯酶，丧失了水解乙酰胆碱的活力。如果大多数胆碱酯酶都转变为相当稳定难以水解的磷酰化胆碱酯酶，乙酰胆碱会在体内大量蓄积产生迟发性神经毒性，使中枢神经、交感神经、运动神经和一些腺体首先兴奋而活动增强，引起运动失调，最后转变为抑制、衰竭、瘫痪甚至中毒死亡。由于农药对乙酰胆碱酯酶这种酶活性的显著抑制性，在一定条件下，有机磷农药对胆碱酯酶催化水解活性抑制率的大小与农药的浓度呈正相关。因此，让胆碱酯酶与食物样本萃取液或溶液接触反应，如果食物样本中没有农药残留或者残留量极少，酶的活性就不被抑制，水解反应不受影响；反之如果食品样品中农药残留量较高，酶的活性就会被农药抑制。根据农药残留对酶活性的抑制率的大小，再通过检测酶活性产生的一些特定颜色、pH 值或者电流等变化，从而达到检测食品中有机磷农药残留的目的。目前酶抑制法被应用于农药的快速检测方法搭建中，其操作简便、快速而且不需要昂贵的仪器，适用于现场检测及大批量样品的检测。

根据酶抑制原理开发出的农药残留快速检测方法主要包括比色法、速测卡（片）法和生物传感器法等。其中，比色法是酶抑制法中最常采用的一种方法，也是最简单的一种测定技术。此方法可以实现对果品、蔬菜中农药残留量的测定，具有高灵敏度、操作简便、速度快，可同时检测多种农药综合残留量的特点。目前，国内市场上的大多数农药残留速测仪都是利用酶抑制法原理研究设计，根据颜色（吸光度）的变化实现对农药残留的定性和半定量检测。由于不同公司研制的仪器所用的酶不同，有乙酰胆碱酯酶、丁酰胆碱酯酶等，所以在农药残留分析过程中在酶和底物应用方面存在着差异，从而判定所用抑制率也存在差异。另一种快速检测农药残留的方法为速测卡法又称酶片法，是将胆碱酯酶和乙酰胆碱类似物靛酚乙酸酯显色底物分别固定在不同的滤纸片上，使用时先将农药残留样品与胆碱酯酶滤纸片接触，再将乙酰胆碱酯酶滤纸片与固定有显色底物的滤纸片接触，从而根据显色底物的颜色变化检测样品中的农药残留。进一步开发与酶片配套的农药残留速测箱技术，不需要贵重仪器设备和专业技术操作人员，可在田间直接使用。

本章小结

本章重点介绍了基于亲和识别、核酸扩增及功能核酸生物传感的食品安全快速检测技术。亲和识别检测技术部分分别从识别工具的制备分类、亲和识别类型及信号输出方式给出了简单的体系介绍；基于核酸扩增的快速检测技术部分，则重点介绍了 PCR、LAMP 等温扩增及非酶 DNA 等温组装三种技术体系特点及优劣势；基于功能核酸的生物传感部分，则重点介绍了基于核酸互补识别、适配体识别及切割型核酶识别的生物传感技术基本原理。

思考题

1. 亲和识别的工具有哪些类？
2. 抗体的种类有哪些？各有什么特点？
3. 抗原-抗体识别的基本原理是什么？
4. 简述亲和识别的信号输出方式。
5. 简述适配体的特点及制备方法。
6. 切割型核酶和 G 四联体核酶的异同点是什么？
7. 贵金属纳米材料的信号输出方式有哪些？

第12章 食品安全监管与保障体系

本章主要介绍食品安全监管体系、认证体系和追溯体系。在食品安全监管体系部分主要介绍食品安全监管的定义、重要性，中外食品安全法律法规体系，以及我国现行的食品安全监管体系；在食品质量安全认证体系部分主要介绍食品质量安全认证体系，"三品一标"合格评定和我国现行的许可证制度；在食品质量安全追溯体系部分主要介绍追溯体系定义、作用，国外发达国家与我国追溯体系建设情况，常用追溯技术与追溯系统，区块链技术定义、特点、分类以及在食品质量安全追溯中的应用。

12.1 食品安全监管体系

12.1.1 食品安全监管

12.1.1.1 食品安全监管的定义

在世界任何一个有人居住的地方，食品安全监管都是国家或地区政府部门重要的职能之一，也是衡量政府部门执政能力的一个重要评价标准。根据 WHO 和 FAO 的规定，食品安全监管指："由国家或地方政府机构实施的强制管理活动，在为消费者提供保护，确保从生产、处理、贮存、加工直到销售的过程中食品安全、完整并适于人类食用，同时按照法律规定诚实而准确地贴上标签。"

中华人民共和国成立后，食品安全监管工作一直以卫生部门为主，同时考虑到影响食品质量安全的因素较多，因此在相当长的一段时期内，工商部门、农业部门、商务部门等均参与了监管工作。2009 年《食品安全法》颁布以后，改变了以前多部门管理的状况，由卫生部门、工商部门、食药部门、农业部门进行分类管理。目前，我国的食品安全监管工作主要由市场监督管理部门与农业农村部实施监管。

12.1.1.2 食品安全监管的重要性

加强食品安全监管，有助于促进食品工业的健康发展。近些年来，国内外食品安全事件频发，不仅给人体健康带来了严重威胁，也给食品工业造成巨大冲击。例如，2011 年被暴出的某著名企业"瘦肉精"事件。瘦肉精又名盐酸克伦特罗，将其添加到动物饲料中可以减少脂肪含量、提高瘦肉率，从而提高猪肉的经济价值，但其具有极强的副作用，长期或过量摄入，可能会诱发恶心、头晕、心悸等中毒反应。这一事件使整个肉制品产业蒙受巨大损失。加强食品安全监管工作，可以从源头上消除食品安全的危害因素，有效地降低食品安全事故的发生，从而促进整个食品行业健康有序的发展。

加强食品安全监管，有助于政府公信力的进一步提升。震惊一时的比利时二噁英鸡污染事件，起因是由于鸡的饲料中非法加入了具有致癌性的二噁英，之后迅速扩散开来，不仅使比利时的整个肉、乳制品行业受损，更是使整个欧洲的肉制品行业受到冲击。经受这一恶劣的食品安全事件的冲击，民众对国家的公共食品安全产生了质疑，比利时的卫生部长和农业部长等内阁官员纷纷引咎辞职，这也间接导致了比利时执政四十余年的执政党下台。食品安全关系着人们的切身利益，只有加强对食品安全的监管力度，减少食品安全事件的发生，才能有效提升民众对政府的信任度。

加强食品安全监管，有助于传统工艺的有效传承。我国是一个拥有独特饮食习惯的国家，食品加工的传统工艺众多，但绝大多数是采用手工作坊模式进行生产的，产品质量依赖匠人的感官而非科学检测，随着传统匠人的逐步隐退，以及生产量的不断扩大，产品质量令人担忧。借助现代食品检验仪器及方法，对传统食品制造过程及质量进行有效控制，是传统食品现代传承的主要方法。但不少企业认为这样会增加企业负担，因而不愿实施。只有加强监管，才能使这些企业实现传统工艺的现代化改造，完善生产流程及质量安全控制，从而使传统工艺真正得到有效传承。

12.1.2　我国食品安全法律法规体系

食品安全关系着千家万户的幸福，各国政府均高度重视，绝大多数国家都建立了本国的食品安全法律法规体系，并不断加以完善。受政治体制、经济总量、饮食文化、科技水平等综合因素影响，各国的食品安全法律法规体系各不相同。1949 年以后，经过 70 年的不懈努力，我国已经形成了一套相对完整的法律法规体系。我国的法规体系，包括法律条款以及由国务院、农业农村部等各级食品安全主管部门根据实际情况制定的相关政策等。

在法律条款方面，我国早在 1965 年出台了《食品卫生管理试行条例》，1982 年开始试行《中华人民共和国食品卫生法》，对食品行业的健康发展起到了良好的促进作用。1995 年正式颁布了《中华人民共和国食品卫生法》。

《中华人民共和国食品卫生法》由第八届全国人民代表大会常务委员会第十六次会议于 1995 年 10 月 30 日通过，自公布之日开始施行，后于 2009 年 6 月 1 日废止。《中华人民共和国食品卫生法》共分为 9 章 57 条，内容包括总则、食品的卫生、食品添加剂的卫生、食品容器和包装材料，以及食品用工具设备的卫生、食品卫生标准和管理办法的制定、食品卫生管理、食品卫生监督、法律责任和附则。该法律总结了过去 30 多年来的食品卫生监督管理工作的经验教训，对于保障人民群众的身体健康和生命安全具有积极意义，标志着我国的食品卫生监管工作进入了国家法治的新阶段，是我国社会主义卫生法制领域建设阶段取得的一大历史性进展。

此后，又相继颁布了《中华人民共和国产品质量法》《中华人民共和国消费者权益保护法》《中华人民共和国农产品质量安全法》等。

《中华人民共和国农产品质量安全法》于 2006 年 4 月 29 日在第十届全国人民代表大会常务委员会第二十一次会议通过，后又根据 2018 年 10 月 26 日第十三届全国人民代表大会常务委员会第六次会议《关于修改〈中华人民共和国野生动物保护法〉等十五部法律的决定》进行修正。《中华人民共和国农产品质量安全法》共分为 8 章 56 条，内容包括总则、农产品质量安全标准、农产品产地、农产品生产、农产品包装和标识、监督检查、法律责任和附则。这是新时期农业发展的一部重要法律，它从我国的实际国情出发，借鉴国内外农业方面的先进经验，填补了我国农产品质量监管的法律空白，是农产品质量安全监管的重要里程碑，标志着我国农产品的管理迈向了更加注重安全的新台阶，对加强农产品的质量安全管理和转变农业生产方式具有重要意义。

《农产品质量安全法》

2009 年和 2015 年(修订)颁布的《中华人民共和国食品安全法》，更是成为我国现阶段食品安全监管的纲领性文件。

《食品安全法》

新的《中华人民共和国食品安全法》由第十二届全国人民代表大会常务委员会第十四次会议于 2015 年 4 月 24 日修订通过，自 2015 年 10 月 1 日起施行，后又于 2018 年 12 月 29 日进行了修正。《食品安全法》共分为 10 章 104 条，内容包括总则、食品安全风险监测和评估、食品安全标准、食品生产经营、一般规定、生产经营过程控制、标签、说明书和广告、特殊食品、食品检验、食品进出口、食品安全事故处置、监督管理、法律责任、附则。《食品安全法》是一部范围明确、专业性和可操作性均较强的法律，对建设、完善我国的食品安全监管体系，有着巨大的推动作用。

针对实际生产中暴露出的一些问题，国务院、农业农村部等各级食品安全主管部门，还会根据实际情况，制定一些相关政策，以应对主要问题及突发情况。如 1998 年，广州发生瘦肉精中毒事件，给瘦肉精监管工作敲响了警钟。农业部紧急在全国范围内开展盐酸克伦特罗等违禁药物的专项查处工作，明确规定禁止生产和使用含有"瘦肉精"的饲料。在之后的十多年中，鉴于瘦肉精明显的毒副作用，农业部又单独或联合其他部门多次发布公告，禁止在饲料和饮用水中添加瘦肉精，但瘦肉精仍屡禁不绝。2011 年，央视 315 特别节目报道了河南瘦肉精事件，引发广泛关注。为了加大对生猪市场的监管力度，防止此类食品安全事件再度发生，农业部发布了关于进一步加强生猪"瘦肉精"监管工作的紧急通知。

12.1.3　我国食品安全监管体系

自 1949 年以来，我国的食品安全监管经历了从空白到规范、从分散到集中的发展历程。鉴于食品安全管理部门的设置和监管的集中度，我国的食品安全监管发展历程大致可以分为 4 个阶段，即 1949—1977 年以单部门为主的分散化管理时期、1978—2002 年的多部门分散管理时期、2003—2012 年的多部门协调管理时期、2013 年至今的一体化管理时期。

1949—2012 年，我国食品安全监管主要是以分段监管为主，并辅以品种监管。由于分段监管涉及的部门较多，各个部门内部的执行标准又不尽相同，这种监管模式已很难适应新时期复杂的食品安全形势。2013 年国务院机构改革，将国家食品药品监督管理局、国务院食品安全办公室、国家质量监督检验检疫总局生产环节食品安全管理、国家工商行政管理总局流通环节管理的职责整合，组建了国家食品药品监督管理总局。在 2018 年的国务院机构改革中，进一步将国家质量监督检验检疫总局与国家食品药品监督管理总局两者的职责进行整合，与国家工商总局整合，组建了国家市场监督管理总局。经过多次机构改革之后，将以前分散的部门职能集中化，在很大程度上提高了政府各部门的行政效率，基本避免了职能的交叉和浪费，同时也使得食品质量安全相关的法律法规更具有针对性。

目前，我国的食品安全监管体系，主要包括法律法规体系、标准体系、食品安全风险评估体系、市场监管与检测体系、社会监督体系等。

根据国际标准化组织(ISO)的标准化原理委员会(STACO)的定义，"标准"是一个公认的机构制定和批准的文件。它对活动或活动的结果规定了规则、导则或特殊值，供共同和反复使用，以在预定领域内实现最佳秩序。我国食品行业的相关标准以前由各部门、相关机构制定，现在统一为食品安全标准。《食品安全法》(2018 版)第二十七条规定，食品安全国家标准由国务院卫生行政部门会同国务院食品药品监督管理部门制定、公布，国务院标准化行政部门提供国家标准编号；食品中农药残留、兽药残留的限量规定及其检验方法与规程由国务院卫生行政部门、国务院农业行政部门会同国务院食品药品监督管理部门制定；屠宰畜、禽的检验规程由国务院农业行政部门会同国务院卫生行政部门制定。

食品安全风险评估是指对食品及食品添加剂中的物理、化学和生物性危害对人体健康可能造成的不良影响所进行的科学性评估，包括危害识别、危害特征描述、暴露评估、风险特征描述等。《食品安全法》(2018 版)第十八条规定，有下列情形之一的，应当进行食品安全风险评估：(一)通过食品安全风险监测或者接到举报发现食品、食品添加剂、食品相关产品可能存在安全隐患的；(二)为制定或者修订食品安全国家标准提供科学依据需要进行风险评估的；(三)为确定监督管理的重点领域、重点品种需要进行风险评估的；(四)发现新的可能危害食品安全因素的；(五)需要判断某一因素是否构成食品安全隐患的；(六)国务院卫生行政部门认为需要进行风险评估的其他情形。根据《食品安全法》(2018 版)第十七条的规定，国家建立食品安全风险评估制度。国务院卫生行政部门负责组织食品安全风险评估工作，成立由医学、农业、食品、营养、生物、环境等方面的专家组成的食品安全风险评估专家委员会进行食品安全风险评估。食品安全风险评估结果由国务院卫生行政部门公布。对农药、肥料、兽药、饲料和饲料添加剂等的安全性评估，应当有食品安全风险评估专家委员会的专家参加。

目前，我国的检测体系主要由相关的技术研究部门与第三方检测机构共同构成。其中，检测结果是国家市场监督管理总局实施食品安全监管的主要依据。各地市场监管局负责对市场销售的食品进行食品安全检查，主要包括"索证索票"等常规检查，以及抽查食品质量等。抽查的产品，委托第三方检测机构进行相关指标检验，对不合格产品的销售商及制造商，依法进行处罚，以保证市场的正常秩序。第三方检测机构要想进行食品检测，必须要取得相关资质。《食品检验机构资质认定管理办法》第七条规定，食品检验机构应当按照国家有关认证认可的规定依法取得资质认定后，方可从事食品检验活动。未依法取得资质认定的食品检验机构，不得向社会出具具有证明作用的检验数据和结果。

社会监督是食品安全保障的重要力量。在我国，各地区均建有消费者协会。根据《中华人民共和国消费者权益保护法》第三十七条的规定，消费者协会的主要职责是：(一)向消费者提供消费信息和咨询服务，提高消费者维护自身合法权益的能力，引导文明、健康、节约资源和保护环境的消费方式；(二)参与制定有关消费者权益的法律法规、规章和强制性标准；(三)参与有关行政部门对商品和服务的监督、检查；(四)就有关消费者合法权益的问题，向有关部门反映、查询，提出建议；(五)受理消费者的投诉，并对投诉事项进行调查、调解；(六)投诉事项涉及商品和服务质量问题的，可以委托具备资格的鉴定人鉴定，鉴定人应当告知鉴定意见；(七)就损害消费者合法权益的行为，支持受损害的消费者提起诉讼或者依照本法提起诉讼；(八)对损害消费者合法权益的行为，通过大众传播媒介予以揭露、批评。同时，我国还倡导食品安全的社会共治，即指政府、企业等多个主体共同参与食品安全的治理工作。食品安全的社会共治将政府的行政权力与各个社会主体的私权利有机结合起来，使食品安全的治理模式从以前的单一监管模式转变成多元主体的共同治理模式，有利于逐步降低食品安全的风险。实行食品安全的社会共治模式，对于提高食品安全治理的效率、降低食品安全治理的成本消耗具有积极的作用。

12.2　食品质量安全认证体系

12.2.1　认证体系

《中华人民共和国认证认可条例》将认证定义为：由认证机构证明其产品、服务或管理体系符合相关技术法规、或相关技术法规的强制性要求、或标准的合格评定活动。对食品加工企业进行质量安全认证，有利于保障食品质量安全、增强消费者对于食品供应的信心、促进食品行业的健康有序发展。目前我国的食品质量安全认证体系主要有 GMP 认证、SSOP 认证、HACCP 认证、ISO 系统质量管理认证，以及"三品一标"合格评定等。

12.2.1.1 良好操作规范(GMP)

GMP,全称 good manufacturing practice,中文释义是良好操作规范或良好生产规范,WHO 将其定义为指导食品、药品、医疗产品生产和质量管理的法规,是一种注重产品在整个生产制造过程中的质量安全、卫生条件等的自主性管理制度。世界范围内的第一部 GMP 是由美国 FDA 在 1963 年颁布的,在实施过程中经过了多次修正,内容较为完善和详细。1969 年 WHO 也颁布了自己的 GMP,并向各个成员国进行了推广,受到很多国家和组织的重视和认可。1974 年,日本以 WHO 的 GMP 为蓝本,颁布了自己的 GMP。我国最早提出在制药企业中推行 GMP 是在 20 世纪 80 年代初期,1982 年中国医药工业公司参照一些先进国家的 GMP 制定了《药品生产管理规范》,形成了 GMP 初稿;1992 年、1998 年和 2010 年对该稿进行了 3 次修订;之后卫生部于 2011 年颁布了新的 GMP。

从 GMP 的适用范围看,现行的 GMP 可以分为 3 种类型:具有国际性质的 GMP,如 WHO 制定的 GMP;由国家机构颁布的 GMP,如我国卫生部制定的 GMP;行业组织制定的 GMP,如中国医药工业公司制定的 GMP。

GMP 在食品、药品及医疗产品等方面都有广泛的应用,其中 GMP 在食品工业上的应用是为了强化食品企业的自主管理体制,确保加工食品的品质与卫生,促进食品工业健全发展。食品 GMP 是对食品生产过程中的各个环节、各个方面实施全面质量控制的具体技术要求。GMP 的管理内容都包括硬件和软件两部分,硬件是指食品企业的厂房设计、生产工具和设备选择、环境卫生控制等方面的技术要求;而软件是指可靠的生产工艺、规范的加工操作、完善的管理体系和严格的管理制度等。

食品 GMP 的重点是 4M 管理要素,即人员(man)、原料(material)、设备(machine)、方法(method)。其中,由适任的人员来制造与管理、选用良好的原材料来制造、采用标准的厂房和机器设备、遵照既定的最适方法来制造,是 4M 的核心要求。

食品 GMP 的三大基本精神包括减少在食品加工生产过程中的人为失误、防止产品发生污染及品质劣变,以及建立健全管理体系。为了将人为失误降低到最低程度,需要采取一些有效的措施,如将品控与制造部门分别独立,建立组织上的交叉检核体制;设定各种原材料、成品规格以及各种标准作业程序,并确实执行;作业场所需保有适当的作业面积等。防止产品发生污染及品质劣变,是为了避免微生物、异物、有害物质等对食物造成污染,需要适当区隔或隔离作业场所,经常注意并掌握作业人员的健康状况,以避免带有的有害微生物污染产品,必要时采取调整职务等措施。为了保证食品质量管理体系的高效有序运行,需要对食品生产过程进行全过程的监管。

目前,我国并未对食品 GMP 进行强制实施,但药品企业和保健食品生产企业必须实施。

12.2.1.2 卫生标准操作程序(SSOP)

SSOP,全称 sanitation standard operating procedure,中文释义是卫生标准操作程序,是食品加工企业为了满足食品安全的需要,消除加工过程中的不良因素,而在食品生产过程和卫生环境条件等方面所要求的具体操作程序。SSOP 是实施 HACCP 的前提条件,用于指导食品生产加工过程中的设备清洗、消毒和卫生环境条件的保持工作。20 世纪 90 年代,美国暴发了大规模的食源性疾病,每年都有大约 700 万人感染此疾病,7 000 人死亡,这其中一大半人群感染死亡的原因都与肉、禽产品生产过程的卫生环境条件有关。这一结果引起了美国 USDA 的重视,促使他们决心去建立一套包括原材料选择、生产、加工、运输、销售、管理等环节在内的完善的生产操作标准体系。美国 USDA 于 1995 年 2 月颁布了《美国肉、禽类产品 HACCP 法规》,其中第一次提出了要建立有关食品生产卫生环境要求的书面化操作程序,即卫生标准操作程序(SSOP),要求生产出安全、无杂质污染的产品。但是这一法规中并未对 SSOP 的具体内容做出明确规定。同年 12 月，美国 FDA 颁布了《美国肉、禽类产品 HACCP 法规》，进一步明确了 SSOP 必须要包含的 8 个方面及验证等相关要求，从而形成了较为完整的 SSOP 体系。此后，SSOP 一直作为 GMP 及 HACCP 的基础操作程序要求加以应用，成为形成一套完善的 HACCP 体系的前提条件。

SSOP 体系至少应该包括以下 8 个方面的内容：与食品或食品接触物表面接触的水，或用于制冰的水的安全；与食品接触的表面(包括工具、设备、手套、工作服)的清洁程度；防止发生食品与包装材料、食品与外来异物、生食与熟食的交叉污染；手的清洗与消毒设施以及卫生间设施的维护与卫生环境保持；防止食品、食品接触面、食品包装材料等被清洗剂、消毒剂以及其他的物理、化学、生物性的外来污染物污染；有毒化学物质的正确标记、贮存和使用方法；直接或间接接触食品的工作人员的身体健康和个人卫生控制；虫害的防治(防虫、灭虫、防鼠、灭鼠)。

12.2.1.3　HACCP 体系

HACCP，全称 hazard analysis and critical control point，中文释义是危害分析和关键控制点，《食品工业基本术语》(GB/T 15091—1995)对 HACCP 定义是：生产(加工)安全食品的一种控制手段；对原料、关键生产工序及影响产品安全的人为因素进行分析，确定加工过程中的关键环节，建立、完善监控程序和监控标准，采取规范的纠正措施。国际食品法典标准 CAC/RCP-1《食品卫生通则》1997 修订 3 版对 HACCP 的定义是：鉴别、评价和控制对食品安全至关重要的危害的一种体系。HACCP 目前已成为国际上普遍认可和接受的食品安全保证体系，主要是对食品中的物理、化学以及微生物等危害因素进行安全控制。

HACCP 最初是为了生产出安全的太空食品而由美国太空总署(NASA)、陆军 Natick 研究所和 Pillsbury 公司提出的概念要求。为了减少太空食品质量检验的成本，Pillsbury 公司最先提出了过程监管的概念，这就是 HACCP 的雏形。1971 年，Pillsbury 公司在美国第一次国家食品保护会议上提出了 HACCP 原理，并被 FDA 于 1974 年应用在低酸性罐头食品的 GMP 中。这是国际上首次有关 HACCP 的立法。1985 年，美国科学院(NAS)建议所有行业都采用 HACCP 体系，并对食品加工行业强制执行。1992 年，美国食品微生物学标准咨询委员会(NACMCF)，采纳了食品 HACCP 的 7 个原则。1993 年，CAC 批准了《HACCP 体系应用准则》，并于 1997 年颁布了新版，该准则被多个国家接受和采用。2002 年，中国国家质量监督检验检疫总局提出了《卫生注册需评审 HACCP 体系的产品目录》，第一次强制性地要求某些食品加工企业要建立和使用 HACCP 体系，并将 HACCP 质量管理体系列为出口食品法规要求的一部分。现今在世界范围内，HACCP 体系已经被认可为生产安全食品的准则。

HACCP 的建立是基于 7 项基本原则，即进行危害分析并提出控制措施；确定关键控制点(CCP)，即确定能够实施控制且可以通过正确的控制措施达到预防危害、消除危害或将危害降低到可接受水平的 CCP；确定 CCP 的关键限值(critical limit，CL)，即指出与 CCP 相应的预防措施必须满足的要求；建立 CCP 的监控体系，即通过一系列有计划的观察和测定(如温度、时间、pH 值、水分、压力等)活动来评估 CCP 是否在控制范围内，准确记录监控结果，针对没有满足 CCP 要求的过程或产品，应立即采取纠偏措施；建立纠偏措施；建立验证程序以保证 HACCP 体系有效运行；建立关于 HACCP 原理及其应用的所有过程和数据记录的文件系统。

HACCP 的建立与运行在不同的国家有不同的模式，即使在同一国家的不同部门推行的 HACCP 也不尽相同。例如，美国 FDA 制定的 HACCP 的实施过程包括一般资料、描述产品、描述销售和贮存的方法、确定预期用途和消费者、建立流程图、建立危害分析工作单、建立与品种有关的潜在危害、确定与加工过程有关的潜在危害、填写危害分析工作单、判断潜在危害、确定潜在危害是否显著、确定关键控制点、填写 HACCP 计划表、设置关键限值、建立监控程序、建立纠正措施、建立记录保存系统、建立验证程序这 18 个步骤；而食品卫生分法典委员会(CCFH)和美国食品微生物标准咨询委员会则是采用以下 12 个步骤来实施 HACCP 体系，即成立 HACCP 小组、描述产品、确定产品预期用途及消费对象、绘制生产工艺流程图、现场验证生产工艺流程图、危害分析及确定控制措施、确定关键控制点、确定关键控制限值、关键控制点的监控制度、建立纠偏措施、建立审核程序、建立记录和文件管理系统。

12.2.1.4　ISO 认证体系

ISO，全称 International Organization for Standardization，中文释义是国际标准化组织，是标准化领域中的一个国际性非政府组织，负责绝大部分领域的标准化活动，其宗旨是"在全世界范围内促进标准化工作的开展，以便于国际物资交流和服务，并扩大在知识、科学、技术和经济方面的合作"。ISO 是世界上最大的国际标准化组织，主要负责制定国际化标准，成立于 1947 年 2 月 23 日，其前身是 1928 年成立的国际标准化协会国际联合会(ISA)。截至 2020 年 8 月，ISO 已有 185 个技术委员会(TC)，165 个成员国，体系庞大。ISO 管理体系包括 ISO 9000 质量管理体系、ISO 14000 环境管理体系、ISO 22000 食品安全管理体系等。

ISO 9000 系列标准于 1987 年 3 月正式发布，并于 1994 年形成标准版，后于 2000 年进行修订。ISO 9000 是指由 ISO/Tc176(国际标准化组织质量管理和质量保证技术委员会)制定的国际标准，是一组为质量管理体系框架提供的标准的统称，是国际上通用的质量管理体系。ISO 9000 质量管理体系的主要内容：理论说明(顾客需求与期望)；体系要求与产品要求；体系方法；过程方法；质量方针与质量目标；最高管理者在质量管理体系中的作用；文件；管理体系的评价；持续改进；统计技术的作用；与其他管理体系的关注点；与优秀模式间的关系等方面。ISO 9000 系列标准主要有五大标准，即质量术语标准、质量保证模式标准、质量保证要求标准、质量管理指南标准及质量技术指南标准。

ISO 14000 是 ISO 第 207 技术委员会(TC207)从 1993 年开始制定的系列环境管理国际标准的总称，它同以往各国自定的环境排放标准和产品的技术标准等不同，是第一个在世界范围内达成共识的环境管理标准，对全世界工业、商业、政府等所有组织改善环境管理行为具有统一标准的功能。ISO 14000 主要对规划和环境影响评价、废气排放、废水排放、水供给和污水处理、废物管理、噪声、包装等环境事务及有关法规进行了详细的规定。

ISO 9000 和 ISO 14000 两者之间存在着几点较大的差异，即 ISO 9000 只是对产品或服务形成过程的各个阶段实施控制，从而保证产品的质量，而 ISO 14000 的作用是对产品或服务在设计、生产、最终的使用(包括包装产生的废料)和用后处置过程中对环境的影响进行控制；ISO 9000 的质量体系只涉及了少量的法规要求，如产品责任；而对 ISO 14000 的环境管理体系而言，几乎涉及了所有的环境及健康和安全方面的法规。

ISO 22000 是指食品安全管理体系，于 2005 年 9 月 1 日正式发布，提出了对食品安全管理工作的具体要求。这个标准体系建立的目的是保证全球范围的安全食品供应，并作为技术性标准指导食品加工企业建立行之有效的食品安全管理体系。为了确保从原材料到消费者整个生产链的生产安全，ISO 22000 对食品安全管理体系的具体要求进行了明确规定，并纳入了 5 个关键原则，即相互沟通、体系管理、过程控制、HACCP 原理、前提方案。其中，沟通是确保整个食品生产链各个环节的安全危害因素得到确认和控制的关键。沟通包括内部沟通和外部沟通，通过内部沟通可以获知体系是否需要调整和改进的信息，通过外部沟通可以获知顾客要求、法律法规要求等。ISO 22000 进一步阐明了前提方案的概念，将前提方案分为基础设施和维护方案、操作性前提方案这两种类型。建立前提方案有利于预防、消除食品生产过程中的安全危害或者将危害因素降低到可接受的水平。

12. 2. 1. 5　GMP、SSOP、HACCP 的关系

GMP 是整个食品质量安全控制体系的基础；SSOP 是根据 GMP 中有关卫生环境条件要求的标准而制定的卫生规范操作程序，也是 GMP 和 HACCP 的基础操作程序；HACCP 是食品质量安全控制体系实施过程中的关键性程序。在实际应用过程中，一般把 GMP、SSOP 作为HACCP 的基础，三者共同构成良好的食品质量安全生产控制系统。

12. 2. 1. 6　HACCP 与 ISO 22000 的关系

ISO 22000 与 HACCP 的内容和适用范围上存在着一定区别：ISO 22000 是在 HACCP 的内容上引入了部分 ISO 9000—22000 系列标准的管理方法；HACCP 是 ISO 22000 的主要组成部分；ISO 22000 适用范围更广，适用于食品链中的所有组织。

ISO 22000 是以 HACCP 原理为基础，采用 ISO 9000 标准体系结构而制定的国际标准，是HACCP 原理在食品安全管理问题上由原理向体系标准的升级，更有利于企业在食品安全上进行管理。ISO 22000 可以指导食品链中的各类组织，按照最基本的管理要素要求建立以 HACCP为原理的食品安全管理体系。ISO 22000 适用于食品相关行业；HACCP 主要针对食品生产企业，针对生产链的全部过程的卫生安全。

12. 2. 2　"三品一标"合格评定

农产品质量认证体系是我国农产品质量安全合格评定的重要依据，也是我国农产品生产和消费发展的主要依据，该体系主要包括"三品一标"合格评定（无公害农产品认证、绿色食品认证、有机农产品认证和农产品地理标志）等。"三品一标"是目前我国优质农产品的基本发展类型，我国已经基本形成了"以无公害农产品为基础、以绿色食品为主导、以有机农产品为补充"的三位一体发展格局。

有机产品生产、加工、标识与管理体系要求

12. 2. 2. 1　无公害农产品认证

《无公害农产品管理办法》中对无公害农产品的定义为：产地环境、生产过程和产品质量符合国家有关标准和规范的要求，经认证合格，获得认证证书并允许使用无公害农产品标志的、未经加工或者初加工的食用农产品。无公害农产品允许使用化学合成肥料、农药、添加剂、激素、转基因技术，但要严格按照有关规范、标准的规定执行，并且其产品包装上必须有无公害标志。无公害农产品标志图案主要由麦穗、对勾和无公害农产品字样组成，麦穗代表农产品，对勾表示合格，金色寓意成熟和丰收，绿色象征环保和安全。

我国自 2001 年开始实施无公害农产品认证，无公害农产品认证依据的标准是农业部颁发的农业行业标准。根据《无公害农产品管理办法》（农业部、国家质检总局第 12 号令），无公害农产品认证分为产地认定和产品认证，产地认定由省级农业行政主管部门组织实施，产品认证由农业部农产品质量安全中心组织实施，获得无公害农产品产地认定证书的产品方可申请产品认证。一种产品要想被认证为无公害食品，必须同时满足以下几个条件，即产品原料产地符合无公害农产品产地环境标准要求；区域范围明确，具备一定的生产规模；农作物种植、畜禽饲养、水产养殖及食品加工符合无公害农产品生产技术操作规程，有相应的专业技术和管理人员；产品符合无公害农产品产品标准，有完善的质量控制措施；产品的包装、贮运符合无公害农产品包装贮运标准；产品生产和质量必须符合《食品安全法》的要求和食品行业质量标准，并有完整的生产和销售记录档案。

无公害农产品认证具有重要的现实意义，它是我国农产品质量安全的重要保证，有利于农业可持续发展，实现了农业标准化生产，促进了农业产业化发展，打造了中国优质农产品品牌，规范了市场行为，提高了农业管理与服务水平。

12.2.2.2　绿色食品认证

绿色食品是指遵循可持续发展原则，产品出自良好的生态环境，按照特定生产方式生产，经专门机构认定，许可使用绿色食品标志商标的无污染的安全、优质、营养类食品。其中，"按照特定的生产方式"是指在生产、加工过程中按照绿色食品的标准，禁用或限制使用化学合成的农药、肥料、添加剂等生产资料及其他有害于人体健康和生态环境的物质，并实施从农田到餐桌的全程质量控制。绿色食品包装上必须要有绿色食品标志，它由 3 部分构成，即上方的太阳，下方的叶片和蓓蕾。标志图形为正圆形，意为保护、安全。绿色食品分为 AA 级和 A 级两级，其中 AA 级相当于有机食品。

一种产品要想被认证为绿色食品，必须同时满足以下几个条件，即产品或产品原料产地必须符合绿色食品生态环境质量标准；农作物种植、畜禽饲养、水产养殖及食品加工必须符合绿色食品的生产操作规程；产品必须符合绿色食品质量和卫生标准；产品外包装必须符合国家食品标签标准要求，符合绿色食品特定的包装、装潢和标志规定。

目前，我国已加入有机农业运动国际联盟，并制定了相应的标准。我国绿色食品的认证管理机构是农业农村部中国绿色食品发展中心。绿色食品认证要遵循严密的标准体系，该体系主要包括产地环境标准、生产技术标准、产品标准和包装贮运标准。此外，绿色食品认证还要执行规范的认证程序和完善的认证制度。绿色食品按照从农田到餐桌全程质量控制的技术路线，创建了"两端监测、过程控制、质量认证、标识管理"的质量安全保障制度。

12.2.2.3　有机农产品认证

有机农业的发展经历了 4 个阶段，即 1900—1945 年的思想萌芽阶段、1945—1972 年的研究实验阶段、1972—1990 年的奠定基础阶段以及 1990 年至今的加速发展阶段。各个国家对有机农业的理解和定义都不尽相同，如欧盟将有机农业定义为一种通过使用有机肥料和适当的耕作措施，以达到提高土壤长效肥力的系统，通过自然的方法而不是通过化学物质控制杂草和病虫害；美国将有机农业定义为一种完全不用人工合成的肥料、农药、生长调节剂和畜禽饲料添加剂的生产体系；而中国则认为有机农业是指遵照有机农业生产标准，在生产中不采用基因工程获得的生物及其产物，不使用化学合成的农药、化肥、生长调节剂、饲料添加剂等物质，而是遵循自然规律和生态学原理，协调种植业和养殖业的平衡，采用一系列可持续发展的农业技术，维持持续稳定的农业生产过程。

GB/T 19630—2019 将有机农产品定义为有机生产、有机加工的供人类消费、动物食用的产品。有机农产品通常来自有机农业生产体系，是根据国际有机农业生产要求和相应的标准生产加工出来的。一种产品要想被认证为有机农产品，则在生产过程中必须同时达到以下要求，即生产基地在最近 3 年内未使用过农药、化肥等违禁物品；种子或种苗来自自然界，未经基因工程技术改造过；生产单位需建立长期的土地培肥、植物保护、作物轮作和畜禽养殖计划；生产基地无水土流失及其他环境问题；作物在收获、清洁、干燥、贮存和运输过程中未受化学物质的污染；从常规种植向有机种植转换需 2 年以上的转换期，新开垦荒地例外；有机生产的全过程必须有完整的记录档案。

中国有机产品认证标志仅应用于按照本标准的要求生产或加工并获得认证的有机产品。有机配料含量等于或者高于 95% 并获得有机产品认证的产品，方可在产品名称前标志"有机"，在产品或者包装上加施中国有机产品认证标志。中国有机产品认证标志由外围圆形、中间种子及其周围环形 3 部分组成。圆形形似地球，象征和谐、安全；圆形中"中国有机"的中文与"Organic"的英文结合，表示中国有机农产品与世界通行，利于消费者识别。中间类似种子的图形代表生命萌发之际的勃勃生机，象征有机农产品是从种子开始的全过程认证，同时昭示有机农产品就如同刚刚萌发的种子，正在中国大地苗壮成长。在该标识中，处于平面的环形是英文字母"C"的变形，种子形状也是字母"O"的变形，意为"China Organic"，种子图形周围圆润自如的线条，与种子图形构成汉字"中"，体现出有机农产品根植中国，有机之路越走越宽。绿色代表环保、健康，表示有机农产品给人类的生态环境带来完美和协调。橘红色代表旺盛的生命力，表示有机农产品对可持续发展的作用。

12.2.2.4 农产品地理标志

农产品地理标志，是指产自特定地域，其质量、性能及其他相关特征主要取决于自然生态环境和历史人文因素，并以地域名称冠名的特有农产品标志。《农产品地理标志管理办法》于2007年发布，并于2019年进行了修改，其中对农产品地理标志的登记和审查工作进行了详细的规定，即由农业农村部负责全国农产品地理标志的登记工作，农业农村部农产品质量安全中心负责农产品地理标志登记的审查和专家评审工作，省级人民政府农业行政主管部门负责本行政区域内农产品地理标志登记申请的受理和初审工作，农业农村部设立的农产品地理标志登记专家评审委员会，负责专家评审。

农产品地理标志不能由个人或者公司直接进行申请，而应由当地对该产品有监督能力的相关政府部门和行业协会等来向商标局申请，后交由当地的其他单位或者个人来使用。如果地方拥有特色鲜明、历史悠久的水果、畜牧或其他产业，就可作为当地的一大特产由当地的监管部门来申请。

农产品地理标志的图案由农业农村部的中英文、农产品地理标志的中英文、麦穗、地球、日月等元素组成。其中，麦穗代表生命与农产品，绿色代表环保、健康，橙色代表旺盛的生命力。作物的生长，要受到区域土壤、降水、温差、光照等综合因素的影响，即便是同一品种，在不同地区种植，其产生的代谢产物也不尽相同，这也是中医药行业强调中草药道地性的主要原因。农产品地理标志的实施，可以为优质农产品进行合理"背书"，保障优质农产品生产者和消费者权益，促进我国农业向更高水平发展。

12.2.3 现行许可证认证制度

食品许可证制度是指一个国家或地区的政府部门，为规范本国或本地区食品企业生产、保护消费者利益而采用的一种行政许可制度。需要政府部门根据本国或本地区的具体情况，制定出相应的标准，并通过对企业强制实施，以达到繁荣规范市场、保护消费者利益的目的。

我国的食品许可证制度经过了3个阶段的历史变革：20世纪80年代的工业产品生产许可证，其中涉及食品生产领域的主要包含食品生产许可证和食品卫生许可证两种；2009年版《食品安全法》规定对食品安全实施分类管理，食品许可证主要分为生产许可证、流通许可证和餐饮许可证3类；之后2015年版《食品安全法》将原有的3类许可证合并成两类，即食品生产许可证和食品经营许可证。

12.2.3.1 现行许可证生产(SC)认证

《食品生产许可管理办法》(2017修订版)第二条规定：在中华人民共和国境内，从事食品生产活动，应当依法取得食品生产许可。该管理办法还明确规定了食品生产许可实行一企一证原则，即一个食品生产者从事食品生产活动，应当取得一个食品生产许可证。《食品生产许可管理办法》中还增加了对保健食品、特殊医学用途配方食品、婴幼儿配方食品的生产许可规定。这3类食品的生产许可由省、自治区、直辖市食品药品监督管理部门负责。

申请食品生产许可证，必须满足以下基本条件：具有与生产的食品品种、数量相适应的食品原料处理和食品加工、包装、贮存等场所，保持该场所环境整洁，并与有毒、有害场所以及其他污染源保持规定的距离；具有与生产的食品品种、数量相适应的生产设备或者设施，有相应的消毒、更衣、盥洗、采光、照明、通风、防腐、防尘、防蝇、防鼠、防虫、洗涤以及处理废水、存放垃圾和废弃物的设备或者设施；有专职或兼职的食品安全管理人员和保证食品安全的规章制度。添加剂生产企业还应具备与所生产食品添加剂相适应的专业技术人员；具有合理的设备布局和工艺流程，防止待加工食品与直接入口食品、原料与成品交叉污染，避免食品接触有毒物、不洁物等。

食品生产许可证的申请与受理需要遵循相应的流程。首先，申请食品生产许可，应当先行取得营业执照等合法主体资格；之后再按照食品类别，提出食品生产许可。食品许可证的申请由县级以上地方市场监督管理部门受理。除可以当场做出行政许可决定的外，县级以上地方市场监督管理部门应当自受理申请之日起 20 个工作日内做出是否准予行政许可的决定。因特殊原因需要延长期限的，经本行政机关负责人批准，可以延长 10 个工作日，并应当将延长期限的理由告知申请人；县级以上地方市场监督管理部门应当根据申请材料审查和现场核查等情况，对符合条件的，做出准予生产许可的决定，并自做出决定之日起 10 个工作日内向申请人颁发食品生产许可证；对不符合条件的，应当及时做出不予许可的书面决定并说明理由，同时告知申请人依法享有申请行政复议或者提起行政诉讼的权利；食品添加剂生产许可申请符合条件的，由申请人所在地县级以上地方市场监督管理部门依法颁发食品生产许可证，并标注食品添加剂。

食品生产许可证发证日期为许可决定做出的日期，有效期 5 年。食品生产许可证分为正本、副本，两者具有同等的法律效力。食品生产许可证中应当载明：生产者名称、社会信用代码、法定代表人（负责人）、住所、生产地址、食品类别、许可证编号、有效期、日常监督管理机构、日常监督管理人员、投诉举报电话、发证机关、签发人、发证日期和二维码。副本还应当载明食品明细和外设仓库（包括自有和租赁）具体地址。生产保健食品、特殊医学用途配方食品、婴幼儿配方食品的，还应当载明产品注册批准文号或者备案登记号；接受委托生产保健食品的，还应当载明委托企业名称及住所等相关信息。

2015 年 10 月 1 日，随着新《食品安全法》的实施，食品生产许可"SC"取代之前的质量安全"QS"标志，法规还明确规定了食品生产许可证编号要由 SC（"生产"的汉语拼音字母缩写）和14 位阿拉伯数字组成。数字从左至右依次为：3 位食品类别编码、2 位省市自治区代码、2 位区及特殊地区代码、2 位街道（乡、镇、地区）代码、4 位顺序码、1 位校验码。

12. 2. 3. 2 食品经营许可证

2015 年 10 月 1 日开始施行的《食品经营许可管理办法》第二条规定：在中华人民共和国境内，从事食品销售和餐饮服务活动，应当依法取得食品经营许可。食品经营许可应当遵循"依法、公开、公平、公正、便民、高效"的原则。食品经营许可实行一地一证原则，即食品经营者在一个经营场所从事食品经营活动，应当取得一个食品经营许可证。全国食品经营许可管理工作由国家市场监管总局负责监督指导。省、自治区、直辖市食品药品监督管理部门可以根据食品类别和食品安全风险状况，确定市、县级食品药品监督管理部门的食品经营许可管理权限。

申请食品经营许可证，必须满足以下基本条件：具有与经营的食品品种、数量相适应的食品原料处理和食品加工、包装、贮存等场所，保持该场所环境整洁，并与有毒、有害场所以及其他污染源保持规定的距离；具有与经营的食品品种、数量相适应的生产经营设备或者设施，有相应的消毒、更衣、盥洗、采光、照明、通风、防腐、防尘、防蝇、防鼠、防虫、洗涤，以及处理废水、存放垃圾和废弃物的设备或者设施；有专职或者兼职的食品安全专业技术人员、食品安全管理人员和保证食品安全的规章制度；具有合理的设备布局和工艺流程，防止待加工食品与直接入口食品、原料与成品交叉污染，避免食品接触有毒物、不洁物等。

食品经营许可证分为正本、副本，两者具有同等的法律效力。食品经营许可证中应当载明：经营者名称、社会信用代码(个体经营者为身份证号码)、法定代表人(负责人)、住所、经营场所、主体业态、经营项目、许可证编号、有效期、日常监督管理机构、日常监督管理人员、投诉举报电话、发证机关、签发人、发证日期和二维码；在经营场所外设置仓库(包括自有和租赁)的，还应当在副本中载明仓库具体地址。食品经营许可证编号在 2015 版《食品经营许可管理办法》进行了重新规定，编号由 JY("经营"的汉语拼音字母缩写)和 14 位阿拉伯数字组成。数字从左至右依次为：1 位主体业态代码、2 位省(自治区、直辖市)代码、2 位市(地)代码、2 位县(区)代码、6 位顺序码、1 位校验码。

12.3　食品质量安全追溯体系

食品质量安全关系到人的身体健康与生命安全，关系到国家的发展与社会稳定，食品质量安全问题是各方关注的焦点。食品供应链中的信息不对称是食品质量安全问题频发的重要原因，追溯体系不仅为消费者提供质量安全信息，解决信息不对称问题，且能够识别食品质量安全问题发生的环节，将问题食品及时召回，降低企业成本，厘清责任，并促进政府食品质量安全监管，是食品质量安全保障体系的重要方面。

12.3.1　食品质量安全追溯

12.3.1.1　食品质量安全追溯定义

追溯是通过记录和标识，追踪和溯源客体的历史、应用情况或所处位置的情况。食品质量安全追溯是保证食品质量安全的重要方面，追溯包括"追"和"溯"两层含义，"追"是指对食品生产、加工、流通、销售等环节相关信息进行追踪，记录存档食品各环节主要信息，"溯"是指对食品相关信息的溯源，根据记录的各环节过程信息回溯到源头。

食品质量安全追溯体系具有两种特性：一是可追溯性，即正向可追踪、逆向可溯源；二是追溯体系，既包括制度体系，又包括技术体系。技术体系是通过利用现代化技术手段对食品进行专门的处理，从而有序规则地进行有效管理，当出现质量安全问题时能够迅速找到问题源头。制度体系可保障食品质量安全追溯系统的顺利推进和实施。

12.3.1.2　食品质量安全追溯体系的作用

(1)追溯体系是有效解决食品质量安全问题的重要保障

食品供应链中的信息不对称是食品质量安全问题频频发生的原因，追溯体系可解决食品供应链信息不对称问题。可追溯食品为消费者提供质量安全信息，向消费者展示各个环节的信息，做到全程信息透明化，让消费者买到安全放心的食品；追溯能够识别食品质量安全问题发生的环节，准确将问题食品召回，减轻企业负担；追溯体系可厘清食品质量安全责任，有助于食品质量安全信用体系建设，帮助政府食品质量安全监管，实现智慧监管。

(2)追溯体系有利于突发公共卫生事件的应对

突发公共卫生事件具有突发性、紧迫性、不确定性、危害性、扩散性等特点，建立食品质量安全全程追溯系统，可以提高食品质量安全突发事件的应急处理能力；提高政府管理部门对食品质量安全的监管效率。北京新发地疫情，传染源追踪在海鲜市场切割进口三文鱼的案板中检测到了新冠病毒，为行业敲响了警钟，食品供应链的各环节参与主体都应重视食品质量安全和卫生问题，食品质量安全可追溯必不可少。

建立食品质量安全全程追溯体系，对食品的生产过程、加工包装、物流运输、检验检测等关键环节进行严格监管。一旦出现食品质量安全问题，特别是出现危害人们生命和健康的重大问题时，能够快速溯源，通过记录的详细信息，追究责任人和监管部门的责任，提高人们的安全意识和责任意识。

(3)追溯体系对食品品牌建设的促进作用

追溯是消费者辨别食品真伪、好坏的重要依据。通过食品"身份证"，向消费者展示食品质量安全和品质的相关信息，帮助生产和流通企业防伪鉴真，全面展示企业优质食品，打造食品品牌。一些备受欢迎的高品质食品实现"一物一码"，消费者只需扫描二维码就可以在追溯平台查询真伪，了解食品质量安全信息，而且一旦出现质量问题，企业能够快速、精准召回，不仅减少企业损失更能维护企业的声誉。

12.3.2　国外发达国家追溯体系

发达国家追溯体系建设起步较早，20 世纪 80 年代，英国暴发疯牛病随后蔓延到整个欧洲，为了对牛肉的来源与质量进行追踪控制，英国及欧盟国家相继开启牛肉等食品质量安全追溯体系建设，随后，美国、日本等发达国家相继开展食品质量安全追溯。

12.3.2.1　欧盟食品质量安全追溯体系

1997 年欧盟制定可追溯制度，作为应对疯牛病的政策。2001 年欧盟发表《食品安全白皮书》中提出，要落实食品链中各参与方的责任、任务。2002 年欧盟颁布 178/2002 号法令《通用食品法》，规定食品企业必须对其生产、加工和销售过程中使用的相关原料提供可追溯的信息。2005 年起，欧盟实施广泛的食品可追溯，产品要加追溯标签，在欧盟内销售的肉类食品强制可追溯，否则不允许上市销售。

欧盟有关食品追溯立法，是各成员国进行相关立法的主要依据和最低标准，成员国可根据自身情况制定更严的法规。德国推动食品强制可追溯制度，要求所有上市销售的食品必须具备可追溯性。英国第 1308/2013 号法案补充了欧盟对牛肉的标识管理，对牛肉养殖、屠宰、运输过程中的信息记录进行了详细规定。

12.3.2.2　美国食品质量安全追溯体系

2002 年美国通过《生物反恐法案》，要求对食品安全进行强制管理。FDA 要求在美国从事生产、加工、包装和掌握人群或动物消费的食品部门，包括向美国出口以上相关产品的单位或者个人必须向 FDA 登记。《食品安全跟踪条例》2004 年 5 月公布，该条例要求涉及食品的企业在进口、运输、配送过程中保存食品流通的全程信息。美国食品质量安全追溯系统主要分为以下 3 种：动植物生产环节的追溯系统；包装加工环节的追溯系统；运输销售过程的追溯系统。美国食品质量安全追溯体系的任何一个环节出现问题，都可以追溯到整个产业链。在美国食品安全的管理制度是属于强制性的，强制生产企业必须建立健全食品质量安全追溯体系。

12.3.2.3　日本食品质量安全追溯体系

2001 年，日本政府开始推动食品追溯制度，首先在肉牛产业建立追溯系统，消费者可以在销售终端通过互联网或手机查询牛肉产地、品种、出生时间、饲养者、饲料成分、屠宰日期以及流通过程等详细信息。2002 年在大米、牡蛎产品建立追溯系统。

2003 年农林水产省发布《食品可追溯制度指南》(简称《指南》)，该《指南》成为指导各企业建立食品可追溯制度的主要参考。2003 年通过《牛只个体识别情报管理特别措施法》，强制在生产阶段对全日本大约 450 万头牛进行耳标标识。

12.3.3　我国食品质量安全追溯体系

我国自 2001 年建设食品追溯体系，相继颁布了相关法律法规、标准、追溯技术规范性文件，各省、自治区、直辖市陆续开展食品追溯系统。目前，我国食品追溯体系建设取得了一定的成果，可实施从农田到餐桌的全过程可追溯，但我国食品追溯体系建设仍处于初级阶段，还存在法律及标准体系不完善，缺乏协同监管机制，追溯系统不兼容等问题。

12.3.3.1 追溯法律法规体系

2018 年修正的《食品安全法》第四十二条"食品生产经营者应当依照本法的规定，建立食品安全追溯体系，保证食品可追溯"，第一次明确了生产经营者的追溯义务，《食品安全法》是我国追溯法律的核心。

2006 年 6 月农业部发布《畜禽标识和养殖档案管理办法》，此部法规为国家实施畜禽标识及养殖档案信息化管理，从而实现畜禽与畜禽产品可追溯提供支撑。2012 年发布《关于进一步加强农产品质量安全监管工作的意见》，提出了加快制定产品质量安全可追溯相关规范，统一农产品产地质量安全合格证明和追溯模式，探索开展农产品质量安全追溯试点。2011 年商务部发布《关于"十二五"期间加快肉类蔬菜流通追溯体系建设的指导意见》，要求加快建设完善的肉类蔬菜流通追溯体系。

2019 年中共中央、国务院《关于深化改革加强食品工作的意见》提出："逐步实现企业信息化追溯体系与政府部门监管平台、重要产品追溯管理平台对接，接受政府监督，互通互享信息"，指出了追溯监管平台是对接企业自建信息化追溯系统，首次明确了企业负责内部追溯，政府机关负责外部追溯，并负责对接内部追溯系统。

12.3.3.2 追溯标准体系

标准是科学技术与实践经验的总结，食品质量安全追溯标准是整个追溯体系的基石。农业农村部、商务部、国家市场监督管理总局等部门相继编制食品质量安全追溯操作规程、采集指标、追溯编码、追溯标识与追溯流程等方面的追溯规范。

2007 年 9 月，农业部发布了《农产品产地编码规则》《农产品编码导则》，2009 年 4 月发布了《农产品质量安全追溯操作规程通则》，以及水果、茶叶、畜肉、谷物四大类产品操作规程，2009 年 9 月发布了《饲料和食品链的可追溯性体系设计与实施的通用原则和基本要求》，2016 年 7 月出台了《食用农产品合格证管理办法》。

2002 年 7 月，国家质量监督检验检疫总局发布了《EAN-UCC 系统 128 条码》（GB/T 15425—2002），2014 年 9 月修订发布《商品条形码》（GB/T 15425—2014）。2004 年 6 月发布《出境水产品追溯规程（试行）》《出境养殖水产品检验检疫和监督要求（试行）》。中国物品编码中心 2004 年 6 月发布《牛肉产品跟踪与追溯指南》《水果、蔬菜跟踪与操作指南》。

2016 年，商务部会同国家标准委员会印发《国家重要产品追溯标准化工作方案》，旨在加强重要产品追溯标准化工作统筹协调，科学规划食用农产品、食品、药品等产品追溯标准体系，加快基础共性标准制定和实施，发挥"标准化+"效益，强化标准化服务和支撑重要产品追溯体系建设工作。2017 年，商务部会同国家质量监督检验检疫总局、中央网信办等 10 部门联合印发了《关于开展重要产品追溯标准化工作的指导意见》，明确了重要产品追溯标准化工作的指导思想、基本原则、主要目标和任务。目前，商务部会同国家标准委员会推动制定重要产品追溯《管理平台建设规范》《编码规范》《核心元数据》等 7 项国家标准。

12.3.4 追溯系统

12.3.4.1 政府推动建立食品质量安全追溯系统

2017 年农业部建成国家农产品质量安全追溯管理平台，以二维码为追溯平台，实行"统一标识、一品一码"，全国农产品生产经营主体均可注册应用，截至 2019 年 7 月底，全国共有 31 386 家生产经营主体、2 947 家监管机构、851 家检测机构、850 家执法机构已注册使用国家追溯平台，上传数据 5.3 万条。

E 追溯平台

另外，全国 24 个省份农业农村部门已建成 28 个省级农产品追溯平台，市县两级还建设了 785 个追溯平台。

2010 年以来，商务部同财政部支持 76 个地区开展肉菜、中药材流通追溯体系建设试点。在试点基础上，商务部同财政部于 2016 年在上海、山东、宁夏、厦门四地开展了重要产品追溯体系建设示范工作。截至 2018 年年底，重要产品追溯体系覆盖 34 个地方(省、自治区、直辖市和计划单列市)的 102 个城市，涉及 8.6 万多家企业，覆盖超过 52 万商户，追溯品种覆盖了猪肉、牛肉、羊肉、鸡肉、500 多种蔬菜、1 240 种水果及近千种水产。

除了中央政府在国家层面建立统一的追溯系统外，各地方还自建了多个食用农产品追溯系统，如北京市农业局食用农产品质量安全追溯系统、江苏省农产品质量安全追溯系统、四川省农产品质量安全追溯系统、陕西省榆林市农产品质量安全追溯系统等。

12.3.4.2　企业主导追溯系统建设

除了政府主导建设的追溯系统，行业协会也发挥行业引领作用建设追溯系统，如中国土畜进出口商会冷链流通专业委员会打造的全国农产品冷链流通监控平台，可实时定位车辆位置信息、温度情况，也可对冷库温度实时监控，并可监控开门次数等信息，从而保证了农产品在流通过程中信息追溯的真实性。

一些有实力的企业也相继建立企业追溯系统，如内蒙古伊利实业集团股份有限公司建设的金典有机奶可追溯系统。

12.3.5　追溯技术

食品追溯技术是解决当下食品安全问题的重要技术之一，目前，新型食品追溯技术主要有信息追溯技术，包括条形码技术、RFID(radio frequency identification devices technology)技术、物联网技术、同位素溯源技术及 DNA 溯源技术等。

12.3.5.1　信息追溯技术

(1)追溯编码技术

追溯的对象是"物"，编码让产品有了"身份证"，是追溯的基础，产品代码化过程是实现信息化的基础，是物理产品计入信息系统的身份。

(2)条码技术

条形码技术价格较低且信息存储量大，具有较强的加密与抗污损能力，且随着手机等智能终端的普及，适合应用在农产品质量安全领域追溯。国内外多位学者构建了基于条形码技术的农产品质量安全。条码技术包括一维条码技术与二维条码技术。

(3)RFID 技术

RFID 技术是一种使用无线电波追溯货物源头的技术。能同时读取多个标签，对标签的污染要求低，安全性高，可进行穿透与无屏障通信，信息存储量较高。

(4)NFC 技术

NFC 是一种标准的短距离无线连接技术，它基于 RFID 技术，利用磁场感应实现近距离电子设备之间的通信。用户只需通过触摸，或将装置靠近，就能实现直观、安全、非接触式的交易，访问数字内容，连接电子装置，NFC 采用主动和被动两种读取模式。NFC 设备在手机上的应用更加便捷、安全，它的信息传输频率高、非接触式、无网络需求、无视线要求、耗能低、信息安全性比二维码更好，解决了频繁的手机扫码带来的弊端。

12.3.5.2　物联网技术

物联网技术是通过各种信息感应设备和系统组成的无线通信网络，将物品与互联网连接起来进行信息交换和通信的智能网络。通过物联网可以实现农业生产、物流与流通等环节的可追溯系统。

12.3.5.3 大数据技术

数据是食品质量安全追溯系统的核心，大数据为食品质量安全追溯信息的收集和处理提供了技术支持。

追溯系统通过食品标识收集从原料生产、加工、物流运输、销售等各环节信息，将这些信息存储到食品质量安全追溯平台信息处理库，通过大数据分析和处理，为消费者和政府部门以及企业提供准确可靠的产品信息，为解决食品质量安全问题提供技术支持。

12.3.5.4 新型溯源技术

（1）同位素溯源技术

同位素溯源技术是根据同位素分馏的原理发展起来的溯源技术。稳定同位素比值可反映动植物的种类及所在环境，因此，能够追溯食品信息。

（2）有机成分溯源技术

不同产地的同一食品有机成分含量存在明显差异，因此利用有机成分溯源技术为追溯食品产地提供了可能。该技术主要利用气相色谱法、气相色谱–质谱连用仪、高效液相色谱法等测定有机成分的组成与含量，碳水化合物、脂肪酸、维生素、氨基酸等有机成分常用来作为食品产地溯源的指标。

（3）DNA 溯源技术

DNA 溯源技术是生物溯源技术的重要方法之一。DNA 溯源技术的基础是 DNA 的遗传和变异，每个个体都具有独一无二的 DNA 序列，因此其对应的 DNA 图谱也是独一无二的，根据这一特点实现食品的溯源。

12.3.6 区块链技术

12.3.6.1 区块链技术定义及相关概念

区块链技术是由一系列信息区块组成的数据链。所用的是推动数据实现增值，保障数据安全可信，促进价值流动，有利于构建社会信用体系，降低社会成本。

区块链技术在食品质量安全的应用分为用户层、应用系统层、接入层及区块链平台。

12.3.6.2 区块链技术特点

区块链技术能够广泛应用于各种食品供应链，记录食品链生产、物流运输、销售等各环节食品质量安全追溯信息，消费者用手机扫描产品上的追溯码，就可获得产品从产地到消费者手中的全过程信息。区块链技术主要有以下特点：

①不可篡改性 对数据进行加密，保证了数据的完整性，配合"时间戳"，保障数据链不可篡改和伪造。

②独立性 区块链技术可实现信息的自我验证、传递和管理，是真正去中心化。

③开放性 区块链技术消除了信息不对称带来的不可信任，从而提高了整个系统的透明度。

④匿名性 可保护区块链信息传递参与者的数据安全。

⑤可追溯性 区块链技术通过唯一标识，可以从数据库中快速找出所需的信息。

12.3.6.3 区块链技术分类

基于区块链性质、网络范围、开放程度及其中心化程度可分为公有链、私有链以及联盟链。

公有链对所有人开放，都可以发送交易，且交易能够获得该区块链的有效确认，都可以参与其共识过程。私有链仅私人或私人机构所有，在组织内部使用，记账权归私人或私人机构所有，不对外开放。联盟链网络范围介于公有链和私有链之间，通常使用在多个成员角色的环境中，只针对特定某个群体的成员和有限的第三方。

12.3.6.4 区块链技术在食品质量安全追溯中的应用

区块链技术最开始是用于比特币，用来追踪资金的来源和去向。随着区块链技术的不断成熟发展，以及该技术所有数据呈现出公开透明的特点，研究人员开始将区块链追溯技术引入食品质量安全管理和溯源问题中来。而且因为区块链追溯技术去中心化、开放透明和不可随意更改等特性，能够轻易地让消费者对这一追溯技术建立信任基础，由于区块链技术的不可篡改性，其在食品质量安全追溯领域具有广阔的应用前景。

京东基于区块链技术的追溯平台，将物联网、区块链、智能防伪等技术有机结合，利用区块链的公开透明、可追溯、不可篡改等特性，对生鲜食品、粮油食品、奶粉、肉制品等产品的生产加工、物流配送、销售等信息进行监控，从而实现商品的全过程可追溯。

苏宁利用区块链技术应用于生鲜食品产业链，为消费者提供更加安全可靠的生鲜产品。

沃尔玛携手 IBM 利用区块链技术跟踪食品供应链，打造全程可追溯系统，为老百姓安全餐桌提供了解决方案。

本章小结

食品安全监管对于人民群众的身体健康和生命安全具有重要意义。自 1949 年以来，经过长期努力，中国已经形成了一套比较完整的食品安全法律法规体系和食品安全监管体系。目前我国的食品质量安全认证体系主要有 GMP 认证、SSOP 认证、HACCP 认证、ISO 系列质量管理认证等，以"三品一标"合格评定为主要内容的农产品质量认证体系。以食品生产许可证和食品经营许可证为主体的食品许可证制度在繁荣规范市场、保护消费者利益方面具有重要作用。食品质量安全追溯体系是解决食品链信息不对称问题的关键，有利于保证食品质量安全、智慧化监管，追溯体系既包括追溯制度体系又包括追溯技术体系。

思考题

1. 影响食品安全的因素主要有哪些？
2. 描述 GMP、SSOP、HACCP 三者之间的关系。
3. 简述食品认证的目的和意义。
4. 追溯体系包括哪些方面？

参考文献

班素侠, 2018. 原子吸收光谱法在食品检验中的应用[J]. 食品界(8): 120.

包琪, 贺晓云, 黄昆仑, 2014. 转基因食品安全性评价研究进展[J]. 生物安全学报, 23(4): 248-252.

曹秋娥, 2018. 奥妙化学[M]. 北京: 科学出版社.

陈安平, 李文德, 陆国胜, 2020. 蔓越莓提取物薄层鉴别研究[J]. 中国食品添加(11): 45-49.

陈芳, 2006. 种植与养殖过程中的食品安全[J]. 中国食品卫生杂志(3): 356-358.

陈辉, 钟耀广, 张伟, 等, 2011. 食品安全概论[M]. 北京: 中国轻工业出版社.

陈慧, 2019. 兽药残留的危害及残留控制[J]. 商品与质量, 40: 156.

陈坚, 2019. 中国食品科技: 从2020到2035[J]. 中国食品学报, 19(12): 1-5.

陈君石, 2012. 食品中化学物风险评估原则和方法[M]. 北京: 人民卫生出版社.

陈丽芳, 2019. 食品合成色素检测方法现状研究[J]. 食品安全导刊, 24: 101-102.

陈林福, 2020. 生猪寄生虫病的防治措施[J]. 畜牧兽医科技信息(2): 129-130.

陈晓风, 2020. 食品添加剂在固体饮料中的应用研究[J]. 现代食品, 18: 73-76.

陈颖丹, 周长海, 朱慧慧, 2020. 2015年全国人体重点寄生虫病现状调查分析[J]. 中国寄生虫学与寄生虫病杂志, 38(3): 365-370.

陈赞, 2006. 食物中毒的特征和原因[J]. 中国食物与营养(8): 17-19.

迟玉杰, 2013. 食品添加剂[M]. 北京: 中国轻工业出版社.

戴华, 彭涛, 2015. 国内外重大食品安全事件应急处置与案例分析[M]. 北京: 中国标准出版社.

丁宁, 2015. 花生储藏过程中真菌菌群结构及其变化规律研究[D]. 北京: 中国农业科学院博士学位论文.

丁晓雯, 柳春红, 2016. 食品安全学[M]. 2版. 北京: 中国农业大学出版社.

董昕, 白景妙, 吴海燕, 2020. 神经性贝类毒素免疫亲和柱的制备与应用[J]. 食品与机械, 36(2): 84-88.

段桂兰, 王利红, 2007. 水稻砷污染健康风险与砷代谢机制的研究[J]. 农业环境科学学报(2): 430-435.

段婕, 2018. 高效液相色谱法及其联用技术在牛奶抗生素残留检测中的应用研究[D]. 石家庄: 河北医科大学.

范艳, 2015. 苏丹红Ⅰ系列免疫学检测方法的建立及研究[D]. 南昌: 江西科技师范大学.

封锦芳, 施致雄, 吴永宁, 2006. 北京市春季蔬菜硝酸盐含量测定及居民暴露量评估[J]. 中国食品卫生杂志, 18(6): 514-517.

高志良, 林炳亮, 2010. 华支睾吸虫病流行情况及危害[J]. 临床肝胆病杂志, 26(6): 575-576.

国家卫计委. 新食品原料安全性审查管理办法(国家卫生和计划生育委员会令第1号)[EB/OL]. http://news. foodmate. net/2013/07/237729. html, 2013-5-31/2013-10-1.

国务院. "十三五"国家食品安全规划[EB/OL]. http://www. gov. cn/zhengce/content/2017-02/21/content_ 5169755. htm, 2017-2-14/2017-2-21.

韩高超, 宁钧宇, 于洲, 2019. 稀土元素镧对健康影响的危害评估[J]. 毒理学杂志, 33(6): 439-443.

韩晓霞, 姚志文, 魏洪义, 2016. 硒的毒性生物学研究进展[J]. 江苏农业科学, 44(12): 24-28.

韩张雄, 董亚妮, 王曦婕, 2016. 设施蔬菜地施用磷肥对土壤及环境中磷素积累的影响研究现状[J]. 中国农业信息(20): 70-72.

郝利平, 2012. 食品添加剂[M]. 北京: 中国农业大学出版社.

郝利平，聂乾忠，周爱梅，2016. 食品添加剂[M]. 3 版. 北京：中国农业大学出版社.

郝莉花，2008. 生物技术在食品工业中的应用[J]. 食品工程（2）：15-17.

何国庆，贾英民，2002. 食品微生物学[M]. 北京：中国农业大学出版社.

胡梦坤，王震宇，董娇，2019. 食用色素安全评价及检测技术[J]. 农业科技与装备（4）：47-48.

胡小松，陈芳，沈群，2010. 食品安全与日常饮食[M]. 北京：中国农业大学出版社.

胡长鹰，2018. 食品包装材料及其安全性研究动态[J]. 食品安全质量检测学报，9(12)：3025-3026.

黄昆仑，许文涛，2009. 转基因食品安全评价与检测技术[M]. 北京：科学出版社.

贾敏，2012. 浅谈食品安全与监管机构的重要性[J]. 新农民（上半月)(7)：340.

江汉湖，2002. 食品微生物学[M]. 北京：中国农业出版社.

蒋巧俊，2019. 食品贮运保鲜[M]. 北京：北京师范大学出版社.

孔鲁裔，2007. 反式脂肪酸的来源及预防措施[J]. 生命科学仪器（5）：33-35.

赖晓慧，肖义军，2019. 河豚毒素的研究进展[J]. 福建畜牧兽医，41(4)：23-24，29.

李安平，郑仕宏，2011. 食品添加剂原理与安全使用[M]. 长沙：国防科技大学出版社.

李冰宁，武彦文，曹阳，2015. 分子荧光光谱结合归一化法快速判定大豆原油掺伪[J]. 中国粮油学报，30(12)：131-5.

李佳洁，任雅楠，王艳君，2018. 中国食品安全追溯制度的构建探讨[J]. 食品科学，39(5)：278-283.

李俊锁，邱月明，王超，2002. 兽药残留分析[M]. 上海：上海科学技术出版社.

李来好，孙博伦，赵东豪，2018. 河豚毒素的检测与制备方法研究进展[J]. 南方水产科学，14(3)：126-132.

李平兰，2011. 食品微生物学教程[M]. 北京：中国林业出版社.

李巧玲，田晶，2017. 食用合成色素的安全性评价及对策[J]. 食品工业，38(11)：268-271.

李青仁，王月梅，2007. 微量元素铜与人体健康[J]. 微量元素与健康研究. 24(3)：61-63.

李思远，黄光智，丁晓雯，2018. 食品中汞与甲基汞污染状况与检测技术研究进展[J]. 食品与发酵工业. 44(12)：299-305.

李素，2018. 化学发光适体传感器在食品污染物检测中的应用研究[D]. 南昌：南昌大学.

李鑫，黄登宇，2017. 追溯技术在食品追溯体系中的研究进展[J]. 食品安全质量检测学报，8(5)：1903-1908.

李志强，2018. 汞毒性研究进展[J]. 畜牧与饲料科学，39(12)：64-68.

梁玉波，李冬梅，姚敬元，2019. 中国近海藻毒素及有毒微藻产毒原因种调查研究进展[J]. 海洋与湖沼，50(3)：511-524.

林长缨，丁晓静，2020. 毛细管电泳技术在疾病预防控制领域的应用、发展与挑战[J]. 色谱，38(9)：999-1012.

刘颖，刘锐，2020. 自营网络食品质量安全控制研究[J]. 食品科技，45(11)：317-320.

刘畅颖，2018. 食物中毒的类型及预防措施分析[J]. 食品安全导刊(15)：52.

刘天天，2018. 快速醒发馒头的膨松剂配方及工艺研究[D]. 郑州：河南工业大学.

刘延峰，周景文，刘龙，2020. 合成生物学与食品制造[J]. 合成生物学，1(01)：84-91.

刘洋儿，郭明璋，杜若曦，2019. 乳酸菌在合成生物学中的研究现状及展望[J]. 生物技术通报，35(8)：193-204.

刘兆平，2018. 我国食品安全风险评估的挑战[J]. 中国食品卫生杂志，30(4)：341-346.

柳阳，2017. 我国近海藻毒素污染状况研究与毒素标准物质制备[D]. 青岛：中国科学院大学(中国科学院海洋研究所).

陆渤翰，李庆乐，朱薪宇，2019. D113 树脂富集-电感耦合等离子体原子发射光谱法测定面制品中铝、镉、铅[J]. 化工时刊，33(5)：10-13.

路飞，陈野，2019. 食品包装学[M]. 北京：中国轻工业出版社.

罗安伟，刘兴华，2019. 食品安全保藏学[M]. 北京：中国轻工业出版社.

罗云波, 2018. 食品安全管理工程学[M]. 北京: 科学出版社.

罗云波, 2016. 生物技术食品安全的风险评估与管理[M]. 北京: 科学出版社.

罗云波, 吴广枫, 张宁, 2019. 建立和完善中国食品安全保障体系的研究与思考[J]. 中国食品学报
(12): 6-13.

骆和东, 吴雨然, 姜艳芳, 2015. 我国食品中铬污染现状及健康风险[J]. 中国食品卫生杂志, 27(6):
717-721.

吕世静, 李会强, 2015. 临床免疫学检验[M]. 北京: 中国医药科技出版社.

马本科, 周荆洲, 2020. 猪蛔虫病的危害及防治[J]. 畜禽业, 31(8): 88-89.

马畅, 刘新刚, 吴小虎, 2020. 农田土壤中的农药残留对农产品安全的影响研究进展[J]. 植物保护, 46
(2): 6-11.

马冠生, 周明珠, 2020. 铁过量会影响健康吗[J]. 生命与灾害(1): 40-42.

农业部农业转基因生物安全管理办公室, 2014. 转基因食品安全面面观[M]. 北京: 中国农业出版社.

农业部农业转基因生物安全管理办公室, 中国农业科学院生物技术研究所, 中国农业生物技术学会,
2012. 转基因30年实践[M]. 北京: 中国农业科学技术出版社.

彭志英, 赵谋明, 陈坚, 2016. 食品生物技术导论[M]. 北京: 中国轻工业出版社.

乔晓玲, 李家鹏, 周彤, 2014. 福喜"过期肉"事件成因分析与对策[J]. 农业工程技术(农产品加工业)
(11): 45.

乔增运, 李昌泽, 周正, 2020. 铅毒性危害及其治疗药物应用的研究进展[J]. 毒理学杂志, 34(5):
69-73.

邱采奕, 2019. 超临界流体萃取技术及其在食品中的应用[J]. 科技经济导刊, 27(2): 151-149.

全球食品安全倡议中国工作组, 2018. 不同视角看追溯-食品安全追溯法规标准收集及分析报告[M]. 北
京: 中国农业大学出版社.

佘硕, 2017. 新媒体环境下的食品安全风险交流理论探讨与实践研究[M]. 武汉: 武汉大学出版社.

沈平, 章秋艳, 杨立桃, 2017. 基因组编辑技术及其安全管理[J]. 中国农业科学, 50(8): 1361-1369.

石阶平, 2010. 食品安全风险评估[M]. 北京: 人民出版社.

史春, 2014. 福喜事件带来的启示[N]. 中国环境报, 2014-08-22(002).

史贤明, 2003. 食品安全与卫生学[M]. 北京: 中国农业大学出版社.

孙平, 2020. 食品添加剂[M]. 2版. 北京: 中国轻工业出版社.

孙玉凤, 张晶, 范蓓, 2016. 食品有毒有害物质分析研究[J]. 食品安全质量检测学报, 7(3): 1220-
1225.

孙玉婷, 林丹, 2009. 食品添加剂之膨松剂简介[J]. 化学教育, 30(8): 1-2, 5.

王海彦, 2007. 食品安全监管[M]. 合肥: 安徽人民出版社.

王际辉, 叶淑红, 2020. 食品安全学[M]. 北京: 中国轻工业出版社.

王佳新, 李媛, 王秀东, 2017. 中国农药使用现状及展望[J]. 农业展望, 13(2): 56-60.

王金龙, 2009. 对羟基苯甲酸丁酯的安全性及其应用瓶颈[J]. 现代食品科技, 25(8): 960-963, 915.

王利兵, 2012. 食品安全化学[M]. 北京: 科学出版社.

王梦军, 年琳玉, 曹崇江, 2020. 功能性食品包装材料的研究进展及发展趋势[J]. 包装工程, 41(7):
65-76.

王世平, 2016. 食品安全检测技术[M]. 北京: 中国农业大学出版社.

王世平, 2017. 食品标准与法规[M]. 北京: 科学出版社.

王硕, 王俊平, 2019. 食品安全学[M]. 2版. 北京: 科学出版社.

王霄晔, 任婧寰, 王哲, 2018. 2017年全国食物中毒事件流行特征分析[J]. 疾病监测, 33(5): 359-364.

王小丹, 2019. 安徽省居民家庭内即食状态谷类食物脱氧雪腐镰刀菌烯醇污染调查和暴露评估[J]. 中国
食物与营养, 25(5): 15-19.

王兴龙, 蔡强, 桂文锋, 2020. 河豚毒素及其检测技术研究进展[J]. 水产科学, 39(3): 447-457.

王志勇，2019. 构建国家大食物安全观[N]. 学习时报，2019-12-25(004).

奚振邦，黄培钊，段继贤，2013. 现代化学肥料学[M]. 北京：中国农业出版社.

夏海民，孙斌，冯新星，2010. 无机抗菌剂的分类、应用及发展[J]. 纺织导报(6)：115-117.

秀英，2020. 我国耕地重金属污染现状及治理对策[J]. 乡村科技，11(23)：121-122.

许文涛，2020. 功能核酸生物传感器-理论篇[M]. 北京：科学出版社.

薛海峰，2019. 基于紫外-可见光谱的水质 COD 检测方法研究[D]. 南京：南京信息工程大学.

薛秀琴，张瑞娟，2008. 锰健康研究的现状与未来研究[J]. 国外医学：医学地理分册，29(1)：44-45.

杨小敏，2015. 食品安全风险评估法律制度研究[M]. 北京：北京大学出版社.

姚君尉，2020. 气相色谱法基本原理及其应用[J]. 中国化工贸易，12(2)：124-126.

佚名，2015. 关于河鲀毒素食物中毒的解读[J]. 现代食品(14)：68.

于丽玲，2020. 猪住肉孢子虫病的防控[J]. 养殖与饲料(2)：73-74.

余垚，朱丽娜，郭天亮，2018. 我国含磷肥料中镉和砷土壤累积风险分析[J]. 农业环境科学学报，37(7)：1326-1331.

袁晓丹，王春仁，朱兴全，2019. 片形吸虫病的危害与防制[J]. 中国动物传染病学报，27(2)：110-113.

张恒，李剑森，梁骏华，2016. 从一起河豚中毒调查探讨河豚食用安全性的风险管理措施[J]. 中国食品卫生杂志，28(4)：541-545.

张嘉钰，辛嘉英，刘丰源，2020. 甲烷氧化菌素-铜配合物模拟过氧化物酶检测面粉中的过氧化钙[J/OL]. 食品工业科技：1-9.

张剑波，2019. 食品工业用酶制剂的管理[J]. 生物产业技术，3(5)：83-90.

张立宁，2013. "毒大姜"事件引发的深层思考[J]. 农药市场信息(14)：15-16.

张世义，沈慧，2016. 河豚及其文化[J]. 生物学通报，51(9)：11-13, 64.

张双虹，许庆龙，赵抒娜，2020. 二氧化氯杀菌技术在甜菜制糖加工中的应用研究[J]. 中国糖料，42(3)：54-58.

张松山，2015. 麻痹性贝类毒素控制与降解技术研究[D]. 北京：中国农业科学院.

张文胜，华欣，黄亚静，2017. 食品安全风险交流系统研究[M]. 北京：经济科学出版社.

张小莺，殷文政，2017. 食品安全学[M]. 2 版. 北京：科学出版社.

张远，樊瑞莉，2009. 土壤污染对食品安全的影响及其防治[J]. 中国食物与营养(3)：10-13.

张志红，田永胜，张志英，2014. 国外关于食品安全问题理论研究现状[J]. 国外社会科学(4)：44-51.

章建浩，2017. 食品包装学[M]. 北京：中国农业出版社.

章瑜，胡国英，胡文斌，2018. 食品检验机构的风险分析与对策研究[J]. 食品安全质量检测学报，9(22)：6045-6048.

赵超群，刘柱，徐潇颖，2017. 超高效液相色谱-串联质谱法测定奶粉中 16 种苯并咪唑类药物残留量[J]. 理化检验(化学分册)，53(7)：765-770.

赵东，2018. 临床免疫学检验技术与操作[M]. 天津：天津科学技术出版社.

赵颖，王忠刚，朱芳，2018. 超微粉碎技术的应用研究[J]. 广东饲料，27(2)：34-36.

郑晓敏，田富俊，2020. 精准治理：中国食品安全管理范式转换研究[J]. 江苏农业科学，48(17)：326-332.

郑欣欣，刘跳跳，2020. 咸阳市 2019 年监督抽检小麦粉中过氧化苯甲酰的检测分析[J]. 食品安全导刊，31：66-69.

中国食品安全报，2017. 关于着色剂的科学解读[J]. 中国果菜，37(2)：36.

中华人民共和国国家卫生和计划生育委员会，2015. 食品安全国家标准食品添加剂使用标准：GB2760—2014[S]. 北京：中国标准出版社.

中华人民共和国国家质量监督检验检疫总局，中国国家标准化管理委员会，2013. 风险管理-术语[M]. 北京：标准出版社.

钟耀广，2020. 食品安全学[M]. 北京：化学工业出版社.

周良金，谭家超，2018. 论我国食品安全风险评估制度重构[J]. 西南民族大学学报(12)：91-96.

周升绪，2017. 饲料质量对食品安全影响[J]. 中国畜禽种业，13(10)：43.

诸葛健，李华钟，2009. 微生物学[M]. 北京：科学出版社.

庄洋，田盼盼，夏冬梅，2017. 衰减全反射红外光谱测定番茄酱中番茄红素[J]. 食品科学，38(18)：163-167.

纵伟，张露，王茂增，2016. 食品安全学[M]. 北京：化学工业出版社.

A G, ZOR Ş, 2017. A new dispersive liquid-liquid microextraction method for preconcentration and determination of aluminum, iron, copper, and lead in real water samples by HPLC [J]. Journal of AOAC International, 100 (5)：1524-1530.

Authority E, 2011. Guidance on the risk assessment of genetically modified microorganisms and their products intended for food and feed use[J]. Efsa Journal, 9(6)：2193.

BAI W, XU W, HUANG K, 2009. A novel common primer multiplex PCR (CP-M-PCR) method for the simultaneous detection of meat species[J]. Food Control, 20(4)：366-370.

BAKKERNE E, HUISMAN J S, FATTINGER S A, 2019. Salmonellapersisters promote the spread of antibiotic resistance plasmids in the gut[J]. Nature, 573(7773)：1-5.

BEYENTT, 2016. Veterinary drug residues in food-animal products：its risk factors and potential effects on public health[J]. Journal of Veterinary Science, 7(1)：1-7.

Centers for Disease Control and Prevention, 2019. Fourth Report on Human Exposure to Environmental Chemicals, Updated Tables[M]. Atlanta, GA：U. S. Department of Health and Human Services, Centers for Disease Control and Prevention.

CHANG C, CHEN M, GAO J, 2017. Environment International-Current pesticide profiles in blood serum of adults in Jiangsu Province of China and a comparison with other countries[J]. Environment International, 102：213-222.

CHEN Y, CHENG N, XU Y, 2016. Point-of-care and visual detection of P. aeruginosa and its toxin genes by multiple LAMP and lateral flow nucleic acid biosensor[J]. Biosensors and Bioelectronics, 81：317-323.

CHENG N, XU Y, HUANG K, 2017. One-step competitive lateral flow biosensor running on an independent quantification system for smart phones based in-situ detection of trace Hg(Ⅱ) in tap water[J]. FOOD CHEMISTRY, 169-175.

Code of Federal Regulations. 556283. Washington, DC：U. S. Food and Drug Administration；2012.

Commission Regulation. Commission Regulation (EU) No 37/2010 of 22 December 2009 on pharmacologically active substances and their classification regarding maximum residue limits in foodstuffs of animal origin. Off. J. Eur. Communities, No. L 15/1 - 72；2010.

DIRKS R M, PIERCE N A T, 2004. Riggered amplification by hybridization chain reaction[J]. Proceedings of the National Academy of Sciences of the United States of America, 101(43)：15275-15278.

Food safety risk analysis, 2006. A guide for national food safety authorities [J]. FAO food and nutrition paper, 87.

Food Standards Australia New Zealand. Application handbook[EB/OL]. (2016-03-01)[2019-02-18]. http：//www. foodstandards. gov. au/code/changes/pages/applicationshandbook. aspx.

Food Standards Australia New Zealand. Food Standards Code. Processing aids：Standard 1. 3. 3 [S/OL]. [2019-02-18]. https：//www. legislation. gov. au/Details/F2016C00166.

GAO W, TIAN J, HUANG K, et al, 2019. Ultrafast, universal and visual screening of dual genetically modified elements based on dual super PCR and a lateral flow biosensor[J]. Food Chemistry, 246-251.

Guideline for the conduct of food safety assessment of foods derived from recombinant-DNA plants, CAC/GL 45-2003.

HE R, CAO Q, CHEN J, 2020. Perspectives on the management of synthetic biological and gene edited foods [J]. Biosafety and Health.

IKBAL J, LIM G S, GAO Z, 2015. The hybridization chain reaction in the development of ultrasensitive nucleic acid assays[J]. Trac Trends in Analytical Chemistry, 64: 86-99.

ISAAA, 2019. Global status of commercialized Biotech/GM Crops in 2019: Biotech crop adoption surges as economic benefits accumulate in 24 Years. ISAAA Brief No. 55. ISAAA: Ithaca, NY.

ISO 31000: 2018. Risk management Guidelines[EB/OL]. (2018-02) [2020-06-15] https://www. iso. org/standard/65694. html

JAMES M, JAY Martin J, LOESSNER DAVID A, et al, 2001. 现代食品微生物学[M]. 7版. 北京: 中国农业出版社.

JOSEPH JEN, JUNSHI CHEN, 2017. Food Safety in China: Science, Technology, Management andRgulation [M]. New York: Wiley.

KAMAL K, 2020. A phenobarbital containing polymer/silica coated quantum dotcompositefor the selective recognition of mercury species in fish samples using a room temperature phosphorescence quenching assay[J]. Talanta, 216: 120959.

LUO YUNBO, XIE, 2017. A facile cascade signal amplification strategy usingDNAzyme loop-mediated isothermal amplification for the ultrasensitive colorimetric detection of Salmonella[J]. Sensors & Actuators B Chemical, 242: 880-888.

MILLER A P, ARAI Y, 2016. Comparative Evaluation of Phosphate Spectrophotometric Methods in Soil Test Phosphorus Extracting Solutions[J]. Soil Science Society of America Journal, 80(6): 1543-1550.

NASCIMENTO C F, ROCHA D L, ROCHA F R P, 2015. A fast and environmental friendly analytical procedure for determination of melamine in milk exploiting fluorescence quenching [J]. Food Chemistry, 169: 314-319.

NIU C, XU Y, ZHANG C, 2018. Ultrasensitive Single Fluorescence-Labeled Probe-Mediated Single Universal Primer-Multiplex-Droplet Digital Polymerase Chain Reaction for High-Throughput Genetically Modified Organism Screening[J]. Anal Chem, 90(9): 5586-5593.

OECD, 1993. Safety Evaluation of Foods Derived by Modern Biotechnology: Concepts and Principles. Organization for Economic Co-operation and Development (OECD), 1-74.

OHLANDER J, FUHRIMANN S, BASINAS I, 2020. Systematic review of methods used to assess exposure to pesticides in occupational epidemiology studies, 1993-2017[J]. Occupational and Environmental Medicine, 77 (6): 357-367.

PORTOLES T, SALES C, ABALOS M, 2016. Evaluation of the capabilities of atmospheric pressure chemical ionization source coupled to tandem mass spectrometry for the determination of dioxin-likepolychlorobiphenyls in complex-matrix food samples [J]. Anal Chim Acta, 937: 96-105.

SHIN Y, LEE J, LEE J, 2018. Validation of amultiresidue analysis method for 379 pesticides in human serum using liquid chromatography-tandem mass spectrometry[J]. Journal of Agricultural and Food Chemistry, 66 (13): 3550-3560.

SOYEURT H, BRUWIER D, ROMNEE J M, 2009. Potential estimation of major mineral contents in cow milk using mid-infrared spectrometry[J]. Journal of Dairy Science, 92(6): 2444-2454.

TAO X, ZHOU S, YUAN X, 2016. Determination of chloramphenicol in milk by ten chemiluminescent immunoassays: influence of assay format applied[J]. Analytical Methods, 8(22): 4445-4451.

TAYLOR A, BARLOW N, DAY M P, 2019. Atomic Spectrometry Update: review of advances in the analysis of clinical and biological materials, foods and beverages[J]. Journal of Analytical Atomic Spectrometry, 34(3): 426-459.

TIAN J, HUANG K, LUO Y, 2018. Visual single cell detection of dual-pathogens based on multiplex super PCR (MS-PCR) and asymmetric tailing HCR (AT-HCR) [J]. Sensors and Actuators, B. Chemical, 870-876.

US FDA, Appendix I U S, 2003. Residue limits for compounds in meat and poultry[S].

US Food & Drug Administration. guidance for industry: recommendations for submission of chemical and technological data for food additive petitions andgras notices for enzyme preparations[EB/OL]. [2019-02-18]. https://www.fda.gov/Food/Guidance Regulation/Guidance Documents Regulatory Information/ucm217685.htm.

WAANG R, ZHU C, WANG L, 2019. Dual-modalaptasensor for the detection of isocarbophos in vegetables[J]. Talanta, 205: 94-120.

WANG J, X CHANG, X ZUO, 2019. A multiplex immunochromatographic assay employing colored latex beads for simultaneously quantitative detection of four nitrofuran metabolites in animal-derived food[J]. Food Analytical Methods, 12(2): 503-516.

WANG Y, WU Y, LIU W, 2018. Electrochemical strategy for pyrophosphatase detection based on the peroxidase-like activity of G-quadruplex-Cu^{2+} DNAzyme[J]. Talanta, 178: 491-497.

WHO Codex Alimentarius Commission, 2008. Maximum residue limits for veterinary drugs in foods[Z]. The 31st Session of the Codex Alimentarius Commission.

XIAO X, ZHU L, HE W, 2019. Functional Nucleic Acids Tailoring and its Application[J]. TrAC Trends in Analytical Chemistry, 118.

XU Y, XIANG W, WANG Q, 2017. A smart sealed nucleic acid biosensor based on endogenous reference gene detection to screen and identify mammals on site[J]. Rep, 7: 43453.

YANG F, ZHAO G P, REN F, 2020. Assessment of the endocrine-disrupting effects of diethyl phosphate, a non-specific metabolite of organophosphorus pesticides, by in vivo and in silico approaches[J]. Environment International, 135: 105383.

YUAN X, PAN Z, JIN C, 2019. Gut microbiota: an underestimated and unintended recipient for pesticide-induced toxicity[J]. Chemosphere, 227: 425-434.

ZHANG L W, VERTES A, 2018. Single-cell mass spectrometry approaches to explore cellular heterogeneity[J]. Angewandte Chemie International Edition, 57(17): 4466-4477.

ZHANG WJ, JIANG FB, OU JF, 2011. Global pesticide consumption and pollution: with China as a focus[J]. Proceedings of the International Academy of Ecology and Environmental Sciences, 1(2): 125-144.

ZHU P, WANG C, HUANG K, 2016. A Novel Pretreatment-Free Duplex Chamber Digital PCR Detection System for the Absolute Quantitation of GMO Samples[J]. International Journal of Molecular Sciences, 17(3).